Die elektrischen Ausrüstungen der Gleichstrombahnen

einschließlich der Fahrleitungen

Von

Dr.-Ing. **Th. Buchhold** und Dipl.-Ing. **F. Trawnik**

Oberingenieure der Fa. Brown, Boveri & Cie. A.-G., Mannheim

Mit 267 Textabbildungen

Berlin

Verlag von Julius Springer

1931

ISBN-13: 978-3-642-89467-1 e-ISBN-13: 978-3-642-91323-5
DOI:10.1007/ 978-3-642-91323-5

Softcover reprint of the hardcover 1st edition 1931

Vorwort.

Die Aufgabe, die bei der Bearbeitung dieses Buches gelöst werden sollte, war, in gedrängter und physikalisch anschaulicher Form alle diejenigen Grundlagen zusammenzustellen, die für das Verständnis der Eigenschaften, der Wirkungsweise und Bemessung der elektrischen Ausrüstungen von Gleichstrombahnen erforderlich sind. Einer Anregung des Verlages folgend wurde außerdem eine geschlossene Behandlung der Eigenschaften und der Berechnung von Fahrleitungen beigefügt. Da neuerdings der Oberleitungsomnibus und auch der Compoundmotor in der Fachliteratur oft diskutiert werden, wurde auch ihre Behandlung aufgenommen.

Um den Buchpreis in erschwinglichen Grenzen zu halten, durfte ein bestimmter Umfang nicht überschritten werden, was eine Reihe von Beschränkungen notwendig machte. So beziehen sich die behandelten Ausrüstungen in erster Linie auf Fahrzeuge mittlerer Leistung, also vornehmlich Straßen-, Industrie- und Überlandbahnen, während die Gleichstrom-Vollbahnlokomotive, obwohl die gebrachten Unterlagen auch für sie gelten, nicht im einzelnen behandelt ist. Wir glaubten schon deshalb auf ihre Detailbeschreibung verzichten zu können, weil sie von anderer Seite bereits behandelt ist und sie außerdem in Deutschland, wo bei Vollbahnen das Wechselstromsystem angewandt wird, weniger im Brennpunkt des Interesses steht. Es war ferner nicht beabsichtigt, von jedem Ausrüstungsteil die Fülle der möglichen Ausführungsformen zu besprechen, sondern es wurde angestrebt — oft nur an einem Beispiel — die typischen Haupteigenschaften zu zeigen. Es sei erwähnt, daß die Abbildungen von Firmenfabrikaten keineswegs als Hinweis darauf aufzufassen sind, daß das dargestellte Material nur, oder in besonderer Güte, von der betreffenden Firma hergestellt wird, sondern die Auswahl geschah ausschließlich nach dem Grade der Anschaulichkeit der zur Verfügung stehenden Bilder. Ausrüstungsteile, die jedem Elektrotechniker geläufig sind, wie Drehschalter, Sicherungen, Kabel usw., glaubten wir von einer besonderen Erörterung ausschließen zu können.

Allen Stellen, die uns durch Überlassung von Bildern und Zeichnungsmaterial unterstützten, danken wir bei dieser Gelegenheit. Weiterhin danken wir der Verlagsbuchhandlung für ihr jederzeit freundliches Eingehen auf alle Wünsche und die sorgfältige Arbeit.

Unsern Lesern — projektierenden Ingenieuren, Betriebsleuten und Studierenden — hoffen wir ein Nachschlagebuch zur Verfügung gestellt zu haben, das sie bei der Berechnung und Betriebsführung von elektrischen Fahrzeugen unterstützt und ihnen vor allem Rüstzeug ist bei der Weiterarbeit an der Vervollkommnung der elektrischen Bahnen.

Mannheim, den 15. April 1931.

Th. Buchhold. F. Trawnik.

Inhaltsverzeichnis.

Erster Teil: **Fahrzeugausrüstungen.**

Zweiter Teil: **Fahrleitungen.**

Abkürzungen.

AEG = Allgemeine Elektrizitäts-Gesellschaft, Berlin.
BBC = Brown, Boveri & Cie. A.-G., Mannheim.
BEW = Bergmann Elektrizitäts-Werke, A.-G., Berlin.
SSW = Siemens-Schuckertwerke A.-G., Berlin.
RWE = Rheinisch-Westfälisches Elektrizitätswerk.

Formelzeichen.

A	Schwingungsausschlag.
a	halbe Zahl der parallelen Stromzweige im Anker.
a	Zickzackführung.
a	Abstand.
b	Beschleunigung.
b	Zahnbreite.
C, c	Konstante.
c	spez. Wärme.
c	Federkonstante.
D, d	Durchmesser.
E	Elastizitätsmodul.
E	Elektromotorische Kraft.
e	Klemmenspannung.
F	Fläche, Oberfläche.
f	Durchhang.
G	Gewicht, evtl. spez.
G	Gleitmodul.
h	Zahnhöhe.
h	Erhebung.
J	Strom.
J_a	Ankerstrom.
J_e	Strom im Nebenschlußfeld.
J_d	Dauerstrom.
J_{st}	Stundenstrom.
J_m	quadr. Strommittel.
k	Konstante.
k	Zahl der Triebmotoren eines Fahrzeuges.
k_b	zul. Biegungsbeanspruchung.
k_d	zul. Drehbeanspruchung.
k_z	zul. Zugbeanspruchung.
L	zugeführte Arbeit.
L	Entfernung.
L	Spannweite.
l	halbe Spannweite.
l	Achsstand.
l	Drahtlänge.
M_d	Drehmoment.
M, m	Masse.
N	Leistung.
n	Drehzahl.
n	Zahl der Federwindungen.
P	Kraft.
p	halbe Polzahl.
Q	Wärmemenge.
q	Querschnitt.
R	Kurvenradius.
R	Widerstand, Vorschaltwiderstände.
r	Motorwiderstand.
r_0	Ausgleichswiderstand.
r_f	Feldwiderstand.
r	einseitig zulässiger Bügelbereich
r	Wicklungsradius einer Feder.
S	Schwungmoment.
S	Zugspannung.
s	Abstand des Zahnradschutzkastens von Schienenoberkante.
s	Breite des Zahnfußes.
s	Windungszahl des Feldes.
s	Weg.
T	Zeitkonstante.
t	Zeit.
t	Teilung.
u	Windabtrieb.
$ü$	Übersetzungsverhältnis.
v	Geschwindigkeit.
W	Windkraft.
W	Zugwiderstand.
W_r	Fahrwiderstand.
w_r	spez. Fahrwiderstand.
W_s	Steigungswiderstand.
w_s	spez. Steigungswiderstand.
w_f	Feldwiderstand.
w_s	Shuntwiderstand.
w_k	Kombinationswiderstand.
w_k	spez. Krümmungswiderstand.
Z	Zentrale.
Z	Zeitkonstante.
Z	Zugkraft.
z	Drahtzahl am Ankerumfang.
z	Zähnezahl.
α	Shuntungsverhältnis.
α	linearer Ausdehnungskoeffizient
α	Korrekturglied.
β	Koeffizient.
γ	Zahnschräge.
ε	relativer Spannungsabfall.
ε	Abweichung von Gleismitte.
η	Wirkungsgrad.
ϑ	Temperatur.
$\varkappa$	Leitfähigkeit.
μ	Reibungskoeffizient.
μ	Maßstabskoeffizient.
π	= 3,14159
ϱ	Wärmeabgabekoeffizient.
Φ	Kraftfluß.
Φ	Durchmesser.

Erster Teil.

Fahrzeugausrüstungen.

Einleitung.

Die elektrischen Ausrüstungen von Fahrzeugen enthalten eine Reihe von Grundelementen, die immer wiederkehren und die deshalb an Hand der Abb. 1 zunächst aufgezählt seien, während ihre eingehende Behandlung in den nachstehenden Kapiteln erfolgt. Die Abb. 1 bezieht sich auf ein Fahrzeug mit zwei Motoren und zwei Führerständen.

Der Strom wird aus der Fahrleitung durch einen Stromabnehmer *St* entnommen. Hinter dem Stromabnehmer befindet sich eine Funkenstrecke *Bl* (Blitzableiter), die mit ihrem einen Pol geerdet ist und gelegentlich auftretende atmosphärische Überspannungen zur Erde ableiten soll. Um das Eindringen solcher Überspannungen in die Leitungen des Wagens zu verhindern, ist eine Drosselspule *D* der gesamten Leitungsverlegung vorgeschaltet. Über die Drosselspule gelangt der Strom dann zu einem oder zwei selbsttätigen Überstromschaltern *A* (Automaten), welche die Motoren abschalten, wenn die Stromstärke ein vorgeschriebenes Maß übersteigt. Sie sind außerdem für Handbetätigung eingerichtet, so daß der Fahrstrom jederzeit abgeschaltet werden kann. Von den Automaten wird der Strom den Fahrschaltern F_1 und F_2, die durch Leitungen miteinander verbunden sind, zugeführt. Die Fahrschalter stellen beim Fahren und elektrischen Bremsen die erforderlichen Verbindungen mit den Motoren her. Es ist außerdem ein Widerstand *W* vorhanden, der beim Anfahren und elektrischen Bremsen den Motoren M_1 und M_2 durch die Fahrschalter vorgeschaltet wird.

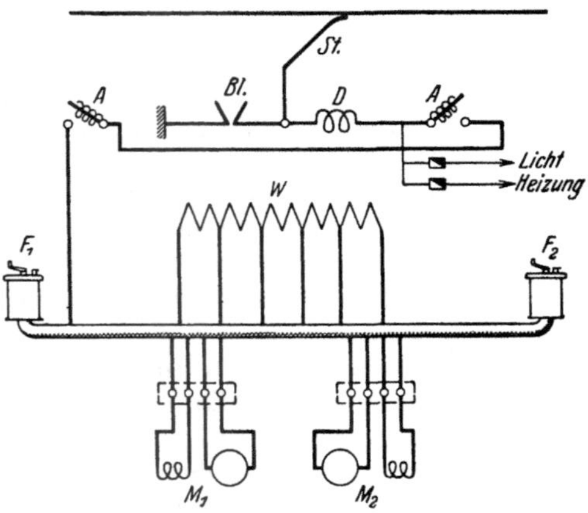

Abb. 1. Übersichtsschaltbild eines Triebfahrzeuges.

Außer den „Hauptstromkreisen“ (in der Abbildung dick gezeichnet), die den Motorstrom führen, enthalten die elektrischen Fahrzeuge noch sogenannte „Hilfsstromkreise“ (in der Abbildung dünn gezeichnet), die zur Wagenbeleuchtung, zur Heizung und zu sonstigen Hilfseinrichtungen führen (z. B. Kompressormotoren, Frischstrom-Schienenbremsen usw.). Diese Hilfsstromkreise sind vor den Automaten abgezweigt und meist durch Schmelzsicherungen gegen unzulässige Stromaufnahme geschützt.

I. Der Gleichstrom-Bahnmotor.

A. Allgemeines.

Im Gleichstrombahnbetrieb hat man sowohl Reihenschluß- als auch Nebenschlußmotoren erprobt. Durchgesetzt hat sich jedoch nur der Reihenschlußmotor. Seine Verbreitung verdankt er der Eigenschaft, daß sein Drehmoment um so größer wird je kleiner seine Geschwindigkeit ist. Dies ist insbesondere für die Anfahrt und bei Fahrt auf Steigungen erwünscht. Auch für die Stromversorgung bringt der Reihenschlußmotor Vorteile, da bei wechselnder Geschwindigkeit die Leistungsschwankungen sich innerhalb erträglicher Grenzen halten. Der Reihenschlußmotor ist hierin günstiger als der Nebenschlußmotor, bei dem infolge seiner starren Charakteristik (seine Geschwindigkeit ist bei allen Drehmomenten praktisch konstant), mit größer werdender Belastung, also auf Steigungen die Leistungsaufnahme sehr stark wächst. Im Bahnbetrieb bedeutet dies, daß auf Strecken mit großen Steigungen die Leistungsaufnahme ein Vielfaches von derjenigen in der Ebene sein kann. Das ist gleichbedeutend mit einer außerordentlichen Spitzenbelastung des stromliefernden Kraftwerkes und, da die Spitzen mitbestimmend für die installierte Kraftwerksleistung sind, gleichbedeutend mit höheren Anlagekosten.

Aus diesen Gründen (und auch anderen) hat der Gleichstrom-Nebenschlußmotor im Bahnbetrieb praktisch jegliche Bedeutung verloren und wird nur in einigen Sonderfällen verwendet, wo andere Eigenschaften von ihm ausgenutzt werden (bei Bergbahnen mit Nutzbremsung). Es soll deshalb in den Ausführungen dieses Buches vorwiegend nur der Gleichstrom-Reihenschlußmotor behandelt werden, da nur er bei Straßenbahnen, Überlandbahnen und Industriebahnen verwendet wird. Neuerdings scheint für Spezialfälle der Compoundmotor Eingang zu finden, weshalb seine Theorie anschließend an die des Nebenschlußmotors gebracht wird.

B. Schaltung und Drehrichtung.

Das Kennzeichen des Gleichstrom-Reihenschlußmotors ist die Hintereinanderschaltung des Ankers und des Feldes, so daß beide vom gleichen Strom durchflossen werden. In der Abb. 2a ist der Gleichstrom-Hauptstrommotor schematisch dargestellt. Die Punkte A und B stellen die Zuleitungen zum Anker dar, mit E und F sind die Feldenden bezeichnet. Zwischen Anker AB und Feld EF ist die Wendepolwicklung GH eingeschaltet. Da es jedoch unpraktisch ist, bei Prinzipbildern die Wendepole stets einzuzeichnen, ist es üblich, die Ankerklemmen mit AH zu bezeichnen (s. Abb. 2b), wobei durch diese Bezeichnung zum Ausdruck gebracht wird, daß die Wendepole vorhanden, jedoch nicht besonders markiert sind. Da bei Schienenfahrzeugen meistens der eine Pol der Maschine geerdet ist, wird dieser Pol als Erde gezeichnet. Die in Abb. 2b angeführten Klemmenbezeichnungen *AH* und *EF* sind wichtig, weil sie beim fertigen Motor als Bezeichnung für die herausführenden Kabel dienen (*AH* = Ankerklemmen, *EF* = Feldwicklung). Diese Herausführung aller vier Leitungen ist notwendig, um durch Umklemmen des Ankers oder des Feldes die Drehrichtung der Maschine zu beeinflussen. In der Abb. 3a ist der Anker umgeklemmt. Entspricht die Schaltung nach Abb. 2b einer Drehrichtung im Sinne des Uhrzeigers (s. Pfeil), so wird bei der Schaltung nach Abb. 3a der Motor die um-

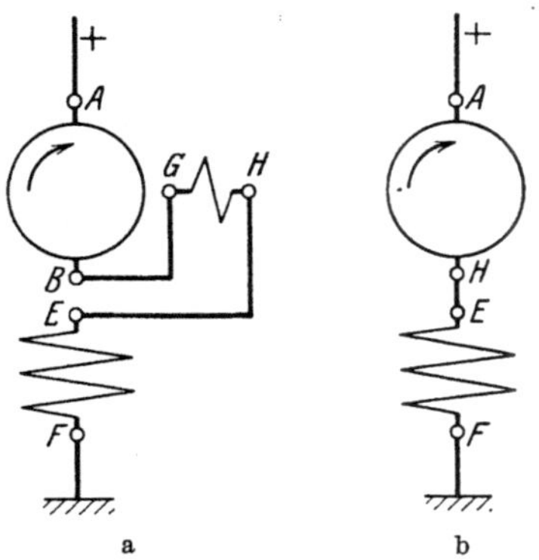

Abb. 2. Schematische Darstellung des Gleichstrom-Hauptstrom-Motors.

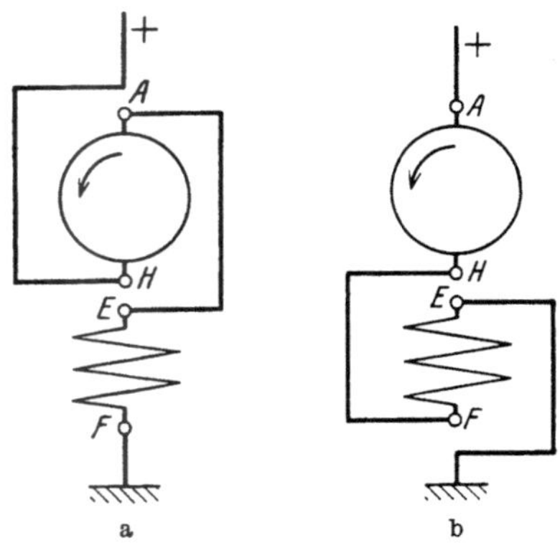

Abb. 3. Drehrichtung des Gleichstrom-Hauptstrom-Motors.

gekehrte Drehrichtung besitzen. Die gleiche Wirkung kann man erzielen, wenn nicht die Anker-, sondern die Feldanschlüsse vertauscht werden (s. Abb. 3b).

Für die Beurteilung der Drehrichtung eines Gleichstrommotors diene folgende Überlegung:

Wird ein Leiter vom Strom durchflossen, so erzeugt er ein kreisförmiges Feld um seine Achse, dessen Richtung im Sinne des Uhrzeigers verläuft, wenn der Strom im Leiter von dem Beschauer wegfließt (schematisch dargestellt durch ein kleines Kreuz, s. Abb. 4a). Man merkt sich die Feldrichtung am einfachsten als Drehrichtung einer rechtsgängigen Schraube, die in Stromrichtung eingeschraubt wird. Abb. 4b zeigt die Verhältnisse bei umgekehrter Stromrichtung. (Auf den Beschauer zufließender Strom wird mit einem Punkt bezeichnet.)

Kommt ein stromdurchflossener Leiter (es handelt sich in unserem Falle um einen Ankerstab) in das Feld zweier Magnetpole, so werden sich die Kraftlinienrichtungen des Leiterfeldes und des Magnetfeldes ü b e r l a g e r n. Abb. 5a und b zeigen zwei Fälle, wo die Kraftlinien von Feld und Leiter noch getrennt gezeichnet sind. Abb. 6a und 6b zeigen das resultierende Feld. Der Leiter erfährt eine Kraft in Richtung des schwächeren Feldes, da die auf der anderen Seite konzentrierten Kraftlinien einen Druck auf den Leiter ausüben. Aus den Abb. 6a und 6b ist ersichtlich, daß ein Wechsel der Kraftrichtung eintritt, wenn bei gleicher Kraftlinienrichtung des Feldes sich die Stromrichtung des Stabes ändert. In der Abb. 7 ist ein Motor schematisch dargestellt, bei dem die Stromrichtung im Anker durch Kreuze bzw. Punkte markiert ist. Wendet man die Regeln hierfür an, so ergibt sich die eingezeichnete Drehrichtung.

Man kann die Kraftrichtung auch noch nach einer anderen Methode finden: Man stellt zunächst fest, welches Feld der Anker für sich allein erzeugt. Dieses Feld ist in der Abbildung durch einen horizontalen Pfeil

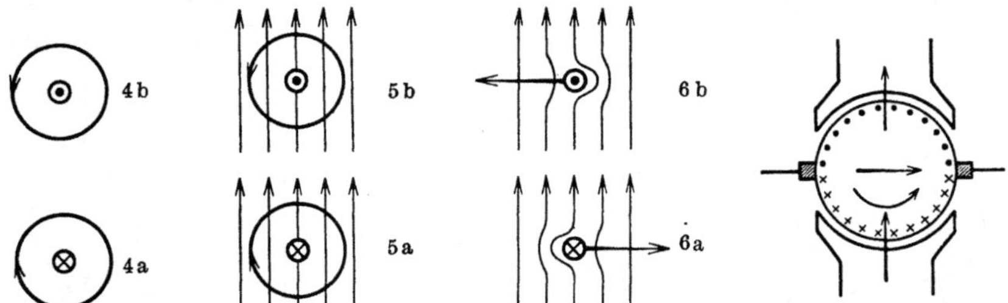

Abb. 7.

Abb. 4 bis 7. Hilfsmittel zur Bestimmung der Drehrichtung des Gleichstrom-Hauptstrom-Motors.

dargestellt. Die Drehrichtung ergibt sich dann aus dem Bestreben des Ankers, sein Eigenfeld auf dem kürzesten Wege mit dem Magnetfeld gleichzurichten.

Die aufgestellten Regeln für Bestimmung der Kraftrichtung gelten auch, wenn der Motor als Generator arbeitet. Die Drehrichtung ist hier jedoch der Kraftrichtung entgegengesetzt, da die Antriebskraft größer sein muß als die von der Maschine erzeugte.

C. Drehzahl.

Nach dem Induktionsgesetz ist die in einer Gleichstrommaschine erzeugte elektromotorische Kraft

$$E = c\,n\,\Phi. \tag{1}$$

Dabei bedeutet

E die elektromotorische Kraft in Volt,
n die Drehzahl der Maschine pro Minute,
Φ den Kraftfluß pro Pol in Gauß,
c eine Konstante, die von der Maschine abhängt und proportional der Windungszahl des Ankers ist.

Für c gilt die Beziehung

$$c = \frac{z\,p}{60\,a} \cdot 10^{-8}. \tag{1a}$$

Dabei bedeutet

z die Drahtzahl am Ankerumfang,
$2p$ die Zahl der Pole,
$2a$ die Zahl der parallelen Stromzweige.

Aus der Formel (1) läßt sich das Verhalten des Hauptstrommotors ableiten. Dabei geht man von der Magnetisierungscharakteristik des Motors aus, die in der Abb. 8 als Kurve *1* in Abhängigkeit vom Strom aufgetragen ist. Diese Kurve Φ_i gilt für stromlosen Anker, wobei nur das Feld vom Strom durchflossen ist (Ankerklemmen offen). Wird dagegen auch der Anker vom Strome J durchflossen (Anker und Feld in Reihe geschaltet), so tritt, falls man sich schon im gesättigten Teile der Charakteristik befindet, eine kleine Schwächung des Gesamtflusses ein. Die neue Kurve Φ ist in der Abb. 8 mit *2* bezeichnet. Die Schwächung rührt von der Rückwirkung des stromdurchflossenen Ankers auf das Magnetfeld her. Näheres über die Ankerrückwirkung s. S. 32. Es sei bemerkt, daß die Magnetisierungskurven *1* und *2* der Abb. 8 die hintereinandergeschalteten Eisen- und Luftwege (Luftspalt) berücksichtigen.

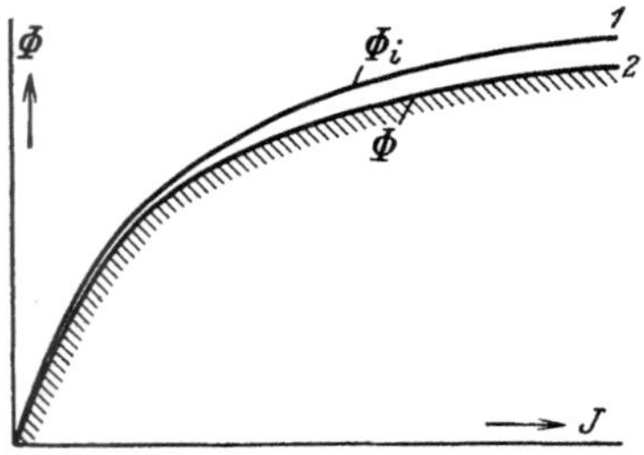

Abb. 8. Magnetisierungscharakteristik des Gleichstrom-Hauptstrom-Motors.

Zunächst sei die Abhängigkeit der Drehzahl vom Strome J bei konstant angenommener EMK bestimmt. Durch Umformung der Gleichung (1) ergibt sich

$$n = \frac{E}{c\Phi}. \tag{2}$$

Dabei ist Φ eine Funktion des Stromes J, wobei die Abhängigkeit durch die Kurve *2* der Abb. 8 dargestellt ist. Ist $J = 0$, so ist nach Abb. 8 auch $\Phi = 0$ (von einer etwaigen Remanenz sei abgesehen) und nach der Gleichung (2) ergibt sich, daß dann n unendlich groß ist. Wächst Φ mit größer werdendem J, so wird die Drehzahl abnehmen und ihre Kurve wird eine hyperbelähnliche Form annehmen. In der Abb. 9 ist die Drehzahlkurve in Abhängigkeit vom Strome J dargestellt und mit n_i bezeichnet, um anzudeuten, daß es sich um eine ideelle Kurve handelt, weil in Wirklichkeit nicht die EMK, sondern die Klemmenspannung (zugeführte Spannung) konstant ist. Da die aufgedrückte Spannung gleich ist der elektromotorischen Gegenkraft, plus dem Ohmschen Spannungsabfall der Maschine, ergibt sich

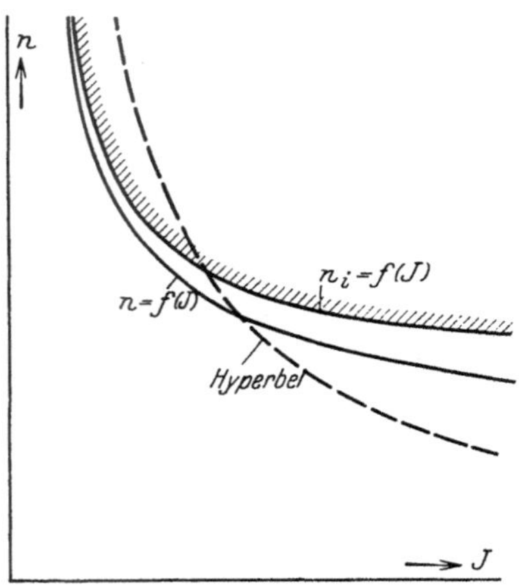

Abb. 9. Drehzahlcharakteristik.

$$e = E + Jr \quad (3\text{a}) \qquad \text{oder} \qquad E = e - Jr \quad (3\text{b})$$

darin bedeutet r den Gesamtwiderstand des Motors, e die aufgedrückte Spannung.

Aus dieser Gleichung folgt, daß bei konstanter Klemmenspannung und größer werdendem Strom die gegenelektromotorische Kraft kleiner wird. Dadurch muß die tatsächliche Drehzahlkurve $n = f(J)$ tiefer liegen als die ideelle, die für $E =$ const gilt. Für kleine Werte von J nähern sich die beiden Kurven und fallen bei $J = 0$ zusammen (allerdings $n = \infty$).

Unter Benutzung der Gleichung (3b) kann Gleichung (2) auch geschrieben werden

$$n = \frac{e - Jr}{c\Phi}. \tag{2a}$$

D. Drehmoment.

Für das elektrisch erzeugte Drehmoment M_d des Reihenschlußmotors gilt die Beziehung

$$M_d = k\,\Phi J. \tag{4}$$

Dabei ist Φ eine Funktion von J und k eine Konstante. Für kleine Ströme, bei denen der Fluß noch proportional dem Strome ist — im ungesättigten Zustand —, wird also das Drehmoment (ohne Berücksichtigung der Reibung) dem Quadrat des Stromes proportional sein, um mit zunehmender Sättigung schließlich nur wenig stärker als linear mit dem Strom zuzunehmen.

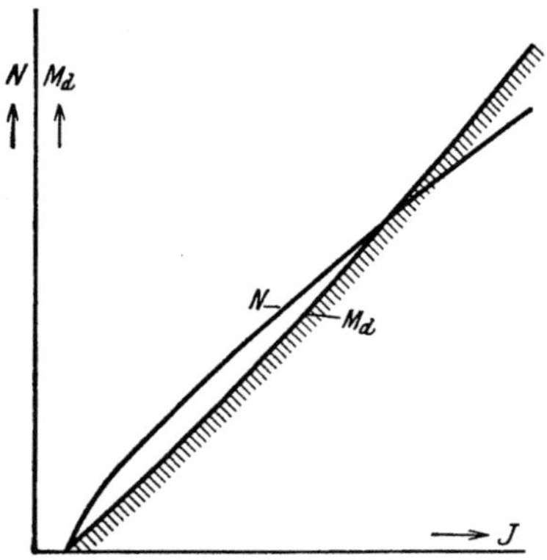

Abb. 10. Leistung und Drehmoment.

In der Abb. 10 ist das abgegebene Drehmoment in Abhängigkeit vom Strome aufgetragen. Die Kurve läuft nicht durch den O-Punkt, da das elektrisch erzeugte Drehmoment zunächst das im Motor vorhandene Reibungsmoment zu überwinden hat. Im allgemeinen pflegt man den Einfluß der Geschwindigkeit auf das Drehmoment (veränderliche Reibungsverluste usw.) zu vernachlässigen. Man rechnet also z. B. bei der Anfahrt (Geschwindigkeit $= 0$) mit denselben Kurven wie bei Fahrt.

Für die Beziehung Drehmoment M_d und abgegebene Leistung N gilt die bekannte Gleichung

$$M_d = 716{,}2\,\frac{N}{n} \qquad (M_d \text{ in mkg, } N \text{ in PS}) \tag{5a}$$

oder

$$M_d = 973\,\frac{N}{n} \qquad (M_d \text{ in mkg, } N \text{ in kW}) \tag{5b}$$

Die Leistungskurve $N = f(J)$ (s. Abb. 10) für konstante Klemmenspannung kann also aus der Drehmomentkurve nach Abb. 10 und der Drehzahlkurve nach Abb. 9 berechnet werden.

Die Gleichung (5) kann auch benutzt werden, um das theoretische Drehmoment des Motors (ohne Berücksichtigung der Reibungs- und Eisenverluste usw.) zu berechnen. Die vom Motor elektrisch verarbeitete

Leistung ist in kW

$$N = \frac{EJ}{1000} = \frac{(e - Jr)J}{1000}.$$

Es gilt also, falls die Drehzahl n, der Strom J, die Klemmenspannung e und der Motorwiderstand r bekannt sind, die Gl. (5c)

$$M_d = 0{,}973\,\frac{EJ}{n} = 0{,}973\,\frac{(e - Jr)\,J}{n}. \tag{5c}$$

Diese Gleichung gestattet die in Gl. (4) vorkommende Konstante k zu berechnen, sofern man für E die Werte nach Gl. (1) und Gl. (1b) einsetzt. Man erhält

$$M_d = 0{,}973\,\frac{z p\, 10^{-8}}{60 a} \cdot \frac{n}{n}\,\Phi J$$

oder

$$M_d = \frac{1{,}62\, z p\, 10^{-10}}{a}\,\Phi J \tag{5d}$$

und durch Vergleich mit Gl. (4)

$$k = \frac{1{,}62\, z p\, 10^{-10}}{a}. \tag{5e}$$

E. Charakteristische Kurven.

Für die Beurteilung der Eigenschaften einer fertigen Maschine, sowie auch zur Berechnung der Anfahrverhältnisse, Widerstände u. dgl. genügt sowohl für den Projekteur als auch für den Betriebsmann eine beschränkte Zahl von Kurven (s. Abb. 11), ferner die Angabe des Motor- und evtl. Feldwiderstandes. Die Kurven heißen die „Charakteristischen Kurven“ und umfassen

1. Drehzahl $n = f(J)$,
2. Drehmoment $M_d = f(J)$,
3. Leistung $N = f(J)$,
4. Wirkungsgrad $\eta = f(J)$.

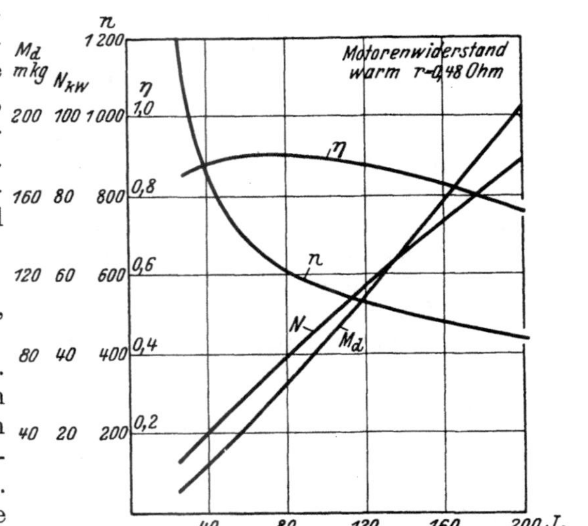

Abb. 11. Charakteristische Kurven. (Stundenstrom $J = 100$ A, $e = 550$ V.)

Gelegentlich findet man die Bestimmungsstücke auch in anderer Abhängigkeit voneinander aufgetragen, z. B. Drehzahl als $f(M_d)$. Solche Aufzeichnungen bieten jedoch nur für Spezialfälle Vorteile.

Die Wirkungsgradkurve stellt den Quotienten aus der abgegebenen Motorleistung und der aus dem Netz entnommenen Leistung dar. Sie bezieht sich im allgemeinen auf die Motorwelle, berücksichtigt also nicht die Verluste im Getriebe.

F. Verluste.

Der Wert $1 - \eta$ stellt die prozentualen Verluste im Motor dar. Diese setzen sich zusammen aus:

1. Kupferverlusten,
2. Reibungsverlusten,
3. Eisenverlusten.

1. Kupferverluste. Zu den Kupferverlusten zählen die Wärmeverluste in Feld-, Wendepol- und Ankerwicklung, sowie die Bürstenübergangsverluste. Dabei sind die Feld- und Wendepolverluste nur vom Strom abhängig, während die Ankerwicklungsverluste außer vom Strom noch von der Drehzahl etwas abhängig sind. Diese Abhängigkeit ist darauf zurückzuführen, daß in der bewegten Ankerwicklung infolge der Kommutierung Wechselströme (nicht sin-förmig) auftreten, die zusätzliche Stromverdrängungsverluste hervorrufen, welche mit zunehmender Geschwindigkeit wachsen. Damit ergibt sich eine Veränderung des äquivalenten Ohmschen Widerstandes (der zur Berechnung des Kupferverlustes zugrunde gelegt wird) in Abhängigkeit von der Geschwindigkeit. In der Praxis geht man aber auf diese Erscheinung meist nicht ein, sondern begnügt sich, mit dem Widerstand der warmen Maschine zu rechnen. Es ist nämlich zu beachten, daß der Cu-Widerstand pro Grad Temperaturerhöhung um 0,4% zunimmt, was bei einer zugelassenen Übertemperatur von 100^0 (nach REB für Seidenglimmer) eine Widerstandserhöhung von 40% bedeutet.

Die Bürstenübergangsverluste hängen von der Güte der Kommutierung, der Kohlenmarke, dem Bürstendruck und der Kollektorbeschaffenheit ab, sind also ziemlich schwankend, jedoch ist ihr Einfluß auf die Gesamtkupferverluste unwesentlich.

Der nach Abzug der Kupferverluste verbleibende Rest der zugeführten Leistung wird durch das elektrisch erzeugte Drehmoment auf den Anker übertragen. Nach außen kommt jedoch nicht das volle elektrische Drehmoment zur Auswirkung, da die Reibungs- und Eisenverluste vermindernd wirken.

2. Reibungsverluste. Die Reibungsverluste umfassen die Verluste in den Ankerlagern, an den Laufflächen der Kohlen und die Luftreibung. Sie nehmen mit steigender Geschwindigkeit zu.

3. Eisenverluste. Die Eisenverluste setzen sich zusammen aus den Hysteresis- und den Wirbelstromverlusten. Die erstgenannten entstehen durch die dauernde Ummagnetisierung der sich drehenden einzelnen Ankerbleche. Die Wirbelstromverluste sind durch die in den Ankerblechen auftretenden in sich geschlossenen Ströme, die bei der Bewegung der Bleche im Feld erzeugt werden, bedingt. Während die Hysteresisverluste bei gleicher Induktion proportional der Drehzahl zunehmen, steigen die Wirbelstromverluste quadratisch, da sie proportional dem Quadrate der Wirbelströme und diese proportional der Drehzahl sind. Die Hysteresisverluste sind von der Blechstärke unabhängig, dagegen nehmen die Wirbelstromverluste mit der Blechstärke zu. (Blechstärke deshalb meist 0,4 bis 0,5 mm.)

Außer den erwähnten Verlusten können noch weitere Zusatzverluste auftreten, auf die hier jedoch nicht näher eingegangen werden soll. Es sei jetzt der Verlauf der Wirkungsgradkurve diskutiert.

Der Motor sei zunächst unbelastet. Seine Drehzahl wird sich so lange steigern (es sei angenommen, der Motor hielte die mechanische Beanspruchung aus), bis sein elektrisch erzeugtes Drehmoment mit dem für die Reibung, Eisenverluste u. dgl. notwendigen Moment im Gleichgewicht steht. Dies ist bei einem sehr kleinen Strom der Fall, und hier ist der Wirkungsgrad Null, da keine Arbeit nach außen abgegeben wird. Wird jetzt der Motor belastet, so nimmt die Drehzahl ab und der Strom zu. Da jetzt Leistung vom Motor abgegeben wird, hat der Wirkungsgrad eine steigende Tendenz. Bei weiterer Belastungssteigerung wird der Strom immer mehr und mehr zunehmen. Dadurch steigen aber die Kupferverluste, die ja vom Quadrat der Stromstärke abhängig sind, stark an; schließlich wird infolge der zu großen Belastung der Motor stehenbleiben. Dabei wird die zugeführte Leistung restlos zur Deckung der Kupferverluste verbraucht. Der Wirkungsgrad ist hier ebenfalls Null. Aus diesen Ausführungen folgt, daß die Wirkungsgradkurve bei kleinem Strom beginnend zunächst ansteigt, dann ein Maximum erreicht und bei immer größer werdendem Strom wieder abfällt.

Um aus einem Motor einen möglichst günstigen Wirkungsgrad herauszuholen, wird man bei seinem Entwurf bestrebt sein, die Verluste so aufzuteilen, daß die Wirkungsgradkurve in dem normalen Arbeitsbereich des Motors ihr Maximum hat. Wie aus Abb. 11, die die Wirkungsgradkurve eines ausgeführten Motors enthält, hervorgeht, ist das Maximum unterhalb des Stundenstromes (100 Amp.) vorhanden, also in einem Gebiet, in dem der Motor vorwiegend arbeitet.

G. Verhalten des Reihenschlußmotors bei geänderter Klemmenspannung.

1. Drehzahl. Zunächst sei das Verhalten der Drehzahl bei veränderter Klemmenspannung betrachtet. Man geht dabei von der Gl. (2)

$$n = \frac{E}{c\,\Phi}$$

aus. Für einen bestimmten Stromwert ist die Größe der EMK $E = e - rJ$ [Gl. (3b)] leicht zu bestimmen. Für eine andere Klemmenspannung ergibt sich auch eine andere elektromotorische Kraft $E' = e' - Jr$ [Gl.(3b)]. Dabei ist e' die neue Klemmenspannung. Zum Strom J gehört in beiden Fällen ein gleicher Fluß Φ. Unter Benutzung der Gleichung (1) folgt für beide Fälle $E = cn\Phi$ und $E' = c\,n'\Phi$. Durch Division der beiden Gleichungen ergibt sich

$$\frac{E}{E'} = \frac{n}{n'}. \tag{6}$$

Das heißt also: Bei gleichem Strom verhalten sich die Drehzahlen wie die elektromotorischen Kräfte. Benutzt man für die elektromotorischen Kräfte die Gleichung (3), so ergibt sich die sehr gebräuchliche Beziehung

$$\frac{n}{n'} = \frac{e - rJ}{e' - rJ}. \tag{7}$$

Die Gleichung zeigt, daß sich bei kleinen Werten von rJ die Drehzahlen annähernd wie die Klemmenspannungen verhalten. Man hat damit ein Mittel an Hand, die Drehzahlen eines Motors bei Änderung der Klemmenspannung zu schätzen. Um aus Gleichung (7) die Drehzahlkurve $n' = f(J)$ bei einer neuen Klemmenspannung e' bestimmen zu können, muß also $n = f(J)$ für die Klemmenspannung e und der Motorwiderstand r bekannt sein.

An einem Beispiel sei der Rechnungsgang gezeigt, wobei der sehr häufige Fall gewählt sei, daß $e' = \frac{e}{2}$ ist, was der Hintereinanderschaltung zweier Motoren entspricht. In der Abb. 12 ist zunächst die Drehzahlkurve n in Abhängigkeit vom Strom J, die aus den charakteristischen Kurven der Abb. 11 für 550 Volt bekannt ist, gezeichnet. Zunächst ermittelt man die EMK-Kurve $E = e - Jr$ ($r = 0{,}48$ Ohm), die eine gerade Linie ist, und zeichnet sie in einem beliebig gewählten Maßstab ein. Genau so zeichnet man die zur Klemmenspannung e' gehörige EMK-Kurve $E' = e' - Jr$. Nachdem so für jeden Stromwert n, E und E' bekannt sind, kann man n' berechnen gemäß $n' = n \cdot \frac{E'}{E}$.

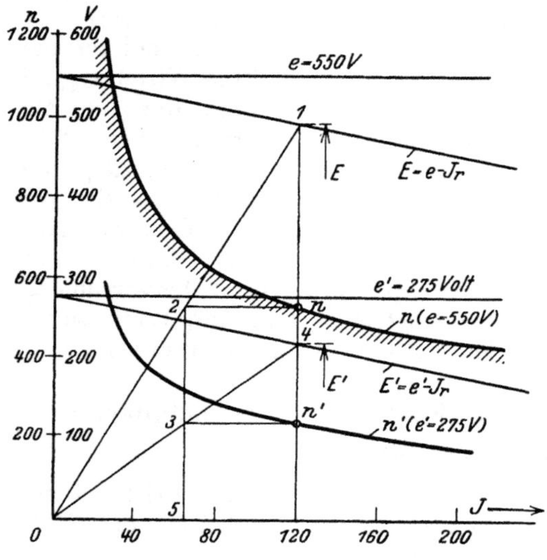

Abb. 12. Drehzahl bei halber Klemmenspannung.

Diese Beziehung läßt sich auch graphisch sehr leicht darstellen. In Abb. 12 ist für einen Stromwert von 120 Amp. die graphische Konstruktion ausgeführt. Man verbindet die Punkte *1* und *4* (E und E') mit dem Nullpunkt, zieht darauf durch n eine Parallele zur Abszisse, die im Punkte *2* die Gerade *0—1* schneidet. Von diesem Punkte fällt man zur Abszissenachse ein Lot, welches die Gerade *0—4* im Punkte *3* schneidet. Die Parallele zur Abszissenachse durch den Punkt *3* trifft die im Stromwert $J = 120$ Amp. errichtete Senkrechte in dem gesuchten Punkt n'. Da n' auch gleich der Strecke *3—5* und n gleich der Strecke *2—5* ist, ergibt sich auf Grund ähnlicher Dreiecke die Beziehung nach Gleichung (7).

Um weitere Punkte der neuen Drehzahlkurve zu erhalten, berechnet oder zeichnet man für verschiedene Stromwerte J das zugehörige n'. Die für die halbe Klemmenspannung ermittelte Drehzahlkurve liegt mehr als die Hälfte tiefer als die Ursprungskurve. Eine Veränderung der Klemmenspannung beeinflußt also stark die Drehzahl des Motors.

2. Drehmoment. Auf das Drehmoment bleibt jedoch die Klemmenspannungsänderung ohne Einfluß, denn es hängt nur vom Strom J ab. Man kann also für jede beliebige Klemmenspannung die aus den charakteristischen Kurven des untersuchten Motors bekannte Drehmomentskurve verwenden.

H. Verhalten des Motors mit Vorschaltwiderstand.

Ein weiteres Mittel zur Veränderung der Drehzahlkurve eines Motors besteht in der Verwendung von Vorschaltwiderständen. In der Abb. 13 ist als Ausgangskurve die aus der Charakteristik entnommene Drehzahlkurve der Abb. 11 verwendet. Es ist ferner die zugehörige EMK-Kurve $E = e - Jr$ aufgezeichnet. Wird vor den Motor ein Widerstand R geschaltet, so ist der gesamte im Motorkreis befindliche Widerstand gleich $r+R$. Bei ein und derselben Klemmenspannung wird sich also eine neue EMK-Kurve ergeben, gemäß der Beziehung $E' = e - J(r+R)$. Diese Kurve liegt natürlich tiefer als die EMK-Kurve beim Vorschaltwiderstand Null. Unter Benutzung der Beziehung, daß sich die Drehzahlen verhalten wie die zugehörigen elektromotorischen Kräfte, ermittelt man jetzt rechnerisch oder graphisch genau wie bei Abb. 12 die zum Vorschaltwiderstand R gehörende Drehzahlkurve $n' = n \cdot \frac{e - (r + R)J}{e - rJ}$. Die Drehzahlkurve liegt tiefer als die Ausgangskurve n und erreicht den Wert Null für den Stromwert, bei dem die EMK-Kurve ebenfalls durch Null geht. Man hat also in der Verwendung von Vorschaltwiderständen ein bequemes Mittel, die Drehzahlkurve in weiten Grenzen zu beeinflussen. Man macht davon hauptsächlich beim Anfahren Gebrauch. Für das Drehmoment gilt auch hier die aus der Charakteristik zu entnehmende Kurve.

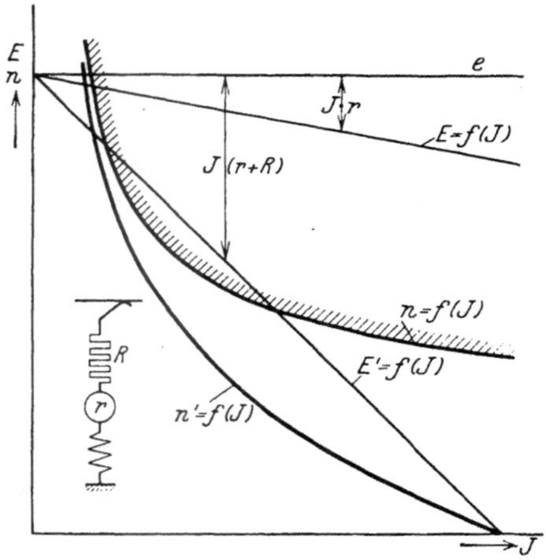

Abb. 13. Drehzahl bei Vorschaltwiderstand.

J. Änderung der Motorcharakteristik bei Schwächung des Feldes.

Ein weiteres Mittel, um die Kennlinien des Motors zu beeinflussen, besteht in der Änderung des Magnetfeldes. Diese Veränderung erfolgt bei einem Hauptstrommotor, indem man entweder zum Feld einen Widerstand parallel schaltet, den Motor also, wie man sagt, „shuntet", oder indem man die Feldwicklung anzapft, so daß nur ein Teil der Feldwicklung vom Strom durchflossen wird. In der Abb. 14a ist ein Motor schematisch dargestellt, bei dem das Feld durch einen Parallelwiderstand geshuntet ist. Die andere Methode — die Windungsanzapfung — zeigt die Abb. 14b. Beide Verfahren sind in ihrer elektrischen Wirkung gleich. Hinsichtlich ihrer praktischen Brauchbarkeit unterscheiden sich jedoch beide Schaltungen; hierauf wird später näher eingegangen (siehe S. 33). Zum Verständnis der Wirkung der Shuntung geht man am besten vom ungeshunteten Motor aus, der, konstante Spannung vorausgesetzt, bei einer bestimmten Stromstärke eine ganz bestimmte Drehzahl annimmt. Wird jetzt der Motor durch einen Parallelwiderstand zum Feld geshuntet, so würde bei Annahme gleichen Motorstromes im ersten Augenblick durch das Feld ein kleinerer Strom fließen. Hierdurch würde die Motor-EMK kleiner werden und Motor-EMK + Spannungsabfall wären kleiner als die Klemmenspannung, was nicht sein kann. Es wird also ein Zusatzstrom fließen, der sowohl den inneren Spannungsabfall vergrößert, als auch das Feld wieder auf annähernd den alten Wert stärkt, bis Gleichgewicht vorhanden ist. Infolge des Zusatzstromes wird die Leistung und auch das Drehmoment größer. Der geshuntete Motor kann also bei gleicher Drehzahl mit einem größeren Drehmoment belastet werden. Da jedoch die Zugkräfte für den Motor im praktischen Betrieb ungefähr konstant sind, wird das überschüssige Drehmoment in einer Beschleunigung des Ankers und des mit ihm gekuppelten Wagens auswirken und dieser wird eine größere Geschwindigkeit annehmen.

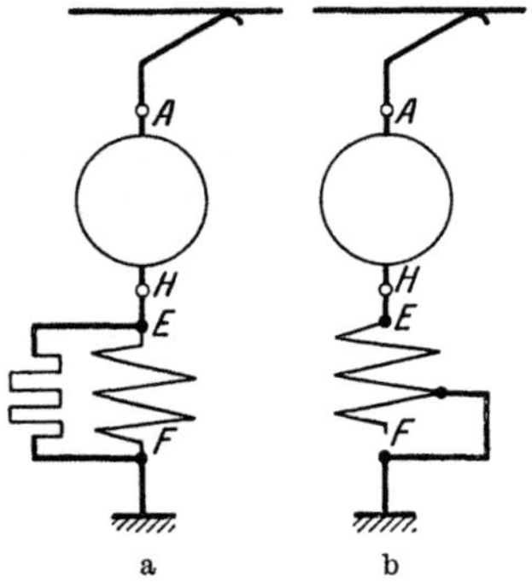

Abb. 14. Feldschwächungsschaltungen.

Eine andere Überlegung geht ebenfalls vom konstanten Strom des ungeshunteten und des geshunteten Motors aus. Da der geshuntete Motor hierbei den kleineren Fluß hat und bei gleicher Drehzahl eine kleinere EMK hätte, muß er, um seine EMK zu vergrößern, eine größere Drehzahl annehmen. Bei gleichem Strom ist das Drehmoment des geshunteten Motors infolge des schwächeren Feldes kleiner als das des ungeshunteten.

Ein geshunteter Gleichstrom-Hauptstrommotor besitzt im Vergleich zum ungeshunteten bei gleicher Drehzahl ein größeres Drehmoment, bei gleichem Ankerstrom jedoch ein kleineres Drehmoment, aber eine größere Drehzahl.

Abb. 15 zeigt das Verfahren, wie man aus der Drehzahlkurve eines ungeshunteten Motors die Drehzahl des geshunteten ermitteln kann. Wichtig ist zunächst die Festlegung des Begriffs „Shuntungsverhältnis".

Darunter soll der Quotient aus Feldstrom J_f und gesamtem Motorstrom J verstanden sein. Das Shuntungsverhältnis sei mit α bezeichnet.

$$\alpha = \frac{J_f}{J} = \frac{\text{Strom in der Feldwicklung}}{\text{Gesamtmotorstrom}}. \tag{8}$$

Häufig wird auch der Begriff „Shuntungsgrad" gebraucht. Darunter versteht man den Wert, um welchen der Feldstrom geschwächt wird im Verhältnis zum Gesamtstrom. Nach unserer Bezeichnungsweise wäre der Shuntungsgrad $= 1 - \alpha$. Für die Rechnung ist es jedoch bequemer, mit dem „Shuntungsverhältnis" α zu arbeiten, da man dadurch unmittelbar weiß, welcher Strom durch das Feld geht, und nur dieser Wert ist von Interesse.

Um auf die Drehzahlkurve des geshunteten Motors zu kommen, zeichnet man die EMK-Kurve des geshunteten und des ungeshunteten Motors auf (E und E_s). Für den ungeshunteten Motor ist die EMK die bereits bekannte Gerade $E = e - Jr$. Da der Gesamtmotorwiderstand des geshunteten Motors sich etwas verändert, wird jetzt für den geshunteten Motor die EMK-Kurve etwas anders liegen und den Wert besitzen $E_s = e - J r_s$; dabei bedeutet r_s den Gesamtwiderstand des geshunteten Motors. Zu dessen Berechnung muß der Feldwiderstand w_f bekannt sein.

Man berechnet zunächst, bei gegebenem Shuntungsverhältnis α, die Größe des Parallel- (Shunt-) Widerstandes w_s. Da nach dem Kirchhoffschen Gesetz parallelgeschaltete Ströme sich umgekehrt verhalten wie die entsprechenden Widerstände, ergibt sich, entsprechend dem Strom in der Feldwicklung αJ und im Shunt $(1 - \alpha) J$,

$$\frac{\alpha J}{(1 - \alpha) J} = \frac{w_s}{w_f},$$

also

$$\boldsymbol{w_s = w_f \cdot \frac{\alpha}{1 - \alpha}}. \tag{9}$$

Um den Gesamtwiderstand r_s des Motors zu bestimmen, muß zunächst der Kombinationswiderstand w_k des Shunts und des Feldes berechnet werden. Er beträgt nach der bekannten Formel für Parallelwiderstände $w_k = \frac{w_s w_f}{w_s + w_f}$ und durch Einsetzen der Werte

$$w_k = \alpha w_f. \tag{10}$$

Der Totalwiderstand des geshunteten Motors r_s ist gleich dem Ankerwiderstand $r - w_f$ plus dem Kombinationswiderstand w_k. Durch Einsetzen der Werte und Umformung ergibt sich

$$r_s = r - w_f (1 - \alpha). \tag{11}$$

Es ist übrigens interessant, daß auch bei Feldanzapfung und gleichem Shuntungsverhältnis der Gesamtmotorwiderstand ebenso groß ist. Dies folgt, weil bei einem Shuntungsverhältnis α der Feldwiderstand $\alpha\, w_f$ beträgt, also genau so groß ist wie der Kombinationswiderstand w_k beim geshunteten Motor. Praktisch bedeutet dies, daß der Wirkungsgrad des Motors derselbe bleibt, gleichgültig, ob die Feldschwächung durch Shuntung oder Windungsanzapfung erreicht wird. Aus der Gleichung (11) für den Widerstand des geshunteten Motors folgt, daß er kleiner ist als der Widerstand des ungeshunteten Motors. Seine EMK-Kurve $E_s = e - J r_s$ wird infolgedessen höher liegen (s. Abb. 15).

1. Drehzahl des feldgeschwächten Motors. Nachdem somit die EMK-Kurven für den geshunteten und ungeshunteten Motor aufgezeichnet sind, sei die Drehzahl n_s des geshunteten Motors für einen Stromwert J bestimmt. Die zu diesem J gehörende EMK ist E_s (Punkt *1* der E_s-Kurve Abb. 15) und der dabei vorhandene Feldstrom αJ. Der ungeshuntete Motor mit dem gleichen Feld hat den Ankerstrom αJ, die EMK E (Punkt *2* der EMK-Kurve) und die Drehzahl n (Punkt *3*). Da bei gleichen Feldern die Drehzahlen sich verhalten wie die elektromotorischen Kräfte, ergibt sich für die Drehzahl n_s des geshunteten Motors die Bedingung

$$n_s = n \frac{E_s}{E}. \qquad (12)$$

Da E_s, E und n (Punkt *3*) bekannt sind, kann also n_s (Punkt *4*) berechnet werden. Entsprechend dieser Methode ergibt sich die Shuntierungskurve der Abb. 15 $n_s = f(J)$, indem für verschiedene Werte von J die Gleichung *12* ausgewertet wird.

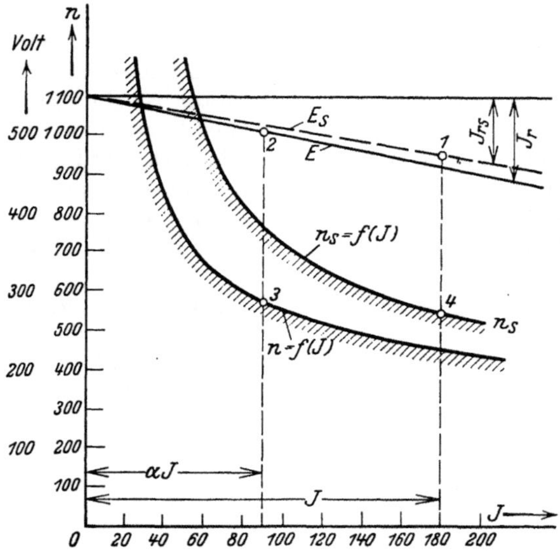

Abb. 15. Drehzahl bei Feldschwächung ($\alpha = 0{,}5$).

Es ist ferner zu beachten, daß beim geshunteten Motor die Ankerrückwirkung auf das Feld relativ stärker ist als beim ungeshunteten Motor. Diese Ankerrückwirkung verursacht, daß beim Strom αJ des ungeshunteten Motors der Fluß etwas größer ist als der Fluß des geshunteten Motors beim Strom J. Von dieser Korrektion ist bei obigem Verfahren Abstand genommen.

In vielen Fällen, wo es sich darum handelt, rasch einen Überblick zu erhalten, welche Drehzahl der geshuntete Motor annimmt, bedient man sich gerne eines vereinfachten Verfahrens. Es stützt sich auf die schon mitgeteilte Gleichung (12): $n_s = n \cdot \frac{E_s}{E}$. (Dabei beziehen sich n_s und E_s auf den Strom J, n und E auf den Strom αJ!) Die Vereinfachung besteht darin, daß man den Ausdruck $\frac{E_s}{E}$ gleich 1 setzt, was, wie aus der Lage der Punkte *1* und *2* der Abb. 15 ersichtlich, mit guter Genauigkeit zutrifft. Damit wird

$$\underset{(\text{für } J)}{n_s} = \underset{(\text{für } \alpha J)}{n}. \qquad (13)$$

Es ist also mit guter Annäherung die Drehzahl des geshunteten Motors beim Strom J gleich der Drehzahl des ungeshunteten Motors beim Strom αJ.

Die Durchführung des beschriebenen Näherungsverfahren ist in Abb. 16 dargestellt. Man zieht durch irgendeinen Punkt der Drehzahlkurve (Punkt *2*) eine Parallele zur Abszissenachse. Ist dann die Strecke $\overline{12} = \alpha J$ und macht man die Strecke $\overline{13} = J$, so ist der Punkt *3* ein Punkt der Drehzahlkurve des geshunteten Motors, da $n_s = n$ und der Quotient der Ströme α ist. Um ein Bild über die Genauigkeit des Verfahrens zu geben, ist gestrichelt die Drehzahlkurve des ge-

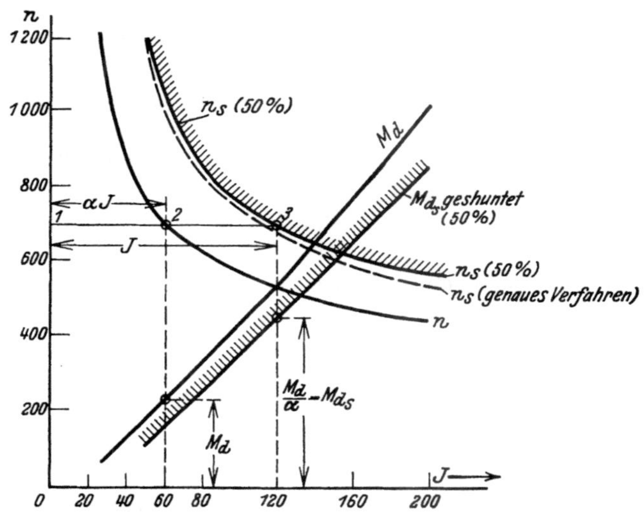

Abb. 16. Drehzahl und Drehmoment bei Feldschwächung.

shunteten Motors eingezeichnet, wie sie sich bei genauer Rechnung ergeben würde. Man sieht, daß die Abweichung nur gering ist, obwohl ein sehr starkes Shuntungsverhältnis, nämlich $\alpha = 0{,}5$, zugrunde gelegt wurde. Bei kleineren Spannungen (2 Motoren in Reihe) empfiehlt sich das genauere Verfahren.

2. Drehmoment bei Feldschwächung. Durch die Schwächung des Feldes wird natürlich das Drehmoment des Motors unmittelbar beeinflußt, da es dem Feld- und dem Ankerstrom proportional ist. Nach Gleichung (4) ist das Drehmoment $M_d = k\Phi J$, wobei Φ als vom Strom J erzeugt gedacht ist. Für die Bestimmung des Drehmomentes des geshunteten Motors stellt man folgende Überlegung an:

Gemäß Gleichung (4) ist das Drehmoment eines ungeshunteten Motors beim Ankerstrom αJ

$$M_{d(\alpha J)} = k\,\Phi_{(\alpha J)}(\alpha J)\,. \tag{4a}$$

Dasselbe Feld wie dieser ungeshuntete Motor hat aber ein geshunteter Motor, der den Ankerstrom J und damit den Feldstrom αJ besitzt.

Sein Drehmoment $M_{ds(J)}$ beim Ankerstrom J ist dann

$$M_{ds(J)} = k\,\Phi_{(\alpha J)}\,J\,. \tag{4b}$$

Durch Division von Gleichung (4b) durch (4a) erhält man

$$\frac{M_{ds(J)}}{M_{d(\alpha J)}} = \frac{k\,\Phi_{(\alpha J)}J}{k\,\Phi_{(\alpha J)}\alpha J}$$

oder durch Kürzung

$$\boldsymbol{M_{ds(J)} = M_{d(\alpha J)} \cdot \frac{1}{\alpha}}\,. \tag{4c}$$

Man findet demnach das Drehmoment des geshunteten Motors beim Strom J, indem man das Drehmoment des ungeshunteten Motors beim Strom αJ feststellt und durch α dividiert. In der Abb. 16 ist die vollständige Drehmomentkurve des geshunteten Motors für $\alpha = 0{,}5$ eingezeichnet.

Das Drehmoment des geshunteten Motors läßt sich auch auf Grund der Beziehung

$$M_{ds} = 0{,}973\,\frac{E_s J}{n_s}$$

berechnen. In entsprechender Weise gilt für den ungeshunteten Motor

$$M_d = 0{,}973\,\frac{E J}{n}\,.$$

Aus diesen beiden Gleichungen ergibt sich für gleichen Ankerstrom

$$M_{ds} = M_d\,\frac{E_s}{E}\cdot\frac{n}{n_s}\,.$$

Da mit ziemlicher Annäherung E_s ungefähr gleich E ist, gilt also näherungsweise die Beziehung

$$M_{ds} = M_d\,\frac{n}{n_s}\,. \tag{4d}$$

K. Anlaßvorgang.

Legt man einen Gleichstrom-Bahnmotor im Stillstand unmittelbar an volle Klemmenspannung, so errechnet sich der aufgenommene Motorstrom nach dem Ohmschen Gesetz, da noch keine Gegen-EMK vorhanden ist. Für eine Spannung von 600 Volt und einen Motorwiderstand von 0,6 Ohm (normale Größenordnung) ergibt sich damit ein Stromstoß von 1000 Amp. Das ist gleichbedeutend mit einem Kurzschluß und einer Beschädigung der Maschine.

Um deshalb einen vorher bestimmten (für das erforderliche Drehmoment notwendigen) Strom zu erzeugen, muß ein Vorschaltwiderstand vorgesehen werden. Der Motor läuft damit an und erzeugt bei steigender Geschwindigkeit eine zunehmende gegenelektromotorische Kraft. Dadurch würde der Motorstrom allmählich abnehmen [s. Abb. 13

$n' = f(J)$]. Will man jedoch mit konstantem Strom anfahren (was im Bahnbetrieb einer konstanten Anfahrbeschleunigung entspricht), so muß man den Vorschaltwiderstand mit wachsender Geschwindigkeit verringern bis die Eigencharakteristik $n = f(J)$ erreicht ist.

Die Abhängigkeit des Vorschaltwiderstandes von der Drehzahl sei jetzt festgestellt. Bei der Geschwindigkeit 0 wird, da die elektromotorische Kraft 0 ist, die Klemmenspannung e durch den Spannungsabfall restlos in den Widerständen vernichtet. In diesem Falle gilt also für einen gewählten Anfahrstrom J_0 die Bedingung

$$R + r = \frac{e}{J_0}. \tag{14}$$

Hierin bedeutet r den Motorwiderstand und R den Vorschaltwiderstand. Die Drehzahl steigt jetzt allmählich an. Da bei gleichem Strom J_0 die EMK porportional der Drehzahl (da der Fluß konstant ist) — und der Ohmsche Spannungsabfall proportional dem Widerstand, so muß bei steigender Geschwindigkeit die steigende EMK durch eine proportionale Verkleinerung des Vorschaltwiderstandes ausgeglichen werden. Die Kurve $n = f(R)$ muß also eine Gerade sein.

Daß es sich um eine Gerade handelt, kann man auch leicht rechnerisch nachweisen, indem man entsprechend der Gleichung (3a) setzt

$$e = E + J_0(R + r)$$

oder

$$e = c\,n\,\Phi + J_0(R + r)$$

oder

$$(e - J_0 r) = (c\,\Phi)\,n + (J_0)\,R. \tag{15}$$

In dieser Gleichung sind die Klammerwerte konstant, die einzigen Veränderlichen sind n und R. Sie ist also die Gleichung einer geraden Linie.

Zur graphischen Darstellung der Anfahrverhältnisse benutzt man als Grundlage die Drehzahlkurve in Abhängigkeit vom Strom. Auf der rechten Seite der Abb. 17 ist die Kurve $n = f(J)$ in einem Koordinatensystem aufgezeichnet, während ein linkes Koordinatensystem als Ordinate ebenfalls die Drehzahl, als Abszisse jedoch den Vorschaltwiderstand R enthält.

In dem linken Koordinatensystem trägt man den Motorwiderstand r rechts vom Koordinatenanfang aus ab und bekommt den Punkt S_0. Trägt man den Gesamtwiderstand $R + r$ von dem Punkt S_0 nach links ab, so hat man den Vorteil, daß vom Nullpunkt aus gerechnet unmittelbar der Vorschaltwiderstand R abgelesen werden kann. Im rechten Koordinatensystem ist die zum Strom J_0 gehörende Anfahrkurve durch die Gerade $b_1 b_2$ dargestellt. Wie bereits bewiesen, ist die Abhängigkeit $n = f(R)$ für einen konstanten Strom J_0 ebenfalls eine Gerade. Zwei charakteristische Punkte dieser Geraden lassen sich von vornherein feststellen:

1. Zum Vorschaltwiderstand 0 gehört der dem Strom J_0 entsprechende Punkt b_1 auf der Drehzahlkurve (rechtes Koordinatensystem). Im linken Koordinatensystem ist der dem Punkt b_1 zugeordnete Punkt

mit b_1' bezeichnet. Da für ihn $R = 0$ ist, liegt er auf der Ordinatenachse und hat die gleiche Ordinate wie b_1.

2. Zur Geschwindigkeit $n = 0$, Punkt b_2 im rechten System, gehört ein Vorschaltwiderstand R, der sich aus dem Ohmschen Gesetz $R + r = \frac{e}{J_0}$ errechnet. Dieser Punkt ist im linken System mit b_2' bezeichnet.

Die Verbindungslinie der Punkte b_1' und b_2' stellt also die gesuchte Gerade $n = f(R)$ dar. Will man also mit konstantem Strom J_0 anfahren, so müßte der Vorschaltwiderstand gemäß der Verbindungsgeraden b_1'—b_2' verändert werden. Praktisch läßt sich eine stetige Verkleinerung des Vorschaltwiderstandes (abgesehen von Flüssigkeits-

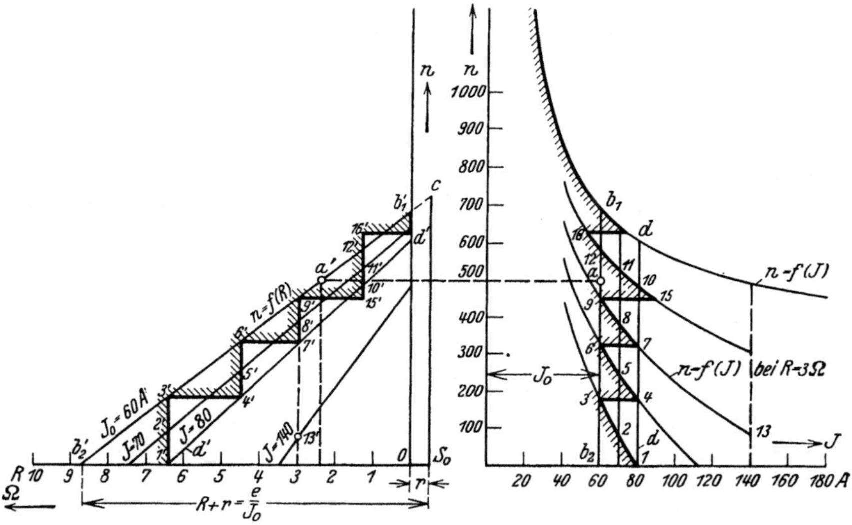

Abb. 17. Stufenweise Anfahrt des Gleichstrom-Hauptstrom-Motors.

anlassern) schlecht verwirklichen, sondern man muß sich darauf beschränken, den Vorschaltwiderstand stufenweise zu verringern.

Die Widerstandsgerade b_1'—b_2' gestattet eine rasche Feststellung der zu irgendeinem Punkte a der Stromgeraden $b_1 b_2$ (J_0 = const) gehörigen Vorschaltwiderstandes. Man projiziert den Punkt a horizontal auf die Widerstandsgerade und erhält a', dessen Abszisse unmittelbar den Vorschaltwiderstand angibt.

Genau so wie für den Stromwert J_0 lassen sich auch für andere Stromwerte die Widerstandsgeraden aufzeichnen. In der Abb. 17 sind die Widerstandsgeraden für $J = 60$, $J = 70$, $J = 80$ und $J = 140$ Amp. aufgezeichnet. Diese Widerstandsgeraden ermöglichen es, für einen beliebigen Vorschaltwiderstand R die zugehörige Drehzahlkurve $n = f(J)$ zu ermitteln. Diese Kurve sei in der Abb. 17 für den Vorschaltwiderstand 3 Ohm bestimmt. Man errichtet im Punkt 3 Ohm (linkes System) eine Senkrechte, welche die Geraden in den Punkten $9'$, $8'$, $7'$, $13'$ schneidet. Zum Punkt $9'$ auf der Widerstandsgeraden 60 Amp. gehört im rechten

Koordinatensystem der auf der Stromgeraden $J = 60$ Amp. in gleicher Ordinate liegende Punkt *9*. Den Punkten *8'*, *7'* und *13'* entsprechen im rechten System die auf den entsprechenden Stromgeraden liegenden Punkte *8*, *7* und *13*. Die Punkte *9*, *8*, *7* und *13* liegen also auf der gesuchten Kurve $n = f(J)$ bei $R = 3$ Ohm.

Die Kurven $n = f(J)$ für konstante Vorschaltwiderstände werden benötigt, um den praktisch wichtigen Fall: das Anlassen eines Motors mit beschränkter Stufenzahl, darstellen zu können. Bei einem solchen Anlassen ist der Strom nicht mehr konstant, sondern schwankt beim Überschalten von einer auf die andere Stufe sprunghaft. Diese sprunghaften Schwankungen sind um so größer, je geringer die Stufenzahl ist.

An einem Beispiel möge der Anlaßvorgang für den Fall gezeigt werden, daß die Stromspitzen auf den Stromgeraden 60 und 80 Amp. liegen sollen. Man zeichnet (linkes Koordinatensystem) innerhalb der Widerstandsgeraden $J = 60$ Amp. und $J = 80$ Amp. eine Zickzacklinie, deren Eckpunkte *1'*, *3'*, *4'*, usw. auf den Widerstandsgeraden liegen. Die entsprechenden Punkte im rechten System, die auf den entsprechenden Stromgeraden liegen, sind mit *1*, *3*, *4*, *6* usw. bezeichnet. Der Zickzacklinie *1'*, *3'*, *4'*, usw. entspricht also die ebenfalls zickzackähnliche Anfahrkurve *1*, *3*, *4*, usw. Zur genaueren Darstellung ist es zweckmäßig noch Zwischenwerte zu zeichnen, die man bekommt, indem man in vorliegendem Beispiel die Widerstandsgerade für $J = 70$ Amp. benutzt und ihre Schnittpunkte mit der Zickzacklinie in das rechte Koordinatensystem überträgt.

Im linken System der Abb. 17 sind 2 Punkte *15'* und *16'* außerhalb der Widerstandsgeraden $J = 60$ Amp. und $J = 80$ Amp. angenommen worden. Ihre entsprechenden Punkte *15* und *16* liegen im rechten System, demgemäß auch außerhalb der Stromgeraden $J = 60$ und $J = 80$ Amp. Im praktischen Betrieb hat man wohl die Absicht, derartige größere Stromspitzen zu vermeiden, bei mehrmotorigen Fahrzeugen liegen jedoch oft Gründe vor, welche dazu zwingen, größere Stromschwankungen zuzulassen (s. S. 184). Die Auswertung der eingezeichneten Zickzacklinie in der Abb. 17 (linke Seite) ergibt, daß für das Anlassen des untersuchten Motors mit den ungefähren Stromgrenzen 60 bis 80 Amp. 5 Anlaßstufen erforderlich sind. Die dazu notwendigen Abstufungen der Vorschaltwiderstandes ergeben sich durch Verlängerung der vertikalen Linien der Zickzacklinie bis zum Schnittpunkt mit der Abszissenachse zu:

Stufe 1	6,4 Ω
„ 2	4,5 Ω
„ 3	3,0 Ω
„ 4	1,3 Ω
„ 5	0,0 Ω

Obwohl das bisher gezeigte Verfahren zur Ermittlung der Anlaßkurven eines einmotorigen Fahrzeuges gilt, ist die Methode, von einigen Nebensächlichkeiten abgesehen, auch für mehrmotorige Fahrzeuge im Prinzip die gleiche. Sind z. B. 2 Motoren parallel geschaltet, denen ein gemeinsamer Widerstand vorgeschaltet ist, so kann man sie sich durch

2*

einen Motor ersetzt denken, der nur halben Motorwiderstand, also $r/2$ hat. Sind 2 Motoren in Reihe geschaltet, so hat der Ersatzmotor doppelten Widerstand, also $2r$. Als Drehzahl ist im letzteren Falle natürlich die zu nehmen, die ein Motor bei halber Spannung hat.

L. Elektrische Widerstands-Bremsung.

Der Aufbau eines Gleichstrom-Bahnmotors unterscheidet sich nicht von dem eines Generators. Das Wesen der generatorischen Wirkung erkennt man am besten aus einem Vergleich der Abb. 18a und 18b. In der Abb. 18a ist der Motor als Motor arbeitend dargestellt, die ausgezogenen Pfeile geben die Stromrichtung an, während der gestrichelte Pfeil die Richtung der EMK zeigt, die dem Strom entgegengesetzt gerichtet ist. Das Produkt aus Strom und EMK ist also negativ. Dies ist das Kennzeichen des Motors.

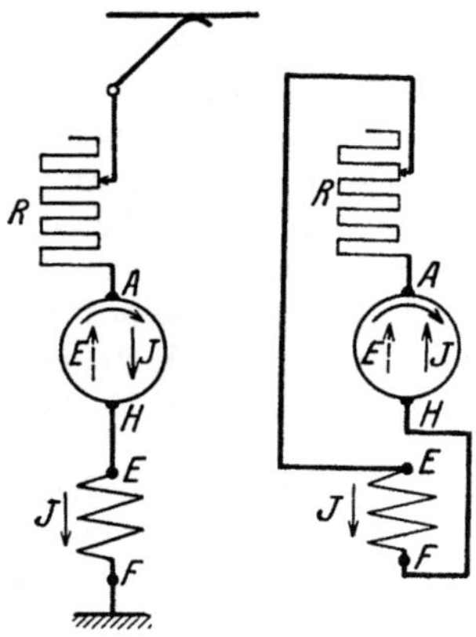

a b

Abb. 18. Schaltungsänderung bei elektrischer Widerstandsbremsung.

Soll der Motor als Generator arbeiten (er wird dabei von außen mit gleicher Drehrichtung z. B. durch die lebendige Energie eines Fahrzeuges angetrieben), so ist Anker und Feld so zu schalten, daß der durch die EMK hervorgerufene Strom, der mit ihr gleiche Richtung hat, das vorhandene remanente Feld verstärkt. Er muß dazu das Magnetfeld im gleichen Sinne durchfließen wie beim Motor. Nur in diesem Falle ist Selbsterregung möglich, da sonst die Remanenz vernichtet würde und kein Strom fließen könnte.

In der Abb. 18b ist der Motor der Abb. 18a als Generator auf einen Widerstand R arbeitend gezeichnet. Man beachte, daß die EMK (gestrichelter Pfeil) sowie der Strom (ausgezogener Pfeil) gleiche Richtung haben, ihr Produkt also positiv ist, was das Kennzeichen einer generatorischen Maschine ist. In der Abb. 18b ist der Anker umgeklemmt worden (Feldanfang E ist jetzt mit A verbunden), damit der Strom J in gleicher Richtung durch das Feld fließt wie bei der motorischen Maschine Abb. 18a.

Da die generatorisch erzeugte elektrische Energie in einem Vorschaltwiderstand vernichtet wird, nennt man diesen Vorgang Widerstandsbremsung.

Die Abb. 19 enthält die Grundlagen zur Berechnung sämtlicher Bestimmungsstücke des als Generator arbeitenden Motors. Man geht, wie bei sämtlichen Untersuchungen, von der Drehzahlcharakteristik des Motors aus. Außerdem zeichnet man sich die EMK $E = e - Jr$ auf. Es sei zunächst die EMK E_g des Generators für eine konstante Drehzahl n_0 berechnet. Es gilt auch hier die Beziehung, daß sich die Drehzahlen verhalten wie die zugehörigen elektromotorischen Kräfte, sofern der Fluß bzw. der Strom gleich ist. Es gilt

$$E_g = E \frac{n_0}{n} . \tag{6a}$$

Da n_0, n und E für jeden Wert von J gegeben sind, kann die Kurve $E_g = f(J)$ berechnet werden. Diese Kurve ist in der Abb. 19 für eine Drehzahl $n_0 = 500$ durch Schraffierung hervorgehoben.

An Stelle der Rechnung läßt sich E_g auch graphisch ermitteln. In einem bestimmten Stromwert errichtet man eine Senkrechte, die die EMK-Kurve E des Motors im Punkte *1*, die Drehzahlkurve im Punkte n und die Drehzahlkurve des Generators n_0 (eine Parallele zur Abszisse) im Punkte *2* schneidet. Man verbindet den Punkt n sowie den Punkt *2* mit dem Ordinatenursprung und zieht durch den Punkt *1* eine Parallele zur Abszisse, die die Verbindungslinie n—*0* im Punkte *5* schneidet. Vom Punkte *5* fällt man ein Lot *5*—*7* auf die Abszisse, das die Verbindungslinie *2*—*0* in *6* schneidet. Zieht man jetzt durch *6* eine Parallele zur Abszisse, so schneidet sie auf der Geraden *4*—n den Punkt *3* aus. Der Punkt *3* ist ein Punkt der gesuchten EMK-Kurve des Generators. Der Beweis für die Richtigkeit ergibt sich aus der Ähnlichkeit der Dreiecke.

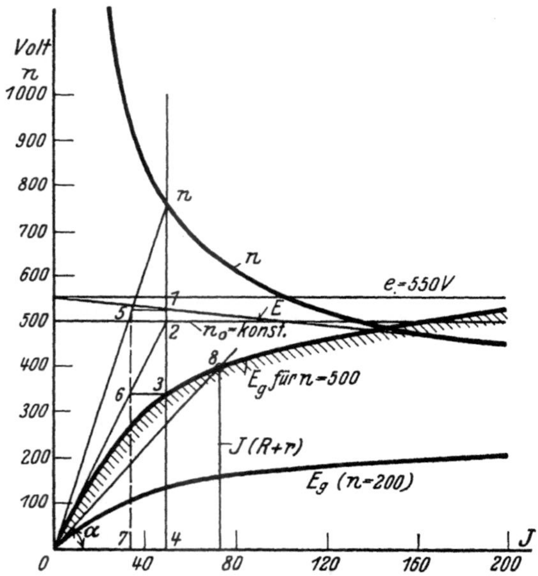

Abb. 19. Generatorspannung des gebremsten Motors.

Hat man die EMK-Kurve E_g für eine bestimmte Drehzahl n_0 ermittelt, so erhält man die EMK-Kurve für eine beliebige andere Drehzahl durch proportionale Umrechnung der Ordinaten. (In der Abb. 19 ist für $n_0 = 200$ ebenfalls die EMK-Kurve berechnet. Die Ordinaten für einen bestimmten Stromwert sind jeweils zwei Fünftel von der Ordinate für $n_0 = 500$.)

Nachdem die EMK-Kurve E_g für eine Drehzahl bekannt ist, kann der Vorschaltwiderstand R ermittelt werden, der bei ihr zur Einstellung eines gewünschten Stromwertes notwendig ist. Der Gesamtwiderstand im Generatorkreis ist $R + r$ (r = Motorwiderstand). Betrachtet man die Verbindungslinie zwischen dem Nullpunkt und dem Schnittpunkt zwischen EMK-Kurve und der Senkrechten im gewünschten Stromwert als Gerade mit der Neigung $\operatorname{tg} \alpha = R + r$, so herrscht in dem Schnittpunkt Gleichgewicht und R läßt sich berechnen aus

$$E_g = J(R + r) . \tag{16}$$

Vergrößert man den Widerstand R immer mehr und mehr, so wird schließlich die Gerade $J(R + r)$ Tangente an die EMK-Kurve. Hier ist der sich einstellende Strom unbestimmt (in Wirklichkeit ist er durch andere Einflüsse eindeutig gegeben), da die Gerade mit dem geradlinigen Teil der EMK-Kurve ein Stück zusammenfällt. Diesen Widerstandswert bezeichnet man als „kritisch", da bei weiterer Vergrößerung des Widerstandes die Gerade $J(R + r)$ mit der EMK-Kurve, abgesehen vom Nullpunkt, keinen Schnittpunkt mehr liefert. Das bedeutet aber, daß keine Selbsterregung mehr möglich ist. Es ergibt sich also für jede Drehzahl ein bestimmter kritischer Widerstand. Auf den Bahnbetrieb übertragen heißt das, daß der Gesamtwiderstand im Bremskreis unterhalb dem entsprechenden kritischen Widerstand für die jeweilige Motordrehzahl liegen muß, wenn eine Bremswirkung zustande kommen soll.

Oft benötigt man die Kurve $n = f(J)$ für konstanten Vorschaltwiderstand. In diesem Falle kann man die Gerade $J(R + r)$ mit der Neigung $\operatorname{tg}\alpha$ und für verschiedene Drehzahlen die zugehörigen EMK-Kurven zeichnen. Diese EMK-Kurven ergeben mit der Geraden $J(R+r)$ Schnittpunkte, aus welchen die Kurve $n = f(J)$ bei konstantem Vorschaltwiderstand aufgetragen werden kann. In der Abb. 20 ist die so erhaltene Kurve $n = f(J)$ aufgezeichnet. Auf die Konstruktion dieser Kurve ist jedoch in der Abbildung nicht näher eingegangen, da im folgenden ein einfacheres Verfahren angegeben ist.

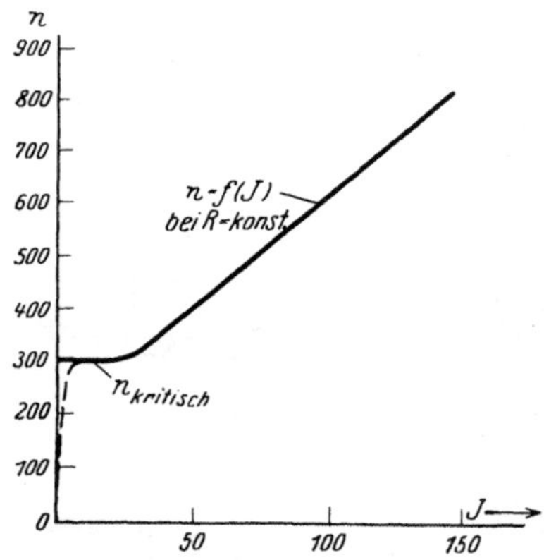

Abb. 20. Drehzahl des gebremsten Motors bei konstantem Vorschaltwiderstand.

Die Drehzahlkurve $n = f(J)$ der Abb. 20 zeigt, daß bei kleinem Strom die Drehzahl konstant ist. Dies sagt physikalisch aus, daß hier die Gerade $J(R + r)$ Tangente an die zu dieser Drehzahl gehörende EMK-Kurve ist. In Wirklichkeit wird jedoch die Drehzahlkurve infolge der Remanenz u. dgl. etwas abbiegen und nach Null zulaufen. Die eben näher erläuterte Drehzahl heißt die „kritische Drehzahl", da bei ihrer Unterschreitung bei dem Widerstand R (wenn man von der gestrichelten Kurve absieht) Selbsterregung nicht mehr möglich ist.

Verfahren zur Berechnung der Bremskurve eines Motors mit Vorschaltwiderstand. Ein Motor, der z. B. mit einem Fahrzeug gekuppelt ist, sei über Vorschaltwiderstände abgebremst. Da das vom Generator verbrauchte Drehmoment (Bremswirkung!) genau so wie beim Motor nur vom Strome abhängig ist, kann man durch Änderung des Vorschaltwiderstandes eine beliebige Bremskraft erzeugen. Im Bahnbetrieb ist man bestrebt, mit konstantem Drehmoment zu bremsen, da dies einer konstanten Verzögerung entspricht. Hier ist wegen des konstanten Stromes die erzeugte EMK proportional der Drehzahl.

In der Abb. 21 ist die Ermittlung der Vorschaltwiderstände erläutert. Als Ausgangskurve ist die EMK E_g für eine konstante Drehzahl z. B. $n_0 = 1000$ aufgezeichnet. (Praktisch wählt man die größte

Drehzahl, aus der gebremst werden soll.) Im Abstand n_0 wird eine Parallele zur Abszissenachse (Strom) gezeichnet, die sich auch auf das linke Feld der Abbildung erstreckt. Hier ist ein zweites Koordinatensystem aufgetragen, und zwar bedeutet die Ordinate ebenfalls die Drehzahl, während die Abszisse den Vorschaltwiderstand R darstellt. Man greift einen bestimmten Stromwert (z. B. 60 Amp. in Abb. 21) und die zugehörige EMK E_g heraus und berechnet die Größe

$$\frac{E_g}{J} = R + r. \tag{16a}$$

Dieser Wert stellt den Gesamtwiderstand dar, den man bei dem betreffenden Stromwert und der Drehzahl vorschalten muß, um Gleich-

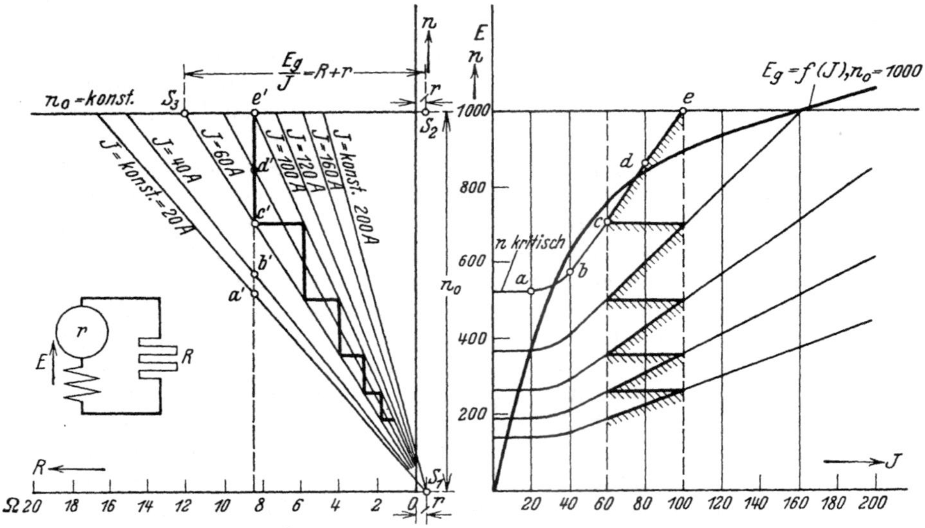

Abb. 21. Stufenweises Bremsen des Gleichstrom-Hauptstrom-Motors.

gewicht zu erhalten. Nimmt die Drehzahl ab, so nimmt auch E_g ab und es muß, damit der Stromwert erhalten bleibt, der Gesamtwiderstand proportional verkleinert werden. Die Kurve $n = f(R)$ für konstanten Stromwert ist also eine Gerade.

Es ist zweckmäßig, daß man im linken System rechts vom Nullpunkt mit der Ordinate n_0 den Motorwiderstand r abträgt (Punkt S_2). Da für n_0 sich $R + r$ zu $\frac{E_g}{J}$ errechnet, kann man, wenn man diesen Wert von S_2 nach links abträgt (Punkt S_3), als Abszisse den Vorschaltwiderstand unmittelbar ablesen. Verbindet man den Punkt S_3 mit dem Punkt S_1, den man erhält, indem man r vom Ursprung nach rechts abträgt, so stellt die Verbindungslinie S_1—S_3 die Abhängigkeit des Vorschaltwiderstandes von der Drehzahl für konstanten Strom J (in der Abb. 60 Amp.) dar.

Die Gerade muß nämlich nach S_1 gezogen werden, da bei der Drehzahl 0 die EMK $= 0$ und auch der Gesamtwiderstand $R + r = 0$ sein muß (wegen des konstanten Stromes), eine Bedingung, die der Punkt S_1 erfüllt.

Es müßte also der Vorschaltwiderstand negativ und gleich r sein. Da ein negativer Widerstand praktisch unausführbar ist, kann also der Motor nicht ganz auf 0 abgebremst werden (für diese Betrachtung ist der mechanische Wirkungsgrad mit 100% eingesetzt worden).

Genau wie für einen Stromwert von $J = 60$ Amp. kann man für beliebige andere Stromwerte die Widerstandsgeraden ermitteln, die alle nach dem Punkte S_1 laufen.

Soll für irgendeinen Vorschaltwiderstand z. B. 8,5 Ω die Drehzahlkurve in Abhängigkeit vom Strom ermittelt werden, so errichtet man für diesen Wert im linken System die Senkrechte, welche die Widerstandsgeraden in den Punkten a', b', c', d', e' schneidet. Überträgt man diese Schnittpunkte unter Beachtung der Stromwerte, für die sie gelten, in das rechte System mit gleicher Ordinate, so bekommt man die Punkte a, b, c, d, e. Diese liegen auf der gesuchten Drehzahlkurve für den angenommenen Vorschaltwiderstand 8,5 Ω.

Soll praktisch ein Motor abgebremst werden, so erfolgt dies nicht durch stetiges, sondern durch stufenweises Verkleinern des Vorschaltwiderstandes. Dabei treten, wie auch bei der Anfahrt, Stromschwankungen auf. Man ist bemüht, diese Schwankungen bei gegebener Stufenzahl möglichst klein zu halten. In der Abb. 21 ist ein Beispiel ausgeführt, bei dem angenommen ist, daß die Stromschwankungen in den Grenzen 60 bis 100 Amp. erfolgen sollen. Man bekommt die entsprechende Widerstandsabstufung, indem man zwischen die beiden, zu $J = 60$ Amp. und $J = 100$ Amp. gehörenden Geraden auf der linken Seite der Abbildung eine Zickzacklinie einzeichnet. Die Abszissen zu den vertikalen Teilen der Zickzacklinie stellen die Vorschaltwiderstände für die einzelnen Stufen dar. Die dazu gehörige Bremskurve ist im rechten System durch eine schraffierte Zickzacklinie hervorgehoben. Sind statt des einen Motors zwei vorhanden, die parallelgeschaltet auf einen gemeinsamen Widerstand arbeiten, so kann man sie durch einen Ersatzmotor ersetzt denken, der jedoch nur halben Motorwiderstand, also $r/2$, hat.

M. Die elektrische Kurzschlußbremsung.

Wird bei der elektrischen Widerstandsbremsung vom Führer aus voller Fahrgeschwindigkeit die Fahrkurbel durchgerissen (z. B. infolge Aufregung in Gefahrfällen), so erzeugt der Motor, weil der Vorschaltwiderstand kurzgeschlossen ist, einen sehr großen Strom und auch eine sehr große Bremskraft. Sie ist so groß, daß die Reaktionskraft an den Rädern, d. h. die Schienenreibung, überwunden wird und die Räder ins Rutschen kommen, und sich dabei langsamer drehen als der Wagengeschwindigkeit entspricht. Dieser Vorgang, den man wegen des Durchreißens Kurzschlußbremsung nennt — im Gegensatz zur Widerstandsbremsung, bei der die Widerstände allmählich verkleinert werden — soll jetzt untersucht werden.

In der Abb. 22 sind die Verhältnisse idealisiert aufgezeichnet, wobei als Abszisse die Geschwindigkeit und als Ordinate die Zeit aufgetragen ist. Im Punkt *a* erfolge die elektrische Kurzschlußbremsung (Durchreißen), bei der die Räder ins Gleiten kommen. Die Wagengeschwindigkeit verläuft gemäß der Kurve *a*—*c*, während die Geschwindigkeit des mit dem Motor gekuppelten Rades im Punkte *a* plötzlich längs der Kurven *a*—*b* stark abnimmt. Im Punkte *b* herrscht zwischen dem elektrisch erzeugten Drehmoment und den auf die Räder übertragenen Reibungskräften Gleichgewicht, d. h. die Drehgeschwindigkeit für das rutschende Rad ist jetzt konstant (bei konstanter Reibung) und verläuft längs der Kurve *b*—*c*. Im Punkte *c* ist die Radgeschwindigkeit gleich der Wagengeschwindigkeit und es tritt wieder ein Rollen des Rades ein. Obige Kurven, welche die Verhältnisse schematisch darstellen, werden sich im praktischen Fall, z. B. durch die Induktivität und durch die Veränderung des Reibungskoeffizienten, etwas ändern. Die wirkliche Kurve des Rades wird mehr den gestrichelten Verlauf annehmen. Interessant ist, daß durch die Wirkung der Induktivität die Radgeschwindigkeit auf kleinere Werte absinkt (s. Punkt *e*), als ohne deren Berücksichtigung.

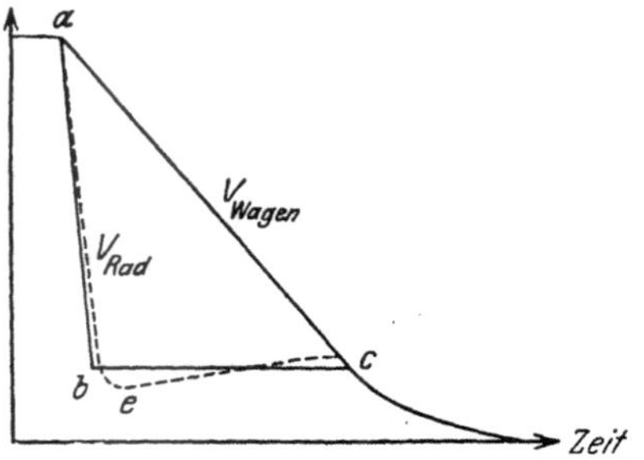

Abb. 22. Idealisierte Kurzschlußbremsung.

Mittels einer Spezialmeßmethode wurden an einem Wagen mit Maximum-Drehgestellen[1] eine Reihe von Versuchen durchgeführt und ausgewertet. Die Abb. 23 zeigt ein solches aufgenommenes Bild einer Kurzschlußbremsung, bei der die Fahrkurbel unmittelbar bis in die letzte Bremsstellung durchgerissen wurde. Der Verlauf der Bremsung entspricht ziemlich genau dem schematischen Bild der Abb. 22. Nachdem Triebrad- und Wagengeschwindigkeit wieder gleich geworden sind, bekommt die Kurve einen flachen Verlauf, weil die Geschwindigkeit so

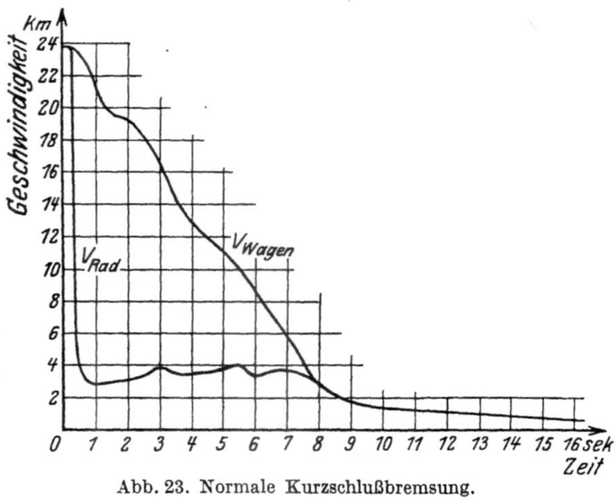

Abb. 23. Normale Kurzschlußbremsung.

[1] Pro Drehgestell nur 1 Motor.

klein geworden ist, daß die elektrische Bremsung aufhört und das Fahrzeug nur durch seine Eigenwiderstände allmählich zum Stillstand kommt.

Abb. 24 stellt ebenfalls eine Kurzschlußbremsung (Durchreißen) dar, bei der jedoch gesandet wurde. Der Bremsverlauf unterscheidet sich von dem der Abb. 23 infolge des steileren Abfalles der Kurve der Wagengeschwindigkeit infolge der größeren Reibung und durch den stärkeren Anstieg, den die Geschwindigkeitskurve des gleitenden Rades gegen Schluß zunimmt. Dieser Anstieg kommt, weil bei Sandung der Reibungskoeffizient zwischen Rad und Schiene bei kleineren Gleitgeschwindigkeiten stark zunimmt. Die Abb. 25 zeigt einen Versuch, bei dem nicht vollkommen durchgerissen, sondern zu rasch geschaltet wurde. Das Rad kommt zunächst ins Rutschen und hat das Bestreben, sich wieder zu fangen. Im Punkte a wurde jedoch weitergeschaltet und es tritt eine erneute Abnahme der Radgeschwindigkeit ein, die dann ungefähr konstant wird, bis sie sich mit der Wagengeschwindigkeit deckt.

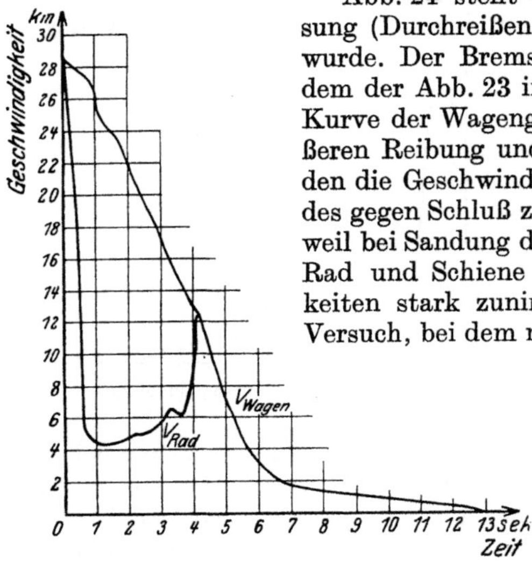

Abb. 24. Kurzschlußbremsung bei Sandung.

In der nachstehenden Tabelle sind unter a) bis c) einige Werte von μ angegeben, die aus Versuchen ermittelt wurden, bei denen das Rad rutschte, sich jedoch noch drehte. Es ergab sich folgendes:

a) trockene Schienen	$\mu = 0{,}14$	bis	0,18
b) feuchte Schienen	$\mu = 0{,}1$	„	0,14
c) trockene Schienen mit Sanden . .	$\mu = 0{,}2$	„	0,25

Wie gezeigt, tritt bei zu raschem Bremsen ein Rollgleiten der Räder ein. Dieses Rollgleiten erzeugt immerhin eine sehr kräftige Bremsung, da der Reibungskoeffizient groß ist. Günstig ist ferner, daß die Bremskraft mit zunehmender Besetzung des Wagens größer wird, sich ihr also anpaßt, so daß die Verzögerung konstant bleibt. Wenn auch die bei der Kurzschlußbremse (Durchreißen der Kurbel!) erzielten Bremswege nicht ungünstig sind und auch im allgemeinen keine unmittelbaren betrieblichen Nachteile auftreten, sollte diese Bremsart betriebsmäßig vermieden werden. Schnelles, aber stufenweises Durchschalten (rasche Widerstandsbremsung!) erzielt kürzere Bremswege und schont die Motoren.

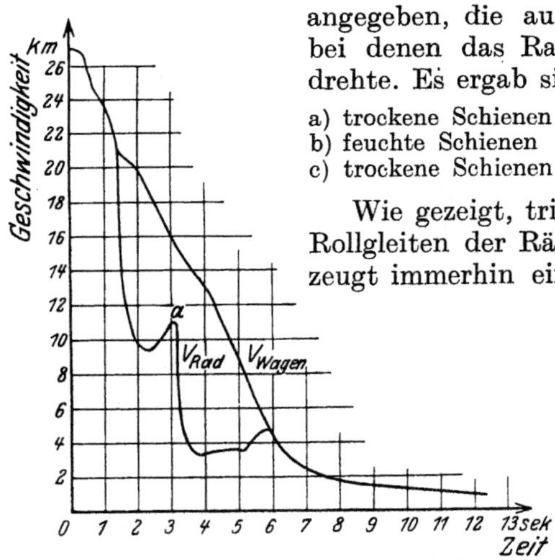

Abb. 25. Bremsung bei zu raschem Schalten.

N. Die Gegenstrombremsung.

Eine weitere Bremswirkung des Hauptstrommotors läßt sich erzielen, wenn bei dem in Fahrt befindlichen Fahrzeug die Fahrtwendewalze auf „rückwärts“ gestellt und dann die Fahrkurbel in eine der Anfahrstufen gebracht wird. Auf die Wirkungsweise dieser Bremsart, die als „Gegenstrombremsung“ bezeichnet wird, sei näher eingegangen.

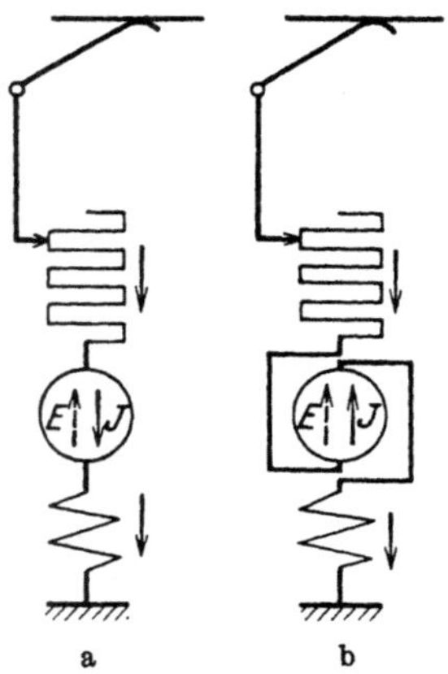

Abb. 26. Schaltungsänderung bei Gegenstrombremsung.

In der Abb. 26a ist der Motor als motorisch arbeitend aufgezeichnet. In der Abb. 26b ist der Anker auf Rückwärtsfahrt umgepolt, befindet sich jedoch in Drehrichtung für Vorwärtsfahrt. EMK und Strom haben jetzt gleiche Richtung, d. h. der Motor arbeitet generatorisch auf den Vorschaltwiderstand. Außerdem wirkt die Klemmenspannung e in gleichem Sinne. Es wirken also Klemmenspannung plus elektromotorische Kraft stromerzeugend. Es gilt also die Beziehung

$$e + E = J(R + r)$$
$$e + c\,n\,\Phi = J(R + r),$$

dabei bedeutet R den Vorschaltwiderstand und r den Motorwiderstand.

In der Abb. 27 ist die EMK-Kurve in Abhängigkeit vom Strom für eine bestimmte Drehzahl n_0 aufgezeichnet. Als Abszissenachse gilt die Gerade I—I. Unterhalb der Geraden I—I ist im Abstande der Klemmenspannung e eine Parallele gezogen, die als neue Abszisse gelte. Zieht man eine Gerade unter dem Winkel $\operatorname{tg}\alpha = (R + r)$, so stellt der Schnittpunkt *1* der Geraden mit der EMK-Kurve den Gleichgewichtszustand dar, da hier die Beziehung gilt

$$e + E = J(R + r).$$

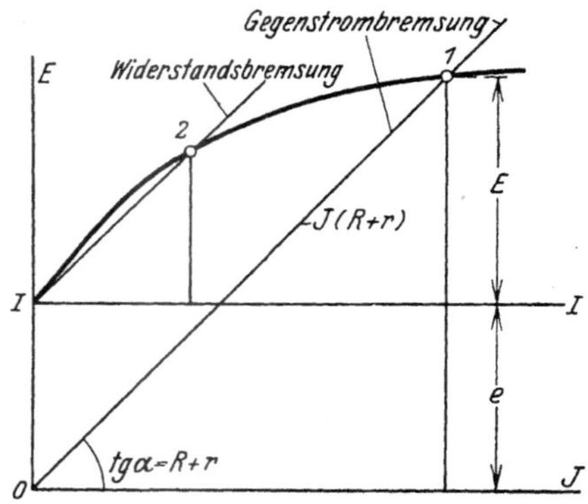

Abb. 27. Diagramm für Gegenstrombremsung.

Es ist außerdem zum Vergleich unter gleichem Neigungswinkel eine Gerade durch den Punkt I gelegt. Der Schnittpunkt *2* dieser Geraden mit der EMK-Kurve gibt den Gleichgewichtszustand bei der normalen Widerstandsbremsung an. Man erkennt, daß bei der Gegenstromschaltung der Bremsstrom ganz wesentlich größer ist als bei der Widerstandsbremsung, gleiche Geschwindigkeit und gleicher Vorschaltwiderstand vorausgesetzt. Eine Überschlagsrechnung zeige, welche Größenordnung in Frage kommen kann. Beträgt z. B. bei der Anfahrt bei 500 Volt der Anfahrstrom 100 Amp., so ist die bei diesem Strom und voller Geschwindigkeit erzeugte Brems-EMK in der Größenordnung von 1000 Volt. Stromerzeugend wirken also jetzt 1000 + 500 = 1500 Volt. Bei gleichem Anfahrwiderstand ergibt sich also jetzt etwa der dreifache Strom wie bei der Anfahrt. Betrachtet man den Fall, daß bei der Anfahrt, also auch bei der Gegenstrombremsung, zwei Motoren in Reihe geschaltet sind, so ergeben zwei Motoren eine EMK von etwa 2000 Volt. Strom-

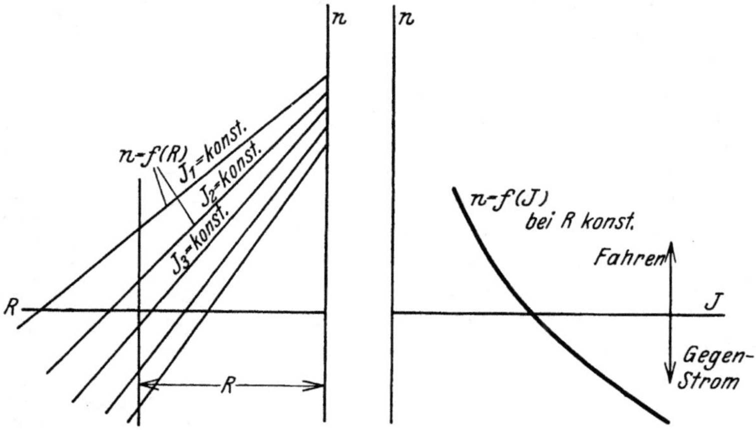

Abb. 28. Ermittlung der Drehzahlkurve bei Gegenstrombremsung.

erzeugend wirken also jetzt 2500 Volt, was etwa einen 5fachen Strom wie bei der Anfahrt ergibt.

Obige Überlegung zeigt, daß diese Verhältnisse unhaltbar sind, es sei denn, daß ein sehr großer Widerstand zusätzlich vorgeschaltet wäre. Erschwerend kommt ferner hinzu, daß der bei der Gegenstrombremsung fließende Strom durch den Automaten fließt und derselbe bei Überströmen auslöst, so daß also jegliche Bremswirkung aufhört. Angewandt werden dürfte deshalb die Gegenstrombremsung nur bei kleinen Geschwindigkeiten und in ganz besonderen Gefahrfällen.

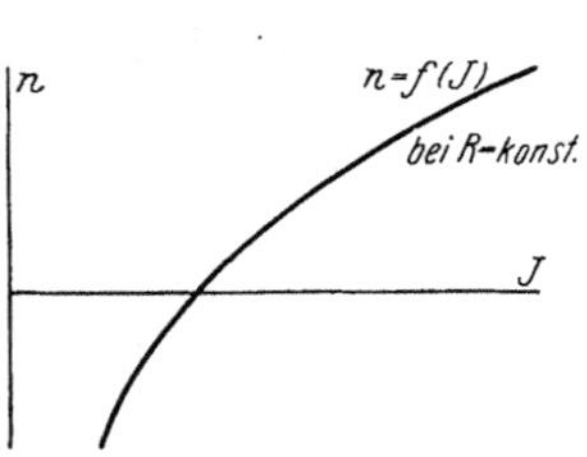

Abb. 29. Drehzahlkurve bei Gegenstrombremsung.

Ist beim Bremsen mit Gegenstrom die Geschwindigkeit 0 erreicht, so beginnt der Motor rückwärts zu laufen, falls er nicht rechtzeitig abgeschaltet wird. Die Gegenstrombremsung kann als Spezialfall der Anfahrt betrachtet werden, bei der die Drehrichtung sich ändert. In der Abb. 28 ist die Anfahrkurve $n = f(J)$ bei gegebenem Vorschaltwiderstand aufgezeichnet. Diese Kurve kann, wie auf S. 18 gezeigt, ermittelt werden, wenn man die Geraden $n = f(R)$ in einem besonderen Koordinatensystem bei konstanten Strömen aufzeichnet, im Abstande R eine Parallele zur Koordinatenachse zieht und die Schnittpunkte mit den Stromgeraden in das Koordinatensystem $n = f(J)$ überträgt. Verlängert man die Geraden, so daß sie in das Gebiet negativer Drehzahlen kommen, so kann die Fortsetzung der Kurve $n = f(J)$ für negative

Drehzahlen ermittelt werden. Diese Fortsetzung entspricht der Gegenstrombremsung.

In der Abb. 29 ist die Kurve $n = f(J)$ nochmals aufgezeichnet, wobei jetzt die bei Gegenstrombremsung auftretenden Drehzahlen als positiv, die bei Anfahrt vorhandenen dagegen als negativ eingezeichnet sind. Es gibt einige Motorschaltungen, bei denen beim Bremsen zunächst Widerstandsbremsung vorhanden ist und bei denen bei der letzten Bremsstufe Gegenstrombremsung einsetzt, da man hierbei im Gegensatz zur Widerstandsbremsung auch im Gefälle vollkommen auf die Geschwindigkeit 0 kommen kann.

O. Die Nutzbremsung des Gleichstrom-Hauptstrom-Motors.

Anstatt den als Generator arbeitenden Motor auf Widerstände zu schalten und dort die von ihm erzeugte Energie zu vernichten, besteht auch theoretisch die Möglichkeit, die erzeugte Energie in das Netz zu schicken. Ein solches Verfahren nennt man Bremsung mit Stromrückgewinnung, Nutzbremsung oder Rekuperation. Es sei im folgenden gezeigt, daß eine solche Nutzbremsung beim reinen Gleichstrom-Hauptstrom-Motor praktisch nicht möglich ist.

In den Abb. 30a und 30b ist der Motor einmal motorisch arbeitend und das andere Mal generatorisch auf das Netz arbeitend dargestellt. Ist die Klemmenspannung des Generators e (gleichbedeutend mit der Netzspannung), so gilt die Beziehung $e = E_g - Jr$. Das heißt, beim Generator ist die Klemmenspannung gleich der erzeugten EMK vermindert um den inneren Spannungsabfall der Maschine. In der Abb. 31 ist die EMK-Kurve E_g in Abhängigkeit vom Strom für eine bestimmte Drehzahl n_0 aufgetragen. Man zieht nun durch den Koordinatenanfang die Gerade Jr des inneren Spannungsabfalles. Ferner sei parallel zu der Geraden Jr eine weitere Gerade g im Abstand der Klemmenspannung e gezeichnet, welche die EMK-Kurve in den beiden Punkten *1* und *2* schneidet. Diese Punkte ergeben zwei Gleichgewichtspunkte, bei denen theoretisch Nutzbremsung möglich, da hier die Bedingung $e = E_g - Jr$ erfüllt ist. Auffällig ist das Bestehen von zwei Gleichgewichtspunkten bei verschiedenen Strömen. Es ist deshalb anzunehmen, daß nur einer der beiden Punkte tatsächlich stabile Verhältnisse hat. Zu deren Untersuchung stellt man folgende Überlegung an: Der Zustand des Generators sei aus irgendeinem Grunde gestört, so daß der vorübergehende Zustand *2''* auf der EMK-Kurve vorhanden sei. (Der Punkt *2''* liege sehr dicht bei *2*.) Da hier die im Abstande e gezogene Spannungsgerade g etwas höher liegt als der Punkt *2''*, wird der Strom das Bestreben haben, abzunehmen, bis der Gleichgewichtszustand *2* wieder erreicht ist. Entspricht andererseits infolge einer kleinen Störung der Zustand dem Punkt *2'*, so ist die EMK im Vergleich zur Klemmenspannung zu groß, der Strom wird

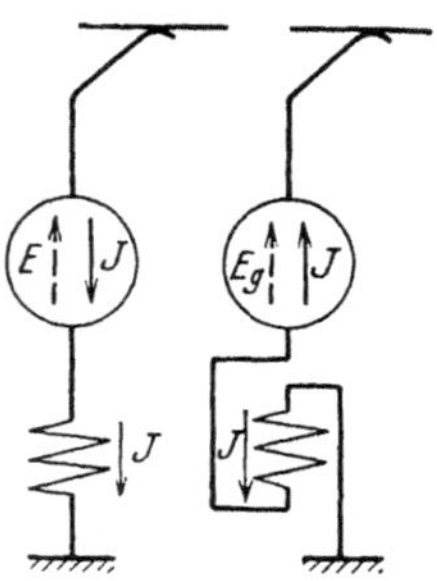

Abb. 30. Umschaltung des Gleichstrom-Hauptstrom-Motors für Nutzbremsung.

also steigen, bis der Gleichgewichtszustand *2* erreicht ist. Der Gleichgewichtszustand *2* ist also stabil.

Die Stabilitätsbetrachtungen mögen auch auf den Punkt *1* angewandt werden. Erfolgt hier die Verschiebung des Zustandes nach dem Punkt *1''*, so ist die EMK im Vergleich zur Klemmenspannung zu groß, der Strom wird also anwachsen und sich von seinem Gleichgewichtszustand *1* immer mehr entfernen, bis der Punkt *2* erreicht ist. Erfolgt andererseits die Verschiebung des Zustandes von *1* nach *1'*, so ist die Spannung im Vergleich zur EMK zu groß, das heißt, der Strom wird immer mehr abnehmen, die Maschine wird sich schließlich umpolen und Klemmenspannung und EMK werden zusammen auf den inneren Widerstand des Motors im Kurzschluß arbeiten. Graphisch

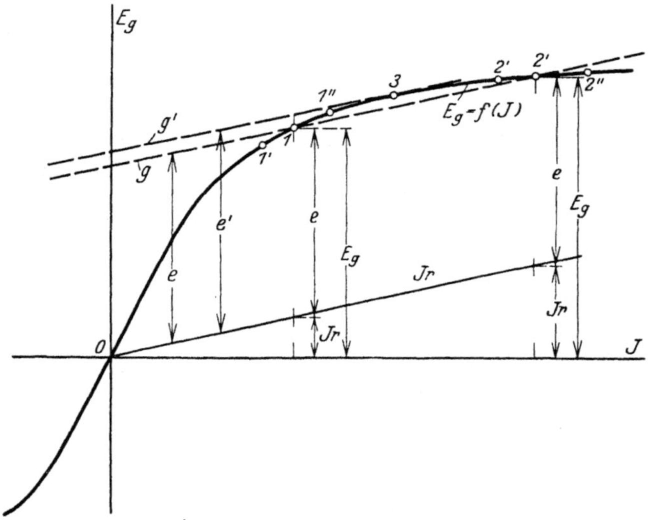

Abb. 31. Stabilitätsuntersuchung der Nutzbremsung von einem Gleichstrom-Hauptstrom-Motor.

würde man den neuen Gleichgewichtszustand finden als Schnittpunkt der nach links verlängerten Spannungsgeraden g mit dem negativen Teil der EMK-Kurve. Der Punkt *1* ist also unstabil.

Es sei nun angenommen, die Maschine arbeite im stabilen Punkte *2* und die Klemmenspannung erfahre kleine Schwankungen. Das heißt, die Spannungsgerade g wird sich parallel etwas verschieben. Aus der Abbildung ersieht man, daß schon kleine Spannungsschwankungen große Änderungen der Stromstärke bewirken, weil die Spannungsgerade sehr flach verläuft. Diese Eigenschaft ist besonders beim Bahnbetrieb sehr unerwünscht, weil Spannungsschwankungen dort oft auftreten. Wird die Spannung e größer als der in der Abbildung aufgetragene Wert e' (die zugehörige Spannungsgerade g' berührt die EMK-Kurve nur im Punkte *3*), so besitzt die Spannungsgerade im positivem Teil überhaupt keine Schnittpunkte (Gleichgewichtszustand) mehr, d. h. die Maschine polt sich um und Spannung und EMK arbeiten auf den Eigenwiderstand der Maschine, was die schlimmste Form des Kurzschlusses ist. Aus den vorstehenden Betrachtungen ergibt sich, daß eine Nutzbremsschaltung, bei der schon kleine Spannungsschwankungen große Stromschwankungen (also ruckhaftes Bremsen) bzw. völligen Kurzschluß erzeugen können, praktisch unbrauchbar ist. Aus diesen Gründen ist eine Nutzbremsung des normalen Reihenschlußmotors ohne zusätzliche Einrichtungen unmöglich.

P. Die Rundfeuergefahr beim Bahnmotor.

Da beim Bahnmotor häufig Überbeanspruchungen (z. B. durch unsachgemäße Bedienung) vorkommen können, so treten bei ihm leichter Rundfeuererscheinungen auf als bei stationären Motoren, deren Betriebsweise meist einfacher ist. Die Ursachen der Rundfeuererscheinungen seien nachstehend behandelt, weil sie für die Beurteilung von Schaltungen und Betriebsverhältnissen wichtig sind.

Die Entstehung des Rundfeuers wird durch die Segmentspannung zwischen zwei benachbarten Lamellen entscheidend beeinflußt und es sei deshalb zunächst der Verlauf der Kurve der Segmentspannung abgeleitet, da diese längs des Kollektorumfanges nicht konstant ist.

Die Segmentspannung an irgendeiner Stelle des Kollektorumfanges ist proportional der Kollektorgeschwindigkeit und der dort zugeordneten Feldstärke. Da die Feldstärke nicht durch die Felderregung allein bestimmt ist, sondern sowohl durch die Erregung vom Anker aus als auch durch die Erregung der Wendepole beeinflußt wird, seien diese Abhängigkeiten gesondert untersucht.

Abb. 32. Schnitt durch einen Gleichstrom-Hauptstrom-Motor (schematisch).

In der Abb. 32 ist schematisch ein Gleichstrommotor aufgezeichnet. Die Richtung und Größe des Hauptfeldes sei mit F, die des Wendefeldes mit W und die des Ankerfeldes mit A bezeichnet. Wendefeld und Ankerfeld wirken einander entgegen, wobei das Wendefeld stärker als das Ankerfeld ist, damit ein Überschuß für die Erzeugung des Wendepolflusses vorhanden ist. In der Abb. 33a ist der Ankerumfang abgewickelt aufgetragen und die Lage zweier Bürsten entgegengesetzter Polarität mit I und II bezeichnet. Die Kurve A der vom Anker erzeugten Ankeramperewindungen zeigt einen dreieckartigen Verlauf und hat ihre Maxima an den Bürsten. Die Kurve des Wendefeldes ist mit W bezeichnet, während die von den Feldamperewindungen erzeugte Kraftlinienverteilung durch die Kurve F dargestellt ist. In Wirklichkeit wird sich durch Übereinanderlagerung der Einzelflüsse ein resultierender Fluß Φ ergeben (wobei allerdings die Kraftliniensättigung zu berücksichtigen ist). Die Flußkurve Φ ist in der Abb. 33a durch Schraffur hervorgehoben, und der Einfluß der Wendepole sowie der

Einfluß des Ankerfeldes ist an der Feldverzerrung zu erkennen. Ohne Eisensättigung hätte die Flußkurve Φ einen Verlauf mit einem Maximum im gestrichelten Teil beim Punkte *a*. In diesem Fall wäre der zwischen den Bürsten gemessene Flächeninhalt der neuen Flußkurve mit der vom Feld erzeugten Flußkurve *F* flächengleich. In Wirklichkeit wird jedoch infolge der Eisensättigung das Maximum der Flußkurve etwas tiefer liegen (Punkt *b*), so daß also der Gesamtfluß infolge der Feldverzerrung kleiner wird.

In der Abb. 33b sind die gleichen Konstruktionen für ein verhältnismäßig schwaches Feld *F* und ein sehr starkes Anker- und Wendefeld *A* und *W* durchgeführt. Die Φ-Kurve zeigt, daß die Feldverzerrung wesentlich größer ist als in Abb. 33a, und daß ihr Maximum erheblich höher liegt als das der ursprünglichen Feldkurve *F*.

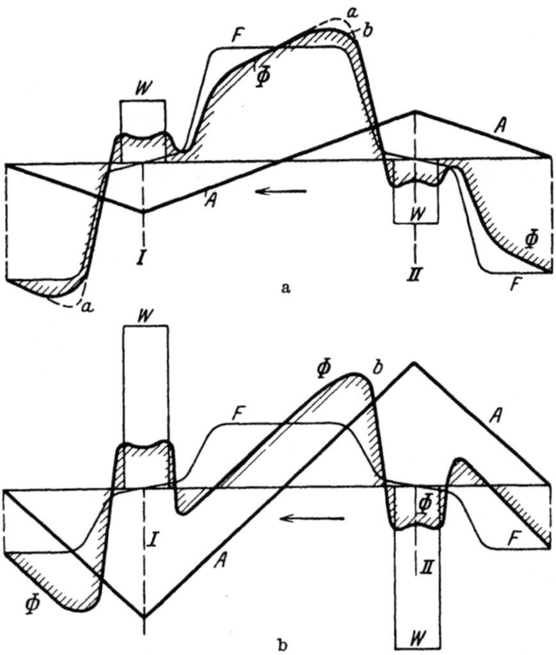

Abb. 33. Feldverzerrung eines Gleichstrom-Hauptstrom-Motors (schematisch).

Es wurde bereits erwähnt, daß die Lamellenspannung für gegebene Kollektorgeschwindigkeit an den einzelnen Stellen des Ankerumfanges proportional der zugeordneten Kraftliniendichte Φ ist. Der Verlauf der Φ-Kurve ist also gleichzeitig ein Maß für den Verlauf der Segmentspannung längs des Kollektorumfanges. Da die Summe der Segmentspannungen zwischen zwei Bürsten gleich der Klemmenspannung sein muß, also der Flächeninhalt der Φ-Kurve proportional der Klemmenspannung ist, wird die maximale Segmentspannung um so größer sein, je stärker die Feldverzerrung ist.

Die Entstehung des Rundfeuers kann verschiedene Ursachen haben.

1. Die maximale Segmentspannung ist zu groß.

Da auf der Glimmerzwischenlage zwischen zwei Segmenten leicht Verschmutzungen und Kohlepartikelchen sich niedersetzen, wird bei zu hoher Spannung zwischen zwei Segmenten über diesen Kriechweg zunächst ein Überschlag und damit ein kleiner Lichtbogen auftreten, der auch bestehen bleibt, wenn er in Gebiete kleinerer Feldstärke gelangt. Durch neu hinzukommende Lamellen, die ebenfalls gezündet werden, wird schließlich ein völliger Kurzschluß zwischen den Bürsten entstehen.

2. Die Bürsten feuern zu stark bei gleichzeitiger starker Feldverzerrung.

Das Rundfeuer wird in diesem Falle eingeleitet durch zu große Stromstärke, wodurch ein starkes Feuern an den Bürsten auftritt, so daß das Wendefeld infolge Sättigung dem Strom nicht mehr proportional folgt. Die bei diesem Strom auftretende Feldverzerrung sei die in der Abb. 33b dargestellte. Die Bewegung der Lamellen hat dabei die eingezeichnete Pfeilrichtung. Aus der Zeichnung folgt, daß die von den Bürsten ablaufenden Lamellen sofort in ein Gebiet höchster Feldstärke gelangen (Punkt *b*). Ist das durch die schlechte Kommutierung erzeugte Bürstenfeuer so stark, daß die kleinen Lichtbögen bis in diesen Bereich gelangen, so bleiben diese Lichtbögen weiter bestehen und werden durch den rotierenden Kollektor mitgerissen. Ein Rundfeuer ist damit eingeleitet. In diesem Fall braucht die maximale Feldstärke nicht so groß zu sein wie im Fall 1, ausschlaggebend ist nur ihre unmittelbare Nachbarschaft zur ablaufenden Kohlenkante.

Da somit die beiden grundsätzlichen Ursachen der Rundfeuerentstehung geklärt sind, mögen einige praktische Fälle behandelt werden, bei denen im Bahnbetrieb leicht Rundfeuer auftritt.

a) Feldschwächung (Shuntung). Da bei Feldschwächung die Feldverzerrung stärker ist als bei normal belasteter Maschine, und andererseits die Klemmenspannung gegeben ist, muß bei ihr eine größere maximale Segmentspannung auftreten als bei vollem Feld. Hieraus folgt, daß ein feldgeschwächter Motor an und für sich für Rundfeuer empfänglicher ist als ein ungeshunteter. Die Verhältnisse werden um so ungünstiger, je stärker die Feldschwächung wird.

Das am häufigsten auftretende Rundfeuer bei Feldschwächung tritt beim Bügelspringen, das heißt bei kurzzeitiger Unterbrechung der Klemmenspannung auf. In der Abb. 34a ist eine Feldschwächungs-Schaltung gezeichnet, bei der ein Teil der Feldwicklung durch die Verbindung *K* kurzgeschlossen ist. Der Motor würde bei geeigneter Bemessung im normalen Betrieb mit dieser Schaltung ohne weiteres verwendungsfähig sein. Tritt jedoch ein Bügelspringen ein, d. h. Spannungsunterbrechung und plötzliche Wiederkehr, so erfolgt ein starker Stromanstieg im Motor (die Anlaßwiderstände sind ja bei der Shuntung bereits kurzgeschlossen). Hierbei wird in den kurzgeschlossenen Windungen transformatorisch ein Strom erzeugt, der die Ausbildung des Kraftlinienfeldes zu hindern sucht. Man hat also ein sehr schwaches Feld, damit eine sehr kleine Gegen-EMK, also einen sehr großen Ankerstrom. Die Vorbedingungen für Rundfeuer sind also gegeben und Rundfeuer wird bei dieser Schaltung unvermeidlich sein, weshalb sie im Bahnbetrieb nicht verwendet wird.

Am günstigsten bezüglich Rundfeuer verhält sich die in Abb. 34b dargestellte Feldschwächungsschaltung, bei der die Shuntung durch

Feldanzapfung erfolgt. (Das unbenutzte Feldende bleibt frei.) Hier wird beim Bügelspringen und wiederkehrender Spannung der gesamte Strom durch das Feld fließen und auch ganz zur Felderzeugung benutzt werden, da keine Gegenamperewindungen auftreten können. Die in der Abb. 34c dargestellte normale Feldschwächungsschaltung mit parallel zur Feldwicklung geschaltetem Ohmschen Widerstand ist hinsichtlich Rundfeuergefahr nicht so günstig wie die vorige. Bei Bügelspringen und darauf wiederkehrender Spannung wird der Strom infolge der Induktivität des Feldes im ersten Augenblick hauptsächlich über den Parallelwiderstand *W* fließen, d. h. es wird nicht der volle, dem Shuntungsverhältnis entsprechende Strom zur Ausbildung des Feldes verwendet. Damit ist wieder der Fall des schwachen Feldes bei gleichzeitig hohem Ankerstrom gegeben. Bei hinreichend bemessenen Motoren und nicht zu starker Feldschwächung ($\alpha > 0{,}5$) genügt diese Schaltung jedoch meistens den Anforderungen. Die Schaltung kann wesentlich verbessert werden, wenn an Stelle des Ohmschen Widerstandes *W* ein Widerstand mit hinreichender Induktivität gesetzt wird. Der wiederkehrende Strom wird sich im ersten Augenblick etwa im umgekehrten Verhältnis der Induktivitäten verteilen und durch das Feld wird ein genügender Strom fließen, so daß kein Rundfeuer auftritt.

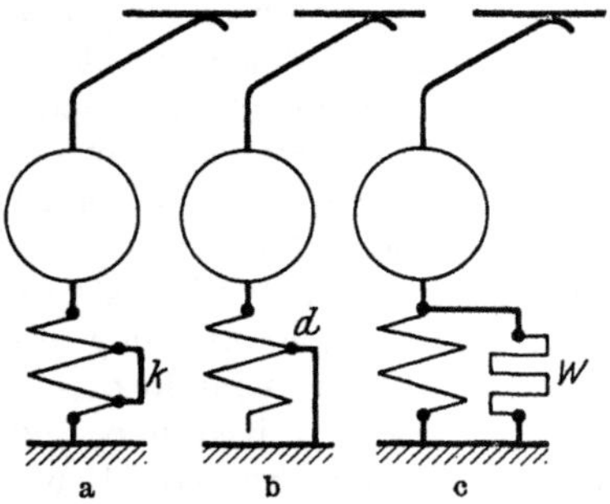

Abb. 34. Feldschwächungsschaltungen.

b) Elektrische Kurzschlußbremse. Da bei der elektrischen Kurzschlußbremsung am Anker wesentlich höhere Spannungen auftreten als bei normalem Fahrbetrieb, tritt hier öfter Rundfeuer auf. Die hohen Spannungen haben folgende Ursache: Die Drehzahl beim Stundenstrom eines Bahnmotors liegt ungefähr in der Gegend von ein Halb bis ein Drittel der Höchstgeschwindigkeit. Da die bei der Kurzschlußbremsung erzeugte Spannung proportional der Geschwindigkeit und dem Fluß ist, wird beim Bremsen mit Stundenstrom und maximaler Geschwindigkeit die zwei- bis dreifache Spannung erzeugt. Bei einem 550-Volt-Motor können also Spannungen in der Größe von 1000 und 1500 Volt beim Bremsen mit Stundenstrom auftreten. Die Segmentspannungen sind also entsprechend größer als beim normalen Fahrbetrieb und die Rundfeuergefahr wird vervielfacht. Es ist bei dem Entwurf eines Motors deshalb außerordentlich wichtig, zu wissen, ob er für elektrische Bremsung verwendet werden muß, da dann für die normalen Segmentspannungen nur kleinere Werte zulässig sind.

Besonders ungünstig liegen beim elektrischen Bremsen die Verhältnisse, wenn der Führer in Gefahrfällen unzulässig bremst, d. h. bei großer Fahrgeschwindigkeit die Bremskurbel durchreißt, so daß also bei an und für sich größter Ankerspannung gleichzeitig größter Ankerstrom auftritt. Rundfeuer wird sich bei derartigen „Notbremsungen“ auch bei den bestkonstruierten Motoren einstellen können. Sehr oft wird dieses Rundfeuer jedoch nicht bemerkt, da, wie bereits gezeigt, die Triebachsen ins Rutschen kommen, sich nur ganz langsam drehen, die EMK des Motors klein wird und damit das Rundfeuer aufhört.

Q. Erwärmungsberechnung.

1. Allgemeine Eigenschaften der Erwärmungskurve bei konstanter Wärmezufuhr.

Die Bemessung der Leistung von elektrischen Maschinen erfolgt durchweg nach den zulässigen Temperaturen der verwendeten Baustoffe (s. S. 51). Diese dürfen nicht überschritten werden, da z. B. bei Isolierstoffen das Gefüge zerstört würde. Auch für den Kollektor sind Temperaturgrenzen gegeben, da er anlaufen kann und dadurch rauh wird. Die Erwärmung einer Maschine hängt nicht nur von der momentanen Last, sondern auch von deren Dauer ab, also ist das Erwärmungsproblem sowohl ein Belastungs- als auch ein Zeitproblem. Da eine elektrische Maschine in bezug auf Erwärmung ein äußerst kompliziertes Gebilde darstellt, ist eine exakte Berechnung meist nicht möglich. Man ist deshalb gezwungen, sich für jeden Teil, dessen Temperatur interessiert, einen Vergleichskörper vorzustellen, dessen Temperaturverhalten ungefähr mit dem des wirklichen Körpers übereinstimmt. Dabei genügen für den Vergleichskörper solche Eigenschaften, die eine Berechnung des Temperaturverhaltens mit genügender Genauigkeit ermöglichen. Der Vergleichskörper muß folgende Eigenschaften haben:

1. er muß Wärme aufspeichern können,
2. er muß Wärme nach außen abgeben können,
3. die Wärme muß in ihm erzeugt werden.

Um den Körper der Berechnung zugänglich zu machen, nimmt man außerdem an, daß er an allen Stellen gleiche Temperatur hat. Ein Körper mit solchen Eigenschaften sei der folgenden Berechnung zugrunde gelegt.

Es bedeuten:

Q = sekundliche Wärmemenge in Watt,
G = Gewicht in kg,
c = spezifische Wärme in Joule/kg °C,
F = Oberfläche in cm²,
ϱ = Wärmeabgabekoeffizient in Watt/cm² °C,
ϑ = Temperatur in °C,
t = Zeit in sec.

Wird dem Vergleichskörper während der Zeiteinheit die Wärmemenge Q zugeführt, so geht ein Teil durch Ableitung an die kältere Umgebung verloren. Dieser Betrag ist um so größer, je größer die Temperaturdifferenz ϑ, je größer die abkühlende Fläche F und je größer der Wärmeabgabekoeffizient ϱ ist. Während der unendlich kleinen Zeit dt ist also die verbleibende Wärmemenge $(Q - \varrho F \vartheta)\, dt$. Diese Wärmemenge dient zur Temperaturerhöhung des Körpers. Sie ist proportional der gesamten spezifischen Wärme (Gewicht des Körpers mal spezifischer Wärme) und der Temperaturerhöhung $d\vartheta$. Es gilt also die Beziehung:

$$(Q - \varrho F \vartheta)\, dt = G c\, d\vartheta. \tag{17}$$

Die Integration dieser Differentialgleichung ergibt

$$\vartheta = \frac{Q}{\varrho F} - C e^{-\frac{t}{\frac{G c}{\varrho F}}}. \tag{18}$$

Dabei ist e die Basis des natürlichen Logarithmus. Die Integrationskonstante C der Gleichung (18) ist gemäß den Anfangsbedingungen zu bestimmen. Es sei zur Zeit $t = 0$ die Temperatur $\vartheta = 0$. Berücksichtigt man, daß $e^0 = 1$ ist, so ergibt sich die Integrationskonstante zu $C = \frac{Q}{\varrho F}$. Durch Einsetzen in Gleichung (18) ergibt sich

$$\vartheta = \frac{Q}{\varrho F}\left(1 - e^{-\frac{t}{\left(\frac{G \cdot c}{\varrho F}\right)}}\right). \tag{19}$$

Diese Gleichung läßt sich noch vereinfachen, da der Ausdruck

$$\frac{Q}{\varrho F} = \vartheta_e \tag{20}$$

die Endtemperatur darstellt, bei welcher die gesamte zugeführte Wärme an die Umgebung abgegeben wird.

Setzt man außerdem den Klammerausdruck im Exponenten

$$\frac{G c}{\varrho F} = Z \quad \text{(Zeitkonstante)}, \tag{21}$$

so ergibt sich

$$\boldsymbol{\vartheta = \vartheta_e\left(1 - e^{-\frac{t}{Z}}\right)}. \tag{22}$$

Abb. 35 zeigt den Verlauf der Kurve nach Gleichung (22). Die Temperatur steigt zunächst steil an und nähert sich schließlich asymptotisch der Endtemperatur ϑ_e.

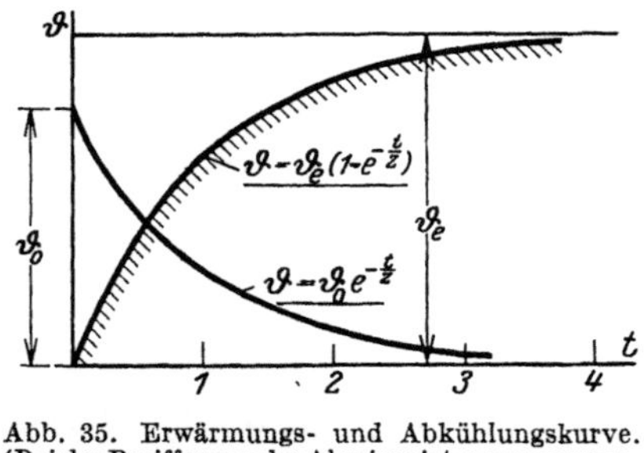

Abb. 35. Erwärmungs- und Abkühlungskurve. (Bei der Bezifferung der Abszisse ist angenommen, daß $Z = 1$ ist.)

Die Gleichung (18) enthält auch den Fall, daß der Körper sich abkühlt, also die zugeführte Wärme gleich Null ist. Setzt man nämlich $Q = 0$, so geht sie über in

$$\vartheta = -C e^{-\frac{t}{Z}}. \tag{23}$$

Die Integrationskonstante C folgt aus der Bedingung, daß zur Zeit $t = 0$ die Temperatur den Wert ϑ_0 habe. Es ergibt sich also $C = -\vartheta_0$. In Gleichung (23) eingesetzt

$$\boldsymbol{\vartheta = \vartheta_0 e^{-\frac{t}{Z}}}. \tag{24}$$

In der Abb. 35 ist eine solche Abkühlungskurve gezeichnet, ausgehend von der Anfangstemperatur ϑ_0.

Zur Ableitung wichtiger Eigenschaften der Erwärmungs- und Abkühlungskurve sei zunächst der Temperaturanstieg, also die Tangente, bestimmt. Differenziert man die Gleichung (22), so ist

$$\frac{d\vartheta}{dt} = \frac{\vartheta_e}{Z} e^{-\frac{t}{Z}}. \tag{25}$$

Man betrachtet in der Abb. 36 die Temperatur zur Zeit t (Punkt *1*). Da die Ordinate den Wert $\vartheta_e\left(1 - e^{-\frac{t}{Z}}\right)$ hat, muß der Abstand zwischen Ordinate und Endtemperatur $\vartheta_e - \vartheta = \vartheta_e e^{-\frac{t}{Z}}$ sein. Man kann also Gleichung (25) auch schreiben

$$\frac{d\vartheta}{dt} = \frac{\vartheta_e - \vartheta}{Z}, \tag{26}$$

d. h. die Tangente im Punkt *1* schneidet auf der im Abstand ϑ_e gezogenen Parallele zur Abszissenachse eine Strecke von der Größe Z aus. Da der Punkt *1* auf der Kurve beliebig war, gilt allgemein: die in irgendeinem Punkte der Erwärmungskurve gezogene Tangente schneidet auf der Parallelen zur Endtemperatur die Strecke Z aus. Die Größe Z heißt „Zeitkonstante“, da sie die Dimension einer Zeit hat und eine wichtige Konstante für den Erwärmungsvorgang ist.

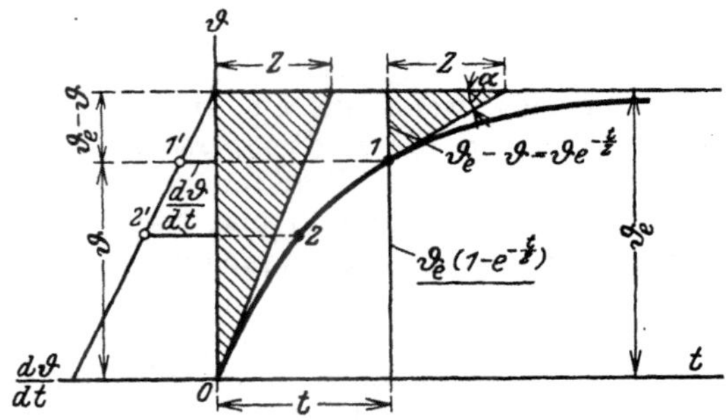

Abb. 36. Temperaturkurve und Zeitkonstante.

Einen besonderen Fall stellt die Tangente im Anfangspunkt der Erwärmungskurve dar. Hier wird die gesamte zugeführte Wärme zur Temperaturerhöhung verwendet, denn die Wärmeabgabe ist hier wegen der kleinen Temperatur ϑ vernachlässigbar klein. Die Tangente stellt in ihrem weiteren Verlauf den Temperaturanstieg dar, der eintritt, sofern keinerlei Abkühlung stattfindet. Die Temperatur ϑ_e wird dabei zur Zeit Z erreicht. Die Zeitkonstante $Z = \frac{G c}{\varrho F}$ ist um so größer, je größer das Gewicht und die spezifische Wärme des Körpers und je kleiner die abkühlende Fläche und der Wärmeabgabekoeffizient sind.

Als Beispiel sei hier ein Vergleich zwischen zwei elektrischen Maschinen annähernd gleicher Abmessungen angestellt, von denen die eine gelüftet sei, die andere nicht. Für die Ermittlung der Zeitkonstante ergeben sich laut Gleichung (21) gleiche Zähler, jedoch ungleiche Nenner. Der Nenner ist bei der gelüfteten Maschine größer, da die Wärmeabgabe stärker ist. Die Zeitkonstante bei einer gelüfteten Maschine ist demzufolge kleiner als bei einer ungelüfteten. Das Verhältnis beträgt bei

Bahnmotoren ungefähr eins zu drei. Damit ist ein Mittel gegeben, die Qualität der Lüftung bei annähernd gleich schweren Maschinen zu vergleichen; je kleiner die Zeitkonstante, desto besser ist die Lüftung.

Die Zeitkonstante ist außerdem ein Maß für die Schnelligkeit, mit der die Endtemperatur ϑ_e erreicht wird. Durch Auswertung der Gleichung (22) ergibt sich z. B. für eine Zeit gleich der dreifachen Zeitkonstanten die Temperatur zu etwa 96% der Endtemperatur. Da theoretisch die Endtemperatur erst nach unendlich langer Zeit eintritt, ist ein praktischer Anhaltspunkt wichtig, durch den man beurteilen kann, nach welcher Zeit die Endtemperatur ungefähr erreicht wird. Man muß also einen Motor, dessen Zeitkonstante 1 Stunde beträgt, im Prüffeld mindestens 3 Stunden laufen lassen, um in die Nähe seiner Endtemperatur zu kommen.

Die Gleichung (26) gestattet außerdem eine weitere geometrische Auslegung, wenn man ϑ als die eine und die Steigung $\frac{d\vartheta}{dt}$ als die andere Veränderliche betrachtet. Beide Größen sind durch eine lineare Beziehung miteinander verbunden und werden also bildlich durch eine Gerade dargestellt. Diese Gerade ist in Abb. 36 auf der linken Seite gezeichnet, und zwar ist als Abszisse die Steigung und als Ordinate die Temperatur aufgetragen. Die Gerade schneidet die Temperaturachse im Abstand ϑ_e (Endtemperatur). Diese Gerade wird praktisch oft gezeichnet, wenn nur ein kleiner Bereich der Erwärmungskurve bekannt ist und die Endtemperatur ermittelt werden soll. Man bestimmt dann an zwei Punkten der Erwärmungskurve graphisch die Steigung (Punkt *1* und *2*) und trägt diese Steigung in irgendeinem Maßstab von der Temperaturachse nach links ab. Die Gerade, die man durch die beiden Punkte *1'* und *2'* zieht, schneidet die Temperaturachse in der gesuchten Endtemperatur ϑ_e. In Wirklichkeit wird man mehrere Punkte zeichnen, durch die man eine mittlere Gerade zieht (wegen der Versuchsfehler).

Häufig interessiert das Temperaturverhalten bei gegebener Anfangstemperatur ϑ_0. In der Abb. 37 ist ein solcher Temperaturverlauf auf-

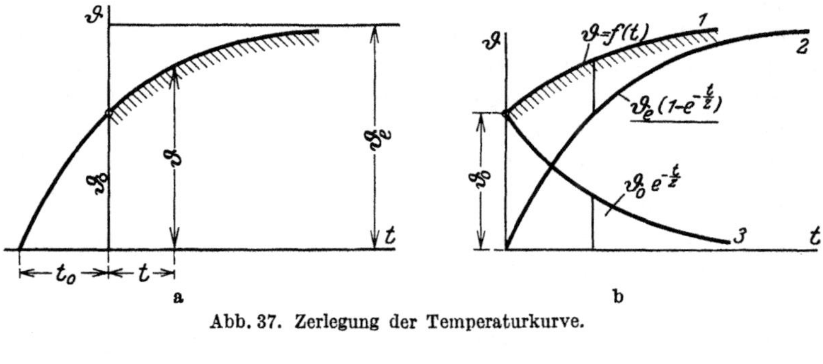

Abb. 37. Zerlegung der Temperaturkurve.

gezeichnet. Man kann sich vorstellen, daß die Anfangstemperatur ϑ_0 erreicht wurde, indem der Körper während der Zeit t_0 vom kalten Zustand ausgehend mit gleicher sekundlicher Wärmezufuhr erwärmt wurde. Um die Temperatur ϑ, die bei der Zeit t vorhanden ist, zu erhalten, genügt die Anwendung der Gleichung (22), nur muß für die Zeit, der Wert $t + t_0$, eingesetzt werden.

Es folgt also:

$$\vartheta = \vartheta_e \left(1 - e^{-\frac{t_0 + t}{Z}}\right). \tag{27}$$

Durch Umformung ergibt sich

$$\vartheta = \vartheta_e - \vartheta_e e^{-\frac{t_0}{Z}} \cdot e^{-\frac{t}{Z}}. \tag{28}$$

Da $\vartheta_e e^{-\frac{t_0}{Z}} = \vartheta_e - \vartheta_0$ ist (diese Beziehung findet man, wenn man in Gleichung (27) $t = 0$ und $\vartheta = \vartheta_0$ setzt), geht die Gleichung (28) über in

$$\vartheta = \vartheta_e - (\vartheta_e - \vartheta_0)\, e^{-\frac{t}{Z}}. \tag{29}$$

Zieht man auf beiden Seiten dieser Gleichung den Wert ϑ_0 ab, so läßt sich diese Gleichung schreiben

$$\vartheta - \vartheta_0 = (\vartheta_e - \vartheta_0)\left(1 - e^{-\frac{t}{Z}}\right). \tag{30}$$

Diese Gleichung, die allgemein, also auch bei Abkühlung gilt, besagt, daß bei gegebener Anfangstemperatur ϑ_0 die von ihr aus gemessene Temperatur gleich $\vartheta_e - \vartheta_0$ multipliziert mit der Exponentialfunktion $\left(1 - e^{-\frac{t}{Z}}\right)$ ist, d. h. die Kurve hat auch hier denselben Charakter, der also unabhängig von der Ausgangstemperatur ist. Die Gleichung (30) läßt sich umformen in

$$\vartheta = \vartheta_e\left(1 - e^{-\frac{t}{Z}}\right) + \vartheta_0 e^{-\frac{t}{Z}}, \tag{31}$$

was eine andere physikalische Deutung des Erwärmungsvorganges zuläßt. Das erste Glied dieser Gleichung gibt die Temperaturerhöhung an, wenn die Ausgangstemperatur Null wäre. Das zweite Glied gibt den Betrag an, um den sich der Körper abkühlen würde (keine Wärmezufuhr!), wenn die Anfangstemperatur ϑ_0 ist. Man kann sich also eine beliebige Erwärmung stets zerlegt denken in eine Erwärmung beginnend vom kalten Zustand des Körpers und in eine überlagerte Abkühlung beginnend mit der Anfangstemperatur des Körpers. In der Abb. 37b ist die Erwärmungskurve *1*, mit der Temperatur ϑ_0 beginnend, aufgezeichnet, und gemäß dem Überlagerungsprinzip in eine Erwärmungskurve *2* und eine Abkühlungskurve *3* zerlegt. Die Kurve *1* ist die Summenkurve von *2* und *3*.

2. Aussetzende Erwärmung.

Das Überlagerungsprinzip gestattet die Berechnung des Temperaturverlaufs eines Körpers, der periodisch erwärmt und abgekühlt wird. In der Abb. 38a ist der Temperaturverlauf mit der Temperatur ϑ beginnend aufgezeichnet, während die Abb. 38b die zugehörigen Belastungen (Wärmezufuhr Q) darstellt. Die Wärmezufuhr habe die Zeitdauer t_1 und die darauf folgende Abkühlung die Zeitdauer t_0. Das

Gesamtspiel, nach dem der Körper wieder seine Anfangstemperatur ϑ habe, ist also $t_0 + t_1$. Würde der Körper sich mit der Temperatur ϑ beginnend während der Zeit $t_0 + t_1$ nur abkühlen (also keine Wärmezufuhr), so würde seine Temperatur den Betrag $\vartheta e^{-\frac{t_0+t_1}{Z}}$ annehmen. Da gegen Ende des Spieles jedoch eine Wärmezufuhr während der Zeit t_1 stattfindet, würde der Körper bei kaltem Zustande beginnend sich um den Betrag $\vartheta_e\left(1 - e^{-\frac{t_1}{Z}}\right)$ erwärmen. Durch Addition der beiden Temperaturen bekommt man die am Ende des Spieles erreichte Temperatur, die gemäß den Voraussetzungen wieder den Betrag ϑ haben soll. Es gilt also die Gleichung

$$\vartheta e^{-\frac{t_1+t_0}{Z}} + \vartheta_e\left(1 - e^{-\frac{t_1}{Z}}\right) = \vartheta,$$

die umgeformt übergeht in die Gleichung

$$\vartheta = \vartheta_e \frac{1 - e^{-\frac{t_1}{Z}}}{1 - e^{-\frac{t_1+t_0}{Z}}}. \qquad (32)$$

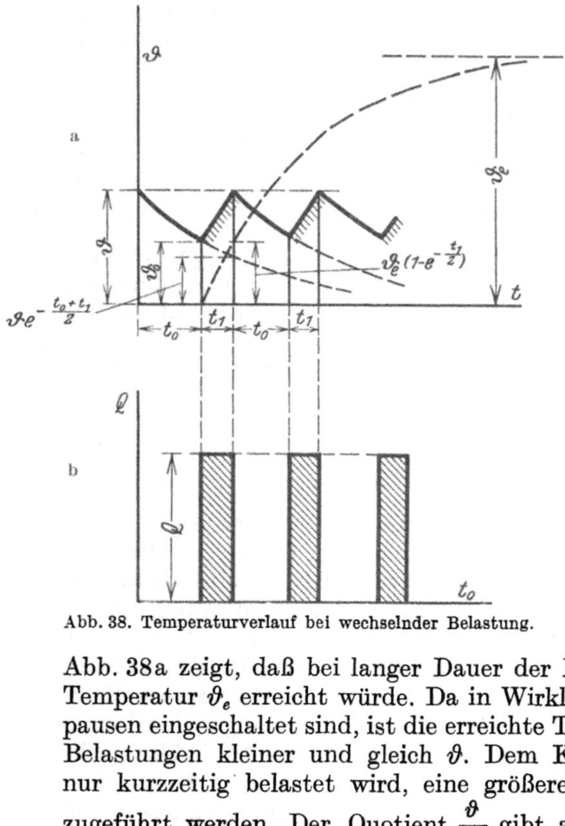

Abb. 38. Temperaturverlauf bei wechselnder Belastung.

Außer der höchsten Temperatur ϑ ist die niedrigste ϑ_0 von Interesse, die am Ende der Abkühlungspause t_0 erreicht wird. Unter Anwendung der Gleichung (24) folgt

$$\vartheta_0 = \vartheta e^{-\frac{t_0}{Z}}. \qquad (33)$$

Abb. 38a zeigt, daß bei langer Dauer der Belastung Q eine sehr hohe Temperatur ϑ_e erreicht würde. Da in Wirklichkeit jedoch Abkühlungspausen eingeschaltet sind, ist die erreichte Temperatur trotz der starken Belastungen kleiner und gleich ϑ. Dem Körper kann also, wenn er nur kurzzeitig belastet wird, eine größere sekundliche Wärmemenge zugeführt werden. Der Quotient $\frac{\vartheta}{\vartheta_e}$ gibt an, um wieviel der Körper kurzzeitig durch Wärmezufuhr überlastet werden darf, ohne daß die Temperatur ϑ überschritten wird. Man bezeichnet diesen Faktor als „Überlastungsfaktor". Für ihn gilt

$$\frac{\vartheta_e}{\vartheta} = p = \frac{1 - e^{-\frac{t_1+t_0}{Z}}}{1 - e^{-\frac{t_1}{Z}}}. \qquad (34)$$

Da die Temperaturen bei konstantem Widerstand sich wenigstens annähernd verhalten wie die Quadrate der Ströme, kann für den Belastungsfaktor auch gesetzt werden

$$p = \left(\frac{J}{J_d}\right)^2. \tag{35}$$

Dabei bedeutet J den während des Belastungsintervalles t_1 fließenden Strom, während J_d den Dauerstrom für die zulässige Erwärmung angibt. Die Gleichung (35) läßt sich auch schreiben, wenn man J als J_{zul} bezeichnet

$$J_{zul} = J_d \sqrt{\frac{1 - e^{-\frac{t_1 + t_0}{Z}}}{1 - e^{-\frac{t_1}{Z}}}} = J_d \sqrt{p}. \tag{36}$$

Sollte man häufig einen Belastungsfaktor auszurechnen haben, so empfiehlt es sich, ein für allemal eine Kurve $1 - e^{-x}$ aufzuzeichnen. Wählt man die Abszisse das eine Mal $\frac{t_1 + t_0}{Z}$ und das andere Mal $\frac{t_1}{Z}$, so ergibt das Verhältnis der beiden Ordinaten direkt den Belastungsfaktor p.

Die Gleichung (36) läßt sich für viele Spezialfälle wesentlich vereinfachen. Oft ist die Spieldauer im Vergleich zur Zeitkonstanten sehr klein. Ist also $\frac{t_1 + t_0}{Z}$ wesentlich kleiner als 1, so kann näherungsweise gesetzt werden

$$e^{-\frac{t_1 + t_0}{Z}} = 1 - \frac{t_1 + t_0}{Z}. \tag{37a}$$

Entsprechend gilt

$$e^{-\frac{t_1}{Z}} = 1 - \frac{t_1}{Z}. \tag{37b}$$

Setzt man diese Werte in Gleichung (36) ein, so ergibt sich die Gleichung

$$\boldsymbol{J_{zul} = J_d \sqrt{\frac{t_1 + t_0}{t_1}}}. \tag{38}$$

Ein kleines Beispiel zeige die Anwendung: Ein Gußeisenwiderstand habe den zulässigen Dauerstrom 70 Amp. und werde periodisch eine Minute erwärmt und zwei Minuten abgekühlt. Wie groß ist der intermittierend zulässige Strom, ohne daß die zulässige Erwärmung überschritten wird? Da die Zeitkonstante dieses Gußeisenwiderstandes etwa 15 Minuten beträgt und die Spieldauer von 3 Minuten klein ist im Vergleich dazu, darf die Gleichung (38) angewendet werden. (Da bei den meisten Temperaturberechnungen eine übergroße Genauigkeit nicht verlangt wird, ist es zulässig, die Gleichung (38) für ein Verhältnis der Spieldauer zur Zeitkonstanten von 1 zu 5 anzuwenden.) Setzt man die Werte ein, so bekommt man $J_{zul} = 70\sqrt{\frac{1+2}{1}}$, also $J_{zul} = 121$ Amp. Dieser Strom ist also erheblich höher als Dauerstrom 70 Amp.

Es sei noch ermittelt, um wieviel die Temperatur bei einem solchen aussetzenden Betriebe schwankt. Dabei sei die Annahme gemacht, daß $\frac{t_0}{Z} \ll 1$ sei.

Gleichung (33) geht dabei mit den Vereinfachungen der Gleichung (37) über in

$$\vartheta - \vartheta_0 = \vartheta \left(\frac{t_0}{Z}\right) \tag{39}$$

oder

$$\frac{\vartheta - \vartheta_0}{\vartheta} = \frac{t_0}{Z}. \tag{40}$$

Die linke Seite stellt die relative Temperaturschwankung dar. Sie ist sehr klein, wenn die Zeit t_0 der Abkühlung klein gegen die Zeitkonstante ist.

3. Der quadratische Mittelwert.

Die Gleichung (40) gibt Aufschluß über die Temperaturschwankungen periodisch belasteter Maschinen und Apparate. Ist die Zeitkonstante eines gelüfteten Motors eine Stunde, und wird er 3 Minuten belastet und darauf 3 Minuten abgekühlt, so ist die prozentuale Temperaturschwankung des Motors 5%. Die Gleichung (40) gilt für ein Spiel, das sich aus einer konstanten Wärmezufuhr mit darauffolgender Abkühlungspause zusammensetzt. Sicher wird die prozentuale Temperaturschwankung ebenfalls klein sein (sofern Spieldauer durch Zeitkonstante klein ist), wenn dem Körper während der Spieldauer T die sekundlichen Wärmemengen $Q_1, Q_2, \ldots, Q_n$, während die Zeiten $t_1, t_2, \ldots, t_n$ zugeführt werden.

Die zugeführte Wärmemenge $Q_1 t_1 + Q_2 t_2 + \cdots + Q_n t_n$ kann man, da die Temperatur nur wenig schwankt, ersetzen durch eine mittlere konstante sekundliche Wärmezufuhr Q_m, die während der gesamten Spieldauer $T = t_1 + t_2 + \cdots + t_n$ zugeführt wird. Es gilt also

$$Q_1 t_1 + Q_2 t_2 + \cdots + Q_n t_n = Q_m (t_1 + t_2 + \cdots + t_n) = Q_m T. \tag{41}$$

Denkt man sich die einzelnen Wärmemengen $Q_1, Q_2, \ldots, Q_n$ durch Ströme $J_1, J_2, \ldots, J_n$ in den Widerständen R wirkend erzeugt, dann geht obige Gleichung über in

$$J_1^2 t_1 R + J_2^2 t_2 R + \cdots + J_n^2 t_n R = J_m^2 T R$$

oder

$$J_m^2 T = J_1^2 t_1 + J_2^2 t_2 + \cdots + J_n^2 t_n. \tag{42}$$

Hier bedeutet J_m den zu Q_m gehörigen Ersatzstrom, der meist „quadratischer Mittelwert" genannt wird.

Diese Gleichung wird oft geschrieben

$$J_m = \sqrt{\frac{\Sigma J^2 t}{T}}. \tag{43}$$

Diese Gleichung ist von größter Wichtigkeit.

Ein Beispiel aus dem Bahnbetrieb zeige die Anwendung. Gegeben ist ein bestimmter Fahrplan; es ist zu untersuchen, ob eine ausgewählte Motortype in bezug auf Temperaturverhalten die Belastungen verträgt. Bekannt ist der Dauerstrom der Maschine sowie das folgende Strombelastungsdiagramm:

$J_1 = 120$ Amp. während der Zeit $t_1 = 3$ min
$J_2 = 80$ „ „ „ „ $t_2 = 5$ „
$J_3 = 60$ „ „ „ „ $t_3 = 1$ „
$J_4 = 50$ „ „ „ „ $t_4 = 3$ „
$J_5 = 0$ „ „ „ „ $t_5 = 3$ „

Der quadratische Mittelwert J_m ergibt sich zu

$$J_m = \sqrt{\frac{120^2 \cdot 3 + 80^2 \cdot 5 + 60^2 \cdot 1 + 50^2 \cdot 3 + 0^2 \cdot 3}{3 + 5 + 1 + 3 + 3}}$$

oder

$$J_m = 75{,}8 \text{ Amp.}$$

Liegt dieser Wert von 75,8 Amp. unter dem zulässigen Dauerstrom der gewählten Maschine, so ist sie ausreichend.

In der Gleichung für den quadratischen Mittelwert J_m kommt die Zeitkonstante der Maschine nicht vor. Die Gleichung gilt jedoch nur unter der Voraussetzung, daß die Spieldauer klein im Verhältnis zur Zeitkonstanten ist, wobei man in den meisten Fällen ein Verhältnis von 1 zu 5 zulassen kann. In dem vorher behandelten Beispiel handele es sich um einen gelüfteten Motor mit einer Zeitkonstanten von einer Stunde. Die Spieldauer war 15 Minuten, das Verhältnis also 1 zu 4. Dieses Verhältnis kann im vorliegenden Falle unbedenklich zugelassen werden, da die Belastungsänderungen nicht sehr schroff sind, denn selbst bei schroffen Belastungsänderungen (konstante Wärmezufuhr mit folgender Abkühlungspause) ist die Temperaturschwankung klein, wenn $\frac{T}{Z}$ klein ist $\left(\frac{T}{Z} \leqq \frac{1}{5}\right)$. Je gleichmäßiger die Wärmezufuhren sind, um so größer darf der Bruch $\frac{T}{Z}$ gewählt werden. Die Anwendung des quadratischen Mittelwertes ist also durchaus nicht immer zulässig, sondern muß an Hand der Belastungsverhältnisse geprüft werden.

4. Temperaturberechnung bei beliebiger Wärmezufuhr.

Oft kommt man mit der Bildung des quadratischen Mittelwertes nicht aus, sondern muß andere Verfahren anwenden. Da meist nicht die Wärmemengen, sondern die Ströme das Primäre sind, sollen diese jetzt in die Rechnung eingeführt werden. Ist die zum Dauerstrom J_d gehörende Temperatur ϑ_d, so ist die beim Strome J erreichte Endtemperatur ϑ_e

$$\vartheta_e = \left(\frac{J}{J_d}\right)^2 \vartheta_d\,. \tag{44}$$

Dabei ist angenommen, daß der Widerstand konstant ist und die erreichten Temperaturen proportional den erzeugten Wärmemengen, also proportional den Quadraten der Ströme sind[1]. Setzt man diese Beziehung in die Gleichung (30) ein, so ist

$$\vartheta = \vartheta_0 + \left[\left(\frac{J}{J_d}\right)^2 \vartheta_d - \vartheta_0\right]\left(1 - e^{-\frac{t}{Z}}\right). \tag{45}$$

[1] Es sei bemerkt, daß falls Wärmestrahlung und Wärmekonvektion eine Rolle spielt, die Temperatur nicht mehr proportional der Wärmemenge zunimmt. So rechnet man z. B. oft im Transformatorenbau, daß die Temperaturerhöhung proportional der 0,8-ten Potenz der Wärmemenge, also bei konstantem Widerstand proportional der 1,6-ten Potenz des Stromes ist. Die gebrachten Formeln lassen sich jedoch auch für solche Verhältnisse leicht umändern. In den meisten Fällen ist ϑ_e (bei großen Strömen!) nur ein Rechnungsbegriff, wird also praktisch nie erreicht. Liegen die tatsächlich erreichten Temperaturen in der Nähe der zulässigen, so darf für ϑ_e, selbst wenn es sehr groß ist, keinesfalls der Einfluß der stärkeren Strahlung usw. berücksichtigt werden.

Meist ist nur der Dauerstrom der Maschine bekannt, nicht dagegen die dazugehörige zulässige Temperatur. Zweckmäßig setzt man deshalb die beim Dauerstrom vorhandene Temperatur gleich 1. Die Gleichung (45) geht dann über in

$$\vartheta' = \vartheta_0' + \left[\left(\frac{J}{J_d}\right)^2 - \vartheta_0'\right]\left(1 - e^{-\frac{t}{Z}}\right), \tag{46}$$

in der ϑ' die erreichte Relativtemperatur, ϑ_0' die relative Anfangstemperatur ist. Solange die Relativtemperatur $\vartheta' < 1$ ist, wird die Maschine nicht zu warm; wird dagegen der Wert 1 überschritten, so ist die Maschine überlastet. Mit Hilfe der Gleichung (46) kann man also die Relativtemperaturen für beliebige Stromverhältnisse berechnen. Da obiges Verfahren jedoch meist einen erheblichen rechnerischen Aufwand erfordert, findet es wenig Anwendung, und es soll deshalb ein einfacheres graphisches Verfahren gebracht werden.

5. Graphische Temperaturbestimmung bei beliebiger Wärmezufuhr.

In der Abb. 39 ist eine Erwärmungs- und eine Abkühlungskurve eingezeichnet. Im Punkte *1* ist an die Erwärmungskurve die Tangente gezeichnet, die auf der im Abstande ϑ_e gezogenen Parallelen die Zeit-

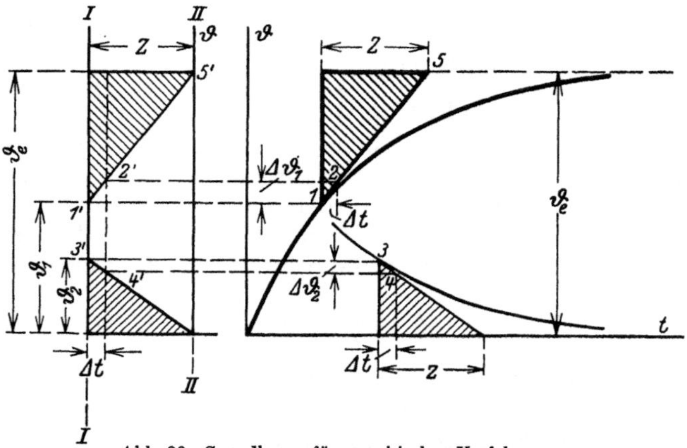

Abb. 39. Grundlagen für graphisches Verfahren.

konstante *Z* herausschneidet. Die Zeitkonstante *Z* wird auch auf der Abszisse herausgeschnitten, wenn im Punkte *3* der Abkühlungskurve eine Tangente gezeichnet wird, was sich leicht beweisen läßt. In der Abbildung sind die Tangenten zu schraffierten rechteckigen Dreiecken ergänzt, deren eine Kathete die Größe *Z* hat. Auf der linken Seite der Abbildung ist nochmals die Temperaturordinate aufgetragen und die Dreiecke sind nach links parallel zur Zeitachse verschoben, so daß Punkt *1* nach *1'* und Punkt *3* nach *3'* rückt. Die vertikalen Katheten der Dreiecke liegen dann auf einer Geraden *I—I*, die den Abstand *Z* von der Ordinatenachse *II—II* hat. Auf Grund dieser Gesetzmäßigkeit findet man die Richtung der Tangente für eine beliebige Temperatur als Richtung der Verbindungsgeraden $\overline{1'5'}$. Punkt $1'$ liegt dabei mit der Ordinate ϑ_1 auf der Achse I—I, Punkt $5'$ liegt mit der Ordinate ϑ_e auf der Achse II—II. Da für kleine Zeitabstände Δt die Erwärmungskurve mit der jeweiligen Tangente übereinstimmt, kann man sie sich aus Tangentenstücken zusammengesetzt denken. Man kann also den Punkt 2 der Erwärmungskurve erhalten, indem man von 1 aus eine Parallele zu $\overline{1'5'}$ zieht, wobei der Punkt 2 von 1 den Horizontalabstand Δt hat. Entsprechendes gilt auch für die Abkühlungskurve. In der Abb. 39 ist etwas übertrieben gezeichnet, daß, strenggenommen, der Punkt 2 bzw. 4 etwas neben die Erwärmungskurve fällt. Da bei Bestimmung des Punktes 2 die Ausgangstemperatur Punkt 1 beliebig war, kann man, falls ein weiterer Temperaturpunkt der Erwärmungskurve gewünscht wird, jetzt den Punkt 2 als Ausgangspunkt betrachten und das Verfahren wiederholen. Bei Änderung der Wärmezufuhr ändert sich auch ϑ_e und auf der Geraden II—II wäre bei Ausübung des Verfahrens ein anderes ϑ_e aufzutragen. Durch obige Betrachtungen sind jetzt die Grundlagen gewonnen, um das im folgenden gebrachte Verfahren, das für beliebige Erwärmungsverhältnisse gilt, zu verstehen.

In der Abb. 40 ist ein Belastungsdiagramm dargestellt und die Temperaturkurve gezeichnet. In dem Belastungsdiagramm Abb. 40a sind nicht die Wärmemengen, sondern es ist das Verhältnis $\frac{J}{J_d}$ aufgetragen. Im Hilfssystem Abb. 40c ist als Ordinate die Temperatur ϑ aufgetragen[1], und auf der Zeitachse im Abstand der Zeitkonstanten, die hier zu 60 Minuten gewählt ist, ist eine Senkrechte errichtet. Auf dieser werden die bei beliebigen Strömen erzeugten Relativtemperaturen aufgetragen, jedoch nicht die Temperaturen angeschrieben, sondern der Stromwert oder besser das Verhältnis $\frac{J}{J_d}$. Praktisch erhält man die Bezifferung dieser Ordinate, indem man im Abstande der zulässigen Temperatur 1 die Bezifferung J_d anschreibt. Durch quadratische Umrechnung bekommt man für andere Stromwerte die erreichten Relativtemperaturen. Diese trägt man auf der Ordinate ab, schreibt jedoch als Bezifferung das Stromverhältnis hin.

Es sei die Anfangstemperatur 0, und eine Belastung $\frac{J}{J_d} = 1{,}6$ sei während der Zeit 10 Minuten vorhanden. Man zieht in Abb. 40c vom Punkte Null nach $\frac{J}{J_d} = 1{,}6$ eine Gerade. Die nach 10 Minuten erreichte Temperatur ist auf der Geraden mit Punkt 1 bezeichnet, da ja gezeigt war, daß für kleine Zeiten (d. h. für solche, die klein im Verhältnis zur Zeitkonstanten sind) die tatsächliche Erwärmungskurve durch die Tangente ersetzt werden darf. In Abb. 40b, welche die tatsächliche Temperaturkurve darstellen soll, wird von Null beginnend eine Parallele zu $\overline{01}$ gezogen. Der in der Abb. 40b erreichte Temperaturpunkt führe hier die Bezeichnung $1'$. Während 13 Minuten sei jetzt die Belastung $\frac{J}{J_d} = 1{,}4$ vorhanden. Im Hilfssystem denkt man sich

[1] Streng genommen ϑ', da die zulässige Temperatur gleich 1 gesetzt ist.

den Punkt *1* auf die Temperaturachse nach dem Punkte *2* projiziert und zieht von *2* eine Verbindungslinie nach dem Punkte $\frac{J}{J_d} = 1{,}4$. Geht man auf dieser Geraden um die Zeit 13 Minuten weiter, so gelangt man zum Punkte *3*, dessen Ordinate die jetzt erreichte Temperatur darstellt. In der Abb. 40 b zieht man vom Punkt *1'* eine Parallele zur Strecke $\overline{2\,3}$ und bekommt den Punkt *3'*, der die jetzt vorhandene Temperatur im Abstand der verstrichenen Gesamtzeit 23 Minuten darstellt. Jetzt sei die Belastung wieder $\frac{J}{J_d} = 1{,}6$, jedoch 20 Minuten lang vorhanden. Da 20 Minuten im Verhältnis zur Zeitkonstanten von 60 Minuten zu groß sind,

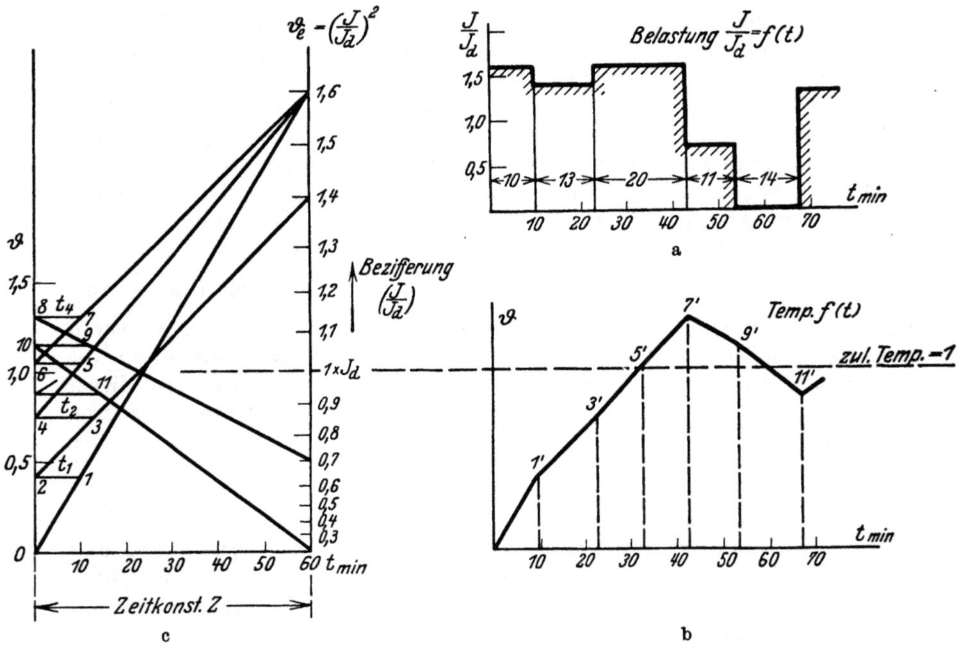

Abb. 40. Graphisches Verfahren zur Ermittlung des Temperaturverlaufs.

zerlegt man sich dieses Zeitintervall in zwei Zeitintervalle von je 10 Minuten. Nachdem man den Punkt *3* im Hilfssystem nach Punkt *4* projiziert hat, zieht man vom Punkt *4* nach dem Punkte $\frac{J}{J_d} = 1{,}6$ eine Verbindungslinie. Im Abstande 10 Minuten bekommt man auf dieser Verbindungslinie die erreichte Temperatur im Punkte *5*. Den Punkt *5* überträgt man in die Abb. 40 b durch Ziehen einer Parallelen zu $\overline{4\,5}$, beginnend im Punkte *3'*, und erhält den Punkt *5'*. Im Hilfssystem wird daraufhin der Punkt *5* nach *6* übertragen, von *6* wieder die Verbindungslinie nach dem Punkte $\frac{J}{J_d} = 1{,}6$ gezogen, und die neue Temperatur nach 10 Minuten wird durch den Punkt *7* dargestellt, der in entsprechender Weise in die Abb. 40 b übertragen den

Punkt *7'* ergibt. Jetzt sei das während 11 Minuten wirkende Stromverhältnis $\frac{J}{J_d} = 0{,}7$; man zieht vom Punkt *8* eine Verbindungslinie nach dem Punkte $\frac{J}{J_d} = 0{,}7$ und erkennt, daß die Temperatur jetzt fällt. Im Abstande 11 Minuten liegt der Punkt *9*, dessen Übertragung in die Abb. 40b den Punkt *9'* ergibt. Jetzt sei während 14 Minuten die Belastung 0. Man zieht demgemäß im Hilfssystem von dem Punkt *10* eine Verbindungslinie zum Punkte Null auf der $\frac{J}{J_d}$-Achse. Im Abstand 14 Minuten bekommt man die erreichte Temperatur im Punkte *11*, dessen Übertragung in die Abb. 40b den Punkt *11'* liefert.

Das vorstehend beschriebene Verfahren wird man zweckmäßig dort anwenden, wo die tatsächlich erreichte Temperatur interessiert, und in Fällen, wo die Methode des quadratischen Mittelwertes nicht angewendet werden darf (s. S. 43). Es wird sich manchmal ergeben, daß für Maschinen mit großen Zeitkonstanten und kleinen Belastungsintervallen die Genauigkeit des graphischen Verfahrens wegen der zu kleinen Zeitintervalle leidet. Hier empfiehlt es sich, mehrere Zeitintervalle zusammenzufassen, den äquivalenten Belastungsstrom dieser Intervalle durch das quadratische Strommittel zu bestimmen und mit diesen neuen mittleren Strömen und Zeiten das graphische Verfahren durchzuführen.

Es sei noch erwähnt, daß es bei der praktischen Durchführung des graphischen Verfahrens unnötig ist, in der Abb. 40b alle Verbindungslinien wirklich zu zeichnen. Es genügt vielmehr, mit einem durchsichtigen Lineal die Richtung der Verbindungslinien zu fixieren und nur die Temperaturpunkte *1, 3, 5, 7, 9* auf die Temperaturachse zu projizieren (*2, 4, 6, 8, 10*).

R. Die Begriffe Stunden- und Dauerleistung.

Die in der Technik geläufigste Kennzeichnung der Leistungsfähigkeit einer Maschine ist die Angabe ihrer Dauerleistung. Man versteht darunter die Leistung, welche sie dauernd abgeben kann, ohne daß ihre zulässige Erwärmung überschritten wird. Es lag also bei Einführung des Straßenbahnmotors nahe, auch hier als Maßstab der Leistungsfähigkeit die Dauerleistung anzugeben. Die Entwicklung hat jedoch gezeigt, daß dieser Begriff für die damals ausschließlich verwendeten gekapselten (ohne Luftventilation) Motoren nicht zweckmäßig war. Es hat sich deshalb der neue Begriff der „Stundenleistung" eingebürgert. Man versteht darunter die Leistung, welche ein Motor eine Stunde lang abgeben kann (vom kalten Zustande ausgehend), ohne daß seine Erwärmung die zulässigen Grenzen überschreitet.

Es sei erörtert, aus welchen Gründen die Angabe der Dauerleistung damals unzweckmäßig war, und warum man zur Einführung der Stundenleistung geschritten ist. Es sei davon ausgegangen, daß die Dauerleistung eines gekapselten Motors experimentell auf dem Versuchsstand ermittelt wird. Dabei zeigt sich, daß dieser Dauerleistung ein sehr kleiner Dauerstrom (er sei mit J_e bezeichnet) bei einer verhältnismäßig hohen Drehzahl entspricht. In der Abb. 41 ist die Drehzahlcharakteristik in Abhängigkeit vom Strom aufgetragen und der experimentell ermittelte Dauerstrom J_e aufgezeichnet.

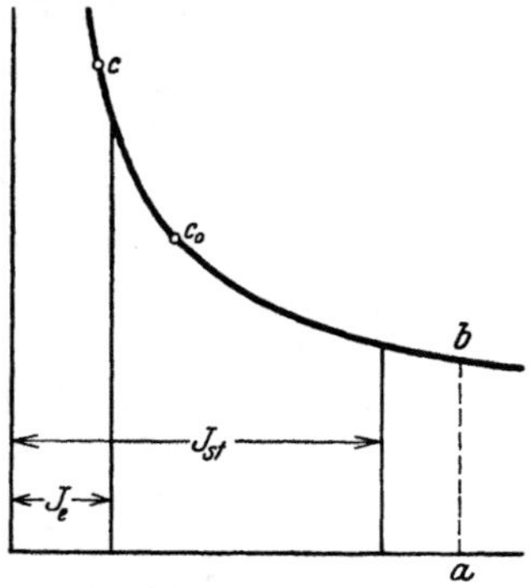

Abb. 41. Stunden- und Dauerstrom eines gekapselten Motors.

Welche Rolle spielt nun dieser experimentelle Dauerstrom im Belastungsbild eines Bahnmotors? Man hat dabei (als Beispiel seien Straßenbahnverhältnisse zugrunde gelegt) folgende Belastungsintervalle zu unterscheiden:

1. Die Anfahrt mit annähernd konstantem hohen Strom (etwa gemäß der Linie *a*—*b* der Abbildung) bis zur Erreichung des Punktes *b* auf der Drehzahlcharakteristik.

2. Die Fortbewegung des Wagens gemäß der Drehzahlcharakteristik bis zum Punkt *c*. Die höchste Lage des Punktes *c* ist durch den Beharrungszustand des Fahrzeuges gegeben. Im Straßenbahnbetrieb wird jedoch dieser Zustand häufig nicht erreicht, weil der Strom wegen der kurzen Haltestellenentfernungen schon vorher abgeschaltet werden muß. Der Punkt *c* wird also auf der Drehzahlkurve tiefer liegen, z. B. bei c_0.

3. Auslauf bis zum Stillstand und Haltezeit bis zur nächsten Anfahrt.

Betrachtet man nun die vom Motor in den 3 Abschnitten des Belastungsintervalls aufgenommenen Ströme und Drehzahlen, so ergibt sich, daß das Gebiet des experimentellen Dauerstromes nur während einer relativ ganz kurzen Zeit oder gar nicht erreicht wird. Im Abschnitt 1 und 3 kommt der Dauerstrom überhaupt nicht vor (man muß hier noch berücksichtigen, daß früher die elektrische Bremse nicht üblich war), in Abschnitt 2 tritt der Dauerstrom gegebenenfalls nur im letzten Zeitintervall auf.

Aus diesen Überlegungen geht allein schon hervor, daß eine Leistung, die nur ganz vorübergehend vorkommt, nicht gut als Kennzeichen für die Leistungsfähigkeit der Maschine brauchbar ist. Hinzu kommt jedoch noch, daß die experimentell ermittelte Dauerleistung auch nicht als Grundlage für eine Erwärmungsrechnung geeignet ist. Man pflegt bei derartigen Rechnungen diejenigen Verluste, welche für die Temperaturzunahme in Frage kommen, proportional dem Quadrate des Stromes zu setzen. Dabei geht man von der Annahme aus, daß die Temperatur in der Wicklung in der Hauptsache durch die Kupferverluste bestimmt ist. Das trifft für größere Ströme im Anker mit hinreichender Genauigkeit zu. Bei kleiner werdenden Strömen jedoch wird die Erwärmung in der Wicklung schon nennenswert durch die Eisenverluste beeinflußt. Die Stromverluste nehmen nämlich quadratisch mit dem Strom ab, werden also sehr klein, während die Eisenverluste eine wesentlich geringere Abnahme erfahren, da die Drehzahl steigt und die Kraftliniendichte infolge der Sättigung zunächst nur wenig abnimmt. In dieser größer werdenden Bedeutung der Eisenverluste bei abnehmendem Strom liegt der Kernpunkt des Problems. Da der experimentell ermittelte Dauerstrom J_e einer gekapselten Maschine sehr klein ist, liegt er in einem Gebiet, wo die Eisenverluste vorherrschen und die Temperatur stark beeinflussen. Der aus dem Belastungsintervall (s. oben) gebildete quadratische Mittelwert des Stromes (er möge als J_m bezeichnet werden) liegt dagegen in einem Gebiet, wo die Eisenverluste relativ klein sind. Als Vergleichsgröße mit dem quadratischen Strommittel ist also der bei voller Spannung gemessene Dauerstrom J_e ungeeignet, da er in einem Bereich zu hoher Drehzahl und zu großer Eisenverluste liegt. Für die Vergleichsrechnung interessiert dagegen ein Dauerstrom, der bei wesentlich kleinerer Drehzahl (diese entspricht etwa der bei den Hauptbelastungen vorkommenden Geschwindigkeit) und kleineren Eisenverlusten gilt. Dieser Strom müßte also im Prüffeld bei verminderter Klemmenspannung (Drehzahl dadurch kleiner) festgestellt werden. Man kann ihn als „ideellen Dauerstrom" bezeichnen; er ist erheblich größer als J_e. Er ist, streng genommen, auch keine Konstante, sondern hängt von dem Belastungsbild des Motors ab. Bei Überlandbahnen, bei denen der Motor längere Zeit mit kleinen Strömen und höheren Geschwindigkeiten arbeitet, nähert sich der ideelle Dauerstrom immer mehr dem tatsächlichen Dauerstrom J_e. Er wird jedoch um so größer sein als der experimentelle Dauerstrom, je größer die Haltezeiten an den Einsteig- und Endpunkten und je kleiner die erreichte Fahrgeschwindigkeit ist.

Da bei gekapselten Bahnmotoren der experimentelle Dauerstrom J_e meist vollkommen unbrauchbar, der ideelle Dauerstrom dagegen vom Belastungsbild abhängig ist, hat man den Begriff der „Stundenleistung" (Stundenstrom J_{st}) eingeführt, der außerdem im Bereich der Hauptbeanspruchung des Motors liegt. Der Stundenstrom gestattet eine Schätzung des ideellen Dauerstromes, der z. B. bei gekapselten Straßenbahnmotoren bei 40 bis 50% des Stundenstromes liegt.

Die experimentelle Ermittlung der Stundenleistung ist außerdem wesentlich einfacher als die der Dauerleistung, da zur eindeutigen Bestimmung der Endtemperatur eine Zeit vom etwa dreifachen Betrage der Zeitkonstanten benötigt wird, was einer Versuchsdauer von etwa 9 Stunden entspricht gegenüber 1 Stunde. (Die Zeitkonstante eines gekapselten Motors beträgt ca. 3 Stunden.)

Der Begriff der Stundenleistung, der also in Verbindung mit dem gekapselten Motor entstanden ist, wurde bei Einführung der gelüfteten Maschinen (das Motorinnere wird durch angesaugte Frischluft gekühlt) zunächst beibehalten. Durch die Lüftung haben sich jedoch die Verhältnisse zwischen Dauerleistung und Stundenleistung grundsätzlich geändert. Die experimentelle Dauerleistung einer eigen gelüfteten Maschine liegt bei ca. 70% der Stundenleistung, bei starker Fremdlüftung kann dieser Wert bis ca. 90% steigen. In der Abb. 42 sind Drehzahlkurve, Dauer- und Stundenstrom einer gelüfteten Maschine eingetragen. Der Dauerstrom J_d liegt jetzt im Schwerpunkt der Motorbeanspruchung und auch bei kleinerer Drehzahl, so daß er also die

Leistungsfähigkeit gut kennzeichnet. Der Begriff der Stundenleistung besitzt also bei einer gelüfteten Maschine nicht die innere Berechtigung wie bei einer ungelüfteten. Es ist also nicht angebracht, wie es häufig geschieht, zwei gelüftete Motoren nur nach ihrer Stundenleistung zu vergleichen; wichtiger ist der Vergleich nach ihrer Dauerleistung. Die experimentelle Ermittlung der Dauerleistung ist auch bei einem gelüfteten Motor nicht so zeitraubend, wie bei einem ungelüfteten, da die Zeitkonstante hier nur etwa 1 Stunde beträgt, so daß die Versuchsdauer nur ca. 3 Stunden in Anspruch nimmt.

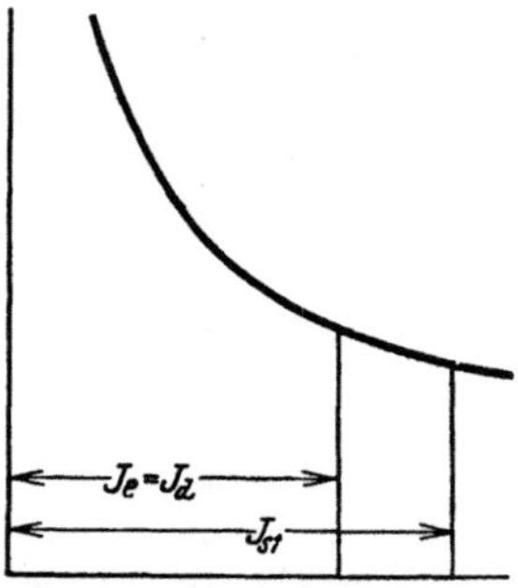

Abb. 42. Stunden- und Dauerstrom eines gelüfteten Motors.

Beim gelüfteten Motor ist allerdings zu berücksichtigen, daß die angegebene Zeitkonstante von 1 Stunde nur bei Fahrt des Motors vorhanden ist. Im Stillstand, wo die Lüftung wegfällt, ist die Zeitkonstante wesentlich größer, sie erreicht etwa den Betrag von 2½ bis 3 Stunden. Bei genaueren Erwärmungsrechnungen ist also hierauf Rücksicht zu nehmen. Im allgemeinen genügt es, wenn die Spieldauer klein gegenüber der Zeitkonstante ist, den Vergleich des quadratischen Strommittels mit dem experimentellen Dauerstrom direkt anzustellen.

Ist bei einem Motor außer dem Dauerstrom J_d noch der Stundenstrom J_{st} bekannt, so kann die Zeitkonstante Z berechnet werden, sofern man annimmt, daß die Temperaturkurven des Motors Exponentialkurven sind.

Ist die beim Stundenstrom J_{st} erreichte Temperatur nach 1 Stunde $\vartheta' = 1$, so gilt nach Gleichung (46), da $\vartheta'_0 = 0$ ist,

$$1 = \left(\frac{J_{st}}{J_d}\right)^2 \left(1 - e^{-\frac{1}{Z}}\right)$$

oder

$$e^{-\frac{1}{Z}} = 1 - \left(\frac{J_d}{J_{st}}\right)^2$$

oder

$$Z = \frac{1}{\ln \dfrac{1}{1 - \left(\dfrac{J_d}{J_{st}}\right)^2}}. \tag{46 b}$$

S. Die zulässige Erwärmung und Prüfspannung der Bahnmotoren.

Die zulässigen Erwärmungen bei Bahnmotoren hängen von der Art der verwandten Isolierstoffe ab. Nach den REB-Vorschriften 1930 werden bei Bahnmotoren die Isolierstoffe in zwei Gruppen unterteilt. Zur ersten Gruppe A gehören Baumwolle, Seide, Papier und ähnliche Faserstoffe, sofern sie in einer Isoliermasse getränkt bzw. in einer Füllmasse gelagert sind. Die zweite Gruppe B enthält Glimmer und Asbestisolierungen.

Die zuletzt genannten Isolierungen finden im Bahnmotorenbau in letzter Zeit sehr oft Verwendung, da die zulässigen Temperaturen hierbei höher gewählt werden können als bei Isolierungen aus Faserstoffen, der Motor also stärker belastet werden darf. Fabrikationsmäßig wird der Glimmer in Form von dünnen Blättchen mit Schellack auf Seide geklebt. Das so erhaltene Isoliermittel wird mit Seidenglimmer bezeichnet. Dieser Seidenglimmer kann in schmale Streifen geschnitten werden, so daß man das so erhaltene Band bequem um die zu isolierenden Stäbe wickeln kann. Seidenglimmer hat außerdem den weiteren Vorteil, daß die Isolierung der Stäbe nicht so dick aufträgt wie Baumwolle, so daß man also bei gegebenen Nutenabmessungen etwas mehr Kupferquerschnitt unterbringt. Außerdem besitzt Seidenglimmer den weiteren Vorteil, daß seine Wärmeleitfähigkeit etwas besser als die von Baumwollisolierung ist. Allerdings ist Seidenglimmerisolierung teuer.

Nach den REB-Vorschriften 1930 gelten für die oben gekennzeichneten Klassen folgende zulässigen Erwärmungen der Maschinen (gemessen im Prüffeld).

Grenzerwärmung (höchstzulässige Temperaturzunahme) von Maschinen auf dem Prüfstand:

Wicklungen mit Isolierung nach Klasse		A (Faserstoffe)	B (Glimmerisolierung)
Im Dauerbetrieb	Widerstandszunahme	85°	105°
	Thermometer	65°	85°
Im kurzzeitigen Betrieb	Widerstandszunahme	100°	120°
	Thermometer	75°	95°

In obiger Tabelle ist unterschieden zwischen Messungen durch Widerstandszunahme und zwischen Thermometermessung.

Für die Erwärmung einer Wicklung gilt einer der beiden folgenden Werte:

1. Mittlere Erwärmung, errechnet aus der Widerstandszunahme während des Probelaufes.

2. Örtliche Erwärmung an der vermutlich heißesten zugänglichen Stelle, gemessen mit dem Thermometer.

Wenn beide Meßverfahren anwendbar sind, so sollen im allgemeinen die Temperaturangaben durch Thermometer, sofern sie die für die Thermometermessung zulässigen Werte überschreiten, nicht maßgebend sein, solange nicht die nach diesem Verfahren erhaltenen Werte höher als die nach der Widerstandsmessung zulässigen Erwärmungen liegen.

Wenn bei Maschinen die Widerstandsmessung untunlich ist, so wird die Thermometermessung allein angewendet. Dieses gilt besonders für Kommutatoranker mit mehr als 4 Polen.

Die zulässigen Erwärmungen, gemessen mit dem Thermometer, sind niedriger angegeben als die Messungen durch Widerstandszunahme, da damit gerechnet werden muß, daß die Thermometermessung nur an der äußeren Isolationsschicht vorgenommen werden kann, wo die Temperatur wesentlich geringer ist als im Kupfer.

Für die übrigen Teile eines Bahnmotors gelten folgende zulässigen Erwärmungen:

Kommutatoren	Dauerbetrieb	85°
	kurzzeitiger Betrieb	90°
Tatzenlager von gekapselten Straßenbahnmotoren für Schmalspur		75°
Alle anderen Lager		55°
Eisenkerne		Wie die eingebetteten Wicklungen.

In den REB-Vorschriften sind außerdem die Grenztemperaturen (absolute Temperatur) vorgeschrieben, die im Fahrbetrieb erreicht werden dürfen. Hierfür gilt folgendes:

Wicklungen mit Isolierung nach Klasse	A (Faserstoffe)	B (Glimmerisolierung)
Widerstandszunahme	105°	125°
Thermometer	95°	115°
Kommutatoren	105°	
Eisenkerne	wie die eingebetteten Wicklungen	

Außer in bezug auf Erwärmung müssen die Wicklungen auch in bezug auf Spannungen widerstandsfähig sein, damit keinerlei Überschläge nach Eisen auftreten. Um Sicherheiten zu haben, sind die Prüfspannungen wesentlich höher als die Nennspannung der Motoren. In den VDE-Vorschriften heißt es, daß Motoren bis 1000 Volt nach der Gleichung „2 × Klemmenspannung + 1000“ geprüft werden sollen. Sollte dieser Wert kleiner sein als 1500 Volt, so ist die Maschine mit 1500 Volt zu prüfen. Für Motoren mit Klemmenspannungen von 1000 bis 3000 Volt soll die Prüfung mit der dreifachen Klemmenspannung erfolgen.

T. Über die Bemessung von Bahnmotoren.

1. Allgemeines.

Im Rahmen dieses Buches können natürlich nicht ausführliche Unterlagen über die genaue Berechnung von Bahnmotoren gebracht werden, sie müssen dem speziellen Konstrukteur vorbehalten bleiben. Es erscheint jedoch angezeigt, wenigstens die wichtigsten Abhängigkeiten zu erörtern, damit der Bahnfachmann sich ein Bild über die Möglichkeiten für den Entwurf von Motoren machen kann.

Für die Wicklung des Bahnmotors steht sowohl die Schleifen- oder Parallel- als auch die Wellen- oder Reihenwicklung zur Verfügung. Die Schleifenwicklung besitzt im Anker so viel parallele Stromkreise als Pole vorhanden sind, während die Wellenwicklung unabhängig von der Polzahl immer zwei parallelgeschaltete Wicklungszweige aufweist. Hieraus ergibt sich, daß das Anwendungsgebiet der Schleifenwicklung vorwiegend für große Ströme, das der Reihenwicklung dagegen mehr für kleine Ströme und höhere Spannungen bestimmt ist. Da die Bahnmotoren mittlerer Leistung (abgesehen vom Vollbahnbetrieb) meist Ströme aufweisen, die sich durch die Reihenwicklung noch bequem bewältigen lassen, andererseits die Spannungen hoch sind, wird hier vorwiegend die Reihenwicklung angewendet. Eine Ausnahme machen Spezialmotoren, z. B. für Akkumulatorenfahrzeuge oder für Grubenlokomotiven mit niedrigen Spannungen, bei denen große Ströme vorkommen und die deshalb oft Schleifenwicklung haben.

Die Polzahl ist fast immer 4. Zweipolige Maschinen kommen wegen der ungünstigen Abmessungen der Pole und der Joche und der unsymmetrischen Form nicht in Betracht. Mehr als vierpolige Maschinen bringen bei der Reihenwicklung, abgesehen von der geringeren Feldverzerrung, keinen Vorteil, und kommen deswegen nur bei Maschinen großer Stromstärke und kleiner Spannung, also bei Schleifenwicklung vor, wo man durch eine größere Polzahl pro Bürstenstift kleinere Ströme erhält und die Kupferstäbe im Anker schwächer bemessen kann.

Bei einem Motor ist die elektrisch zugeführte Leistung, die im Anker in eine mechanische umgesetzt wird, durch das Produkt aus Stromstärke und Spannung (streng genommen EMK) gegeben. Die mechanische Leistung ist andererseits dem Produkt aus Drehmoment und Drehzahl proportional. Es sei nun untersucht, wie bei einem Motor durch Änderung der Wicklung sowie der Eisenverhältnisse Drehzahl, Spannung und Leistung geändert werden können. Es sei dabei angenommen, daß die elektrischen Beanspruchungen, d. h. magnetische Kraftliniendichte und Stromdichte sowie der Luftspalt, sich nicht ändern sollen. Der Luftspalt bei Bahnmotoren wird bei Maschinen mit Rollenlagern einseitig meist ca. 2 mm gewählt, bei Gleitlagern aus Sicherheitsgründen 3 mm (Ankerauflauf). Unter 2 mm wird selten gegangen, da der Gewinn an Feldamperewindungen wegen der Sättigung des Eisens sowieso nicht groß ist und andererseits die Ankerrückwirkung relativ stärker wird, außerdem neigen solche Maschinen bei höherer Drehzahl zum Heulen.

Das von einer Maschine ausgeübte Drehmoment ist proportional der Kraftliniendichte und dem Stromvolumen (Stromdichte mal Cu-Querschnitt) pro Nut. D. h. es ist gleichgültig, ob in der Nut viele Stäbe kleinen Querschnitts oder wenige Stäbe großen Querschnitts liegen. (Von dem Einfluß der Isolation sei hierbei zunächst abgesehen.)

2. Leistung und Drehzahl bleiben konstant, die Spannung ändert sich.

Wird die Zahl der Stäbe pro Nut z. B. vergrößert, so muß der Querschnitt pro Stab proportional verkleinert werden. Die Spannung der Maschine wird wegen der Vergrößerung der Windungszahl wachsen, während die Stromstärke infolge des kleineren Querschnittes proportional abnimmt (Stromdichte j sei dabei konstant). Die Leistung der Maschine bleibt also konstant, sofern sich die Drehzahl nicht ändert. In Wirklichkeit wird man bei Vergrößerung der Windungszahl das Stromvolumen pro Nut und damit die Leistung etwas reduzieren müssen, da viele Leiter pro Nut mehr Isolationsraum erfordern und deshalb der unterzubringende Kupferquerschnitt kleiner wird. Es ist außerdem zu berücksichtigen, daß bei Vergrößerung der Spannung wohl meist die Lamellenzahl vergrößert werden muß, sofern man bei der Ausgangswicklung die zulässige mittlere Lamellenspannung bereits erreicht hatte. Unter mittlerer Lamellenspanung versteht man die mittlere Spannung zwischen zwei Lamellen, die bei einem Umlauf auftritt. Man erhält sie, indem man die Maschinenspannung durch die pro Pol entfallende Lamellenzahl dividiert. Die maximale, eigentlich interessierende Lamellenspannung (s. S. 31) ist natürlich größer als die mittlere. Bei überschlägigen Beurteilungen von Motoren und auch beim Entwurf arbeitet man jedoch gerne mit der mittleren Lamellenspannung, da sie leicht ausrechenbar ist und auch Schlüsse auf die maximalen zuläßt. Bei Bahnmotoren, die auch elektrisch bremsen müssen, geht man mit der mittleren Lamellenspannung (bezogen auf die normale Klemmenspannung) nicht gerne über 12 bis 15 Volt.

Es ist nicht immer gesagt, daß man bei Vergrößerung der Spannung die jetzt nötige Zahl der Lamellen unterbringt, da man mit Rücksicht auf den ruhigen Lauf der Kohlen die Lamellenbreite nicht unter 4 bis 5 mm wählt. Bei zu großer Lamellenzahl muß der Kollektordurchmesser und damit wohl meist der Ankerdurchmesser vergrößert werden.

Wird umgekehrt die Zahl der Leiter pro Nut verringert, der Stabquerschnitt vergrößert, so fällt die Maschinenspannung entsprechend, der Strom wird größer und die Leistung bleibt praktisch dieselbe. Es sei erwähnt, daß bei diesem Variieren nicht nur die Leistung, sondern auch die Verluste konstant bleiben. Außerdem dürfen bei diesen Wicklungsänderungen die Feldamperewindungen sich nicht ändern, was man durch entsprechende Anpassung der Feldwicklung erreicht.

3. Leistungssteigerung durch Drehzahlerhöhung.

Geht man wieder von der ursprünglichen Wicklung aus und erhöht die zugeführte Spannung, so muß die Maschine entsprechend rascher laufen [s. Gleichung (2b)], wobei die Stromaufnahme dieselbe bleiben soll. Die elektrisch zugeführte Leistung wird dadurch größer, ebenso die mechanisch abgegebene, da bei gleichem Drehmoment die Drehzahl sich erhöht hat. Die Maschine gibt also infolge der größeren Drehzahl eine Mehrleistung ab, d. h. sie ist, bezogen auf die Leistungseinheit, leichter geworden. Zu demselben Ergebnis gelangt man, wenn man bei gegebener Spannung die Windungszahl verkleinert, den Querschnitt und damit den Strom vergrößert. Durch den größeren Strom bei gleicher Spannung ist die zugeführte Leistung größer. Die Maschine muß jetzt ebenfalls rascher laufen, weil die Windungszahl kleiner ist. Die Drehzahlsteigerung ist das wirksamste Mittel zur Erreichung eines leichten Motors. So wiegt z. B. ein Motor von 50 PS und 560 Touren rund 1100 kg, während ein Motor von 50 PS und 1200 Touren nur 700 kg wiegt. Selbstverständlich ist der leichtere Motor auch billiger als der schwerere.

Wird bei gleichem Ankerdurchmesser und gegebener Wicklung die Eisenbreite verkleinert, so wird auch das Feld kleiner und die Maschine muß bei gleicher Stromaufnahme und gleicher Spannung rascher laufen. Die Maschine behält in diesem Fall ihre Leistung bei, wird jedoch wegen der kleineren Eisenbreite ebenfalls entsprechend leichter. Die

Veränderung der Eisenbreite ist jedoch ein Mittel, das nur in beschränktem Umfang angewendet werden darf, wenn es sich darum handelt, die Drehzahl in kleinen Grenzen zu variieren, da man bei einem Bahnmotor das Bestreben hat, den verfügbaren Raum mit möglichst großer Eisenbreite auszunützen.

Eine Vergrößerung der Eisenbreite bedingt sinngemäß bei konstanter Spannung und konstantem Strom einen langsameren Lauf der Maschine, wobei die Leistung konstant bleibt. Bezogen auf die Leistungseinheit wird die Maschine schwerer, ist also ungünstiger. Wird dagegen bei Vergrößerung der Eisenbreite die Maschinenspannung proportional erhöht, so behält die Maschine die Ursprungstourenzahl bei und die Leistung der Maschine wächst proportional der Eisenverbreiterung.

4. Allgemeine Bemessungsgleichung.

Auf Grund obiger Überlegungen läßt sich eine allgemeine Gleichung für die Abhängigkeit von abgegebener Leistung und den Maschinenabmessungen ableiten. Wird der Durchmesser einer Maschine bei gleichem Stromvolumen pro Nut proportional vergrößert, so wächst die Nutenzahl und damit bei gleichen magnetischen Beanspruchungen die ausgeübte Kraft. Die Nutenzahl ist dabei eigentlich gleichgültig, sofern nur das auf den cm Ankerumfang bezogene Stromvolumen konstant bleibt. Da außerdem das Drehmoment gleich Kraft mal Hebelarm ist, wird also das Drehmoment proportional dem Quadrate des Durchmessers wachsen. Da ferner gezeigt ist, daß bei gleicher Drehzahl mit wachsender Eisenbreite die Leistung ebenfalls proportional zunimmt, andererseits die Leistung mit wachsender Drehzahl steigt, gilt die Beziehung

$$N = C\,n\,L\,D^2. \qquad (47)$$

In dieser Gleichung bedeutet C eine Zahl, die die magnetisch und elektrisch zulässigen Beanspruchungen enthält, und die innerhalb eines gewissen Leistungsgebietes als konstant angenommen werden kann. Sie ist natürlich verschieden, je nachdem der Motor gelüftet oder ungelüftet ist. L ist die Länge des aktiven Eisens, D der Ankerdurchmesser, n die Drehzahl pro Minute. Bestimmend für das Motorgewicht sind die Faktoren L und D.

Im Bahnbetrieb ist beim Tatzlagermotor, da dieser zwischen den Rädern eingebaut werden muß, die größte verfügbare Eisenbreite durch die Spurweite bestimmt. Um einen Motor für eine gegebene Leistung möglichst leicht auszuführen, wird man ihn so rasch als möglich laufen lassen. Damit wird nach Gleichung (47) der Ankerdurchmesser und damit auch der Kollektordurchmesser kleiner, weil letzterer mindestens um die Steghöhe der Kollektorfahnen kleiner als der Ankerdurchmesser sein muß.

Da die Spannung der Maschine gegeben ist und die mittlere Segmentspannung einen gewissen Wert nicht überschreiten soll, ist die Zahl der Kollektorlamellen von vornherein gegeben. Bei kleiner werdendem Kollektordurchmesser werden also auch die Lamellen schmäler, und da man, wie bereits erwähnt, die Lamellenteilung nicht beliebig verkleinern kann (Grenze ca. 4,5 mm), ist ein kleinster zulässiger Kollektor- und damit Ankerdurchmesser bestimmt. Es bleibt nur ein Weg übrig, um eine weitere Verkleinerung des Kollektor- und Ankerdurchmessers herbeizuführen, nämlich durch Verringerung der Maschinenspannung die Zahl der Kollektorlamellen zu verkleinern. Dadurch kann bei gleicher zulässiger Lamellenteilung der Kollektor- und Ankerdurchmesser wieder kleiner werden. Davon macht man besonders neuerdings Gebrauch, indem man viermotorige Ausrüstungen an Stelle von zweimotorigen verwendet, wobei von den vier Motoren immer zwei Motoren in Reihe geschaltet, also nur für die halbe Fahrdrahtspannung gewickelt sind.

U. Der konstruktive Aufbau des Bahnmotors.

1. Allgemeiner Aufbau.

Die allgemeine Anordnung des Gleichstrommotors sei hier als bekannt vorausgesetzt (s. z. B. Abb. 51) und es seien nur die für den Bahnbetrieb wesentlichen Konstruktionsmerkmale hervorgehoben.

Bei der Konstruktion des Bahnmotors (speziell des Tatzlagermotors) müssen alle beanspruchten Teile wesentlich kräftiger ausgebildet sein als bei ortsfesten Motoren, da der Bahnmotor gelegentlich starke Erschütterungen auszuhalten hat. Außerdem ist der Tatzlagermotor durch seine Anordnung unter dem Wagen dem Straßenschmutz und allen Einflüssen der Witterung ausgesetzt (Wasser, Schnee). Die modernen Tatzlagermotoren sind durchweg sogenannte Lagerschildmotoren, d. h. der Anker ist in zwei Schilden gelagert, die am Motorgehäuse mit Schrauben befestigt sind. Als Verkleidung der Ankerlager dienen noch sogenannte Lagerschilddeckel.

Die Abb. 43 zeigt einen Motor im Schnitt, wobei der Teil oberhalb der Ankerachse den Aufriß, der Teil unterhalb den Grundriß darstellt. Die Ankerachse besitzt zwei Rollenlager, von denen das auf der Ritzelseite gelegene wesentlich stärker bemessen sein muß, da es fast den ganzen Zahndruck aufzunehmen hat. Die Schmierung der Rollenlager erfolgt entweder durch Fett oder durch Öl. Bei Fettschmierung sieht man in den Lagerschilden entsprechende Stutzen vor, durch die das Fett mittels Spindelpresse eingepreßt wird, bei Ölschmierung Öleingüsse mit Überlauf. Der Vorteil der Rollenlager besteht, abgesehen von der geringen Reibung, in der genauen Einhaltung des Luftspaltes, in geringem Schmiermittelverbrauch und geringer Wartung. Entsprechende Vorkehrungen zur Abdichtung der Lager (Labyrinthe) gegen das Motorinnere müssen getroffen werden, um eine Verschmutzung des Motorinnern durch Öl oder Fett zu vermeiden.

Der in der Abb. 43 dargestellte Motor hat eine besondere Ankerbüchse, auf der die Bleche, durch Keil gegen Verdrehung gesichert, sitzen, und eine besondere Kollektorbüchse für den Kollektor. Es gibt jedoch auch Ausführungen mit gemeinsamer Büchse und auch solche, bei denen die Ankerbleche unmittelbar auf die Welle aufgepreßt sind. In diesem Falle kann nach Abpressen des Ankers das Blechpaket allerdings nicht mehr verwendet werden.

Das Motorgehäuse besteht aus Stahlguß guter magnetischer Leitfähigkeit (es wird neuerdings fast ausschließlich einteilig ausgeführt gegen früher, wo auch zweiteilige Gehäuse verwendet wurden). Die Hauptpole sind in das Gehäuse mit eingegossen, tragen jedoch noch Polschuhe aus lamelliertem Blech, die mit kräftigen Schrauben an das Gehäuse angeschraubt sind. Die Wendepole (in der Abb. 43 nicht zu sehen) sind massiv und ebenfalls an das Gehäuse angeschraubt.

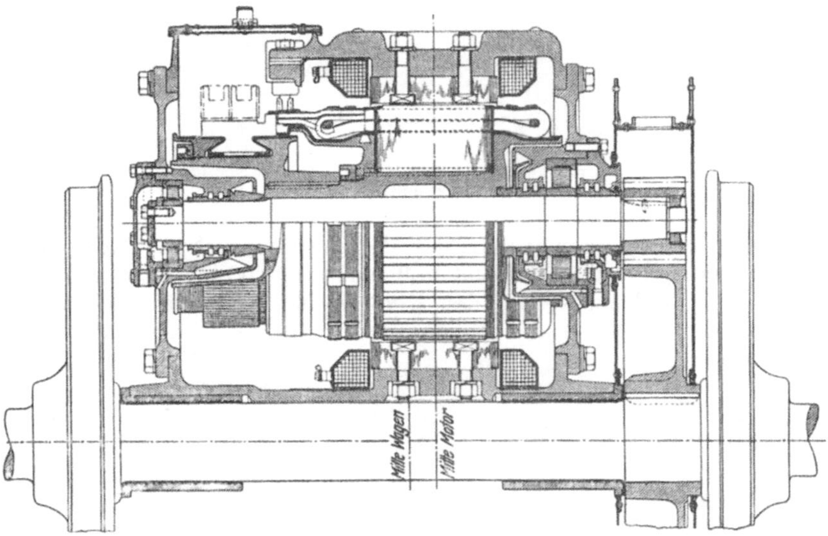

Abb. 43. Schnitt durch einen gekapselten Motor (BBC).

Die Feldwicklung wird entweder durch die Polschuhe getragen oder durch besondere Bügel unmittelbar am Gehäuse gehalten. Letztere Anordnung bietet die Möglichkeit, die Befestigungsbügel und damit die Spulen von außen anzuziehen, so daß ein Schwinden der Spulen, wie es im Betriebe immer eintritt, leicht ausgeglichen werden kann.

2. Bürstenanordnung.

Da beim Bahnmotor meist die Reihenwicklung vorherrscht, kann man trotz vierpoliger Ausführung mit zwei Bürstenstiften auskommen. Von dieser Möglichkeit macht man gerne Gebrauch, da man dann durch eine einzige Kollektorklappe die Bürsten beobachten und warten kann. Alle Bahnmotoren haben deshalb auf ihrer Oberseite einen Kollektordeckel, der vom Fahrzeugboden aus durch eine besondere Klappe geöffnet werden kann. Die beiden Bürstenhalter sind dann von oben gesehen rechts und links von der Kollektorachse angeordnet. Die beiden Bürstenhalter, die die Kohlen tragen, sind entweder jeder für sich am

Gehäuse befestigt (Abb. 44) oder sitzen auf einem gemeinsamen Joch (Abb. 45). Der Sitz der Bürstenhalter muß genau fixiert sein, damit die Einhaltung der neutralen Zone stets gewährleistet ist. Der Bürsten-

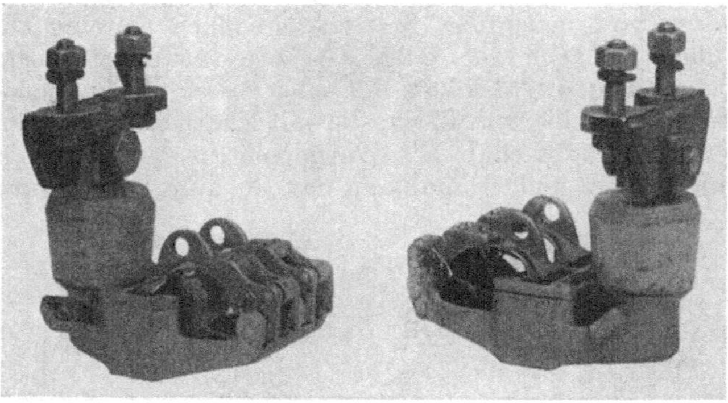

Abb. 44. Bürstenhalter eines Bahnmotors (AEG).

halter selbst ist so konstruiert, daß der Auspreßdruck der Kohle auch bei Abnützung konstant bleibt (Größenordnung 200 bis 300 g/cm²). (Zu starker Anpreßdruck erhöht den Kohlen- und Kollektorverschleiß, zu geringer verschlechtert die Kommutierung, da die Kohlen infolge der Schienenstöße leichter vibrieren können.)

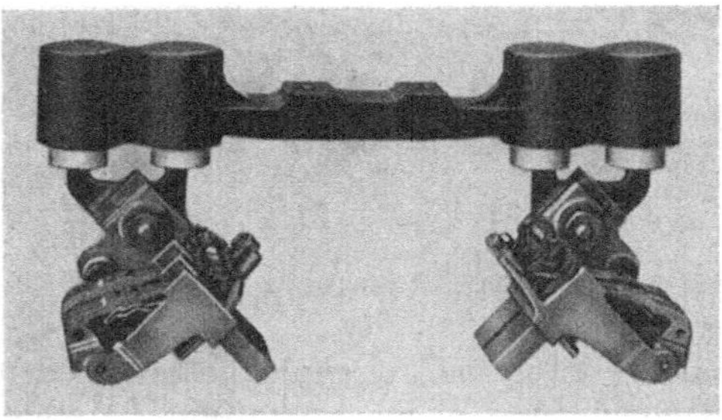

Abb. 45. Bürstenbrücke eines Bahnmotors (BBC).

3. Tatzlager.

Das Motorgehäuse stützt sich mit zwei Tatzlagern, die zweiteilig ausgeführt sind, auf die Triebachse. Hier herrscht auch heute noch die Gleitlagerkonstruktion vor. Die Verwendung von Rollenlagern hat sich noch nicht durchzusetzen vermocht, da man zur Entfernung eines beschädigten Lagers ein Triebrad abpressen muß. Außerdem ist die Höhe in radialer Richtung sehr groß und Rollenlager sind gegen Stöße empfindlicher als Gleitlager. Weiterhin müssen besondere Vorkehrungen getroffen werden (Erdungsschleifringe u. dgl.), um den Stromdurchgang durch die Rollenlager zu vermeiden, da sie hierfür sehr empfindlich sind (Anfressung der Rollen und der Ringe).

Die Schmierung der Gleitlager erfolgt meistens durch Kissen, die mit weichen Federn von unten gegen die Welle gedrückt werden. Die Kissen selbst bestehen aus Wollfäden, die mit ihrem einen Ende in den Ölsumpf tauchen. Bei Drehung der Triebachse wird durch die Kissen Öl auf die Welle gesaugt. Zwischen den Tatzlagern wird meistens noch ein Achsschutzblech bzw. Gußverkleidung angeordnet, um die Ölverluste zu verkleinern (s. Abb. 46).

4. Zahnradvorgelege und Schutzkasten.

Das Ritzel sitzt auf einer konischen Verlängerung der Ankerachse und ist mit einer Ritzelmutter angepreßt und mit einem Keil gegen

Abb. 46. Bahnmotor von der Achsseite gesehen (B.E.W.).

Drehung gesichert. Es steht mit dem großen Zahnrad in Eingriff, das auf der Triebachse sitzt. Zum Schutze und zur Aufnahme des Schmiermittels Öl oder Fett dient ein Zahnradschutzkasten (s. Abb. 47). Der Schutzkasten stützt sich einerseits auf einen Anguß am Motorlagerschild, andererseits auf einen Tragarm, der am antriebsseitigen Tatzlager angegossen ist (s. Abb. 46). Der Zahnradschutzkasten ist zweiteilig und enthält bei Ölschmierung in seinem oberen Teil eine Öffnung, in welche das Schmiergefäß eingesetzt ist. Die Schmierung der Zahnräder erfolgt bei Öl entweder durch Dochtschmierung oder Kugelschmierung. Bei der letzteren tritt nur Öl aus, wenn sich der Wagen in Bewegung befindet.

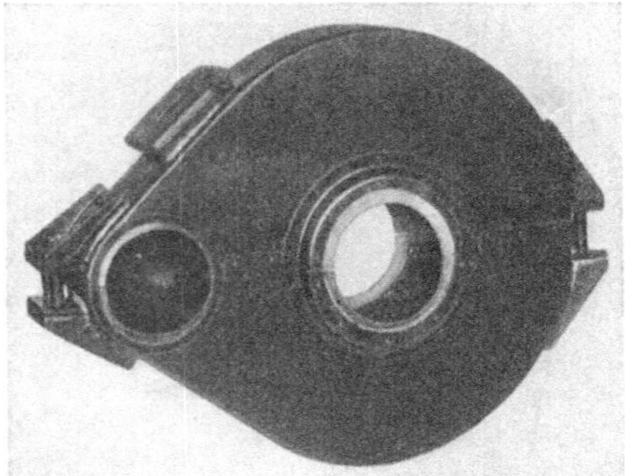

Abb. 47. Zahnradschutzkasten (AEG).

5. Gekapselte Motoren.

Abb. 43 zeigt einen Schnitt durch eine derartige Maschine. Beim gekapselten Motor ist kennzeichnend, daß das Motorinnere durch das Gehäuse nach außen vollkommen abgeschlossen ist. Die im Motor erzeugte Wärme muß deshalb ausschließlich durch Wärmeleitung über das Gehäuse nach außen abgeführt werden. Dies bedingt einen verhältnismäßig schweren Motor, da die Wärmeabgabe schlecht ist im Vergleich zu Maschinen, in deren Inneres Frischluft zur Kühlung eingeblasen wird. Der Vorzug der gekapselten Maschine besteht in ihrer Unempfindlichkeit gegen Witterungseinflüsse und gegen das Eindringen von Staub und Feuchtigkeit, weshalb sie bis in die Nachkriegszeit fast ausschließlich verwendet wurde und auch noch heute für viele Betriebe günstig ist.

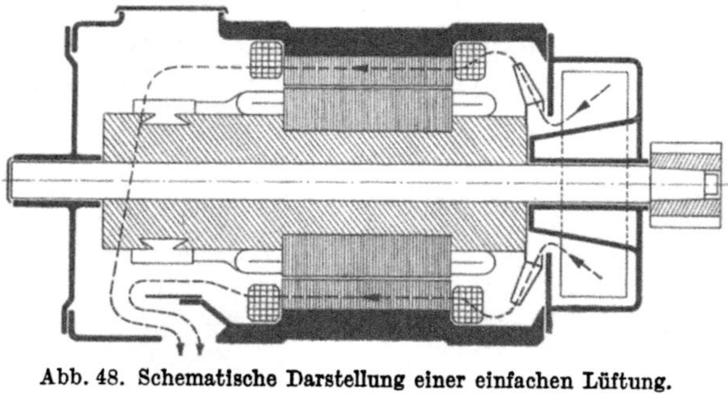

Abb. 48. Schematische Darstellung einer einfachen Lüftung.

6. Gelüftete Motoren.

Um die Leistungsfähigkeit eines Motors, die ja durch die Erwärmung begrenzt ist, zu erhöhen, leitet man zur besseren Wärmeabfuhr durch das Motorinnere Frischluft, die durch einen Ventilator angesaugt wird. Die einfachste Form der Lüftung ist in der Abb. 48 schematisch dar-

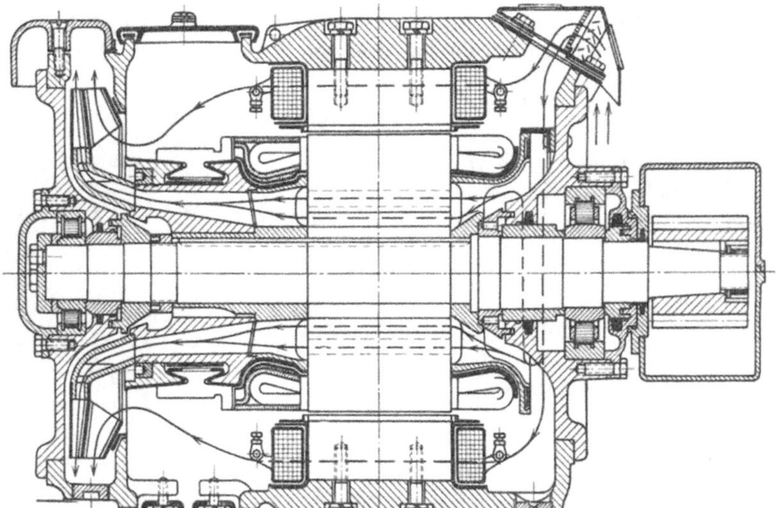

Abb. 49. Motor mit Doppellüftung (Parallellüftung) (AEG).

gestellt. Die Luft wird an der Nichtkollektorseite angesaugt, streicht zwischen den Polen durch und über die Ankeroberfläche, kühlt den Kollektor und gelangt dann ins Freie. Um die Lüftung noch wirksamer zu gestalten, wendet man oft die Parallellüftung an, bei der der eintretende Luftstrom sich in zwei Teile teilt, von denen der eine, wie oben beschrieben, Feld-, Anker- und Kollektoroberfläche bestreicht, der andere durch besondere Kanäle durch das Ankerinnere führt. Allerdings ist für eine solche Konstruktion ein nicht zu kleiner Ankerdurchmesser erforderlich, damit die Luftkanäle der Rotorbleche untergebracht werden können. Abb. 49 zeigt eine solche Ausführung, bei der für jeden Luftweg ein besonderer Ventilator vorgesehen ist, die beide auf der Kollektorseite zu einem Doppellüfter vereinigt sind. Die Luftströmung ist durch Pfeile gekennzeichnet.

Eine andere Ausführung zeigt Abb. 50, bei der Luft von beiden Seiten des Motors angesaugt wird. Die von links kommende Luft durchstreicht das Ankerinnere und vereinigt sich mit der von rechts kommenden Frischluft, bestreicht mit ihr gemeinsam die Oberflächen und tritt auf der Kollektorseite ins Freie aus (Reihen-Parallellüftung). Durch diese Anordnung soll an jeder Seite des Motors Frischluft vorbeistreichen.

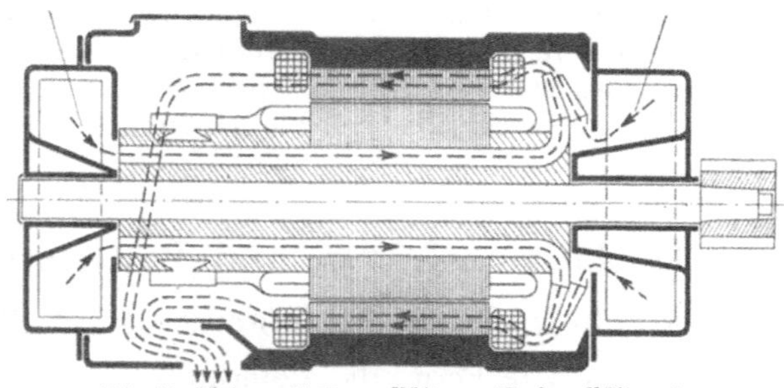
Abb. 50. Motor mit Doppellüftung (Verbundlüftung).

Der gelüftete Motor ist wegen seiner besseren Wärmeabfuhr wesentlich leichter (bezogen auf gleiche Dauerleistung) als der gekapselte Motor, bietet jedoch, da das Motorinnere mit der Außenluft in Verbindung steht, eine Reihe konstruktiver Schwierigkeiten. So muß dafür gesorgt werden, daß die mit der eingesaugten Luft mitgerissenen Staubteilchen sich an solchen Stellen ablagern, wo sie leicht entfernt werden können und nicht schädlich sind. Man sucht deshalb durch besondere Schikanen im Eintrittsquerschnitt Umlenkungen der Luft herbeizuführen, um die Staubablagerung vor Eintritt in den Anker zu erzwingen. (Siehe die Schikanen an der Lufteintrittsöffnung sowie dieselben vor dem Eintritt der Luft in den Anker, Abb. 49.) Trotz aller Maßnahmen wird man nie vermeiden können, daß Staub durch den Motor geführt wird. Durch den mitgerissenen Staub, der auch unter die Kohlen gelangt, tritt eine schmirgelnde Wirkung und damit ein größerer Kohlen- und Kollektorverbrauch ein, als beim gekapselten Motor. Außerdem wird der Motor allmählich verschmutzen, weshalb er ab und zu ausgeblasen werden muß. Um den Motor gegen Staub (auch Bremsstaub) zu schützen, ist man neuerdings bestrebt, wenn die Platzverhältnisse es erlauben, die Luft über Faltenbälge und Kanäle am Wagendach oder aus dem Wageninnern anzusaugen.

Bei gelüfteten Maschinen (auch bei ungelüfteten) sind außerdem Vorkehrungen zu treffen, daß mitgeführtes bzw. niedergeschlagenes Wasser wieder abfließen kann. (Entsprechende Öffnung am Gehäuseboden siehe rechts unten Abb. 49.)

Die Abdichtung der Rollenlager erfordert beim gelüfteten Motor große Sorgfalt, damit wegen des im Motor herrschenden Unterdruckes kein Fett bzw. Öl aus den Rollenlagern herausgesaugt wird. Es sei bemerkt, daß bei kleinerer Spurweite, z. B. 1 m, der Leistungsgewinn bei Eigenlüftung nicht mehr so erheblich ist als beim Motor für Normalspur, da die Lüfterräder und die seitlichen Luftkanäle ebenfalls Platz beanspruchen, das Ankereisen also schmäler werden muß, was beim schmalspurigen Motor prozentual viel ausmacht.

Bei größeren Fahrzeugen wendet man oft Fremdventilation an. Durch einen besonderen, meist durch einen Zusatzmotor angetriebenen Ventilator wird Luft durch das Motorinnere geblasen. Der Motor braucht dann selbst keine Lüfterräder mehr. Der fremdventilierte Motor hat den Vorteil, daß die durchgeführte Luftmenge, unabhängig von der Drehzahl des Motors und auch, falls erforderlich, bei Stillstand, stets gleich bleibt. Sie ist demnach die wirksamste Kühlung, allerdings auch teuer.

II. Antriebsfragen und Bewegungsvorgänge.

A. Übertragung der Motorkraft auf die Triebachse.

Die einfachste Form, die Motorkraft auf die Triebachsen zu übertragen, bestünde in der Anwendung eines unmittelbar auf der Triebachse angeordneten Motorankers, wobei das Motorgehäuse mit dem Fahrzeug fest verbunden wäre. Diese Anordnung läßt sich jedoch, von Spezialfällen abgesehen, praktisch nicht verwirklichen, da der Luftspalt unzulässig groß sein müßte, um ein Springen der Achse mit dem Motoranker innerhalb des Luftspaltes zu ermöglichen. Die einzige tatsächlich ausgeführte Form obiger Bauart besteht in der Verwendung eines zweipoligen Motors, wobei die beiden Pole seitlich angeordnet sind, so daß bei einem Springen der Achse die Verkleinerung des Luftspaltes zwischen Anker und Pol unbedeutend ist[1]. Der Antrieb hat den Nachteil, daß das ganze Ankergewicht unabgefedert auf der Welle sitzt, und daß man mit der Drehzahl des Motors durch die Fahrgeschwindigkeit festgelegt ist.

Da bereits gezeigt wurde, daß ein Motor um so leichter wird, je schneller er läuft, muß man, um die Drehzahl des Motors unabhängig von der Fahrzeuggeschwindigkeit wählen zu können, eine Übersetzung zwischenschalten. Streng genommen müßte man „Untersetzung" sagen, da es sich stets um eine Drehzahländerung vom Schnellen ins Langsame handelt, jedoch neigt der Sprachgebrauch mehr zur Bezeichnung Übersetzung.

Die einfachste Form eines Achsantriebes mit Übersetzung ist der sogenannte Tramantrieb.

Abb. 51a und b stellen schematisch die allgemeine Anordnung des Tramantriebes dar. Der Motor trägt auf der Ankerachse ein kleines Zahnrad mit dem Teilkreisdurchmesser D_r, welches in Eingriff mit

[1] Bei Verwendung von Wendepolen müssen diese auch seitlich angeordnet sein, was bei Verwendung von Spezialwicklungen möglich ist.

einem großen Zahnrad vom Teilkreisdurchmesser D_z steht, das fest auf der Wagenachse A sitzt. Das Motorgehäuse ist auf der einen Seite (Punkt F der Abb. 51a oder mittels Traverse) federnd am Wagenkasten oder am Fahrgestell aufgehängt und stützt sich außerdem mit zwei Tatzen T auf die Wagenachse. Das große Zahnrad ist entweder zweiteilig und wird auf der Achse festgeschraubt, wobei ein Keil gegen Drehung sichert, oder es ist einteilig und wird auf die Achse aufgepreßt.

Der Tramantrieb ist also durch die Verwendung eines Tatzlagermotors mit einfachem Vorgelege gekennzeichnet. Er hat den Vorteil, daß das Motorgewicht wenigstens zum Teil abgefedert ist, so daß die Radachse beim Springen durch den Motor nicht derart stark zusätzlich beansprucht wird, wie bei einem fest mit der Welle verbundenen Anker.

Man ist bestrebt, die Ausbildung der Aufhängung so zu wählen, daß die zusätzliche dynamische Beanspruchung der Achse möglichst klein bleibt. Früher hatte man in Unkenntnis der tatsächlichen Vor-

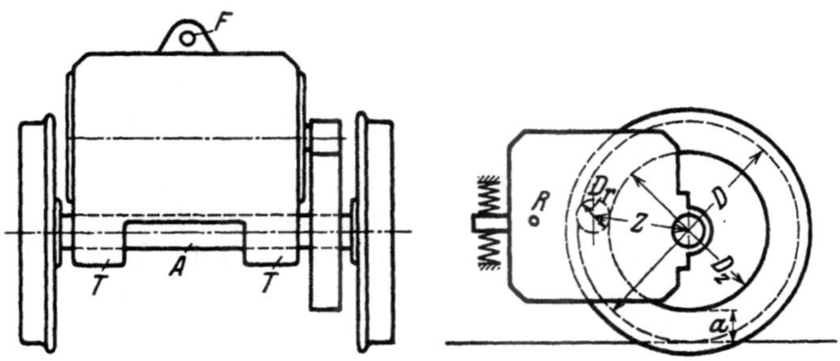

a b

Abb. 51. Tramantrieb.

gänge angenommen, daß ein Aufhängen im Schwerpunkt des Motors möglichst günstig sein müsse. Dies trifft, wie nachstehend gezeigt, nicht zu. Es sei angenommen, der Motor habe Masse, Trägheitsmoment, jedoch keinerlei Gewicht, so daß man sich die Federung entfernt denken kann. Springt die Achse infolge eines Schienenstoßes nach oben, so greifen an den Tatzlagern vertikale Kräfte an. Diese Kräfte kann man sich zerlegt denken in eine im Motorschwerpunkt angreifende Kraft gleicher Größe und Richtung, und in ein Drehmoment, welches im Linkssinne wirkt. Die Kraft wird den Motorschwerpunkt nach oben bewegen, während gleichzeitig infolge des Drehmoments sich der Motor um den Schwerpunkt im Linkssinne dreht. Für einen Punkt R links vom Schwerpunkt (der mit der Motorachse zusammenfallen möge) (s. Abb. 51b) setzt sich dessen Bewegung zusammen aus der Bewegung des Schwerpunktes, vermindert um die Drehbewegung um den Schwerpunkt, die um so größer ist, je weiter dieser Punkt R vom Schwerpunkt entfernt liegt. Es muß also einen Punkt geben, der links vom Schwerpunkt liegt, bei dem sich beide Bewegungen gerade aufheben, der also das Momentanzentrum für die Motordrehung infolge des Achsspringens ist. Sicher wird die zusätzliche Beanspruchung der

Triebachse am kleinsten sein, wenn beim tatsächlichen Motor die Federaufhängung im Momentanzentrum R angreift, da hier die Eigenbewegung des Motors nicht gehemmt wird. Im allgemeinen pflegt man bei Straßenbahnmotoren die genaue Ermittlung des Punktes R nicht vorzunehmen (die zusätzliche Drehung des Motorankers müßte auch noch berücksichtigt werden), sondern begnügt sich damit, die Aufhängung des Motors an der Rückseite anzuordnen. Für Schnellbahnen ist die genaue Ermittlung dagegen angebracht. Außerdem ist es dort günstig, die Zahnräder tangential zu federn, damit beim Achsspringen keine unzulässigen Stöße auf die Anker kommen.

Beim Tramantrieb sind von vornherein einige Bedingungen für die ganze Ausbildung des Vorgeleges maßgebend. So darf der Abstand s (s. Abb. 52) des Zahnradschutzkastens von der Schienenoberkante einen bestimmten Kleinstwert — etwa 100 mm — nicht unterschreiten, damit bei Hindernissen (Pflastersteine usw.) keine Beschädigung des Schutzkastens eintritt. Das gleiche gilt auch für das Motorgehäuse, jedoch liegt erfahrungsgemäß die Unterkante des Zahnradschutzkastens tiefer, so daß für die weiteren Betrachtungen vom Abstand des Motorgehäuses abgesehen werden kann. Da durch den Abstand s der Abstand a vom Teilkreisdurchmesser des großen Zahnrades bestimmt ist, kann man auch mit a rechnen, was oft zweckmäßiger ist. Dieser Wert a ist größer als s und beträgt

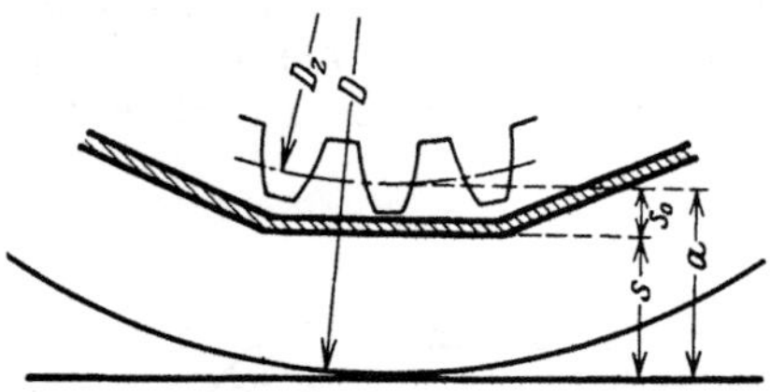

Abb. 52. Zahnradabstand von Schienenoberkante.

$$a = s + s_0 . \tag{48}$$

s_0 berücksichtigt die Stärke des Zahnradschutzkastenbleches, den Luftabstand des Zahnkopfes von der Kasteninnenwand und die Zahnkopfhöhe über dem Teilkreis gemessen.

Die Einhaltung eines vorgeschriebenen Wertes a bestimmt bei gegebenem Triebraddurchmesser D die Größe des größtzulässigen Teilkreisdurchmessers

$$D_z = D - 2\,a \tag{49}$$

des großen Zahnrades.

Ein weiteres Bestimmungsstück, das nicht überschritten werden darf, ist der kleinstzulässige Ritzeldurchmesser (Teilkreis) D_r. Er ist hauptsächlich durch die Stärke des Wellenstummels bestimmt, weil zwischen ihm und Ritzelfußkreis noch genügend Fleisch übrigbleiben muß. Es sei nun unter Einhaltung obiger Bedingung untersucht, wie die einzelnen Größen variiert werden können, um einen möglichst günstigen, d. h. leichten und schnellaufenden Motor zu erhalten.

Man geht dabei von der Wagengeschwindigkeit aus, die bei Fahrzeugen durchweg in km/h gemessen wird. Sie ergibt sich zu

$$v = \frac{1}{\ddot{u}} \cdot \frac{n\,60\,D\,\pi}{1000}$$

oder

$$\boldsymbol{v = \frac{n D}{5{,}3\, \ddot{u}}}. \tag{50}$$

In dieser Gleichung bedeutet

v = Fahrzeuggeschwindigkeit in km/h,
D = Triebraddurchmesser in m,
$\ddot{u}$ = das Übersetzungsverhältnis (Zahnraddurchmesser: Ritzeldurchmesser),
n = Motordrehzahl pro Minute.

Der Motor wird möglichst leicht, wenn n bei gegebenem v möglichst groß ist. Selbstverständlich kann n nicht beliebig hoch gewählt werden, sondern es muß immer noch geprüft werden, ob die Drehzahl mit Rücksicht auf den Motorbau zulässig ist. Es muß also $\frac{v}{n} = \frac{D}{5{,}3\, \ddot{u}}$ möglichst klein sein. Bezeichnet man

$$\varepsilon = \frac{D}{\ddot{u}}, \tag{51a}$$

so heißt das, daß ε zum Minimum gemacht werden soll. Unter Zugrundelegung der Gl. (49) und unter Beachtung, daß $\ddot{u} = \frac{D_z}{D_r}$ ist, ergibt sich

$$\varepsilon = D \frac{D_r}{D_z} = D \frac{D_r}{D - 2a} \quad \text{oder} \quad \varepsilon = \frac{D_r}{1 - \frac{2a}{D}}. \tag{51b}$$

Diese Gleichung besagt, daß ε und damit die Ausnützung des Motors um so günstiger ist, je kleiner der Ritzeldurchmesser. Außerdem zeigt sich, daß mit größer werdendem Triebraddurchmesser ebenfalls eine Verkleinerung von ε eintritt, die jedoch für die praktisch vorkommenden Triebraddurchmesser nicht erheblich ist. So beträgt die Verbesserung bei Vergrößerung des Triebraddurchmessers von 0,66 m auf 0,9 m bei einem Werte $a = 0{,}115$ m ca. 15%.

Physikalisch gelangt man zum gleichen Ergebnis, wenn man von der Radgeschwindigkeit ausgeht. Da das große Zahnrad um den Betrag $2a$ kleiner ist als das Triebrad, ist auch die Zahngeschwindigkeit (für Zahnrad und Ritzel) etwas kleiner als die Radgeschwindigkeit. Da der Ritzeldurchmesser gegeben ist (s. oben), ist die Drehzahl des Motors bestimmt. Wird der Raddurchmesser vergrößert, so wächst bei konstantem Werte a die Zahngeschwindigkeit etwas, und damit die Drehzahl des Motors, ein Ergebnis, was der Gleichung entspricht.

Bei den bisherigen Betrachtungen kamen nur die geometrischen Bedingungen für die Übersetzungen vor, nicht dagegen die des Motors. Für den Motor ist die Größe der Zentrale Z, d. h. der Abstand der Ankerachse von der Triebachse (s. Abb. 51b), von Wichtigkeit. Die Zentrale darf einen Kleinstwert ebenfalls nicht unterschreiten, da sonst die Triebachse zu stark in das Motorgehäuse einschneiden würde.

Führt man diesen neuen Begriff in die Gleichung (51b) ein, so ergibt sich unter Beachtung der Beziehung

$$D_r = 2Z - D_z = 2Z - (D - 2a) = 2Z - D\left(1 - \frac{2a}{D}\right)$$

die Gleichung

$$\varepsilon = \frac{2Z}{1 - \frac{2a}{D}} - D. \tag{52}$$

Diese Gleichung zeigt, daß mit kleiner werdender Zentrale Z und mit größer werdendem Triebraddurchmesser ε, also die Ausnützung des Motors günstiger wird. In der Abb. 53 sind für verschiedene Triebraddurchmesser und für einen Wert $a = 0{,}115$ m die Kurven für ε in Abhängigkeit von der Zentrale aufgezeichnet. Die Abb. 53 zeigt, daß sich bei gegebener Zentrale durch Vergrößerung des Triebraddurchmessers kleinere Werte von ε ergeben.

In der Abb. 53 ist durch Schraffur eine Grenzlinie markiert, welche für den kleinstzulässigen Ritzeldurchmesser D_r gilt, der hier zu $D_r = 78$ mm angenommen ist. Dadurch ist bei gegebener Zentrale eine beliebige Vergrößerung von D begrenzt.

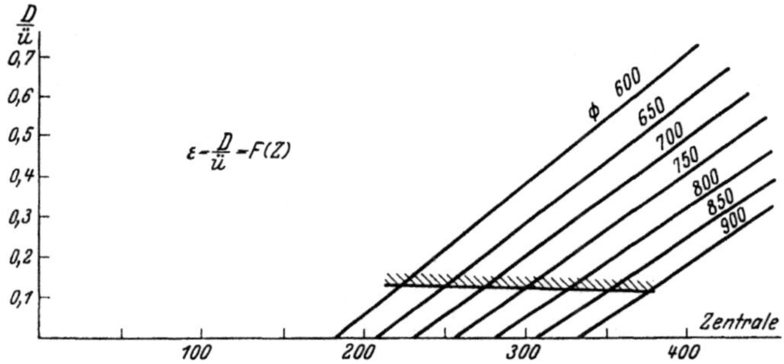

Abb. 53. Beziehung zwischen Zentrale, Triebraddurchmesser und $\frac{D}{ü}$.

Das Diagramm gestattet bei gegebener Zentrale die Feststellung des günstigsten ε. Hierdurch wird der günstigste Triebraddurchmesser und $ü = \frac{D}{\varepsilon}$ festgelegt. Bei Maximalgeschwindigkeit v hat der Motor die Drehzahl $n = \frac{v\,5{,}3\,ü}{D}$. Die Motorausnutzung ist am besten, wenn diese Drehzahl mit der höchstzulässigen des Motors zusammenfällt.

Auf Grund obiger Überlegung ergibt sich, daß bei gegebener Zentrale ein großer Raddurchmesser günstig ist. Dieses Ergebnis steht jedoch im Widerspruch zu den Anforderungen der Bahnverwaltungen, insbesondere bei Straßenbahnen, wo man einen möglichst kleinen Triebraddurchmesser mit Rücksicht auf einen möglichst bequemen Wageneinstieg fordert. Soll man sich in der Praxis also auf kleine Triebraddurchmesser beschränken, so muß man, um ein günstigeres ε zu erhalten, die Motoren mit möglichst kleiner Zentrale ausführen. Diese Tendenz erkennt man bei Straßenbahn-Tatzlagermotoren daran, daß die Triebachse so tief in das Motorgehäuse einschneidet, als es mit Rücksicht auf die Polanordnung irgendwie geht.

B. Die Verzahnungen.

1. Allgemeines.

Bei den bisherigen Betrachtungen kam bei den Zahnradgetrieben nur der Begriff des Übersetzungsverhältnisses vor, während auf die Ausbildung der Zähne selbst und ihre Größe keine Rücksicht genommen wurde. Da jedoch die Ausbildung der Verzahnung für die Möglichkeiten einer Konstruktion ausschlaggebend ist, sollen die wichtigsten Gesetze behandelt werden.

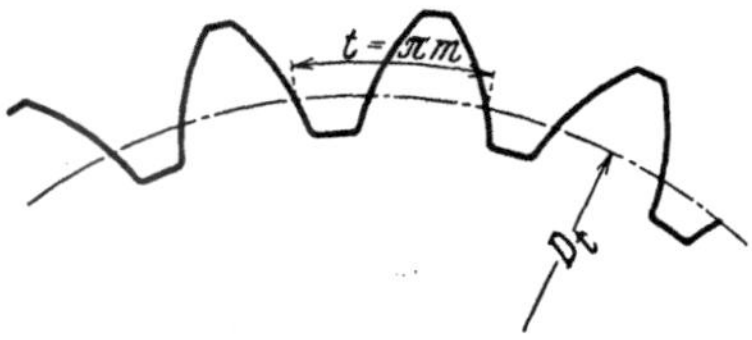

Abb. 54. Zahnteilung.

Bei zwei in Eingriff stehenden Zahnrädern versteht man unter Teilkreisen zwei gedachte Kreise, die bei der Bewegung aufeinander abrollen. Den Abstand zweier Zähne, gemessen auf dem Teilkreis, nennt man Zahnteilung (s. Abb. 54). Wird diese mit t bezeichnet, so ergibt sich der Umfang des Teilkreises zu Zähnezahl mal Teilung oder

$$\boldsymbol{D_t \pi = z t}. \tag{53}$$

Dabei bedeutet z die Zähnezahl und D_t den Teilkreisdurchmesser des Zahnrades. Diese Gleichung lautet umgeformt

$$D_t = \left(\frac{t}{\pi}\right) z. \tag{54}$$

Setzt man zur Abkürzung $\frac{t}{\pi} = m$ und bezeichnet diese Konstante als Zahnmodul, so ergeben sich die wichtigen Gleichungen

$$\boldsymbol{t = m\pi} \quad \text{und} \quad \boldsymbol{D_t = zm}. \tag{55}$$

Man erhält also den Teilkreisdurchmesser, indem man die Zähnezahl mit dem Modul multipliziert. In der Praxis hat es sich als zweckmäßig erwiesen, — da man sowieso bestrebt ist, mit einer beschränkten Zahl von Teilungen also auch Modulen auszukommen (wegen der Werkzeuge) — daß man für die Teilung einfache Vielfache von π nimmt (z. B. $6\,\pi$, $7\,\pi$, $8\,\pi$ usw.), so daß also der Modul eine ganze Zahl wird. Für Bahnmotoren kommen Modulen in der Größe 6 bis 10 vor. (Neuerdings gibt es allerdings auch Zwischenwerte, die nicht ganzzahlig sind, z. B. 6,5—7,5 usw.) Eine Ausnahme machen schrägverzahnte Räder, auf die später noch eingegangen wird.

Das Übersetzungsverhältnis eines Zahnradgetriebes war bis jetzt definiert als das Verhältnis der Teilkreisdurchmesser der im Eingriff befindlichen Zahnräder. Also $\ddot{u} = \frac{D_z}{D_r}$. Wenn die Zähnezahl des großen Zahnrades mit z_1, die des Ritzels mit z_2 bezeichnet wird und der Modul, der für Ritzel und Zahnrad gleich sein muß (wegen der gleichen Zahnteilung), m ist, so kann man für $\ddot{u}$ auch schreiben

$$\ddot{u} = \frac{m z_1}{m z_2} \quad \text{oder} \quad \boldsymbol{\ddot{u} = \frac{z_1}{z_2}}, \tag{56}$$

d. h. das **Übersetzungsverhältnis ist gleich dem Verhältnis der Zähnezahlen.**

Sind der Modul und die Zähnezahl eines Getriebes bekannt, so liegt damit die Zentrale des Motors fest (s. Abb. 51 b). Es ist $Z = \frac{D_z + D_r}{2}$ oder

$$Z = \frac{m}{2}(z_1 + z_2)\,. \tag{57}$$

Dieser Gleichung kommt in der Praxis eine große Bedeutung zu. Sie besagt, daß für einen Motor mit gegebener Zentrale und Modul alle diejenigen Übersetzungsverhältnisse möglich sind, bei denen die Summe der Zähnezahlen konstant ist.

Beispiel: Die Zentrale eines Motors betrage 344 mm. Welches sind die zulässigen Übersetzungsverhältnisse bei Modul 8? Gemäß obenstehender Gleichungen muß die Summe der Zähnezahl 344 geteilt durch $\frac{8}{2}$, also 86 konstant sein; möglich sind also die Übersetzungsverhältnisse $\frac{73}{13}$, $\frac{72}{14}$, $\frac{71}{15}$ usw.

Oft soll das Übersetzungsverhältnis $\ddot{u} = \frac{z_1}{z_2}$ bei gegebener Zentrale möglichst groß sein. Da die Summe der Zähnezahlen bei gegebenem Modul konstant ist, muß man also z_2 so klein wie möglich wählen. Die geringste Zähnezahl ist durch die Verzahnung und durch den kleinstmöglichen Teilkreisdurchmesser D_r des Ritzels bestimmt. Das größtmögliche Übersetzungsverhältnis ist hierdurch fixiert.

Eine weitere Möglichkeit, das Übersetzungsverhältnis bei gegebener Zentrale zu ändern, besteht in der Variierung des **Moduls**. Selbstverständlich muß dabei die Gl. (57) erfüllt bleiben. Der Modul darf jedoch einen bestimmten Kleinstwert nicht unterschreiten, da er proportional der Zahnstärke ist und diese den zu übertragenden Kräften entsprechen muß.

Für die Ausbildung der Zahnräder stehen verschiedene Zahnformen zur Verfügung. Die wichtigsten in der Technik gebräuchlichen sind die Zykloiden und die Evolventenverzahnungen. Die **Zykloidenverzahnung** kommt für Bahnzahnräder kaum in Frage, weil abgesehen vom Preis sie im Vergleich zur Evolventenverzahnung den Nachteil hat, daß die Zentrale zur Erzielung einwandfreier Gleitverhältnisse sehr genau eingehalten werden muß. Die Zykloidenverzahnung hat außerdem einen schwächeren Zahnfuß, weil immer ein konvexer Zahnkopf mit einem konkaven Zahnfuß in Eingriff kommt. Diese Schwächung des Zahnfußes ist gerade für Bahnzwecke, wo man höchste Beanspruchung zulassen muß, sehr unerwünscht. Nicht unerwähnt soll bleiben, daß bei der Zykloidenverzahnung die Gleitverhältnisse besser sind als bei der Evolventenverzahnung, jedoch fallen die übrigen Nachteile so sehr ins Gewicht, daß die **Evolventenverzahnung** bei Bahnzahnrädern vorherrscht.

2. Die Evolventenverzahnung.

Wegen der Bedeutung der Evolventenverzahnung für den Bahnbetrieb sei im folgenden das Wichtigste darüber mitgeteilt.

In der Abb. 55 seien t_1 und t_2 die Teilkreise der beiden miteinander in Eingriff (Punkt P) befindlichen Zahnräder. Die Kopfkreise sind mit k_1 bzw. k_2, die Fußkreise mit f_1 und f_2 bezeichnet. Bei normalen Verzahnungen (nicht Bahnverzahnungen) ist der Zahnkopf (Unterschied zwischen Kopfkreis und Teilkreis) meist 30% der Zahnteilung, während der Zahnfuß (Unterschied zwischen Teilkreis und Fußkreis) 40% ist. Die gesamte Zahnhöhe ergibt sich damit zu 70% der Zahnteilung.

Zur Erzeugung der Zahnflanken zieht man durch den Berührungspunkt der beiden Teilkreise eine Gerade unter den Winkel α zur Tangente im Berührungspunkt. Dann zeichnet man um die Mittelpunkte M_1 und M_2 Kreise, welche diese Gerade tangieren. Die Berührungspunkte dieser Grundkreise g_1 und g_2 mit der Geraden sind mit A_1 und A_2 bezeichnet.

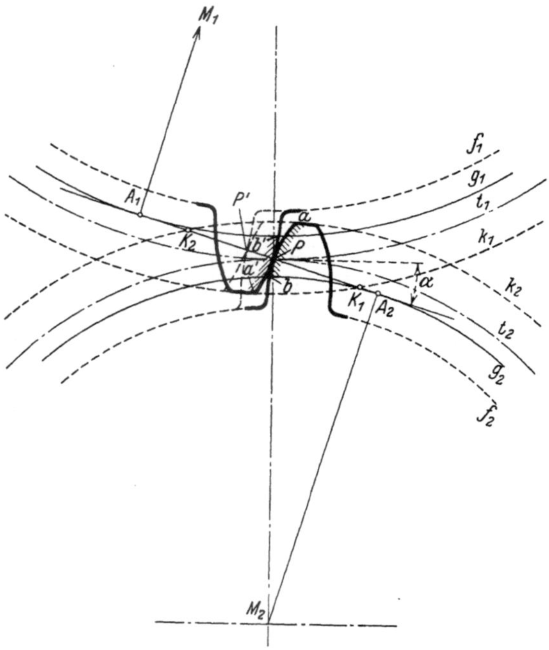

Abb. 55. Evolventenverzahnung.

Betrachtet man das Stück $\overline{PA_2}$ der unter dem Winkel α gezeichneten Geraden als Teil eines Fadens, der um den Grundkreis g_2 geschlungen ist und ihn im Punkte A_2 verläßt, so stellt die Kurve P—b die Bahn des Punktes P dar, wenn man den Faden bis zur Berührung mit dem Grundkreis g_2 aufwickelt. Wickelt man dagegen den Faden vom Grundkreis ab (Berührungspunkt A_2 rückt dadurch auf dem Umfang immer weiter nach rechts), so beschreibt der Punkt P die Bahn P—a. Die so entstandene Kurve b—a wird als Evolvente bezeichnet. Während die Bahn des Punktes P beim Abwickeln des Fadens sich nach oben beliebig fortsetzen läßt, was in der Abb. 55 allerdings nur bis zum Kopfkreis durchgeführt ist, ist die Bahn des Punktes P nach unten im Punkte b am Grundkreis begrenzt, läßt sich also nicht etwa bis zum Fußkreise verlängern. (Der Faden mit dem Endpunkt P ist ja im Punkte b schon endgültig aufgewickelt.)

In gleicher Weise wird die Zahnflanke $a'b'$ erzeugt, indem man sich ein Fadenstück $\overline{PA_1}$ auf dem Grundkreise g_1 auf- oder abgewickelt denkt.

Daß die Zahnflanken ab und $a'b'$ Kurven sind, die den Verzahnungsgesetzen genügen, zeigt folgende Überlegung:

Man denke sich die Gerade A_1A_2 als Teil eines Fadens, der einerseits um den Grundkreis g_1, andererseits um den Grundkreis g_2 aufgewickelt ist. Dreht sich das obere Zahnrad im Sinne des Uhrzeigers und ist das untere dauernd mit ihm in Eingriff, so wird sich der Faden auf dem Grundkreis g_1 auf- und auf dem Grundkreis g_2 abwickeln. Da sich die Grundkreise verhalten wie die dazugehörigen Teilkreise, wird das zwischenliegende Fadenstück A_1A_2 dauernd straff sein. Der auf dem Faden befindliche Punkt P kommt nach einer kleinen Drehung der Räder nach P'. Betrachtet man den Punkt P auf seinem Wege nach P' relativ zum unteren Zahnrad, so beschreibt der sich bewegende Punkt P relativ zu diesem einen Teil des Evolventenbogens $P—a$, da der Faden vom Grundkreis g_2 abrollt. Betrachtet man andererseits die Bewegung des Punktes P relativ zum oberen Zahnrad, so beschreibt er in bezug auf dieses Rad einen Teil des Evolventenbogens $P—b'$. Ist der Punkt P nach P' gelangt, so haben sich die Zahnflanken in die gestrichelte Lage bewegt. Da der Punkt P' sowohl auf der Zahnflanke des unteren wie auch auf der des oberen Zahnrades liegt, ist er der augenblickliche Eingriffspunkt der beiden Zähne. Dieselben Betrachtungen kann man für jeden beliebigen Punkt der Geraden $A_1—A_2$ anstellen, weshalb sie die „Eingriffslinie" genannt wird.

Es sei nun festgestellt, welche Bewegung der Punkt P', der auf der Flanke des oberen Rades liegen möge, relativ zum unteren Rade ausführt, wenn die beiden Zahnräder sich um einen sehr kleinen Winkel drehen. Da der obere Teilkreis t_1 dabei auf dem unteren abrollt und der gemeinsame Berührungspunkt von t_1 und t_2 der Punkt P ist, wird das obere Zahnrad sich um diesen Punkt als Momentanzentrum drehen. Dabei beschreibt der Punkt P' einen kleinen Bogen, der senkrecht auf der Verbindungslinie PP' steht. Da andererseits die Zahnflanken der beiden Räder im Punkte P' Tangenten besitzen, die ebenfalls senkrecht auf dieser Verbindungslinie stehen (was durch die Erzeugung der Evolventen bedingt ist), folgt, daß die beiden Zahnflanken im Punkte P' aneinander vorbeigleiten ohne ineinander einzudringen. Damit ist die Brauchbarkeit der Evolvente als Zahnkurve bewiesen.

Die vorstehende Überlegung gestattet übrigens die Feststellung, daß die Richtung des Zahndruckes, wenn man von der Reibung absieht, in die Richtung der Eingriffslinie fallen muß, da im jeweiligen Eingriffspunkt die Zahnflanken senkrecht zur Eingriffslinie stehen. Die Übertragung der Umfangskraft erfolgt also nicht tangential, sondern unter dem Winkel α geneigt, wobei α bei Bahnzahnräder meist 20^0 ist.

Die Eingriffslinie gestattet die Beurteilung, wie lange ein Zahn mit dem Gegenzahn in Eingriff ist. Bewegt sich das untere Zahnrad nach links, so ist der letzte Eingriffspunkt der beiden gezeichneten Zahnflanken der Punkt K_2, der als Schnittpunkt des Kopfkreises k_2 mit der Eingriffslinie erhalten wird. In entsprechender Weise ergibt sich bei Rechtsdrehung des unteren Rades der letzte Eingriffspunkt zu K_1, als Schnittpunkt von k_1 mit der Eingriffslinie. Die gesamte Eingriffsstrecke ist also die Strecke $K_1—K_2$. Bei Zahnradübersetzungen ist man bestrebt, diese Eingriffsstrecke möglichst groß zu machen, damit mehr als ein Zahn zu gleicher Zeit zur Kraftübertragung beiträgt.

Die Zentrale M_1—M_2 werde jetzt etwas vergrößert. Das kann z. B. durch Ungenauigkeiten in der Montage eintreten. Die Teilkreise werden dann nicht mehr dieselben sein, sondern werden beide der Zentralenvergrößerung entsprechend zunehmen, die Grundkreise g_1, g_2 bleiben jedoch unverändert. Dadurch wird der Winkel α der Eingriffslinie vergrößert. Da jedoch bei gegebenen Grundkreisen die Neigung der Eingriffslinie keinerlei Einfluß auf die Zahnkurve hat (da diese nur von den Grundkreisen abhängt), werden also auch jetzt bei geänderter Zentrale die bereits ermittelten Zahnkurven eine richtige Verzahnung darstellen. Der Einfluß der Zentralenänderung besteht nur darin, daß das Spiel zwischen den Zähnen größer wird, und daß sich außerdem die Eingriffsdauer verkürzt. Bei Verkleinerung der Zentrale wird der Neigungswinkel kleiner, die Eingriffsdauer größer. Außerdem verschieben sich die Zähne dabei ineinander, wodurch Klemmungen entstehen können, falls nicht von vornherein ein größeres Spiel zwischen den Flanken vorgesehen ist. Die Evolventenverzahnung ist also gegenüber kleinen Zentralen-Änderungen unempfindlich.

In der Abb. 55 waren die Durchmesser der beiden Zahnräder nicht sehr verschieden. In Bahnbetrieben, wo große Übersetzungsverhältnisse vorkommen, sind jedoch die Unterschiede der Teilkreisdurchmesser groß. Ein solcher Fall ist in Abb. 56 dargestellt. Die Bezeichnungen entsprechen denen der Abb. 55. Untersucht man auch für diesen Fall die Eingriffsverhältnisse und stellt zu diesem Zwecke den Schnittpunkt des Kopfkreises k_1 mit der Erzeugenden (= Eingriffslinie) her, so ergibt sich der Punkt K_1. Dieser liegt jedoch außerhalb der möglichen Eingriffslinie A_1—A_2 (gemeinsame Tangente der beiden Grundkreise, s. oben), d. h. der Punkt a' wird mit keinem Punkte der Gegenflanke P—b (Evolvente) in Eingriff kommen können. Vielmehr wird der Punkt a' in den Fuß des Gegenzahnes eindringen. Um dies zu vermeiden, muß dieser Zahnfuß entsprechend ausgearbeitet oder wie man sagt „unterschnitten“ werden. Dadurch wird der Zahnfuß geschwächt, was für die im Bahnbetrieb vorliegenden Verhältnisse (größte Ausnützung) äußerst unerwünscht ist.

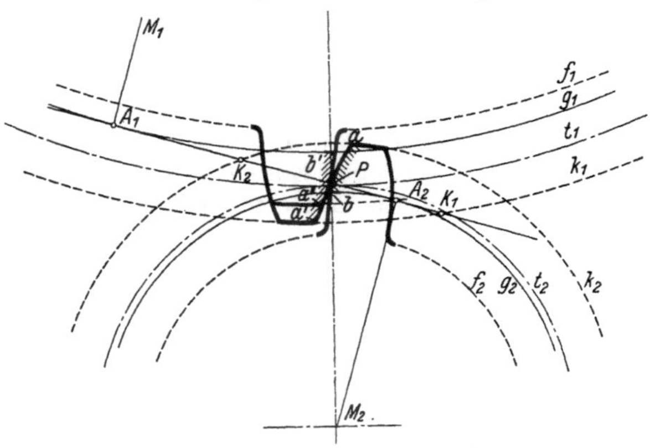

Abb. 56. Evolventenverzahnung bei großer Übersetzung.

Um das Unterschneiden der Zähne zu vermeiden, muß man den Zahnkopf des großen Rades verkürzen. Die größtmögliche Höhe des Zahnkopfes bekommt man, indem man um den Mittelpunkt des oberen Rades M_1 einen Kreisbogen durch den Punkt A_2 schlägt, der die Zahnflanke in a'' trifft. Der Punkt a'' kommt jetzt gemäß Abb. 56 mit dem Punkte b der Gegenflanke im Punkte A_2 zum Eingriff. Durch diese Verkürzung des Zahnkopfes des großen Rades ist also ein richtiges Eingreifen gesichert. Da jedoch zwischen dem neuen Kopfkreise des oberen und dem Fußkreise des unteren Rades ein größerer Abstand entsteht, wird man mit dem Fußkreise des kleinen Rades nachrücken, um die Zahnhöhe aus Festigkeitsgründen so klein wie möglich zu halten. Aus den vorstehenden Überlegungen ergeben sich die Richtlinien für Verzahnungen bei großen Übersetzungsverhältnissen: Man muß sowohl den Zahnkopf des großen als auch den Zahnfuß des kleinen Zahnrades, im Vergleich zu normalen Verzahnungen, verkleinern.

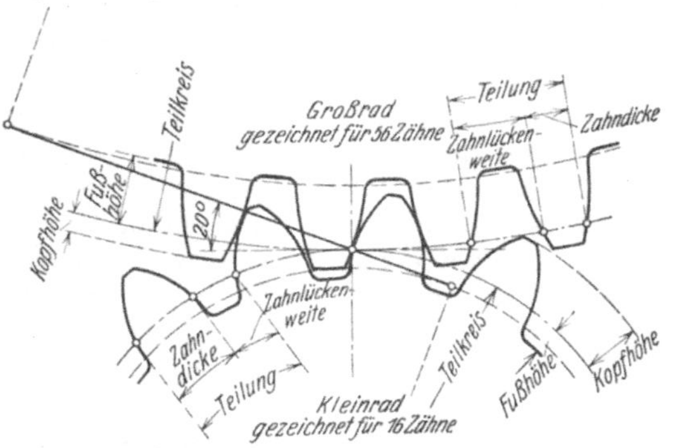

Abb. 57. Bahnverzahnung nach Normenvorschlag.
Kleinrad: Kopfhöhe = 1,5 Normalmodul, Fußhöhe = 0,7 × Normalmodul, Zahndicke = 0,615 Stirnteilung.
Großrad: Kopfhöhe = 0,5 Normalmodul, Fußhöhe = 1,7 × Normalmodul, Zahndicke = 0,385 Stirnteilung.

Die Abb. 57 zeigt den Entwurf eines Normenblattes für Bahnzahnräder, in welchem die erörterten Richtlinien verwirklicht sind.

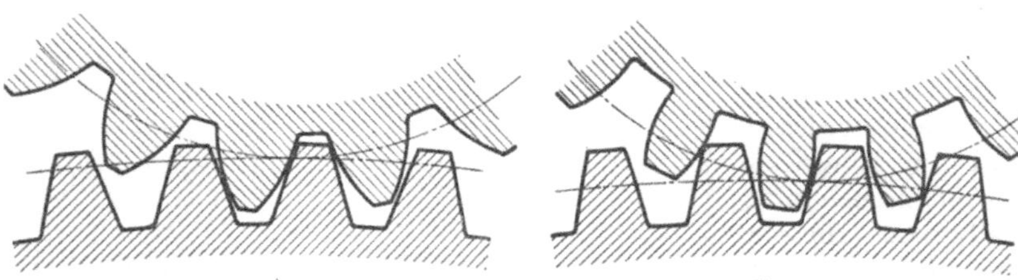

a) b)

Abb. 58. Zahnformen bei großer Übersetzung. Neue und alte Ausführung.

In der Abb. 58a ist eine moderne Verzahnung von ausgeführten Straßenbahnzahnrädern dargestellt, die sehr deutlich diese skizzierten Richtlinien verwirklicht. Der Zahnkopf des großen Rades ist im Vergleich zum Fuß klein, während beim Ritzel der Zahnfuß klein im Vergleich zum Zahnkopf ist.

Abb. 58b zeigt demgegenüber eine Verzahnung, bei der diese modernen Richtlinien nicht angewendet sind. Ein Vergleich der beiden Abbildungen ergibt, daß der am Zahngrund zur Verfügung stehende Querschnitt bei Abb. 58a günstiger ist als bei Abb. 58b. Dies fällt um so mehr ins

Gewicht, als die für die Festigkeit wesentlichen Widerstandsmomente quadratisch mit der Zahnstärke wachsen.

3. Die Festigkeit der Zahnräder.

Bei der Ermittlung der Beanspruchungen im Zahnfuß rechnet man normalerweise, als ob die Umfangskraft am Zahnkopf angreift und die ganze Kraft nur von einem Zahn übertragen wird. Das Biegungsmoment, welches auf den Zahnfuß wirkt, hat die Größe Ph (s. Abb. 59). Nach einem Satz der Mechanik ist das Biegungsmoment gleich dem Widerstandsmoment mal der spezifischen Biegungsspannung k_b.

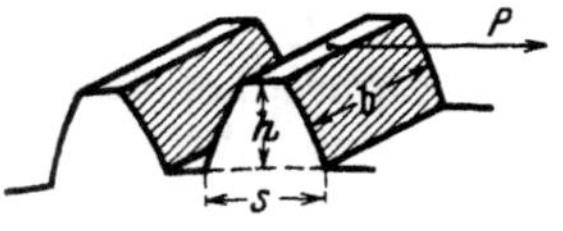

Abb. 59. Zahnbeanspruchungen.

Das Widerstandsmoment ist $\frac{1}{6} b s^2$. Dabei ist s die Breite des Zahnes am Fuße gemessen, und b die Zahnlänge in axialer Richtung. Die Festigkeitsbeziehung lautet also

$$Ph = \tfrac{1}{6} b s^2 k_b \,. \qquad (58\,a)$$

Aus dieser Gleichung ergibt sich das zulässige k_b zu

$$k_b = \frac{6Ph}{b s^2} \,. \qquad (58\,b)$$

Die Berechnung des Wertes k_b setzt also voraus, daß die Zahnform bereits bekannt ist. Bei normalen Getrieben liegen außerdem meist einfache Arbeitsverhältnisse vor, d. h. konstante Drehzahl und konstantes Drehmoment. In solchen Fällen bietet die Zahnradberechnung keinerlei Schwierigkeit, da man bei bekanntem Material weiß, welches k_b man zulassen darf. Dabei berücksichtigt das zulässige k_b die Umfangsgeschwindigkeit bezüglich Abnutzung. (Es ist um so kleiner, je größer die Geschwindigkeit.) Im Gegensatz hierzu hat der Bahnbetrieb sehr stark wechselnde Geschwindigkeiten und sehr stark variable Umfangskraft. Es ist deshalb nicht möglich, das k_b aus Tabellen für normale Zahnräder zu entnehmen. Die Berechnung wird sich also nur darauf beschränken können, festzustellen, ob bei den höchstvorkommenden Umfangskräften das auftretende k_b mit entsprechender Sicherheit unter der Streckgrenze des Materials liegt. Bei der Berechnung der größten Umfangskraft geht man von der Voraussetzung aus, daß die Zugkräfte des Fahrzeuges die Adhäsionsgrenze voll ausnützen (s. auch Adhäsion S. 81). Liegt das errechnete k_b innerhalb zulässiger Werte für das gewählte Material, so ist damit jedoch noch keine Gewähr gegeben, daß das Zahnrad im Betriebe einwandfrei arbeitet. Es ist nämlich noch die Abnützung zu berücksichtigen. Für diese ist außer der Geschwindigkeit die spezifische Zahnpressung maßgebend, welche von der Zahnkurve, der Elastizität des Materials und von dem mehr oder weniger gleichmäßigen Tragen der Zahnflanken in axialer Richtung abhängt. Ist die spez. Flächenpressung zu groß, so tritt ein Fressen der Zähne ein, wodurch die Lebensdauer vermindert und der Wirkungsgrad verschlechtert wird.

Aus vorstehenden Darlegungen geht hervor, daß eine einwandfreie Bestimmung der für die Beurteilung notwendigen Größen, die genaueste Kenntnis der Zahnform und der Materialbeschaffenheit zur Voraussetzung hat, was im allgemeinen beim projektierenden Ingenieur oder Betriebsmann nicht in hinreichendem Maße zutrifft. Es wird deshalb in allen Fällen, wo man sich nicht auf unmittelbare Vergleiche stützen kann bzw. die Zahnform nicht bekannt ist, empfehlenswert sein, die Wahl von Zahnform und Material unter Angabe der Betriebsbedingungen dem Zahnradlieferanten zu überlassen.

Für die Ausbildung von Zahnrädern stehen verschiedene Materialien zur Verfügung. Die billigsten Zahnräder sind solche aus Stahlguß, der etwa eine Festigkeit von 50 bis 60 kg/mm², eine Streckgrenze von etwa 25 bis 30 kg/mm² und eine Dehnung bei $l = 5d$ von 18% hat.

Man ist bestrebt, die Ritzel aus einem besseren Material, z. B. SM-Stahl, $K_z = 70$ bis 80, $\delta = 13\%$, als das große Zahnrad herzustellen, da bei dem Ritzel jeder Zahn öfter zum Eingriff kommt. Will man mit einem Achszahnrad ein hochwertiges Ritzel laufen lassen, so kann dasselbe z. B. aus Silizium-Manganstahl bestehen, mit einer Festigkeit von 70 bis 80 kg/mm², einer Streckgrenze von 45 kg/mm² und einer Dehnung von 17%. Dieses letztgenannte Material findet auch häufig Verwendung bei der Herstellung von hochbeanspruchten Zahnrädern. Um an teuerem Material zu sparen, wird meist der Zahnradstern aus Stahlguß, der Zahnkranz, der aufschraubbar ist, dagegen aus hochwertigem Material hergestellt.

Als geeignetes Ritzelmaterial kann ebenfalls ein Silizium-Manganstahl benutzt werden, der hierbei etwa 80 bis 90 kg Festigkeit bei einer Streckgrenze von 50 kg/mm² und eine Dehnung von 15% hat. Ist das Ritzel jedoch sehr hoch beansprucht, so kann Chromnickelstahl zur Verwendung kommen, der in Öl gehärtet eine Zugfestigkeit von 120 bis 130 kg/mm², eine Streckgrenze von 85 bis 100 kg/mm² und eine Dehnung von 7 bis 9% hat.

Wenn es sich darum handelt, sehr verschleißfeste Zahnräder herzustellen, die eine große Lebensdauer haben, wendet man oft Materialien an, bei denen die Zahnflanken im Einsatz gehärtet werden, so daß etwa eine Härteschicht von 0,8 bis 1,5 mm vorhanden ist. Im Einsatz gehärteter Stahlguß hat in der Härteschicht etwa eine Festigkeit von 190 bis 210 kg/mm², während im Kern des Zahnes eine Festigkeit von etwa 50 kg/mm² bei einer Streckgrenze von 30 kg/mm² vorhanden ist. Ein geeignetes Ritzel für obigen gehärteten Stahlguß ist ein solches aus Spezial-Einsatz-Flußeisen, das bei Härtung in der Härteschicht ebenfalls 190 bis 210 kg/mm² Festigkeit hat und bei dem in den ungehärteten Schichten die Festigkeit 65 kg/mm² und die Streckgrenze 35 kg/mm² beträgt. Als Einsatzmaterial für höchste Beanspruchungen kommt Chromnickelstahl in Frage, dessen Festigkeit in der Härteschicht 190 bis 210 kg/mm² beträgt, während in dem ungehärteten Kern die Festigkeit 90 kg/mm² und die Streckgrenze 70 kg/mm² beträgt.

4. Spezialverzahnungen.

Die bis jetzt behandelten Verzahnungen nennt man „Geradverzahnungen", weil die Zahnflanken parallel zur Radachse laufen. Neuerdings verwendet man im Bahnbetrieb immer mehr „schrägverzahnte" Räder. Die Abb. 60 zeigt ein derartiges Räderpaar.

Abb. 60. Schrägverzahnte Zahnräder (AEG).

Bei Geradverzahnungen verwendet man, wie gezeigt, möglichst Teilungen, die einfache Vielfache von π sind (also ganzzahlige Module). Wollte man bei der Schrägverzahnung für die Teilung, bezogen auf den Teilkreis, ebenfalls solche Zahlenwerte benutzen, so müßte man unter Berücksichtigung, daß der Fräser mit dem Winkel γ gleich der Zahnschräge (s. Abb. 61) zur Achse arbeitet, einen Fräser verwenden entsprechend einer Teilung $t_0 \cos\gamma$, wobei t_0 auf den Teilkreis bezogen ist. Man müßte also für jede Zahnschräge einen besonderen Fäser verwenden, dessen Modul jetzt irgendeine gebrochene Zahl ist. Derartige Fräser sind jedoch nicht handelsüblich. Man pflegt deshalb die Zähne mit einem Fräser gleichen Moduls wie Stirnräder zu fräsen, so daß also jetzt der auf den Teilkreis bezogene Modul eine gebrochene Zahl wird. Man bekommt diesen Modul m', indem man den Modul m des Fräsers durch $\cos\gamma$ teilt. Es gilt also

$$m' = \frac{m}{\cos\gamma}. \tag{59a}$$

Genau so erhält man die auf den Teilkreis bezogene Teilung t' aus der Teilung t des Fräsers zu

$$t' = \frac{t}{\cos\gamma}. \tag{59b}$$

Die Bezeichnungen lassen sich aus Abb. 61 entnehmen. In dem DIN-Entwurf Abb. 57 für Bahnzahnräder wird m' als „Stirnmodul" (im Gegensatz zum Normalmodul m) und t' als „Stirnteilung" (im Gegensatz zur Normalteilung t) bezeichnet.

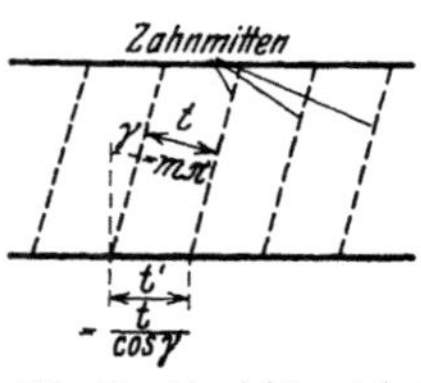

Abb. 61. Abwicklung bei Schrägverzahnung.

Durch das beschriebene Herstellungsverfahren ergeben sich zunächst Evolventen als Zahnkurven in Richtung der Fräserachse gesehen. Für das Arbeiten der Räder sind jedoch die Zahnkurven maßgebend, die in einer Schnittebene senkrecht zur Radachse liegen. Diese Kurven sind ebenfalls Evolventen, allerdings solche von kleinerer Krümmung als die des Fräsers. Dementsprechend sind auch die Grundkreise dieser Evolventen größer als diejenigen von Verzahnungen, die mit demselben Fräser bei gleicher

Zähnezahl und Geradverzahnung hergestellt sind. Die Vergrößerung der Grundkreise beträgt $\frac{1}{\cos\gamma}$.

Bei der Schrägverzahnung ist der Zahnwechsel günstiger als bei der Geradverzahnung, weshalb schräge Zähne ruhiger laufen. Man darf jedoch den Winkel der Schrägverzahnung nicht zu groß wählen, da sonst der Axialschub Werte annimmt, die nur von Speziallagern aufgenommen werden können, die man aus Platzmangel bei Bahnmotoren vermeidet. Eine noch zulässige Zahnschräge ist z. B. die sehr häufig verwendete von 7°.

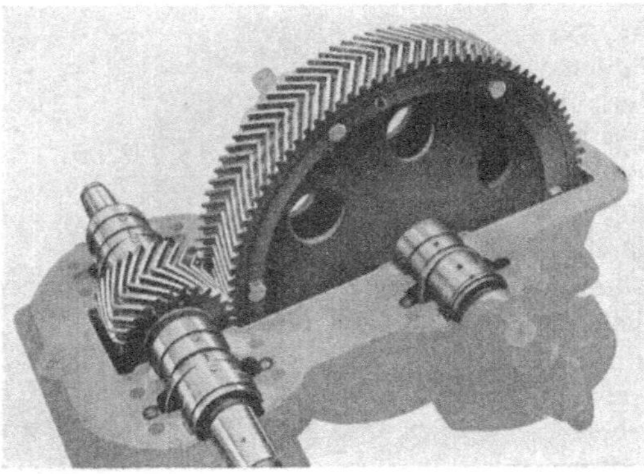

Abb. 62. Pfeilverzahnung (Krupp).

Eine Weiterentwicklung der Schrägverzahnung ist die Pfeilverzahnung, die man sich aus zwei Schrägverzahnungen mit spiegelbildlich ausgeführten Zahnschrägen entstanden denken kann (s. Abb. 62). Der Vorteil besteht in der Vermeidung des Axialschubs. Pfeilverzahnte Räder werden jedoch heute noch wenig angewendet.

Abb. 63. Gefedertes Zahnrad (BBC).

Wird ein doppelseitiger Motorantrieb notwendig, was mitunter bei schweren Motoren vorkommt, bei denen man zu große Zahnbreiten vermeiden will, so sind besondere Vorsichtsmaßregeln erforderlich. Werden geradverzahnte Räder angewandt, so ist dringend zu empfehlen, die Zahnkränze gegen die Zahnradachse abzufedern. (Eine solche Konstruktion zeigt Abb. 63.) Ohne eine solche Federung würde ein solches Antriebssystem infolge statischer Überbestimmtheit stets nur auf einer Zahnradseite arbeiten.

Bei doppelseitigem Antrieb und Schrägverzahnung ist eine Federung nicht notwendig, wenn die Zahnschräge spiegelbildlich ausgeführt ist, da dann der Motor sein Drehmoment praktisch gleichmäßig auf beide Räder verteilt, sofern er sich durch geeignete Lagerkonstruktion etwas parallel zur Achse verschieben kann.

C. Antriebsmöglichkeiten.

Der bisher behandelte Tramantrieb gestattet nur in beschränktem Maße ein Eingehen auf die Forderung der rationellsten Ausgestaltung des Motors (größtmögliche Drehzahl), weil das einfache Vorgelege große Übersetzungen nur begrenzt zuläßt, besonders, wenn noch die Forderung nach einem möglichst kleinen Triebraddurchmesser vorliegt. Durch den Triebraddurchmesser, den notwendigen Abstand der Zahnräder von *SO* und das kleinste Ritzel ist die größte Übersetzung und damit auch die höchste Motordrehzahl für irgendeine Geschwindigkeit bestimmt.

Die Motorkonstrukteure aller Länder sind deshalb schon seit Jahren damit beschäftigt, immer neue Antriebe zu entwickeln, bei denen eine hohe Motordrehzahl mit einer entsprechend großen Übersetzung in Einklang gebracht wird, ohne daß der Triebraddurchmesser dadurch größer wird. Aus der Fülle der Ausführungen und Entwürfe seien nachstehend einige interessante herausgegriffen.

Abb. 64a zeigt der Vollständigkeit halber nochmal den normalen Tramantrieb. Für alle Abbildungen gilt, daß die Tatzenlager mit *T*, die Motoraufhängung mit *F* und Kardane mit *K* bezeichnet sind.

Abb. 64b zeigt einen Motor mit hoher Übersetzung, der ein doppeltes Stirnradvorgelege hat. Er arbeitet mit seinem Ritzel auf ein Stirnrad, das auf einer Zwischenwelle sitzt, auf welcher auch das Ritzel der zweiten Übersetzung befestigt ist, welches seinerseits auf das Zahnrad der Triebachse arbeitet. Die zweistufige Übersetzung gestattet ein höheres Übersetzungsverhältnis von der Größenordnung 1 zu 10 (bei kleinem Triebraddurchmesser!) gegenüber der normalen Übersetzung von 1 zu 5 beim Tramantrieb. Das erste Vorgelege kann wegen der kleineren Kräfte mit einem kleineren Modul ausgeführt werden, jedoch müssen wegen der hohen Drehzahl besonders ruhig laufende Zahnräder verwendet werden (Schrägverzahnung, nicht härten). Sämtliche Lagerstellen werden zweckmäßig zur genauen Einhaltung der Zentralen als Rollenlager ausgeführt. Doppelvorgelegemotoren dieser Bauart können infolge der großen Übersetzungen hohe Drehzahlen haben, z. B. 1200 bis 1500 pro Minute bei Stundenleistung. Hierdurch wird der Motor sehr leicht. Da der Motorschwerpunkt von der Triebachse weit entfernt liegt, erhält die Achse nur eine kleine statische Belastung. Aus dem gleichen Grunde sind die dynamischen Beanspruchungen der Triebachse bei Schienenstößen sehr klein. Bei der gezeichneten Anordnung wird die Radachse in ihrer Mitte angetrieben, so daß also die beim Tramantrieb unangenehme unsymmetrische Wellenbeanspruchung, die zu Wellenbrüchen Veranlassung geben kann, vermieden ist.

Abb. 64c. Bei diesem Antrieb liegt die Motorachse parallel zur Fahrzeugachse. Die Übersetzung ist wieder zweistufig, das erste Vorgelege ist jedoch ein Kegelradgetriebe und nur das zweite Vorgelege ist als Stirnräderpaar ausgebildet. Der Motor ist mit einem Gehäuseteil verbunden, der als Wanne zur Aufnahme der Vorgelege ausgebildet ist. Die Anordnung hat die gleichen Vorteile, wie der Doppelvorgelegemotor nach Abb. 64b. Der Einbau des Motors in Längsrichtung des Fahrzeuges bringt eine schmale Gesamtanordnung, so daß seitlich vom Motor Platz gewonnen wird.

Bei den vorstehend behandelten Antrieben ist der Motor auf einer Seite federnd aufgehängt, während er sich auf der anderen Seite mittels einer Tatzenlagerung auf die Achse stützt. Dieses Prinzip wird bei den sogenannten „Kardanantrieben“ verlassen.

Abb. 64d. Ihr erster Repräsentant, der bereits alle typischen Merkmale aufweist, ist der „Albrecht-Krupp-Antrieb“ (Erfinder Dir. Albrecht, Dortmund, entwickelt mit der Firma Krupp).

Bei diesem Antrieb stehen die Motoren mit den Triebachsen überhaupt in keiner unmittelbaren Verbindung, sondern sie hängen an einer Grundplatte (Abb. 65), die an dem völlig abgefederten Wagenkasten befestigt ist. Beide Motoren arbeiten mit ihren Ritzeln auf ein gemeinsames großes Zahnrad, dessen Lagerbock ebenfalls auf der Grundplatte sitzt. Die Verlängerung der Achse des großen Zahnrades ist als Kardanwelle, d. h. als Welle mit zwei Gelenken ausgebildet und führt zu den Triebachsen. Dort ist das zweite Vorgelege in Form eines Kegelgetriebes untergebracht. Infolge der zweifachen Übersetzung kann ein sehr leichter Motor verwendet werden, der außerdem vollkommen abgefedert befestigt ist. Die praktische Ausführung ließ leider die prinzipiellen Vorteile nicht voll zur Auswirkung kommen, da die Grundplatte schwer wird und dadurch die Gewichtsersparnis an den Motoren teilweise wieder aufhebt. Immerhin bot dieser erste Kardanantrieb, der Elemente des Automobilbaues auf Schienenfahrzeuge anwendet, die Anregung zu einer großen Zahl ähnlicher Konstruktionen.

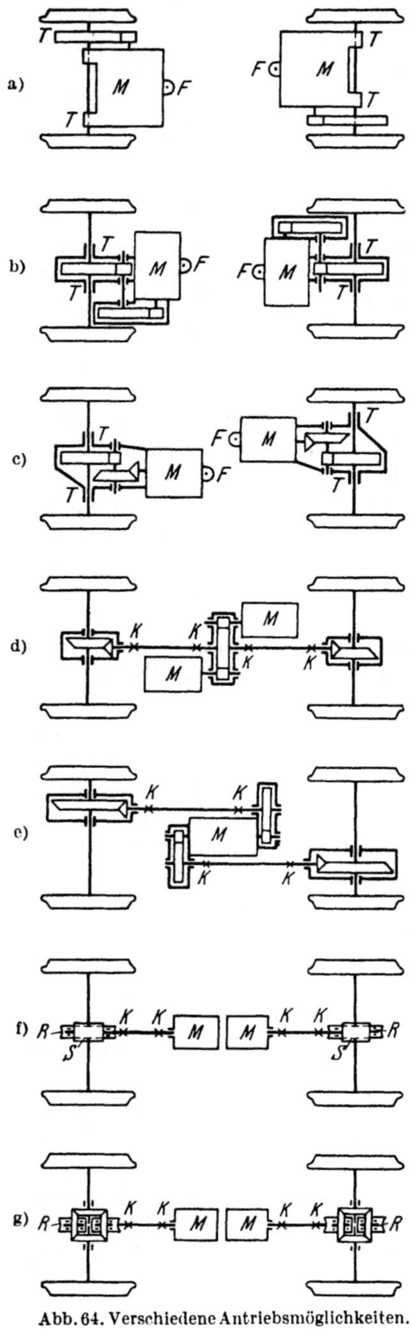

Abb. 64. Verschiedene Antriebsmöglichkeiten.

Abb. 64e zeigt eine Konstruktion, bei der ein einziger Motor zum

Antrieb zweier Achsen verwendet wird. Die Achse des am Wagenkasten oder Untergestell aufgehängten Motors ist in Wagenlängsrichtung angeordnet und trägt an beiden Enden ein Ritzel, das in je ein ent-

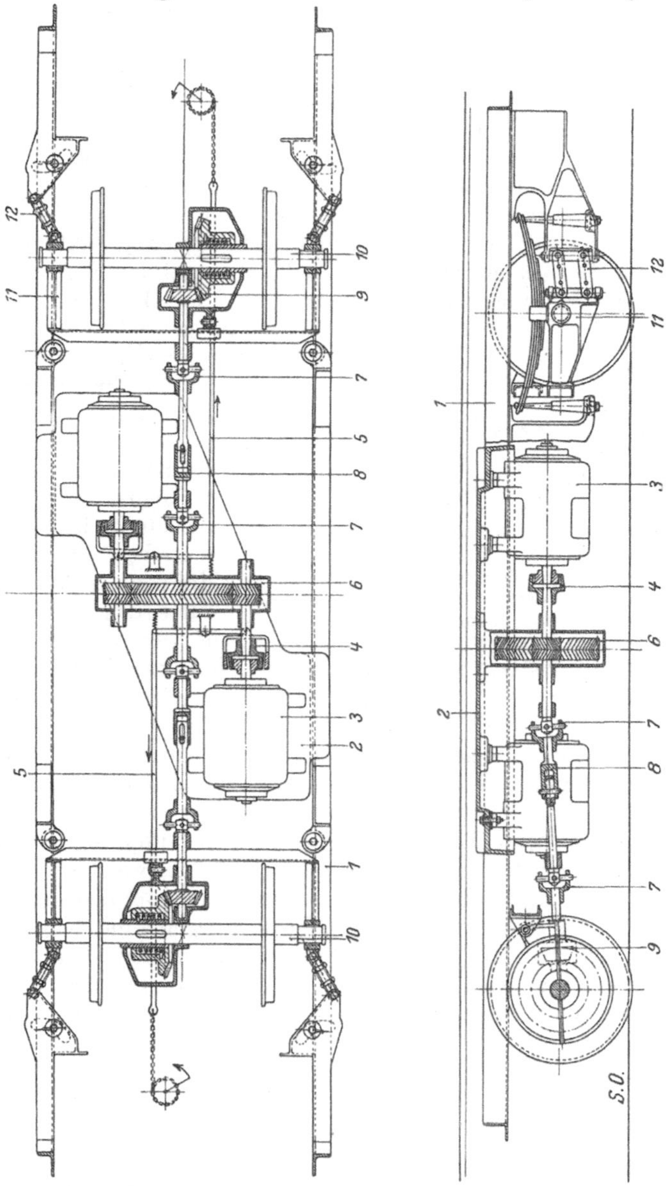

Abb. 65. Albrecht-Krupp-Antrieb (schematisch).

sprechendes großes Zahnrad als erstes Vorgelege eingreift. Die großen Zahnräder führen über Kardanwellen zu den Triebachsen, wo je ein zweites Vorgelege als Kegelradgetriebe sitzt. Die Kardanwellen führen nach den weiter entfernt liegenden Triebachsen, damit wegen der größeren Länge eine geringere Neigung vorhanden ist.

Abb. 64f. Anstatt die gewünschte hohe Übersetzung mit doppelter Räder- oder Kegelradübersetzung zu erzielen, ist hier eine Schnecke verwendet, die bereits mit einer Stufe auskommt. Die Schnecke, die ja sehr große Übersetzungen gestattet, wurde früher nicht verwendet, weil ihr Wirkungsgrad verhältnismäßig schlecht war und es erst in jüngster Zeit gelungen ist, Schneckengetriebe mit gutem Wirkungsgrad auszuführen, der demjenigen von Stirnverzahnungen nahe kommt. Die Schnecken *S* müssen außerdem beim Bahnbetrieb mit großer Steigung ausgeführt sein, damit Selbsthemmung (beim Auslauf ohne Strom) vermieden wird. Sie müssen deshalb vielgängig, etwa fünfgängig ausgeführt sein. Berücksichtigt man die hohe Gangzahl, so ergibt sich, um eine große Übersetzung zu erhalten, für das Schneckenrad *R* schon ein ziemlich großer Durchmesser. Die Verbindung zwischen Motor (langgelagert) und Schnecke ist durch eine Kardanwelle hergestellt.

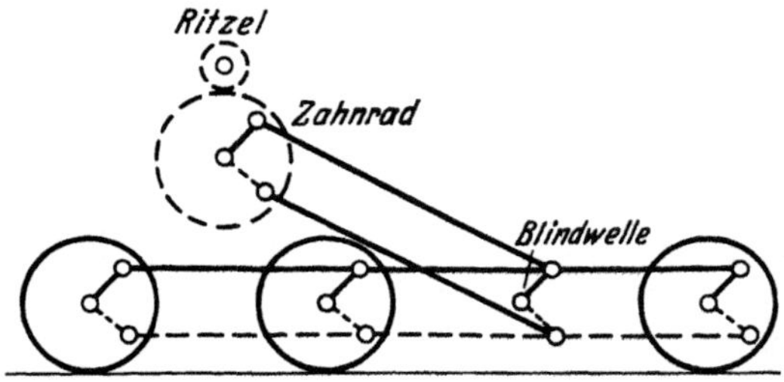

Abb. 66. Stangenantrieb.

Abb. 64g zeigt einen amerikanischen Antrieb, der als Differentialantrieb ausgeführt ist. Die Triebachse besteht hier aus zwei Hälften, welche in der Mitte das Differentialgehäuse tragen. Auf den beiden Wellenhälften sitzt in der Mitte drehbar gelagert ein Schneckenrad *R*, mit welchem zwei konische Ritzel in radialer Richtung drehbar verbunden sind. Die Ritzel stehen außerdem in Eingriff mit je einem auf je einer Achshälfte befestigten Kegelrad. Der Antrieb des Schneckenrades erfolgt durch eine Schnecke (in der Abbildung nicht zu sehen), die vom Motor über eine Kardanwelle angetrieben wird. Bei Fahrt auf der Geraden, wo beide Triebräder gleich schnell laufen, nimmt das sich drehende Schneckenrad die konischen Ritzel mit, welche, da sie sich in diesem Falle nicht drehen, durch Druck die auf den Achshälften befestigten Kegelräder mitnehmen. Wird dagegen eine Kurve durchfahren, so können sich beide Triebräder verschieden schnell drehen, wobei sich jetzt die konischen Ritzel im Schneckenrad drehen und für richtige Kraftverteilung auf die Triebräder sorgen. Der Vorteil des Differentialantriebes soll in der Schonung der Gleisanlage bei Kurven und in der Kleinhaltung der Abnutzung der Triebräder bestehen (bei normalem Antrieb mit durchgehender Achse findet in der Kurve ein Gleiten der Räder statt).

Eine weitere Ausführungsform, die jedoch nicht aufgezeichnet ist, verwendet einen ebenfalls in festem Gestell gelagerten Motor, dessen Ritzel auf ein großes Zahnrad arbeitet, welches auf einem Wellenstummel drehbar, der am Motorgehäuse befestigt ist. Der Wellenstummel ist hohl und durch seine Bohrung geht die Triebachse, wobei zwischen Triebachse und Bohrung so viel Luft ist, daß die Achse springen kann, ohne an der Bohrung anzustoßen. Um die Kraft von dem großen Zahnrad auf die Triebachse zu übertragen, muß eine flexible Federkupplung zwischengeschaltet werden, oder es muß eine Spezialkupplung vorgesehen sein, welche die Kraftübertragung trotz Achsspringens ermöglicht.

Bei Industrielokomotiven für Spezialzwecke findet man häufig noch den Stangenantrieb, bei dem mehrere Achsen durch Triebstangen miteinander verbunden sind (s. Abb. 66). Die Triebstangen sind beidseitig angeordnet, jedoch um 90° versetzt. Meist führen die Triebstangen nach einer Blindwelle, um beim Achsspringen Stöße auf den Motor zu vermeiden. Wenn möglich, vermeidet man Stangenantriebe, da sie eine größere Wartung erfordern und auch leicht zu Schüttelschwingungen neigen.

D. Die Bewegungsvorgänge des Fahrzeuges.

1. Mechanische Grundlagen.

Die Bewegungsvorgänge der Fahrzeuge sind für eine einwandfreie Beurteilung der elektrischen Ausrüstung, insbesonders der Motoren, wesentlich und sollen deshalb nachstehend behandelt werden.

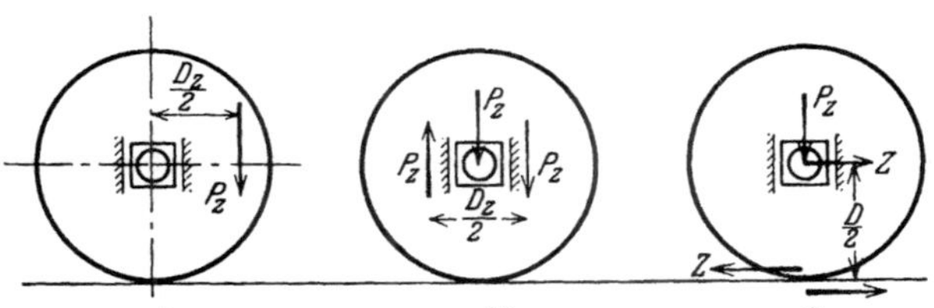

a) b) c)

Abb. 67. Übertragung der Motorkraft auf den Radumfang.

Die Abb. 67a zeigt ein Triebrad, an welchem im Abstand $\frac{D_z}{2}$ von Achsmitte der Zahndruck P_z angreift (Tramantrieb). Diese Kraft P_z kann man sich zerlegt denken in eine in Achsmitte angreifende Kraft gleicher Richtung und Größe, sowie in ein Kräftepaar vom Betrage $P_z \cdot \frac{D_z}{2}$ (s. Abb. 67b). In der Abb. 67c ist dieses Kräftepaar um 90° gedreht und der Abstand der Kräfte Z wurde gleich dem halben Raddurchmesser $\frac{D}{2}$ gewählt. Dabei ist

$$Z\frac{D}{2} = P_z\frac{D_z}{2}. \tag{60}$$

Die am Radumfang angreifende Kraft Z findet ihre Reaktion in einer gleichgroßen Kraft entgegengesetzter Richtung, die infolge Haftreibung möglich ist. Bedingung ist nur, daß die Kraft Z kleiner ist als die Reibungskraft $N\mu$, wobei N der Achsdruck (der bei der Kraft Z vorhanden ist) und μ der Reibungskoeffizient der Adhäsion ist. μ nimmt mit zunehmender Geschwindigkeit ab, s. Abb. 68[1]. Die in Achs-

[1] μ ist größer, wenn gesandet wird, z. B. $\frac{1}{3}$ bei der Anfahrt.

mitte angreifende Kraft Z drückt auf die Achslager in horizontaler Richtung und damit auf das Fahrzeug, welches sich in Bewegung setzt. Gemäß der Abb. 67c könnte es scheinen, als ob der Achsdruck der Ruhe bei Fahrt um den Zahndruck P_z erhöht wird. Das trifft jedoch nicht zu, da als Reaktion auf den Zahndruck sowohl die Tatzlager als auch die Motoraufhängung entlastet werden. Bei genauen Rechnungen muß der Achsdruck N bei Fahrt unter der zusätzlichen Ent- bzw. Belastungen berechnet werden (s. S. 105). Bei überschlägigen Rechnungen setzt man für die Fahrt meist den Achsdruck der Ruhe ein.

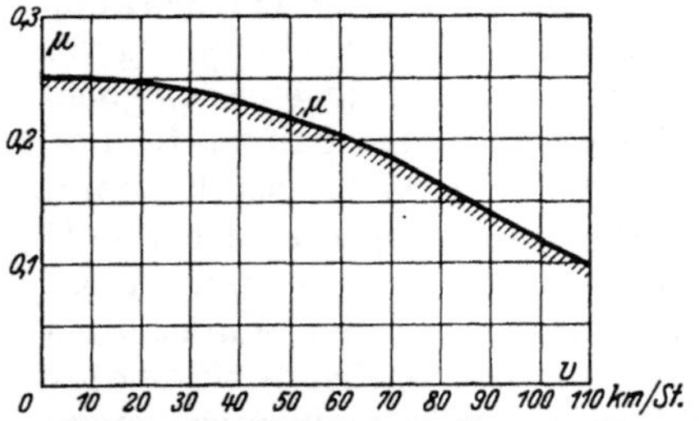

Abb. 68. Abhängigkeit des Reibungskoeffizienten von der Geschwindigkeit (Wichert).

Ist die Geschwindigkeit des Fahrzeuges konstant, so müssen die Motoren eine Zugkraft entwickeln, die gleich dem Reibungswiderstand W_r des Fahrzeuges bzw. Zuggewichtes, wenn es sich um ein Triebfahrzeug mit Anhängewagen handelt, ist. Dieser ist gleich dem spezifischen Reibungswiderstand w_r in kg pro Tonne Zuggewicht, multiplitiert mit dem Zuggewicht G (Tonnen), also

$$W_r = G\, w_r \text{ kg}. \tag{61}$$

Befindet sich der Zug außerdem auf einer Steigung, so muß die Zugkraft um den Steigungswiderstand W_s vergrößert werden. In der Abb. 69 ist ein Fahrzeug auf einer Steigung schematisch aufgezeichnet und das Fahrzeuggewicht G ist in zwei Komponenten zerlegt. Die Komponente in Gleisrichtung ist gleich dem Steigungswiderstand W_s und hat in kg die Größe $W_s = 1000\, G \sin\alpha$. Hierfür kann man entsprechend der Abb. 69 auch setzen $W_s = 1000\, G \frac{h}{s}$, wobei s die Weglänge und h die Steigungshöhe ist. Da bei den praktisch vorkommenden Steigungen $s \cong l$ (l = Horizontalabstand) ist, kann man, wenn $l \cong s = 1000$ m gesetzt wird, auch schreiben $W_s = G h$. In dieser Gleichung bedeutet jetzt h die auf 1000 m entfallende Erhebung, also wie man auch sagt, die Steigung in ‰ und G ist das Zuggewicht in t. Da die Größe h jetzt gleich dem spezifischen Steigungswiderstand w_s ist, kann man setzen

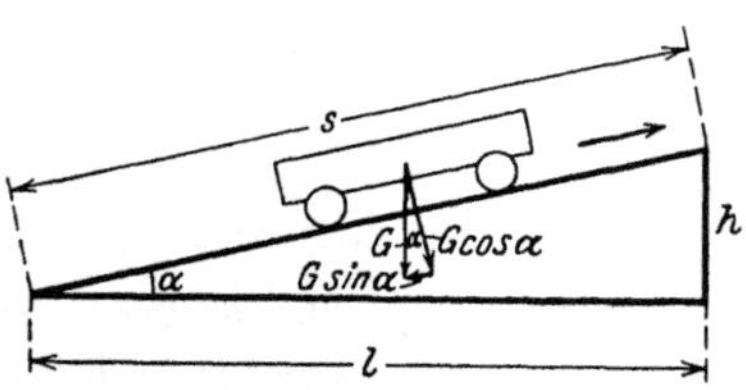

Abb. 69. Fahrzeug auf Steigung.

$$w_s = h\,‰. \tag{62}$$

Der Gesamt-Steigungswiderstand ergibt sich also zu

$$W_s = G\, w_s \text{ kg}. \tag{63}$$

Ist die Zugkraft des Fahrzeuges Z, so muß im Beharrungszustand

$$Z = G\,(w_r \pm w_s) \tag{64}$$

sein. Das Pluszeichen gilt in der Gleichung für Steigungen, das Minuszeichen für Gefälle.

Während der Steigungswiderstand sich stets genau berechnen läßt, ist man bei Bestimmung des Fahrwiderstandes w_r auf Versuchswerte angewiesen. w_r ist keine Konstante, sondern nimmt mit größerer Fahrgeschwindigkeit zu, da Windwiderstand und die zusätzlichen Stoßverluste stark anwachsen. Für die Bestimmung des Fahrwiderstandes gibt es eine sehr große Zahl von Gleichungen und Kurven, die alle mehr oder weniger voneinander abweichen. Eine sehr bekannte Gleichung für w_r ist die von Frank

$$w_r = 2{,}5 + \beta v^2 .$$

Hierin ist v in km/h einzusetzen und β bedeutet eine Konstante.

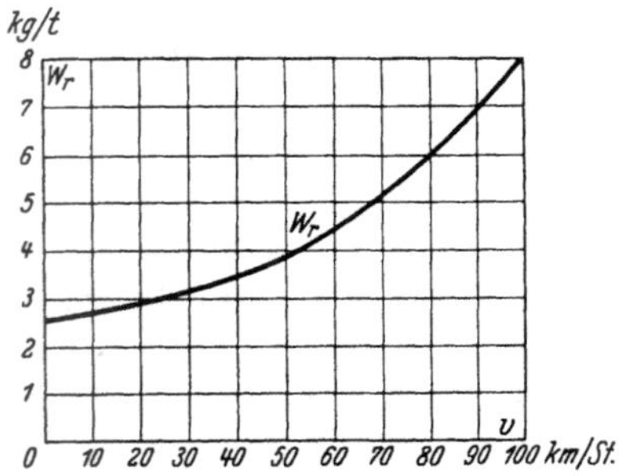

Abb. 70. Bahnwiderstand in Abhängigkeit von der Geschwindigkeit (Frank).

$\beta = 0{,}00065$ für Triebfahrzeug allein,
$\beta = 0{,}00045$ für D-Züge (Drehgestellwagen),
$\beta = 0{,}00057$ für Personenzüge,
$\beta = 0{,}0007$ für Güterzüge,
$\beta = 0{,}01$ für Schmalspur.

Erfahrungsgemäß scheint oft der Wert $\beta = 0{,}00065$ für das alleinfahrende Triebfahrzeug etwas zu klein zu sein, so daß man bei sicherer Rechnung β bis 0,001 setzt. Die übrigen Werte von β sind eher zu sicher. Die Abb. 70 zeigt die Kurve w_r für Personenzüge.

Bei Straßenbahnen, besonders bei Verwendung von Rillenschienen, nimmt man meist den Fahrwiderstand unabhängig von der Geschwindigkeit an (da diese meist nicht groß ist) und setzt ihn mit etwa 5 bis 8 kg/t in die Rechnung ein.

Außerdem ist in Gleiskrümmungen ein zusätzlicher Fahrwiderstand vorhanden, der sich nach Röckl zu

$$w_k = \frac{k_1}{R - k_2} \tag{65}$$

ergibt.

In dieser Gleichung bedeutet

R = Kurvenradius in m,
$k_1 = 550$, $k_2 = 40$ bei Normalspur,
$k_1 = 400$, $k_2 = 20$ bei Meterspur.

Ist die Zugkraft Z des Fahrzeuges größer als die Summe des Steigungs- und Fahrwiderstandes des Zuges, so wird mit dem Zugkraftüberschuß das Fahrzeug bzw. der Zug beschleunigt. Hierfür gilt das Grundgesetz der Mechanik

$$P = m b . \tag{66}$$

Dabei bedeutet

P die beschleunigende Kraft in kg,
m die Masse des Fahrzeuges in kg sec²/m,
b die Beschleunigung in m/sec².

Für die beschleunigende Kraft P kann man setzen

$$P = Z - G(w_r \pm s)\,. \tag{67}$$

Unter Benutzung der Gleichung (66) folgt

$$Z - (w_r \pm w_s)\,G = m\,b\,. \tag{68}$$

Wäre die Masse des Fahrzeuges bzw. Zuges nur translatorisch bewegt, so könnte man

$$m = \frac{1000\,G}{g} \tag{69}$$

setzen ($g = 9{,}81$ m/sec^2, gleich Erdbeschleunigung). In Wirklichkeit sind bei einem Fahrzeug jedoch Massen vorhanden, die außer einer translatorischen noch eine rotierende Bewegung ausführen (Radsätze, Motoranker, Zahnräder u. dgl.). Deshalb muß die oben ermittelte Masse m noch einen Zuschlag erhalten, der mit $\alpha\,m$ bezeichnet sei. Damit ergibt sich also für Fahrzeuge

$$M = \frac{1000\,G}{g}(1 + \alpha)\,. \tag{70}$$

M' wird oft als „scheinbare Masse" bezeichnet. Bei einem Zuge ist M' die Summe der scheinbaren Massen von Triebfahrzeug und Anhängewagen, da α je nach Fahrzeugart verschieden ist.

In den meisten Fällen verzichtet man auf eine genaue Berechnung von α, sondern setzt bei Motorwagen $\alpha \cong 0{,}1$, bei Anhängewagen $\alpha \cong 0{,}04$, bei Speziallokomotiven mit sehr großer Übersetzung (z. B. Zahnradlokomotiven) ist α bis zu 0,3.

Ein Beispiel möge zeigen, wie α genau zu berechnen ist, und zwar für den Teil α_a, der vom Motoranker beigesteuert wird. Ist das Schwungmoment des Motorankers S_a ($S_a = 4\,g\,J$, wobei J das Trägheitsmoment und $g = 9{,}81$ ist), so ist das auf die Triebachse reduzierte Schwungmoment nach bekannten Formeln der Mechanik: $S_a\,\ddot{u}^2$ ($\ddot{u}$ = Übersetzung). Bezieht man das Gewicht dieses Schwungmomentes G' auf den Radumfang ($\Phi = D$), der gleiche Geschwindigkeit wie das Fahrzeug hat, so gilt dafür $G' = \frac{S_a\,\ddot{u}^2}{D^2}$. Es ist dann $\alpha_a = \frac{G'}{G}$ oder

$$\alpha_a = \frac{S_a\,\ddot{u}^2}{D^2\,G}\,. \tag{71}$$

In entsprechender Weise kann auch für die Triebräder α_t ermittelt werden ($\ddot{u}$ ist hier gleich 1).

Ein Beispiel zeige die Anwendung der Gleichungen. Bei der Anfahrt eines Triebwagens vom Gewicht 14 t sei die Anfahrzugkraft 1200 kg. Der Fahrwiderstand betrage 5 kg/t und der Wagen befinde sich auf einer Steigung von 12‰. Wie groß ist die Anfahrbeschleunigung? Die Masse des Fahrzeuges ist nach Gleichung (70)

$$M' = \frac{14 \cdot 1000}{9{,}81}(1 + 0{,}1) = 1570\,\frac{\text{kg sec}^2}{\text{m}}\,.$$

Der Fahr- und Steigungswiderstand beträgt $14 \cdot (5 + 12) = 238$ kg. Zieht man diese Widerstandskräfte von der zur Verfügung stehenden Zugkraft (1200 kg) ab, so bleiben 964 kg übrig, die dem Fahrzeug eine Beschleunigung $b = \frac{964}{1570} = 0{,}615$ m/sec^2 erteilen. In sinngemäßer Weise verfährt man, wenn bei gegebenem Zuggewicht und bekannten Steigungsverhältnissen nach der notwendigen Anfahrzugkraft gefragt ist, die für eine vorgeschriebene Anfahrbeschleunigung notwendig ist. Man berechnet zunächst Fahr- und Steigungswiderstand und addiert zu dieser Zugkraft die nach Gl. (66) notwendig beschleunigende Kraft.

Wird das Fahrzeug um die Geschwindigkeitszunahme Δv beschleunigt, so gilt allgemein (auch für Verzögerungen)

$$\Delta v = b t . \tag{72}$$

Δv ist in m/sec und die Zeit t in Sekunden einzusetzen. In der ist als Abszisse die Zeit und als Ordinate die Geschwindigkeit v aufgetragen. Es ist angenommen, daß zunächst bis v_1 die Beschleunigung b_1 und dann bis v_2 die Beschleunigung b_2 herrsche. Darauf sei die Geschwindigkeit konstant ($b = 0$) und zum Schlusse werde die Geschwindigkeit auf 0 verzögert. (Verzögerung $= b_3$).

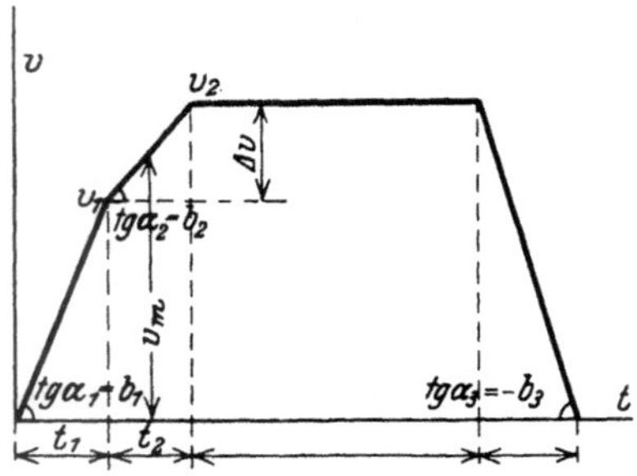

Abb. 71. Fahrdiagramm.

Da der Weg für eine kleine Zeit dt die Größe $ds = v dt$ hat, bedeutet in der Abb. 71 die durch die v-Kurve begrenzte Fläche den zurückgelegten Weg.

Der zurückgelegte Weg s_1 im Geschwindigkeitsbereich von 0 bis v_1 ist also gleich dem Flächeninhalt des zur Zeit t_1 gehörenden Dreiecks

$$s_1 = \frac{1}{2} v_1 t_1 \tag{73a}$$

oder, da $v_1 = b_1 t_1$,

$$s_1 = \frac{1}{2} b_1 t_1^2 \tag{73b}$$

oder

$$s_1 = \frac{1}{2} \frac{v_1^2}{b_1} . \tag{73c}$$

Der zurückgelegte Weg innerhalb des Geschwindigkeitsbereiches v_1 bis v_2 ist gleich dem Flächeninhalt des zugehörigen Trapezes. Er ergibt sich daher zu

$$s_2 = \frac{v_1 + v_2}{2} t_2 = v_m t_2 . \tag{74}$$

Diese Gleichung besagt, daß man bei konstanter Beschleunigung (auch bei Verzögerung) den zurückgelegten Weg zwischen 2 Geschwindigkeiten als Produkt aus Zeit und mittlerer Geschwindigkeit erhält. Gleichung (74) kann unter Benutzung der Gleichung

$$v_2 = v_1 + b_2 t_2 \tag{75a}$$

umgeformt werden in

$$s_2 = v_1 t_2 + \tfrac{1}{2} b_2 t_2^2 \tag{75b}$$

oder auch

$$s_2 = \frac{v_2^2 - v_1^2}{2 b_2} . \tag{75c}$$

Von diesen Gleichungen wird in der Praxis sehr häufig Gebrauch gemacht. Dabei ist jedoch in der Praxis die Geschwindigkeit in km/h, für obige Gleichungen dagegen in m/sec einzusetzen. Für die Umrechnung gilt

$$\frac{v_{\mathrm{km/h}} \cdot 1000}{3600} = v_{\mathrm{m/sec}} ,$$

$$v_{\mathrm{m/sec}} = \frac{1}{3{,}6} \cdot v_{\mathrm{km/h}} . \tag{76}$$

Beispiel 1: Ein Zug werde mit einer konstanten Beschleunigung von $b = 0{,}5\ \mathrm{m/sec^2}$ vom Stillstand auf eine Geschwindigkeit von 25 km/h beschleunigt. Wie groß ist der Anfahrweg und die Anfahrzeit? Zweckmäßig rechnet man zunächst die Geschwindigkeit in m/sec aus: $v = \frac{25}{3{,}6} = 6{,}95$ m/sec. Die erforderliche Zeit ist $\frac{\Delta v}{b} = \frac{6{,}95}{0{,}5} = 13{,}9$ sec. Der Anfahrweg ergibt sich aus dieser Zeit multipliziert mit der mittleren Geschwindigkeit zu $s = 13{,}9 \cdot \frac{6{,}95}{2} = 48{,}3$ m. Wird die Zeit für die Berechnungen nicht benötigt, so kann der Weg unmittelbar aus Gleichung (73c) ermittelt werden.

Beispiel 2: Ein Zug soll aus einer Geschwindigkeit von 36 km/h mit einer Bremsverzögerung $b = 0{,}8\ \mathrm{m/sec^2}$ bis zum Stillstand abgebremst werden. Wie groß ist der Bremsweg und die Bremszeit? Man berechnet zunächst v in m/sec zu $\frac{36}{3{,}6} = 10$ m/sec und verwendet Gl. (75c), indem man $v_1 = 0$ setzt (Stillstand). Der Bremsweg ergibt sich dann zu $s = \frac{10^2}{2 \cdot 0{,}8} = 62{,}5$ m und die Bremszeit aus Gl. (75a) $\left[t_2 = \frac{v_2 - v_1}{b_2}\right]$, indem man wieder $v_1 = 0$ setzt zu $t = \frac{10}{0{,}8} = 12{,}5$ sec.

Die oben geschilderten Bewegungsvorgänge werden z. B. gebraucht, um für eine Bahnanlage festzustellen, ob mit einem Triebfahrzeug ein vorgeschriebener Fahrplan mit vorgeschriebenem Zuggewicht eingehalten werden kann, ohne daß die Motoren dabei zu warm werden. Die Bedingung kann auch heißen, daß für gegebene Zuggewichte die möglichen Fahrzeiten bestimmt werden sollen. Bekannt müssen immer das Streckenprofil und die Stationsentfernungen sein.

Bei Lösung solcher Aufgaben muß die Zugkraft des Fahrzeuges in Beziehung zum Motordrehmoment gebracht werden. Ist die auf den Radumfang bezogene Zugkraft Z in kg, die Zahl der vorhandenen Triebmotoren k, das Übersetzungsverhältnis $ü$, der Triebraddurchmesser D in m, das Drehmoment pro Motor M_d in mkg, und der Getriebewirkungsgrad ($\eta = \sim 0{,}97$), so gilt

$$Z = \frac{k\,\eta\,ü}{D/2} M_d \tag{77a}$$

oder

$$Z = \mathrm{const}\ M_d\,. \tag{77b}$$

Die Gleichung ergibt sich aus der Überlegung, daß das Drehmoment eines Motors bezogen auf die Triebachse $M_d\,ü$ und die Kraft am Triebradumfang $\frac{M_d\,ü}{D/2}$ ist. Die maximal anwendbare Zugkraft ist dabei durch die Adhäsionsgrenze des Fahrzeuges bestimmt. Die Zugkraft Z muß stets kleiner sein als das Adhäsionsgewicht multipliziert mit dem Adhäsionskoeffizienten (s. Abb. 68). Unter Adhäsionsgewicht versteht man die Summe der Triebachsdrücke.

Bei zweiachsigen Fahrzeugen mit zwei Antriebsmotoren ist das gesamte Fahrzeuggewicht Adhäsionsgewicht. Hat ein Fahrzeug jedoch außer den Triebachsen noch Laufachsen, so ist das Adhäsionsgewicht um den Betrag der Laufachsdrücke kleiner. Um bei Drehgestellfahrzeugen mit nur einer Triebachse pro Gestell ein möglichst großes

Adhäsionsgewicht zu bekommen, verschiebt man oft den Drehgestelldrehpunkt nach der Triebachse zu, wodurch diese Achse stärker belastet wird.

Für die Geschwindigkeit des Fahrzeuges ergibt sich die bereits abgeleitete Gleichung

$$v_{\mathrm{km/h}} = \frac{n\,D}{5{,}3\,\ddot{u}}\,. \tag{50}$$

Oft benötigt man noch die Fahrzeugleistung

$$N_{\mathrm{PS}} \doteq \frac{Z\,v_{\mathrm{km/h}}}{270}\,. \tag{78}$$

In dieser Gleichung ist N in PS angegeben; sie leitet sich unter Berücksichtigung der Gleichung (76) aus der Gleichung $N_{\mathrm{PS}} = \frac{Z\,v_{\mathrm{m/sec}}}{75}$ ab. Zur Bestimmung der Motorleistung ist der Wert aus Gleichung (78) durch die Motorzahl k und den Getriebewirkungsgrad η zu teilen.

2. Richtlinien für die Auswahl der Motortype und des Übersetzungsverhältnisses.

Für die Auswahl der Motoren eines Fahrzeuges muß das Betriebsprogramm gegeben sein. In der Praxis hat der projektierende Ingenieur stets eine Reihe von Motortypen an Hand und er wählt eine solche aus, die er zunächst für geeignet hält. Gegeben ist die maximal zulässige Drehzahl des Motors sowie die maximal vorkommende Fahrgeschwindigkeit. Zum mindesten kann letztere geschätzt werden. Der Motor ist dann am besten ausgenutzt, wenn er bei der höchstzulässigen Motordrehzahl gerade die höchste Fahrgeschwindigkeit erreicht. Da im allgemeinen der Triebraddurchmesser des Fahrzeuges festliegt (der Motor muß selbstverständlich den Bedingungen hinsichtlich Abständen von SO entsprechen) ist damit auch das Übersetzungsverhältnis nach der Gleichung $\ddot{u} = \frac{n\,D}{5{,}3\,v}$ [aus Gleichung (50)] bestimmt. Es ist dann festzustellen, ob dieses günstigste Übersetzungsverhältnis sich überhaupt einbauen läßt. Es sei zunächst angenommen, dies wäre der Fall.

Die Motoren des Fahrzeuges müssen die größten Zuggewichte auf den größten Steigungen bei den dort vorgeschriebenen Geschwindigkeiten bewältigen können. Die erforderliche Zugkraft ist $Z = G\,(w_r + w_s)$. Die bei der Geschwindigkeit v erforderliche Leistung ist $N = \frac{Z\,v}{270\,\eta}\cdot$ Da das Übersetzungsverhältnis bereits festliegt, ist die Drehzahl n bekannt, bei der diese Leistung mindestens vorhanden sein muß. Ist die Motorleistung größer als dieser Wert, so steht zunächst der Verwendung des Motors nichts entgegen. Ist die Motorleistung dagegen kleiner, so scheidet die Motortype aus. Der Motor ist daraufhin in bezug auf Erwärmung zu prüfen, d. h. bei den betrieblich vorkommenden Belastungen darf seine Temperatur die zulässige Grenze nicht überschreiten. Erfüllt der Motor auch diese Bedingung, so paßt er für das vorgeschriebene Programm. Im allgemeinen wird bei den vorgeschriebenen Fahrgeschwindigkeiten die zur Verfügung stehende Zugkraft größer sein als zur Überwindung der Fahrwiderstände notwendig ist. Der Führer muß dann, um nicht auf zu hohe Geschwindigkeiten zu kommen, Auslaufwege einschalten.

Angenommen, das zuerst festgestellte Übersetzungsverhältnis lasse sich nicht einbauen, so wird man entweder das größte, gerade noch mögliche Übersetzungsverhältnis wählen, wobei allerdings der Motor nicht mehr so gut ausgenutzt ist (maximal zulässige Drehzahl wird nie erreicht), oder man wird eine andere Motortype aussuchen.

Zur Prüfung des Motors auf Erwärmung müssen auf Grund des Betriebsprogramms und der Motorkennlinien die Fahrzeiten und die Motorbeanspruchung über die ganze Strecke bestimmt werden.

3. Bestimmung der Fahrzeiten und der Belastungen.

Bei Berechnung der Fahrzeiten und der Belastungsbilder geht man von der Zugkraftkurve der Motoren aus, die in Abhängigkeit von der Geschwindigkeit aufgetragen ist. In der Abb. 72 bedeutet die Kurve *a*—*a* die Eigencharakteristik der Motoren und die Zickzacklinie stellt die für einen mittleren Strom gehörende Anfahrkurve dar. Die gestrichelte Linie *b b* gibt die mittlere Anfahrzugkraft, mit der man auch rechnet, an. Außerdem ist die Kurve für den Zugwiderstand $W = G(w_r \pm w_s)$ in Abhängigkeit von der Geschwindigkeit eingetragen. Die Differenz zwischen der Zugkraftkurve und der Widerstandskurve W ergibt die beschleunigende Kraft P. Da diese Kraft in Abhängigkeit von der Geschwindigkeit nicht konstant ist, muß man die Abszisse in Geschwindigkeitsintervalle Δv einteilen, so daß innerhalb eines solchen Intervalles die Zugkraft annähernd konstant ist. Für konstante Zugkräfte gelten dann die Bewegungsformeln. Es sei zunächst der Fall eines Fahrzeuges betrachtet, dessen vorgeschriebene Höchstgeschwindigkeit kleiner als die Beharrungsgeschwindigkeit sei. Ist die vorgeschriebene Höchstgeschwindigkeit v, so ist bei den Verhältnissen der Abb. 72 die Überschußkraft P vorhanden, die das Fahrzeug beschleunigen will. Es gibt zwei Wege, die Geschwindigkeit konstant zu halten.

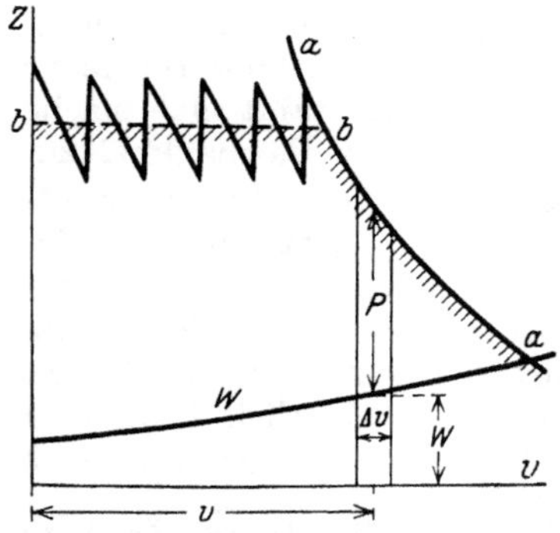

Abb. 72. Zugkraft und beschleunigende Kraft in Abhängigkeit von der Geschwindigkeit.

1. Man muß den Motoren Widerstand vorschalten. Dieses Verfahren ist jedoch sehr verlustreich, außerdem halten die Widerstände, wenn nicht besonders bemessen, einen Dauerbetrieb nicht aus.

2. Man wendet das Aussetzverfahren an, d. h. man beschleunigt das Fahrzeug um den Betrag Δv, schaltet ab, läßt es um den gleichen Betrag auslaufen, beschleunigt es um Δv, usw. Ist die durch die Kraft P hervorgerufene Beschleunigung b_1, so gilt, falls Δv nicht zu groß ist,

für die Beschleunigungszeit $t_1 = \frac{\Delta v}{b_1}$ und für die Auslaufszeit $t_2 = \frac{\Delta v}{b_2}$, worin b_2 die durch den Zugwiderstand bedingte Verzögerung ist. Es sei der Strom J_0' berechnet, der als Ersatzstrom die Erwärmung des Motors im Aussetzbetrieb richtig ergibt. Ist der zur Geschwindigkeit v gehörende Strom J_v, so ist das quadratische Strommittel

$$J_0' = \sqrt{\frac{J_v^2 t_1}{t_1 + t_2}} = J_v \sqrt{\frac{\frac{\Delta v}{b_1}}{\frac{\Delta v}{b_1} + \frac{\Delta v}{b_2}}}$$

oder

$$J_0' = \frac{J_v}{\sqrt{1 + \frac{b_1}{b_2}}} \tag{79a}$$

oder, da $\frac{b_1}{b_2} = \frac{P}{W}$,

$$J_0' = \frac{J_v}{\sqrt{1 + \frac{P}{W}}} \tag{79b}$$

Nachdem somit die Rechnungsgrundlagen der Bewegungsvorgänge geschaffen sind, sei deren praktische Anwendung im folgenden gezeigt:

a) Rechnerisches Verfahren. Zur Bestimmung der Bewegungsvorgänge auf einer gegebenen Strecke benutzt man bei rein rechnerischer Behandlung zweckmäßig folgende Tabelle:

Spalte	1	2	3	4	5	6	7	8	9	10	11	12
	v_0	Δv	Z	W	P	b	Δt	t	Δs	s	J	$J^2 t$

Für die einzelnen Spalten gilt:

Spalte 1. v_0 ist die Geschwindigkeit, die am Anfang jedes betrachteten Intervalles Δv vorhanden ist. Bei Beginn der Anfahrt ist $v_0 = 0$. v ist in m/sec zu rechnen.

Spalte 2. Δv ist die Geschwindigkeitsänderung für ein gewähltes Intervall, in welchem die Kraft P als annähernd konstant betrachtet werden kann. Ändert sich die Kraft P nur wenig mit der Geschwindigkeit, was während der Anfahrt mit Widerständen längs der Geraden bb der Fall ist, s. Abb. 72, so kann das Geschwindigkeitsintervall Δv wesentlich größer gewählt werden als in Gebieten, wo sich die beschleunigende Kraft sehr stark mit der Geschwindigkeit ändert, z. B. auf der Eigencharakteristik aa.

Spalte 3. Z ist die in dem Intervall Δv vorhandene mittlere Zugkraft der Motoren[1].

Spalte 4. W ist der Fahr- und Steigungswiderstand: $W = G(w_r \pm w_s)$.

Spalte 5. P ist die beschleunigende Kraft und gleich der Differenz aus der Zugkraft Z und den Fahr- und Steigungswiderständen. $P = Z - G(w_r \pm w_s)$.

Spalte 6. Die Beschleunigung b ergibt sich zu $\frac{P}{M} = \frac{P}{\frac{G}{g}(1+\alpha)}$.

[1] Das Z für die Anfahrt bestimmt sich entweder aus der gewünschten Beschleunigung (s. S. 182) bzw. aus dem größtzulässigen Motorstrom.

Spalte 7. Δt ist die für das Geschwindigkeitsintervall Δv benötigte Zeit $\Delta t = \frac{\Delta v}{b}$.

Spalte 8. t ist die Gesamtzeit $t = \sum \Delta t$ seit Beginn der Untersuchung.

Spalte 9. Δs ist der Wegzuwachs im Geschwindigkeitsintervall Δv. Es ist $\Delta s = v_m \Delta t$. v_m ist die mittlere Geschwindigkeit im jeweils betrachteten Geschwindigkeitsintervall Δv. Es ist $v_m = v_0 + \frac{\Delta v}{2}$.

Spalte 10. s ist der gesamte zurückgelegte Weg, also $s = \sum \Delta s$. Dieser Weg muß stets berechnet werden, da man vergleichen muß, an welcher Stelle der Strecke sich das Fahrzeug befindet. (Wichtig wegen der Annäherung an Haltestellen und Übergang auf Steigungen oder Gefälle.)

Spalte 11. J ist der mittlere Strom pro Motor im Geschwindigkeitsintervall Δv. Aus der Zugkraft Z (Spalte 3) ermittelt man nach der Gleichung $Z = \frac{2\,k\,\eta\,\ddot{u}\,M_d}{D}$ das Drehmoment pro Motor und aus der Motorkurve $M_d = f(J)$ den zugehörigen Strom J. Bei größeren Rechnungen ist es zweckmäßig, eine Kurve $Z = f(J)$ aufzutragen. Ist die Endgeschwindigkeit erreicht und diese kleiner als die Beharrungsgeschwindigkeit, so kann, falls zur Konstanthaltung der Geschwindigkeit das Aussetzverfahren zur Anwendung gelangt, für den Strom (falls er zur Berechnung der Erwärmung gebraucht wird) nach Gleichung (79) der Wert $J_0' = \frac{J_v}{\sqrt{1 + \frac{P}{W}}}$ eingesetzt werden.

Spalte 12. $J^2 \Delta t$. Dieser Wert wird aus den Spalten 11 und 7 errechnet. $J^2 \Delta t$ wird benötigt, wenn man den quadratischen Mittelwert des Stromes bilden will, um diesen Strom mit dem Dauerstrom des Motors zu vergleichen. Der quadratische Mittelwert ist dann

$$J_m = \sqrt{\frac{\Sigma (J^2 \Delta t)}{\Sigma \Delta t}}.$$

Der Strom J_m muß kleiner als der Dauerstrom des Motors sein (s. Kapitel Erwärmung). Über die Gültigkeit des quadratischen Mittelwertes s. S. 43. In Fällen, in denen der genaue Temperaturverlauf des Motors interessiert, und in Fällen, bei denen der quadratische Mittelwert nicht angewandt werden darf, muß das im Kapitel Erwärmung beschriebene Verfahren (s. S. 44) angewendet werden.

Aus der Wegspalte 10 kann man die jeweilige Entfernung des Fahrzeuges von der nächsten Station feststellen. Vor der Station muß ein Bremsweg vorgesehen werden, mitunter vor ihm noch ein Auslaufweg. Während des Auslaufweges wird keine Kraft zugeführt, und nur die Fahrwiderstände wirken verzögernd. Beim Bremsweg nimmt man eine konstante Bremsverzögerung an. Sie hat je nach Verhältnissen eine Größe von 0,4 bis 0,7 m/sec^2 (bei Notbremsungen mehr).

Gelangt ein in Fahrt befindliches Fahrzeug auf eine Steigung, so wird es, falls Steigungswiderstand und Fahrwiderstand größer sind als die Zugkraft, solange verzögert, bis Gleichgewicht zwischen Zugkraft und den Zugwiderständen eintritt.

Die Zeiten Δt für den Stationsaufenthalt kommen ebenfalls in die Gesamtzeit und gehen dadurch in die Rechnung zur Bestimmung von J_m ein. Bei Verwendung von eigenventilierten Motoren ist bei Bestimmung von J_m nur etwa ½ bis ⅓ des Stationsaufenthaltes einzusetzen, da bei Stillstand die Wärmeabgabe des Motors viel schlechter ist als bei Fahrt.

b) Zeichnerisches Verfahren. Da das rechnerische Verfahren, obwohl es bei entsprechender Übung rasch zum Ziel führt und keine

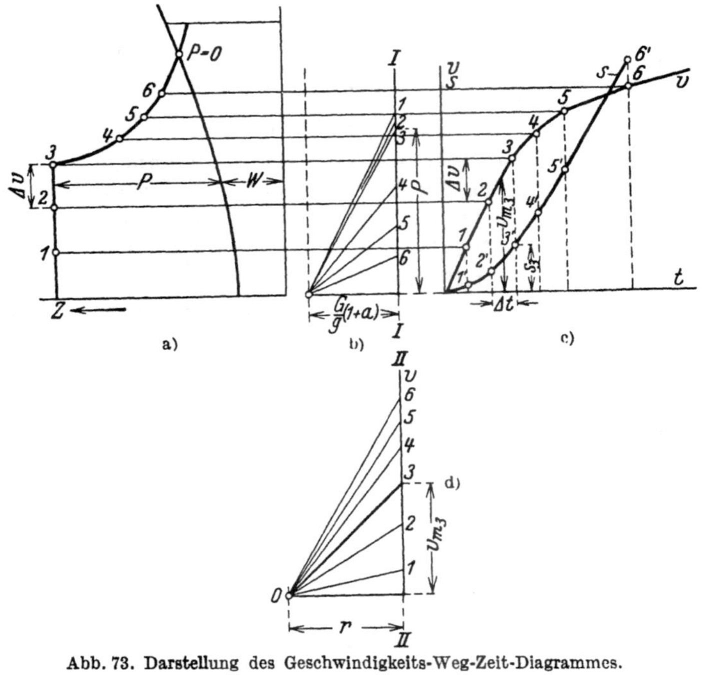

Abb. 73. Darstellung des Geschwindigkeits-Weg-Zeit-Diagrammes.

Zeichenarbeit erfordert (meist sind auch nicht sämtliche Spalten erforderlich), nicht sehr anschaulich ist, sind graphische Verfahren beliebt, von denen das gebräuchlichste im folgenden gebracht werde. Man trägt (s. Abb. 73a), die Zugkraftcharakteristik des Fahrzeuges (Motorzugkraft mal Motorzahl) in einem Koordinatensystem ein, wobei diesmal die Geschwindigkeit auf der Ordinate und die Zugkraft auf der Abszisse nach links aufgetragen sind. Außerdem zeichnet man die Kurve des Fahrwiderstandes W ein. Die Differenz $Z - W$ gibt dann unmittelbar die beschleunigende Kraft P. Häufig wird der Fahrwiderstand auch rechts von der Ordinatenachse abgetragen (s. Abb. 74). Trägt man von dieser Kurve aus die Zugkräfte an, so ergibt die Abszisse der neuen Kurve unmittelbar die beschleunigenden Kräfte P. Wenn jetzt Steigungswiderstände hinzukommen, so hat man den Vorteil, daß man durch Parallelen zur Ordinatenachse die neuen Bezugsgraden zur Ermittlung der Beschleunigungskräfte, in diesem Falle P', bekommt (s. Abb. 74).

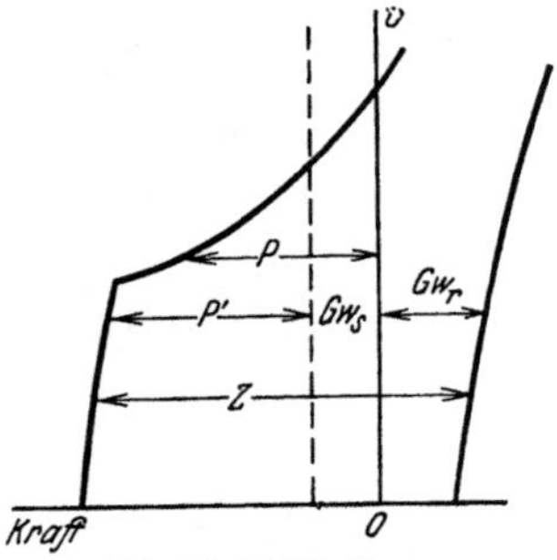

Abb. 74. Kräftediagramm.

Der Übersichtlichkeit halber sei das Verfahren jedoch gemäß Abb. 73a, also ohne diesen Kunstgriff, behandelt. Die Zugkraftcharakteristik wird in eine Reihe von Geschwindigkeitsintervallen eingeteilt. In einem Hilfssystem, das aus einem Nullpunkt und einer im Abstand der Masse $M = \frac{G}{g}(1+\alpha)$ errichteten Senkrechten I—I besteht, trägt man die zu einem beliebigen Geschwindigkeitsintervall gehörige mittlere Zugkraft P ab. Da $\frac{P}{M} = b$ ist, gibt z. B. Gerade $\overline{0\,3}$ unmittelbar die Richtung der Geschwindigkeitszunahme an. Ist die Geschwindigkeit am Anfang des betrachteten Zeitintervalles v_2 (Punkt *2* in der Abb. 73c), so zieht man durch diesen Punkt eine Parallele zur Geraden $\overline{0\,3}$, bis diese Parallele die Begrenzungsgerade des Geschwindigkeitsabschnittes Δv trifft (Punkt *3*). Bei diesem Verfahren ist es notwendig, für die einzelnen Größen Maßstäbe einzuführen. Es sei

eine Krafteinheit $= \mu_p$ Zeichnungseinheiten (z. B. cm),
eine Geschwindigkeitseinheit $= \mu_v$ Zeichnungseinheiten,
eine Zeiteinheit $= \mu_t$ Zeichnungseinheiten,
eine Masseneinheit $= \mu_m$ Zeichnungseinheiten.

Um eine Beziehung zwischen den verschiedenen Maßstäben zu finden, geht man von folgender Gleichung aus:

$$P = M\,\frac{\Delta v}{\Delta t}. \tag{80}$$

Versieht man die aufgezeichneten Größen zur Unterscheidung mit einem Strich als Index, so ergibt sich

$$P = \frac{P'}{\mu_p},$$

$$\Delta t = \frac{\Delta t'}{\mu_t},$$

$$M = \frac{M'}{\mu_m},$$

$$\Delta v = \frac{\Delta v'}{\mu_v}. \tag{81}$$

Setzt man diese Werte in die Gleichung (80) ein, so ergibt sich

$$P' = M' \cdot \frac{\Delta v'}{\Delta t'} \cdot \frac{\mu_p\,\mu_t}{\mu_m\,\mu_v}. \tag{82}$$

Da zwischen den geometrischen Größen dieselben Beziehungen gelten sollen wie in der Gleichung (80), so muß

$$\frac{\mu_v \mu_t}{\mu_m \mu_v} = 1 \tag{83}$$

sein. Sind drei Maßstäbe willkürlich angenommen, so ist der vierte eindeutig bestimmt. Die für obige Ableitungen eingeführten Indizes sind in der Abb. 73 weggelassen. Es sei noch erwähnt, daß durch geeignete Bezifferung der Geraden *I—I* in Abb. 73b unmittelbar die Beschleunigungswerte abgelesen werden können.

Zur Bestimmung des zurückgelegten Weges benutzt man die Gleichung $\Delta s = v_m \Delta t$. Es sei die Beziehung zwischen Wegeinheit und Zeichnungseinheit $\Delta s = \frac{\Delta s'}{\mu_s}$, dann kann man diese Gleichung auch schreiben $\frac{\Delta s'}{\mu_s} = \frac{v'}{\mu_v} \cdot \frac{\Delta t'}{\mu_t}$, oder umgeformt $\frac{\Delta s'}{\Delta t'} = \frac{v'}{\frac{\mu_v \mu_t}{\mu_s}}$.

Bezeichnet man $\frac{\mu_v \mu_t}{\mu_s} = r$, so kann man auch schreiben

$$\frac{\Delta s'}{\Delta t'} = \frac{v'}{r}. \tag{84}$$

Diese Beziehung ist graphisch in der Abb. 73d aufgezeichnet. Von einem Nullpunkt ist im Abstande r die Senkrechte *II—II* aufgezeichnet. Trägt man als Ordinate die zu einem Geschwindigkeitsintervall gehörige mittlere Geschwindigkeit v_m auf, so ergibt sich z. B. die Richtung der Geraden $\overline{0\,3}$ als Richtung der Wegkurve in dem Geschwindigkeitsintervall. Ist der Gesamtweg bei Beginn des Intervalles s_2 (s. Abb. 73c), so wird an dem Punkt $2'$ die Parallele zur Geraden $\overline{0\,3}$ der Abb. 73d angesetzt, bis sie die im Abstande Δt errichtete Vertikale im Punkte $3'$ schneidet. In ähnlicher Weise lassen sich die übrigen Wegstücke ermitteln. Der Gesamtweg ergibt sich als Ordinate der Wegkurve.

Die Abb. 73c wird als „Fahrdiagramm" bezeichnet und ergibt in Abhängigkeit der Zeit ein genaues Bild der Geschwindigkeit bei irgendeinem zurückgelegten Weg. Die Bestimmung der Erwärmung erfolgt am besten nach dem Verfahren auf Seite 45.

c) Vereinfachtes Verfahren zur Berechnung der Fahrzeiten und der Erwärmung. Die bisherigen Verfahren erfordern zu ihrer Durchführung sehr viel Zeit, besonders wenn es sich um Strecken mit vielen Haltepunkten handelt. Im folgenden soll ein Verfahren gebracht werden, das oft anwendbar ist, und einen Grad der Genauigkeit erreicht, der für viele praktische Zwecke vollständig genügt. Dabei braucht man nur einen kleinen Bruchteil der Zeit, die für die strengen Verfahren benötigt wird. Es seien die Berechnungsgrundlagen für ein Bewegungsbild, das aus einer Anfahrt, einer Fahrt mit konstanter Geschwindigkeit und einer Bremsung besteht, geschaffen. Die Ableitung der Gleichungen ist zwar etwas kompliziert, die Ergebnisse sind aber einfach. Man geht dabei von der in der Abb. 75 gezeichneten Zugkraftcharakteristik aus.

Der Steigungs- und Fahrwiderstand sei durch die Kurve W dargestellt. Die Anfahrt erfolge zunächst längs der Geraden $a - b$ und dann auf der Eigencharakteristik b—c. Die beschleunigenden Kräfte, die durch die Differenz der Zugkraftkurve und der Widerstandslinie (einschließlich Steigungswiderstand) dargestellt sind, zeigt die Abb. 75b (gestrichelt). Zur Vereinfachung ersetzt man im folgenden (siehe Abb.) den ersten Teil der Anfahrt durch eine Horizontale $a'b'$, was mit hinreichender Genauigkeit zutrifft, und die Anfahrt auf der Eigencharakteristik durch eine Gerade $b'c'$, deren Lage so gewählt wird, daß die beiden in der Abb. 75b gestrichelten Flächen etwa gleich sind.

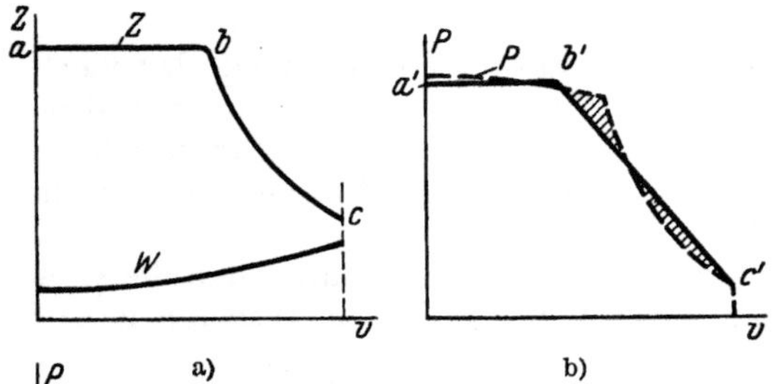

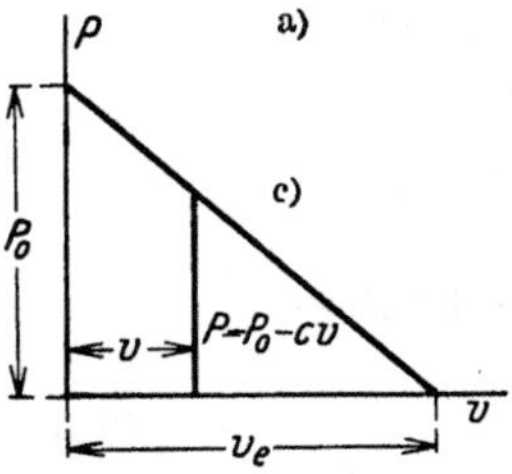

Abb. 75. Kräftediagramme für vereinfachtes Verfahren.

Die Anfahrt mit konstanter Zugkraft ist bereits bekannt, und es soll nun untersucht werden, wie sich die Geschwindigkeit des Fahrzeugs verhält, wenn die beschleunigenden Kräfte proportional der Geschwindigkeit abnehmen.

Der Verlauf der Beschleunigungskraft sei gemäß Abb. 75c $P = P_0 - c\,v$. Dabei bedeutet P_0 die Beschleunigungskraft, die bei der Geschwindigkeit $v = 0$ vorhanden ist, und $c = \operatorname{tg} \alpha$ ist eine Konstante. Es gilt

$$P = P_0 - cv = M\frac{dv}{dt} \quad \text{oder} \quad \frac{dv}{P_0 - cv} = \frac{dt}{M}.$$

Die Integration dieser Gleichung ergibt

$$v = v_e\left(1 - e^{-\frac{t}{Z}}\right). \tag{85}$$

Die Richtigkeit der Gleichung kann durch Differenzierung bewiesen werden. In der Gleichung bedeutet v_e die Endgeschwindigkeit, die vorhanden ist, wenn die Beschleunigungskraft gleich Null wird. Z ist die Zeitkonstante und hat den Wert $Z = \frac{M}{c} = \frac{M}{P_0/v_e} = \frac{v_e}{b_1}$ $\left(\text{da die Anfangsbeschleunigung } b_1 = \frac{P_0}{M} \text{ ist}\right)$.

In Abb. 76a ist die Kraft P als Abszisse und die Geschwindigkeit als Ordinate aufgetragen, in der Abb. 76b als Ordinate ebenfalls die Geschwindigkeit, als Abszisse

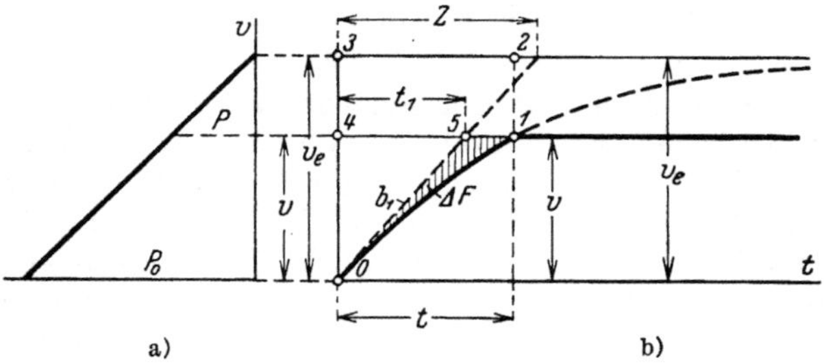

Abb. 76. Geschwindigkeit-Zeitdiagramm.

dagegen die Zeit. In der Abb. 76b ist an die Kurve vom Nullpunkt aus die Tangente gezeichnet (entsprechend Beschleunigung b_1), die auf der Horizontalen im Abstand v_e eine Strecke vom Betrage der Zeitkonstanten ausschneidet (s. S. 37). Es sei ein Geschwindigkeitsverlauf betrachtet, bei dem von *0—1* beschleunigt werde, von hier die Geschwindigkeit konstant und gleich v sei. Für die späteren

Betrachtungen ist die kleine schraffierte Fläche ΔF wichtig. Zu ihrer Berechnung sei zunächst die Fläche $\overline{0\,1\,2\,3}$ bestimmt. Sie ergibt sich zu: Fläche $\overline{0\,1\,2\,3} = \int_0^t v_e\, e^{-\frac{t}{Z}} \cdot dt$

Durch Integration erhält man ihren Inhalt zu

$$\text{Fläche } \overline{0\;1\;2\;3} = Z\, v_e \left(1 - e^{-\frac{t}{Z}}\right) = Z\, v \qquad \text{(s. Abb. 76b).}$$

Der Inhalt der schraffierten Fläche ΔF ist gleich der eben berechneten $Z\,v$, vermindert um das Rechteck $\overline{1\,2\,3\,4}$ und das Dreieck $\overline{0\,4\,5}$. Der Inhalt der schraffierten Fläche ΔF ist also

$$\Delta F = Z v - (v_e - v)\, t - \frac{v^2}{2\, b_1}.$$

In dieser Formel bedeutet $\frac{v^2}{2\, b_1}$ das Dreieck $\overline{0\,4\,5}$, welches auch $v \frac{t_1}{2}$ ist. t_1 ist dabei $t_1 = \frac{v}{b_1}$. Unter Beachtung, daß $Z = \frac{v_e}{b_1}$ ist, ergibt sich nach einiger Umformung

$$\Delta F = \frac{v^2}{2\, b_1} + \frac{v}{b_1}(v_e - v) - t\,(v_e - v)$$

oder, da $\frac{v}{b_1} = t_1$ (siehe auch Abb. 76b Strecke $\overline{4\,5}$) ist:

$$\Delta F = \frac{v^2}{2\, b_1} - (v_e - v)(t - t_1)$$

oder unter Benützung der Abkürzung $\beta = \frac{v}{v_e}$

$$\Delta F = \frac{v^2}{2\, b_1}\left[1 - 2\,\frac{1-\beta}{\beta}\left(\frac{t}{t_1} - 1\right)\right]. \tag{86}$$

Man muß nun versuchen, t und t_1 durch β auszudrücken. Die Gleichung (85) läßt sich unter Benutzung der Abkürzung β auch schreiben $1 - \beta = e^{-\frac{t}{Z}}$ oder $-\frac{t}{Z} = \ln(1-\beta)$. Da $\frac{t_1}{Z}$ auch β ist, bekommt man durch Division beider Gleichungen $\frac{t}{t_1} = -\frac{\ln(1-\beta)}{\beta}$. Setzt man diesen Wert in Gleichung (86) ein, so bekommt man nach einiger Umformung unter Beachtung, daß $-\ln(1-\beta) = \ln\frac{1}{1-\beta}$

$$\Delta F = \frac{v^2}{2\, b_1}\left[1 - 2\left(\frac{1}{\beta} - 1\right)\left(\frac{1}{\beta}\ln\left(\frac{1}{1-\beta}\right) - 1\right)\right].$$

Zur Abkürzung sei die eckige Klammer mit β'^2 bezeichnet, somit

$$\beta' = \sqrt{1 - 2\left(\frac{1}{\beta} - 1\right)\left(\frac{1}{\beta}\ln\left(\frac{1}{1-\beta}\right) - 1\right)}, \tag{87}$$

so daß sich ergibt

$$\Delta F = \frac{v^2}{2\, b_1}\,\beta'^2. \tag{88a}$$

Die Größe β' kann schwanken zwischen 0 und 1; sie ist in Abb. 77 in Abhängigkeit von β aufgezeichnet. Sie läßt sich mit genügender Genauigkeit durch eine Gerade ersetzen. Es ergibt sich dabei, daß β' ungefähr gleich β ist. Die Gleichung für die kleine Fläche ΔF geht dann näherungsweise über in

$$\Delta F = \frac{v^2}{2\,b_1}\,\beta^2 \,. \tag{88b}$$

Nach diesen Vorbereitungen sei der Weg berechnet, wenn zunächst eine konstante Beschleunigung vorhanden ist, welche dann abnimmt, worauf mit konstanter Geschwindigkeit gefahren und das Fahrzeug dann mit konstanter Ver-

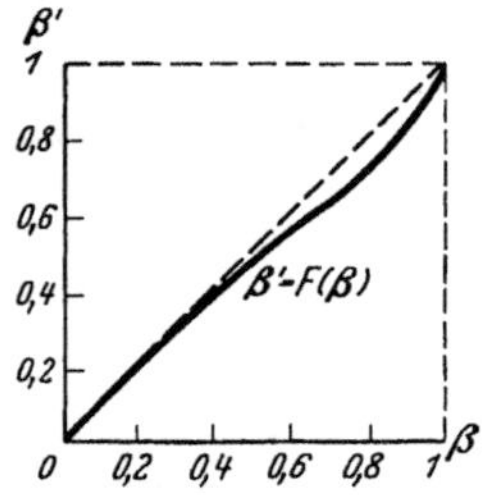

Abb. 77. Konstante β'.

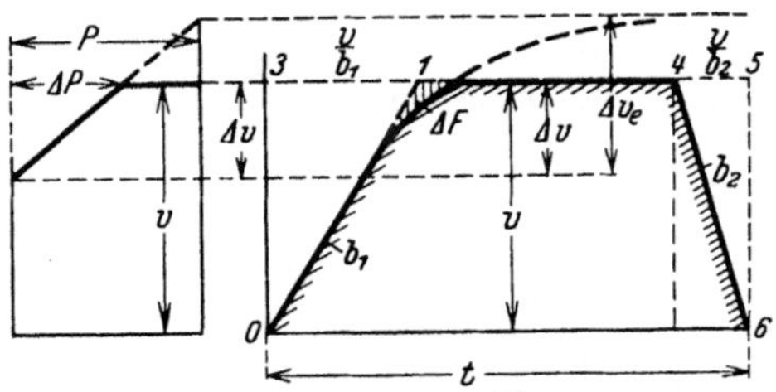

a) b)

Abb. 78. Geschwindigkeit-Zeitdiagramm.

zögerung b_2 abgebremst werde. Der Weg ist gleich dem Flächeninhalt des schraffierten Geschwindigkeit-Zeitbildes (s. Abb. 78b). Er ergibt sich zu Rechteck $\overline{0356} - \Delta\,\overline{013} - \Delta F - \Delta\,\overline{456}$

$$s = v\,t - \frac{v^2}{2\,b_1} - \Delta F - \frac{v^2}{2\,b_2}\,. \tag{89}$$

ΔF kann man nach der vorstehenden Formel berechnen. Es ist belanglos, daß jetzt bereits eine Anfangsgeschwindigkeit vorhanden ist, nur sei jetzt die Geschwindigkeitszunahme bei abnehmender Beschleunigung mit Δv eingesetzt. Durch Division mit der Höchstgeschwindigkeit v und Einsetzen der entsprechenden Werte ergibt sich die Gleichung

$$\frac{s}{v} = t - \frac{v}{2\,b_1}\left(1 + \frac{\Delta v^2 \beta'^2}{v^2}\right) - \frac{v}{2\,b_2}\,. \tag{90}$$

Setzt man zur Vereinfachung

$$\frac{\Delta v}{v} = \alpha' \tag{91}$$

und löst die Gleichung nach der Zeit t auf, so ergibt sich

$$t = \frac{s}{v} + \frac{v}{2}\left[\frac{1 + (\alpha'\beta')^2}{b_1} + \frac{1}{b_2}\right]. \tag{92}$$

Setzt man zur Abkürzung weiterhin

$$\alpha'\beta' = \alpha \quad \text{und} \quad \beta' \cong \beta\,, \tag{93}$$

so ist

$$\alpha = \frac{\Delta v}{v} \cdot \frac{\Delta P}{P} \text{ (einzelne Größen s. Abb. 78a)}\,, \tag{94}$$

so ergibt sich als Endergebnis für die Zeit der einfache Ausdruck

$$\mathbf{t = \frac{s}{v} + \frac{v}{2}\left(\frac{1 + \alpha^2}{b_1} + \frac{1}{b_2}\right).} \tag{95a}$$

In dieser Gleichung kommen außer α nur Größen vor, die sich unmittelbar angeben lassen. s ist der Gesamtweg, v ist die tatsächlich eintretende Höchstgeschwindigkeit, b_1 die Anfahrbeschleunigung und b_2 die Bremsverzögerung.

Ist die Anfahrbeschleunigung b_1 bis zur Endgeschwindigkeit v konstant, so wird $\alpha = 0$ und die Gleichung geht für diesen Spezialfall über in

$$t = \frac{s}{v} + \frac{v}{2}\left(\frac{1}{b_1} + \frac{1}{b_2}\right). \qquad (95\,\mathrm{b})$$

Die Gleichung (95a) gestattet die rasche Berechnung der Fahrzeit zwischen zwei Haltestellen. Sie ist besonders bei Überschlagsrechnungen von Vorteil, da nur die Höchstgeschwindigkeit v, die Anfahrbeschleunigung b_1 und die Bremsverzögerung b_2 in ihr vorkommen und auch α leicht zu ermitteln ist. Das Verfahren soll jetzt für die Berechnung der Erwärmung erweitert werden. Hierzu braucht man die Zugkraft (bzw. Drehmoment) in Abhängigkeit vom Strom, die in Abb. 79 aufgetragen ist. Für den praktisch wichtigsten Bereich bei größeren Strömen kann die Zugkraftkurve in großer Annäherung durch eine Gerade ersetzt werden, wovon in folgendem Gebrauch gemacht wird.

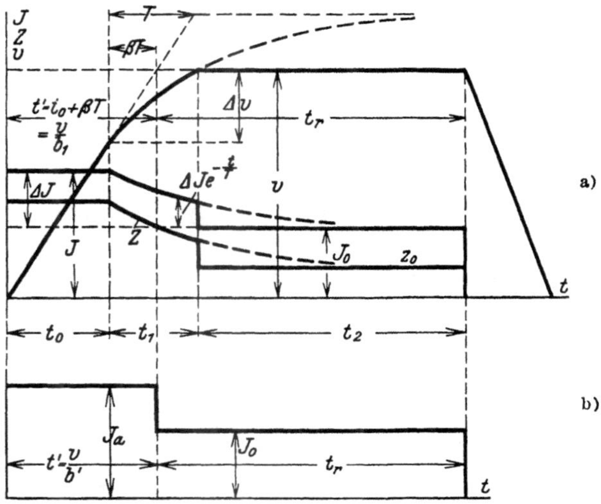

Abb. 79. Geschwindigkeit, Strom und Zugkraft als Funktion der Zeit.

In der Abb. 79a ist der Verlauf der Geschwindigkeit und der dazugehörenden Zugkraft zwischen zwei Haltestellen in Abhängigkeit der Zeit aufgezeichnet. Die Zugkraft ist zunächst konstant und nimmt dann nach einer Exponentialfunktion ab, die sich asymptotisch der Zugkraft nähert, die für Überwindung der Fahrt und Steigungswiderstände W notwendig ist. Die Zeitkonstante ist die gleiche wie für die Geschwindigkeitskurve, nur ist sie im folgenden, um Verwechslungen mit der Zugkraft Z zu vermeiden, mit T bezeichnet.

Da der Strom von der Zugkraft für den praktisch wichtigsten Teil linear abhängt, s. Abb. 80, hat die Stromkurve J einen entsprechenden Verlauf wie die Zugkraftkurve, und ihre Zeitkonstante ist ebenfalls T. Ist der Anfahrstrom während der Zeit t_0 (Anfahrbeschleunigung b_1=konstant) gleich J und der Beharrungsstrom J_0, so kann man, wenn man zur Abkürzung

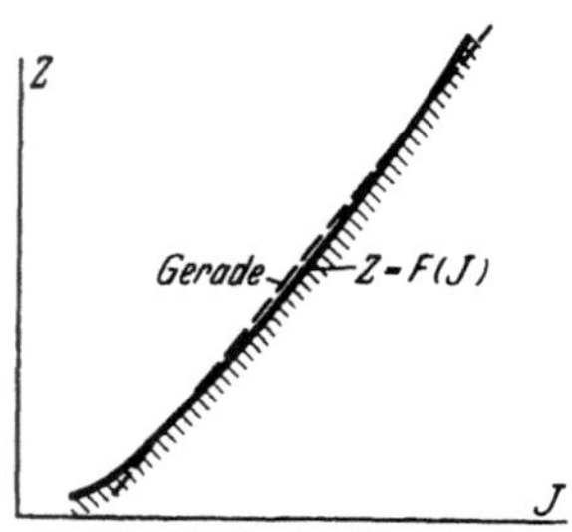

Abb. 80. Zugkraftkurve Z.

$$J - J_0 = \Delta J \qquad (96)$$

setzt, die während der Fahrt erzeugte Stromwärme Q setzen

$$Q = J^2 t_0 + \int_0^{t_1} \left(\Delta J e^{-\frac{t}{T}} + J_0 \right)^2 dt + J_0^2 t_2. \tag{97}$$

In dieser Gleichung ist der Widerstand $r = 1$ angenommen, ferner daß die abnehmende Zugkraft während der Zeit t_1 vorhanden ist, während der Beharrungsstrom J_0 während der Zeit t_2 fließt[1]. Die Gleichung (97) ergibt integriert

$$Q = J^2 t_0 + \Delta J^2 \frac{T}{2} \left(1 - e^{-\frac{2 t_1}{T}}\right) + 2 \Delta J J_0 T \left(1 - e^{-\frac{t_1}{T}}\right) + J_0^2 (t_1 + t_2). \tag{98}$$

Da auf Grund früherer Überlegungen

$$1 - e^{-\frac{t_1}{T}} = \beta \tag{99a}$$

war, ergibt sich weiter

$$(1 - \beta)^2 = e^{-\frac{2 t_1}{T}} \tag{99b}$$

oder

$$1 - e^{-\frac{2 t_1}{T}} = 1 - (1 - \beta)^2 = 2 \beta \left(1 - \frac{\beta}{2}\right). \tag{99c}$$

Setzt man diese Ausdrücke in die Gleichung (98) ein, so ergibt sich

$$Q = J^2 t_0 + \Delta J^2 \beta T \left(1 - \frac{\beta}{2}\right) + 2 \Delta J J_0 \beta T + J_0^2 (t_1 + t_2),$$

die man auch schreiben kann

$$Q = J^2 t_0 + (\Delta J + J_0)^2 \beta T - \Delta J^2 \beta T \frac{\beta}{2} + J_0^2 (t_1 + t_2 - \beta T). \tag{100}$$

Setzt man

$$\Delta J + J_0 = J$$

und führt man die Abkürzung

$$t_0 + \beta T = t', \tag{101a}$$

sowie die Abkürzung

$$t_1 + t_2 - \beta T = t_r \tag{101b}$$

ein, so kann man auch schreiben

$$Q = J^2 t' - \Delta J^2 \beta T \frac{\beta}{2} + J_0^2 t_r$$

oder

$$Q = J^2 t' \left(1 - \left(\frac{J - J_0}{J}\right)^2 \frac{\beta T}{t'} \frac{\beta}{2}\right) + J_0^2 t_r. \tag{102}$$

Da, wie aus der Abb. 79a zu ersehen, $\frac{\beta T}{t'}$ gleich $\frac{\Delta v}{v}$, also gleich dem bereits definierten Wert α_1 ist, also

$$\frac{\beta T}{t'} = \alpha_1$$

kann man unter Beachtung $\alpha_1 \beta = \alpha$ auch schreiben

$$Q = J^2 \left(1 - \left(\frac{J - J_0}{J}\right)^2 \frac{\alpha}{2}\right) t' + J_0^2 t_r. \tag{103}$$

---

[1] Es ist zunächst angenommen, daß J_0 durch Vorschaltwiderstände auch tatsächlich bei gegebener Geschwindigkeit einstellbar sei.

Die Gleichung besagt, daß man zur Ermittlung der Stromwärme so rechnen darf, als ob ein konstanter Anfahrstrom J_a

$$J_a = J\sqrt{1 - \frac{\alpha}{2}\left(\frac{J - J_0}{J}\right)^2} \tag{104}$$

während der Zeit $t' = \frac{v}{b_1}$ vorhanden ist, wobei t' die Zeit, in der die Höchstgeschwindigkeit v bei konstanter Anfahrbeschleunigung b_1 erreicht würde, und daß von hier während der Zeit t_r der Beharrungsstrom J_0 in die Rechnung einzuführen ist. Das äquivalente Strombild zeigt Abb. 79b. Kommt jedoch das Aussetzverfahren zur Anwendung (s. S. 89), so ist statt J_0 der Wert $J_0' = \frac{J_v}{\sqrt{1 + \frac{P}{W}}}$ in die Rechnung einzusetzen. Streng genommen fließt J_0' nur während der Zeit t_2, während J_0 für die Zeit $t_r - t_2$ einzusetzen wäre. Meist rechnet man so, als ob J_0 während der Zeit t_r fließt, man rechnet also etwas zu ungünstig, da $J_0' \geqq J_0$ ist.

In den meisten Fällen ist der äquivalente Anfahrstrom J_a praktisch gleich dem tatsächlichen Anfahrstrom J, da der Ausdruck $\frac{\alpha}{2}\left(\frac{J - J_0}{J}\right)^2$ meist vernachlässigbar klein ist. Zum mindesten rechnet man bei Vernachlässigung der Korrektur nicht zu günstig. Der quadratische Mittelwert ergibt sich zu

$$J_m = \sqrt{\frac{J_a^2 t' + J_0^2 t_r}{\Sigma t}}. \tag{105}$$

Dabei ist $\sum t$ die gesamte Fahrzeit zwischen zwei Stationen einschl. Aufenthalt. Wird Wert auf den tatsächlichen Temperaturverlauf gelegt, so ist das bereits geschilderte Verfahren anzuwenden (s. Kapitel Erwärmung), wobei man während der Zeit $t' = \frac{v}{b_1}$ mit dem äquivalenten Anfahrstrom J_a rechnet und für die Restzeit mit dem Strome J_0 bzw. J_0'. Falls elektrisch gebremst wird, ist für die Bremszeit noch der Bremsstrom in Rechnung zu setzen.

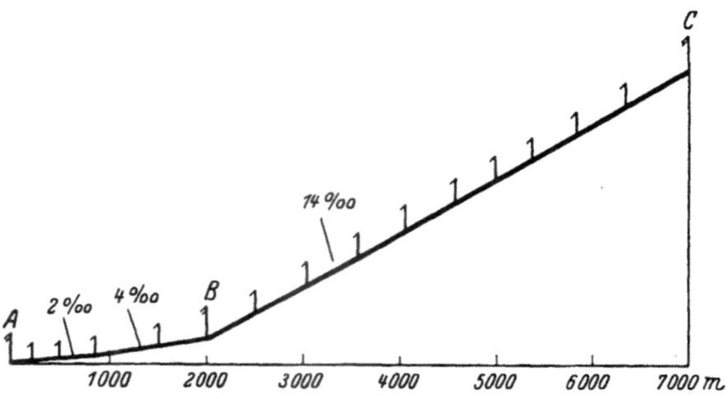

Abb. 81. Streckenprofil.

Beispiele.

An zwei Beispielen sei die Anwendung des vorstehend beschriebenen vereinfachten Verfahrens zur Ermittlung der Fahrzeiten und der Erwärmung beschrieben.

Beispiel 1. Gegeben sei ein Streckenprofil nach Abb. 81. Zwischen A und B sei ein Pendelverkehr vorhanden. An sämtlichen Zwischenstationen hält der Zug je 30 sec. Zugrunde gelegt sei ein Triebwagenzug mit einem Gewicht von 38,5 t. Der Bahnwiderstand soll mit 6 kg/t angenommen werden. Die Zugkraftcharakteristik der eingebauten Motoren zeigt die Abb. 82, wobei mit Rücksicht auf die Motorenleistung eine höchste Anfahrzugkraft von 1870 kg angenommen ist. Die Masse des Zuges ergibt sich aus dem Zuggewicht und einem durchschnittlichen Zuschlag von 5% für die rotierenden Teile zu 4100 kg sec²/m [s. Gleichung (70)]. Die Bremsverzögerung soll 0,7 m/sec² betragen. Mit Rücksicht auf die Übersichtlichkeit der Strecke sei die Höchstgeschwindigkeit mit 25 km/h = 6,95 m/sec begrenzt.

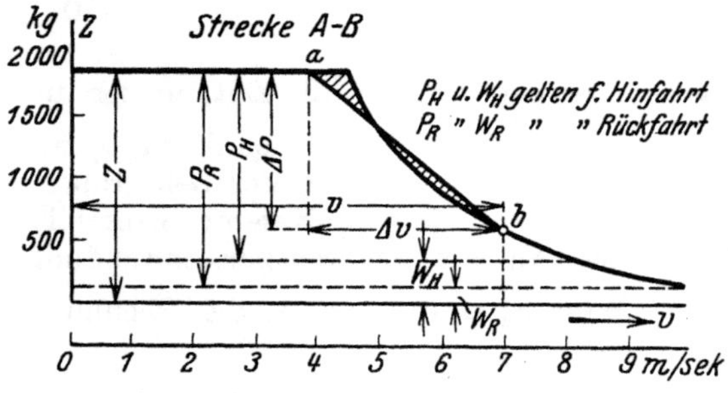

Abb. 82. Zugkraftdiagramm für Strecke AB.

Es sollen die Fahrzeiten zwischen A und B sowie der quadratische Mittelwert des Stromes für den Pendelverkehr festgestellt werden. Der Dauerstrom des ungelüfteten Motors sei 40 Amp.

Gemäß der Abb. 81 sind auf der Strecke AB die Steigungen 2 und 4‰ vorhanden. Zur Vereinfachung bildet man eine mittlere Steigung, die sich zu 3‰ ergibt, da die beiden Teilsteigungen gleich lang sind. Die mittlere Stationsentfernung ergibt sich, da zwischen A und B fünf Teilstrecken vorhanden sind, zu $\frac{2000}{5} = 400$ m.

Der Gesamtwiderstand, der zu überwinden ist, ist nach Gleichung (64) $W = (6 + 3)\,38{,}5 = 345$ kg. Die Beschleunigungskraft ist $P = 1870 - 345 = 1525$ kg. Die Anfahrbeschleunigung ist also $b_1 = \frac{1525}{4100} = 0{,}373$ m/sec². Es ergibt sich ferner $\alpha = \frac{\Delta v}{v} \cdot \frac{\Delta P}{P} = 0{,}385$. Diesen Wert findet man, wenn man für die Höchstgeschwindigkeit $v = 6{,}95$ m/sec die in der Formel vorkommenden Werte aus der Abb. 82 abgreift; die Gerade ab ist dabei so gelegt, daß die schraffierten Flächen ungefähr gleich groß sind (b liegt bei $v = 6{,}95$ m). Nach Gleichung (95a) ergibt sich für die Fahrzeit bei der mittleren Stationsentfernung, und zwar die Hinfahrt

$$t = \frac{400}{6{,}95} + \frac{6{,}95}{2}\left(\frac{1 + 0{,}385^2}{0{,}373} + \frac{1}{0{,}7}\right) = 73{,}4 \text{ sec}.$$

Die Gesamtfahrzeit t_H von A nach B einschließlich der Haltezeiten ist dann

$$t_H = 5 \cdot 73{,}4 + 4 \cdot 30 = 487 \text{ sec}.$$

Jetzt sei die Rückfahrt berechnet:

Der Gesamtzugwiderstand ist dabei $(6-3) \cdot 38{,}5 = 115$ kg. Die beschleunigende Kraft ist $1870 - 115 = 1755$ kg; die Beschleunigung b_1 also $\frac{1755}{4100} = 0{,}43$ m/sec². Für α ergibt sich dann gemäß Abb. 82 ein anderer Wert, nämlich $\alpha = 0{,}34$. Die Fahrzeit für die mittlere Stationsentfernung bei Rückfahrt ist

$$t = \frac{400}{6{,}95} + \frac{6{,}95}{2}\left(\frac{1 + 0{,}34^2}{0{,}43} + \frac{1}{0{,}7}\right) = 71{,}7 \text{ sec}.$$

Die Gesamtfahrzeit für die Rückfahrt von B nach A einschließlich der Haltezeiten ist t_R

$$t_R = 5 \cdot 71{,}7 + 4 \cdot 30 = 478 \text{ sec}.$$

Es sei jetzt der quadratische Mittelwert des Stromes berechnet. Der Umrechnungsfaktor zwischen Zugkraft und Drehmoment ist 25 und kann gemäß der Formel $Z = \frac{2\,\eta\,\ddot{u}}{D/2} \cdot M_d$ bestimmt werden (angenommen zwei Motoren; $D = 0{,}8$ m;

$\ddot{u} = 5{,}14$; $\eta = 0{,}975$). Dies ergibt für die vorhandene Anfahrzugkraft von 1870 kg ein Drehmoment pro Motor von $M_d = \frac{1870}{25} = 75$ mkg. Zu einem Drehmoment $M_d = 75$ mkg gehört, wenn man die Abb. 11 zugrunde legt, ein Strom $J = 90$ Amp.; entsprechend findet man aus der Beharrungskraft von 345 kg für die Hinfahrt und dem zugehörigen Drehmoment 13,8 mkg den Strom $J_0 = 28$ Amp. Für die Rückfahrt mit einer Beharrungskraft von 115 kg und einem Drehmoment von 4,6 mkg ergibt sich der Strom $J_0 = 17$ Amp. Man berechnet dann den äquivalenten Anfahrstrom nach der Formel

$$J_a = J\sqrt{1 - \frac{\alpha}{2}\left(\frac{J - J_0}{J}\right)^2}\,.$$

Setzt man in diese Formel die Werte von α, J und J_0 sowohl für die Hin- als auch für die Rückfahrt ein, so ergibt sich für die Hinfahrt $J_a = 85$ Amp. und für die Rückfahrt $J_a = 84{,}5$ Amp. Der äquivalente Anfahrstrom ist während der Zeit $t' = \frac{v}{b_1}$ vorhanden.

Für die Hinfahrt ist $t' = \frac{6{,}95}{0{,}373} = 18{,}6$ sec und für die Rückfahrt $t' = \frac{6{,}95}{0{,}43} = 16{,}2$ sec. Die Zeit des Beharrungsstromes ergibt sich zu $t - \frac{v}{b_1} - \frac{v}{b_2}$, also für die Hinfahrt

$$73{,}4 - \frac{6{,}95}{0{,}373} - \frac{6{,}95}{0{,}7} = 44{,}8 \text{ sec}\,.$$

Entsprechend erhält man für die Rückfahrt

$$71{,}7 - \frac{6{,}95}{0{,}43} - \frac{6{,}95}{0{,}7} = 45{,}3 \text{ sec}\,.$$

Zur Konstanthaltung der Geschwindigkeit sei angenommen, daß das Aussetzverfahren (s. S. 88) angewendet werde. Zur Geschwindigkeit 6,95 m/sec gehört eine Zugkraft $Z = 645$ kg, also ein $M_d = 25{,}8$, und diesem entspricht ein Strom $J = 42$ Amp. Unter Benutzung der Gleichung (79b) und der Abb. 82 (bzw. 72) ergibt sich für die Hinfahrt der Strom

$$J_0' = \frac{42}{\sqrt{1 + \frac{300}{345}}} = 31 \text{ Amp},$$

für die Rückfahrt

$$J_0' = \frac{42}{\sqrt{1 + \frac{530}{115}}} = 18 \text{ Amp}.$$

Der quadratische Mittelwert für die Hin- und Rückfahrt ergibt sich unter Beachtung, daß je 5 Streckenabschnitte vorhanden sind, zu

$$J = \sqrt{\frac{5\,(85^2 \cdot 18{,}6 + 31^2 \cdot 44{,}8 + 84{,}5^2 \cdot 16{,}2 + 18^2 \cdot 45{,}3)}{1205}} = 36 \text{ Amp}\,.$$

Die Zahl 1205 im Nenner ist die Gesamtfahrzeit für Hin- und Rückfahrt einschließlich eines Stationsaufenthalts an den Endpunkten von je 120 sec. Der Strom 36 Amp. ist zulässig, da der Stundenstrom dieses Motors (ungelüftet) 100 Amp. betrage und sein Dauerstrom mit 40% des Stundenstromes, also zu 40 Amp. in Rechnung gestellt werden kann.

Beispiel 2. Es sei jetzt angenommen, daß der Triebwagenzug die Strecke AC der Abb. 81 ganz durchfahren soll. Außerdem sei angenommen, daß der Motor gelüftet sei und eine Zeitkonstante von einer Stunde habe. Im übrigen seien die charakteristischen Kurven dieselben wie im Beispiel 1. Für die Strecke AB ist die Gesamtzeit bereits mit 487 sec berechnet worden. Für die Strecke BC müssen nun die gleichen Rechnungen durchgeführt werden. Die für die Strecke BC erforderlichen Zugkraftdaten sind in Abb. 83 aufgezeichnet.

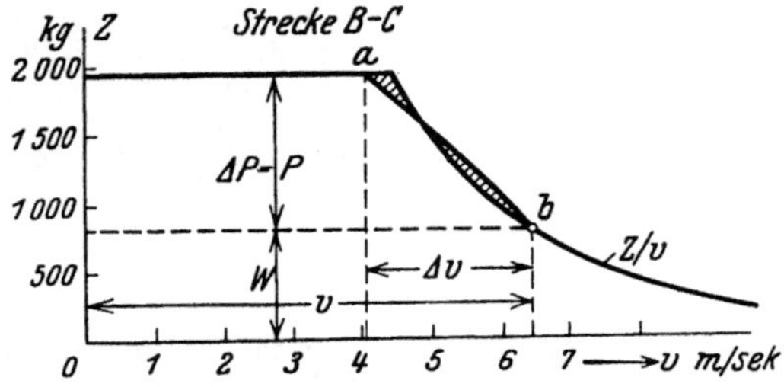

Abb. 83. Zugkraftdiagramm für Strecke BC.

Die Steigung beträgt 14‰; der Gesamtzugwiderstand ist also $(14 + 6) \cdot 38{,}5 = 770$ kg. Die Beschleunigungskraft ist $1870 - 770 = 1100$ kg. Die Beschleunigung ist also

$$b_1 = \frac{1100}{4100} = 0{,}268 \text{ m/sec}^2.$$

Gemäß der Abb. 83 ist die Höchstgeschwindigkeit durch den Zugwiderstand zu 6,4 m/sec begrenzt. α ergibt sich in diesem Fall zu $\alpha = \frac{\Delta v}{v} = 0{,}375$. Der mittlere Stationsabstand ist 500 m. Es ergibt sich die Fahrzeit für den mittleren Haltestellenabstand zu

$$t = \frac{500}{6{,}4} + \frac{6{,}4}{2}\left(\frac{1 + 0{,}375^2}{0{,}268} + \frac{1}{0{,}7}\right) = 96{,}2 \text{ sec}.$$

Die Gesamtfahrzeit ergibt sich, da 10 Streckenlängen vorhanden sind, zu $10 \cdot 96{,}2 + 10 \cdot 30 = 1262$ sec. In diesem Falle ist mit einem 10maligen Aufenthalt zu rechnen, da noch der Aufenthalt auf der Station B hinzukommt. Als Gesamtfahrzeit von A nach C ergibt sich dann der Wert $487 + 1262 = 1749$ sec $= 29{,}2$ min.

Da die Gesamtfahrzeit im Vergleich zur Zeitkonstanten des Motors von 1 Stunde nicht mehr klein ist, muß ein etwas genaueres Verfahren für die Temperaturermittlung angewandt werden. Man berechnet zunächst den quadratischen Mittelwert J_1 für $A\,B$, dann den entsprechenden Stromwert J_2 für die Strecke BC sowie die dazugehörigen Zeiten. Darauf zeichnet man die Temperaturkurve für die ermittelten Werte.

Es ergibt sich für $A\,B$

$$J_1 = \sqrt{5\left(\frac{85^2 \cdot 18{,}6 + 31^2 \cdot 44{,}8}{367 + \frac{120}{2}}\right)} = 44{,}4 \text{ Amp.}$$

Im Nenner ist hier die Aufenthaltszeit nur halb eingesetzt $\left(\frac{120}{2}\text{ sec}\right)$, da angenommen ist, daß bei Stillstand die Wärmeabgabe des eigengelüfteten Motors nur halbso groß ist als beim Lauf. Diese schlechtere Wärmeabgabe wird korrigiert, indem man die Aufenthaltszeit nur halb in Rechnung setzt. Der Strom $J_1 = 44{,}4$ Amp. ist während der Zeit 427 sec vorhanden (Aufenthaltszeit nur halb eingesetzt).

Für die Strecke BC ergibt sich der äquivalente Anfahrstrom unter Beachtung, daß $\alpha = 0{,}375$ ist zu 88 Amp. Dieser Strom ist während der Zeit $\frac{6{,}4}{0{,}268} = 23{,}8$ sec vorhanden. Der Beharrungsstrom J_0, der Steigung + Fahrwiderstand (770 kg) zu überwinden hat, ergibt sich unter Beachtung, daß das Drehmoment $\frac{770}{25} = 30{,}8$ mkg ist, aus der Abb. 11 zu 48 Amp.; dieser Stromwert ist während der Zeit $96{,}2 - 23{,}8 - \frac{6{,}4}{0{,}7} = 63{,}2$ sec vorhanden. Man erhält den quadratischen Mittelwert des Stromes für die Strecke BC zu

$$J_2 = \sqrt{10\left(\frac{88^2 \cdot 23{,}8 + 48^2 \cdot 63{,}2}{962 + \frac{300}{2}}\right)} = 54{,}5 \text{ Amp.}$$

Der Strom 54,5 Amp. ist während 1112 sec vorhanden (Aufenthalte nur halb eingesetzt). Die Erwärmungskurve kann jetzt gezeichnet werden.

Es ist sicher, daß beim Befahren der Strecke AC die höchste Temperatur im Punkte C vorhanden sein wird. Bei Rückfahrt nimmt die Temperatur wieder ab. Es genügt daher, die Temperatur nur für die Hinfahrt zu ermitteln. Es sei angenommen, daß bei Beginn der Fahrt der Motor bereits warm sei und seine relative Temperatur 50% der zulässigen betrage. Der Dauerstrom des Motors sei 38 Amp. In der Abb. 84 ist das Erwärmungsdiagramm aufgezeichnet. Im Abstand der Zeitkonstanten (1 Stunde = 3600 sec.) von der Ordinatenachse ist eine Vertikale $I—I$ errichtet, auf der die vorkommenden Ströme quadratisch aufgetragen sind. Dem

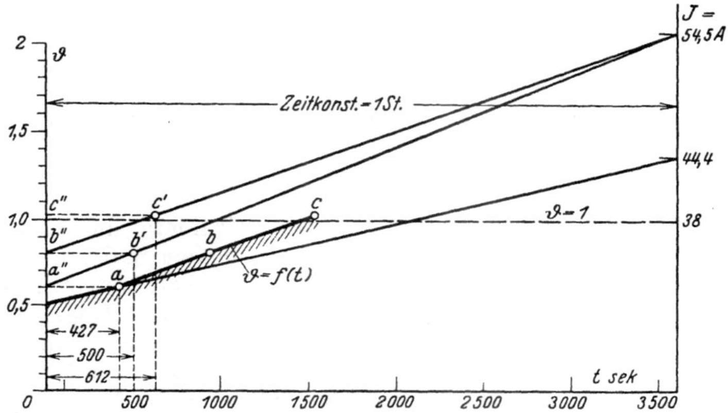

Abb. 84. Erwärmungsdiagramm.

Dauerstrom 38 Amp. entspricht die Temperatur 1. Die Endtemperaturen für die Ströme 44,4 und 54,5 Amp. werden durch quadratische Umrechnungen erhalten $\left(\left(\frac{44,4}{38}\right)^2 \text{bzw.} \left(\frac{54,5}{38}\right)^2\right)$ und auf dieser Vertikalen $I—I$ abgetragen, die Bezifferung jedoch nach den Strömen eingeschrieben.

Zunächst ist der Strom von 44,4 Amp. während 427 sec vorhanden. Man zieht die Gerade von der Ordinatenachse im Punkt 0,5 (entsprechend einer Anfangstemperatur von 50% der zulässigen) bis zum Punkt 44,4, der auf der Vertikalen $I—I$ markiert ist. Der Punkt a im Abstand 427 sec entspricht der erreichten Temperatur. Der Punkt a wird darauf auf die Ordinate projiziert (a'') und von hier, da jetzt der Strom 54,5 Amp. beträgt, die Gerade nach dem Punkt 54,5 Amp. auf $I—I$ gezogen. Der Strom 54,5 Amp. ist während der Zeit 1112 sec vorhanden. Zur genaueren Durchführung des Verfahrens unterteilt man diesen Wert z. B. in 500 + 612 sec. Die Temperatur nach 500 sec entspricht dem Punkt b'. Trägt man die Strecke $a''b'$ vom Punkt a nach Größe und Richtung ab, so erhält man im Punkte b in Abhängigkeit von der Zeit die Temperatur, die nach 427 + 500 sec vorhanden ist. Der Punkt b' wird jetzt auf die Ordinatenachse projiziert (b'') und von hier aus die Gerade nach dem Punkt 54,5 gezogen. Im Abstande 612 sec erhält man dann im Punkte c' die tatsächlich erreichte Temperatur, die am Ende der Steigung an Endstation C vorhanden ist. Trägt man die Strecke $b'' c'$ nach Größe und Richtung von b ab, so bekommt man den Punkt c und damit den Gesamtverlauf der Temperaturkurve in Abhängigkeit von der Zeit (schraffiert). Die Endtemperatur ist nur wenig größer als 1, also gerade noch zulässig. Die Aufzeichnung der Temperaturkurve $T = f(t)$ ist nicht unbedingt notwendig, sondern es genügt, die Ermittlung der Punkte a, a'', b', b'', c', da man auf Grund dieser Punkte bereits die Endtemperatur ablesen kann.

Es sei bemerkt, daß man in der Praxis meist mit vereinfachten Verfahren rechnet, da diese wesentlich rascher zum Ziele führen als die exakten. Dabei macht man weitgehendst von Vereinfachungen Gebrauch, z. B. daß man eine wechselnde

Steigung durch eine mittlere ersetzt u. dgl. Es sei jedoch ausdrücklich darauf hingewiesen, daß bei solchen Vereinfachungen immer geprüft werden muß, wie sie sich auswirken und wie weit sie zulässig sind. Ein allgemeines Schema, das für sämtliche Fälle Gültigkeit hat, kann also nicht gegeben werden.

E. Über wirtschaftliche Fahrtechnik.

Im Stadtbetrieb bei kleinen Haltestellenentfernungen wird ein Triebwagen je nach der Fahrtechnik des Führers mehr oder weniger Energie für die Zurücklegung eines bestimmten Weges bei gegebener Zeit benötigen. Es sei festgestellt, welche Faktoren für eine günstige Energiewirtschaft im Fahrbetrieb maßgebend sind.

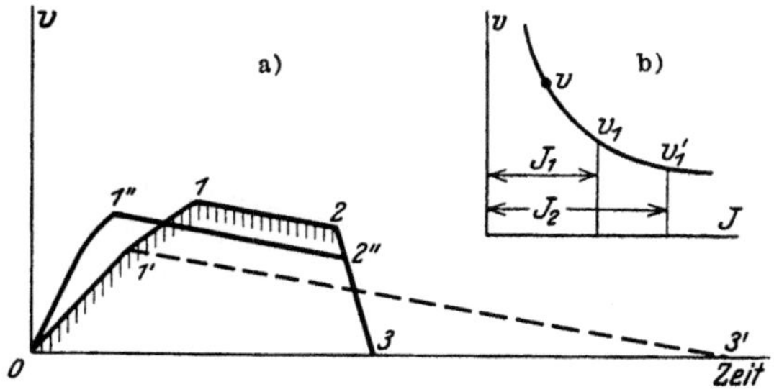

Abb. 85. Fahrdiagramme.

Die Abb. 85a zeigt ein Fahrdiagramm, wobei als Ordinate die Geschwindigkeit und als Abszisse die Zeit aufgetragen ist. Von Null beginnend bis zum Punkt *1* wird das Fahrzeug beschleunigt. Vom Punkt *1* bis zum Punkt *2* erfolgt Auslauf und vom Punkt *2* bis zum Punkt *3* die Bremsung des Fahrzeuges. Es sei zunächst festgestellt, welche Arbeit den Rädern des Fahrzeuges insgesamt zugeführt werden muß. Es genügt, diese Energie für den Punkt *2* zu berechnen, da während des darauf folgenden Bremsvorganges keinerlei Energie zugeführt wird. Ist im Punkte *2* die Geschwindigkeit des Wagens v_2, die Masse $\frac{G}{g}$ *, der bis zum Punkt *2* zurückgelegte Weg s_2, der spezifische Widerstand der Strecke w, so gilt für die zugeführte Arbeit L die Gleichung

$$L = \frac{1}{2}\frac{G}{g} v_2^2 + w G s_2 . \qquad (106a)$$

Bezeichnet man den Bremsweg $s_3 = \frac{v_2^2}{2 b_2}$, wobei b_2 die Bremsverzögerung ist, so kann Gleichung (106) auch geschrieben werden

$$L = G\left(\frac{1}{2}\frac{v_2^2}{g} + w s_2 + w s_3 - w s_3\right)$$

oder, da der Gesamtweg $s = s_2 + s_3$ ist,

$$L = G\left[\frac{1}{2}\frac{v_2^2}{g} + w s - \frac{w v_2^2}{2 b_2}\right]$$

oder

$$L = G\left[\frac{1}{2}\left(\frac{1}{g} - \frac{w}{b_2}\right) v_2^2 + w s\right] . \qquad (106\,b)$$

Die zugeführte Arbeit L soll möglichst klein gehalten werden. Das

---

* Streng genommen ist die Masse $G\left(\frac{1+\alpha}{g}\right)$. Da es sich nur um prinzipielle Überlegungen handelt, ist in den Formeln vom Korrekturfaktor α abgesehen.

zweite Glied in der Klammer ist bei gegebenem Weg s und gegebenem Fahrwiderstand w unveränderlich. Das erste Glied kann dagegen zu 0 gemacht werden, wenn man $b_2 = g\,w$ setzt. Dies bedeutet, daß die Bremsverzögerung gleich der durch den Eigenwiderstand des Fahrzeuges erzeugten Auslaufverzögerung ist. Eine eigentliche Abbremsung des Fahrzeuges liegt also nicht vor. In der Abb. 85a ist diese Auslaufkurve gestrichelt aufgezeichnet, wobei sie so gelegt wurde, daß der Flächeninhalt des neuen Diagramms *0—1′—3′* gleich dem des alten ist, weil die Wege ja gleich sind. Das so erhaltene Diagramm ist jedoch praktisch nicht brauchbar, da die zugehörige Fahrzeit t viel zu groß ist.

Ein weiteres Mittel, die zugeführte Energie L klein zu halten, besteht in der Verkleinerung von v_2. Es sei ein neues Diagramm *0—1″—2″—3* gezeichnet, bei dem die Geschwindigkeit v_2 kleiner als beim ersten ist, wobei jedoch sowohl die Wege als auch die Fahrzeiten gleich sein sollen. Dabei sei jedoch mit größerer Anfahrbeschleunigung angefahren. Der Flächeninhalt des Diagramms ist so gewählt, daß er gleich dem des alten Diagramms ist. Es ergibt sich das interessante Ergebnis, daß man bei gegebenem Weg und gegebener Zeit mit stärkerer Anfahrbeschleunigung auf eine geringere Auslaufgeschwindigkeit v_2 gelangt, wodurch also Energie gespart wird.

Es sei jetzt noch festgestellt, wie sich die in den Anfahrwiderständen vernichtete Energie bei starker bzw. schwacher Anfahrt verhält. Die Abb. 85b zeigt die Charakteristik eines Motors, wobei als Ordinate die Geschwindigkeit und als Abszisse der Strom J aufgetragen ist. Die Anfahrt erfolge das eine Mal mit dem Stromwert J_1, das andere Mal mit dem Stromwert J_2. Im Punkte v_1 (s. Abb. 85b) ist die dem Fahrzeug zugeführte mechanische Arbeit gleich $L_1 = \frac{1}{2}\frac{G}{g}v_1^2 + w\,G s_1$, wobei s_1 der zu v_1 gehörige Weg ist. Die bei dieser Anfahrt in den Widerständen vernichtete Arbeit ist proportional L_1 und kann also gleich $C\left(\frac{1}{2}\frac{G}{g}v_1^2 + wGs_1\right)$ gesetzt werden (s. S. 110). Wird mit stärkerem Strom, z. B. J_2, also mit größerer Beschleunigung angefahren, so wird sowohl v_1 als auch s_1 kleiner, d. h. die in den Anfahrwiderständen vernichtete Energie nimmt mit größer werdender Beschleunigung ab.

Man erhält also das wichtige Ergebnis, daß sowohl die dem Fahrzeug von den Motoren zugeführte Arbeit als auch die in den Anfahrwiderständen vernichtete Energie möglichst klein wird, wenn mit starker Beschleunigung angefahren wird. (Der Motor muß dies allerdings vertragen.) Es ist weiterhin zu beachten, daß der durch eine geeignete Fahrtechnik erreichte Energiegewinn um so kleiner ist, je größer die einzelnen Weglängen sind. Bei kurzen Haltestellenentfernungen kann er jedoch erheblich werden.

F. Die Achsentlastung von Triebfahrzeugen.

Bei Triebfahrzeugen soll zur vollen Ausnutzung der Zugkraft der Achsdruck P_0 der einzelnen Triebachsen gleich sein. Die maximal ausnutzbare Zugkraft pro Achse beträgt μP_0, wobei μ der Adhäsionskoeffizient ist und bei Anfahrt etwa 0,25 beträgt. Man stellt jedoch praktisch oft fest, daß man die so berechneten maximalen Zugkräfte aus einem Fahrzeug nicht herausholen kann, da bei schweren Anfahrten die vorderen Achsen entlastet, die hinteren zusätzlich belastet werden. Infolge der Entlastung der vorderen Triebachse beginnt sie frühzeitig zu schleudern. Die Achsentlastung spielt eine nennenswerte Rolle bei Drehgestellfahrzeugen. Bei zweiachsigen Fahrzeugen ist sie geringer. Es sei nachstehend die Größe der Achsdruckentlastung berechnet.

a) Zweiachsiges Fahrzeug. In der Abb. 86a ist ein Triebfahrzeug aufgezeichnet, dessen Achsen z. B. durch Tatzlagermotoren angetrieben sein können und an dem die Kraft Z angreift. Die Lage der Kraft Z ist in der Abb. 86a beliebig aufgezeichnet, da die Kraft Z sowohl die am Zughaken angreifende Zugkraft als auch die im Schwerpunkt angreifende Massenträgheitskraft sein kann. Damit im System Gleichgewicht herrscht, müssen an den Triebrädern entgegengesetzt gerichtete Kräfte vorhanden sein, deren Summe ebenfalls die Kraft Z ergibt. Es greift also an jedem Triebrad die Kraft $\frac{Z}{2}$ an. Es ist ferner noch ein Kräftepaar vom Betrage Za vorhanden, wobei a der Abstand der Kraft Z von Schienenoberkante ist. Dieses Kräftepaar kann zerlegt werden in zwei entgegengesetzte Kräfte ΔP, von denen die eine die vordere Achse entlastet, die andere die hintere Achse belastet. Ist der Radstand l, so gilt die Beziehung

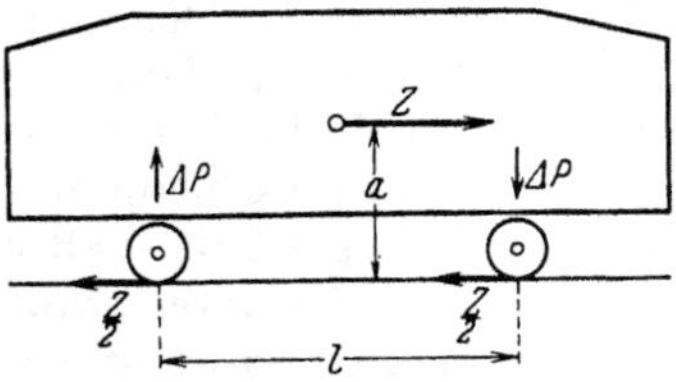

Abb. 86a. Achsentlastung eines zweiachsigen Fahrzeuges.

$$\Delta P = Z \frac{a}{l}. \tag{107}$$

Die zwischen Motoren und Wagen auftretenden Kräfte können bei obiger Betrachtung als innere Kräfte aufgefaßt werden, die nach außen nicht zur Wirkung kommen.

Beispiel. Es sei für ein Fahrzeug
$l = 2{,}8$ m,
$a = 0{,}55$ m = Abstand des Zughakens von SO.
$P_0 = 5000$ kg,
$Z = 2000$ kg.

Es ergibt sich
$$\Delta P = 2000 \frac{0{,}55}{2{,}8} = 393 \text{ kg}.$$

Die vordere Achse wird also um 393 kg entlastet, die hintere um den gleichen Betrag belastet. Die prozentuale Entlastung der vorderen Achse beträgt $\frac{\Delta P}{P_0} \cdot 100$ $= \frac{393}{5000} \cdot 100 = 7{,}85\,\%$.

Es sei weiter angenommen, daß das Fahrzeug sich bei Ausübung einer Kraft von 2000 kg am Zughaken gleichzeitig mit 0,7 m/sec² beschleunige. Da das Gewicht des Fahrzeuges $2P_0 = 10\,000$ kg ist, ist die translatorisch zu beschleunigende

Masse $\frac{10000}{9,81} = 1020$. Die Trägheitskraft der Masse ist dabei $1020 \cdot 0,7 \cong 715$ kg. Diese Kraft greift am Schwerpunkt des Fahrzeuges an, der einen Abstand $a = 1,20$ von Schienenoberkante habe. Infolge der Massenkraft ergibt sich eine Entlastung der vorderen Achse im Betrage

$$\Delta P' = \frac{715 \cdot 1,2}{2,8} = 306 \text{ kg}.$$

Die Gesamtentlastung der vorderen Achse beträgt also jetzt $\Delta P + \Delta P' = 393 + 306 = 699$ kg.

Die prozentuale Achsentlastung ist also unter Berücksichtigung der Zugkraft von 2000 kg am Zughaken und der durch die Beschleunigung von 0,7 m/sec² erzeugten Massenkraft von 715 kg: $\frac{699}{5000} \cdot 100 = 13,8$ %.

b) Drehgestellfahrzeug. Die am Fahrzeug (s. Abb. 86b) angreifende Zugkraft sei wieder beliebig gewählt und habe die Größe Z. Die Kraft Z habe von dem Drehzapfen der Drehgestelle den Abstand a_1. Denkt man sich die Kraft Z parallel verschoben, so daß an jedem Drehzapfen die Kraft $\frac{Z}{2}$ angreift, so ist noch ein Kräftepaar vom Betrage $Z a_1$ vorhanden, welches durch zwei entgegengesetzt gerichtete Kräfte ΔP_1 ausgeglichen werden muß, von denen die eine das vordere Drehgestell entlastet, die andere das hintere Drehgestell belastet. Ist der Abstand der Drehzapfen l_1, so gilt

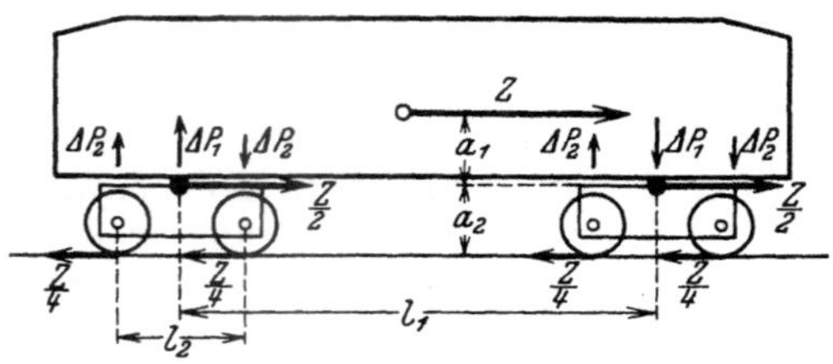

Abb. 86b. Achsentlastung eines Drehgestellfahrzeuges.

$$\Delta P_1 = \frac{Z a_1}{l_1}.$$

Es sei das vordere Drehgestell (in der Abb. 86b links) betrachtet; die am Drehzapfen angreifende Kraft $\frac{Z}{2}$ habe von Schienenoberkante den Abstand a_2. Durch sie wird die vordere Achse des Drehgestells entlastet, die hintere belastet. Die Entlastung der vorderen Achse beträgt dabei $\Delta P_2 = \frac{Z}{2} \frac{a_2}{l_2}$. Dabei bedeutet l_2 den Achsstand des Drehgestells. Die Gesamtachsentlastung ΔP der vordersten Achse ist also $\frac{\Delta P_1}{2}$ (da sich ΔP_1 auf zwei Achsen verteilt) plus ΔP_2. Es gilt also

$$\Delta P = \frac{Z}{2}\left(\frac{a_1}{l_1} + \frac{a_2}{l_2}\right). \qquad \textbf{(108)}$$

Es sei jetzt die Achsdruckentlastung für den Fall berechnet, daß das Fahrzeug sich in Beharrungsgeschwindigkeit befinde, also keine Beschleunigung vorhanden sei. Die am Zughaken angreifende Zugkraft sei dabei 4000 kg. Es mögen folgende Maße gelten:

a_1 = — 0,35 (a_1 ist negativ, wenn die Lage des Zughakens tiefer ist als die der Drehzapfen der Drehgestelle, da dann das Moment der Kraft bezogen auf die Drehpunkte einen anderen Sinn hat),
l_1 = 6 m,
a_2 = 0,9 m,
l_2 = 1,6 m,
Z = 4000 kg,
P_0 = 5000 kg.

Es gilt $\Delta P = \frac{4000}{2}\left(-\frac{0,35}{6} + \frac{0,9}{1,6}\right) = 1000$ kg.

Die Achsdruckentlastung der vordersten Achse beträgt also

$$\frac{1000}{5000} \cdot 100 = 20\,\% .$$

Es sei erwähnt, daß nicht immer die vorderste Achse entlastet werden muß, sondern auch gelegentlich die hinterste. Dieser Fall tritt ein, wenn ein Triebfahrzeug kräftig bremst.

Bei den bisherigen Betrachtungen brauchte auf die Kraftüber tragung zwischen Motor und Fahrzeug nicht näher eingegangen zu werden, da die betrachteten Systeme stets statisch bestimmt waren. In komplizierteren Fällen, in denen diese Voraussetzung nicht mehr zutrifft (z. B. mit mehr als 2 Achsen pro Gestell), muß die Art der Kraftübertragung mit in den Kreis der Überlegungen eingeschlossen werden[1].

III. Die Schaltungen der Gleichstrom-Fahrzeuge.

A. Die Motorschaltungen.

Da Gleichstrommotoren größerer Leistung nicht unmittelbar an die volle Spannung gelegt werden können, müssen ihnen bei der Anfahrt Widerstände vorgeschaltet werden, welche man mit wachsender Geschwindigkeit stufenweise abschaltet. Bei vielmotorigen Fahrzeugen werden bei der Anfahrt außerdem die Motoren in der Gruppierung geändert, d. h. sie sind zuerst in Reihe und dann parallel geschaltet.

1. Das einmotorige Fahrzeug.

Hier ist dem Motor während der Anfahrt ein Widerstand vorgeschaltet, der allmählich verkleinert wird. Soll mit dem Fahrzeug gebremst werden, so wird entweder das Feld oder der Anker umgeschaltet und der Motor arbeitet, nachdem die Stromzuführung unterbrochen ist, auf die Widerstände (s. Abb. 18b). Meist muß der Bremswiderstand größer sein als der Anfahrwiderstand, und zwar aus folgender Überlegung: Zum Stundenstrom eines Motors gehört eine Geschwindigkeit, die meistens in der Gegend der halben Maximalgeschwindigkeit des Fahrzeuges liegt. Da die bei der Widerstandsbremsung erzeugte Spannung proportional der Geschwindigkeit und dem Fluß ist, hat der Motor bei maximaler Geschwindigkeit und bei Stundenstrom etwa die doppelte Spannung (EMK). Nimmt man an, die Anfahrt erfolge bei normaler Klemmen-

[1] Näheres über solche Fälle s. El. Bahnen **1930**, H. 11. Lindner: Ausnutzung des Reibungsgewichtes.

spannung mit Stundenstrom, so muß beim Bremsen aus maximaler Geschwindigkeit (EMK = doppelte Klemmenspannung) bei gleichem Strom der Vorschaltwiderstand doppelt so groß werden. Es muß also der Anfahrwiderstand, der beim Bremsen wieder verwendet wird, um einige Stufen vergrößert werden.

Die Abschaltung der Widerstände erfolgt durch die Hauptwalze des Fahrschalters, die stufenweise gedreht wird. Beim elektrischen Bremsen wird die Hauptwalze des Kontrollers stufenweise entgegengesetzt gedreht wie bei Fahrt. Dabei wird meistens zuerst eine besondere Bremswalze umgesteuert, welche die Bremsschaltung vorbereitet, und die Abschaltung der Widerstände erfolgt dann wieder durch die Hauptwalze. Bei Wechsel der Fahrtrichtung muß eine besondere Umschaltwalze umgelegt werden, welche die Umklemmung des Motorankers besorgt.

Schaltungstechnisch ist ein mehrmotoriges Fahrzeug einem einmotorigen gleich, wenn seine Motoren dauernd hintereinander oder dauernd parallel geschaltet bleiben.

2. Das zweimotorige Fahrzeug.

a) Wirtschaftliche Fahrstufen und Wirkungsgrad der Anfahrt. Das zweimotorige Fahrzeug wird ebenfalls über Widerstände angelassen, und zwar sind die beiden Motoren zunächst in Reihe geschaltet. Wenn in dieser Schaltung die Widerstände kurzgeschlossen sind, hat jeder Motor die halbe Fahrdrahtspannung als Klemmenspannung. Die Reihenschaltung wird hierauf in eine Parallelschaltung umgewandelt. Vor dieser Umschaltung werden Widerstände vor die beiden Motoren geschaltet, damit nicht plötzlich infolge der Verdoppelung der Spannung pro Motor der Strom unzulässig groß wird. Die Widerstände werden dann allmählich wieder kurz geschlossen. Die Schaltart hat den Vorteil, daß sowohl am Ende der Serien- als auch am Ende der Parallelschaltung eine „Dauerstufe" vorliegt (keine Widerstände vorgeschaltet!), wobei die zugehörigen Geschwindigkeiten sich etwa wie 1 zu 2 verhalten. Solche sogenannten „wirtschaftliche" Schaltstufen sind für Fahrzeuge im Stadtbetrieb besonders erwünscht, wo mit Rücksicht auf den Verkehr häufig mit halber Geschwindigkeit gefahren werden muß.

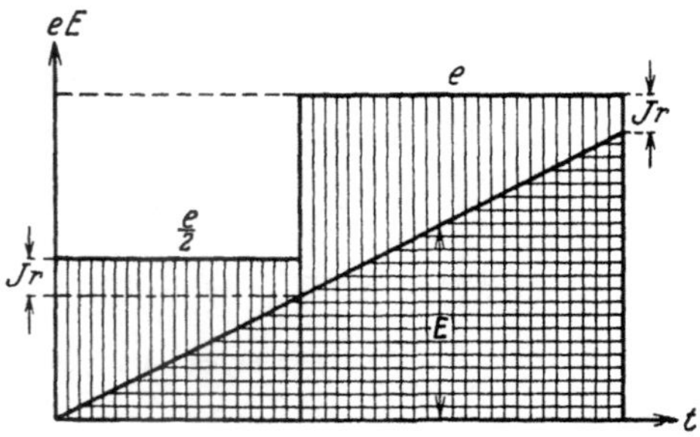

Abb. 87. Verluste bei der Anfahrt.

Die Reihen-Parallelschaltung hat auch den Vorteil, daß die in den Widerständen vernichtete Energie kleiner ist als bei einer Schaltung ohne Umgruppierung der Motoren.

In der Abb. 87 ist als Ordinate die Klemmenspannung und die EMK eines Motors in Abhängigkeit von der Zeit aufgetragen. Ist der Strom konstant (gleichbedeutend mit konstanter Anfahrbeschleunigung), so nimmt die EMK von 0 beginnend proportional mit der Zeit zu. Dabei ist angenommen, daß die Abschaltung der Vorschaltwiderstände stetig erfolge. Die Anfahrt ist zu Ende, wenn die EMK gerade die Ordinate $E = e - Jr$ erreicht. Die während der Reihenschaltung pro Motor zugeführte Spannung ist $\frac{e}{2}$. Die Anfahrt in Reihenschaltung ist zu Ende, wenn die EMK $\frac{e}{2} - Jr$ ist. Da während der Anfahrt der Strom konstant bleibt, ist die zugeführte Leistung pro Motor zunächst proportional $\frac{e}{2}$ und bei Parallelschaltung proportional e. Während der ganzen Anfahrt wird pro Motor eine Energie zugeführt, die proportional den schraffierten Flächen ist. Die vom Motor abgegebene Leistung ist proportional der EMK, also proportional der karierten Fläche. Die nur vertikal schraffierten Flächen stellen also die in den Widerständen, einschließlich Motorwiderstand, vernichtete Energie dar.

Der Wirkungsgrad der Anfahrt ist also gemäß Abb. 87 das Verhältnis der quadratisch schraffierten Fläche zur Summe aller schraffierten Flächen. Er beträgt bei den Verhältnissen der Zeichnung 61,5%.

Beim einmotorigen Fahrzeug würde während der ganzen Anfahrt die Spannung e herrschen und damit konstante Leistung zugeführt werden, so daß also die zugeführte Leistung um den Betrag der nichtschraffierten Fläche größer wird. Der Anfahrwirkungsgrad ist also beim einmotorigen Fahrzeug ungünstiger. Im vorliegenden Falle ist er nur 44,5%.

b) Normale Reihen-Parallelschaltung. Ist bei der Anfahrt des zweimotorigen Fahrzeugs in der Reihen-Parallelschaltung die letzte Serien-

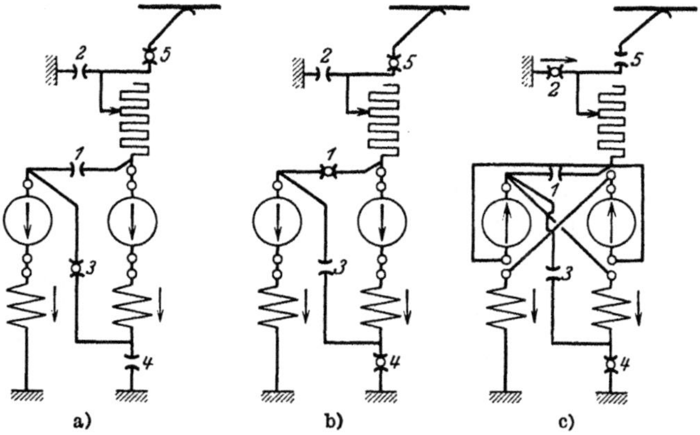

Abb. 88. Schaltung für zweimotoriges Fahrzeug.

stellung erreicht, so muß durch die Hauptwalze des Fahrschalters mit einigen Zwischenstellungen die Serienschaltung in die Parallelschaltung übergeführt werden. Hierfür sind mehrere Schaltungen im Gebrauch.

In der Abb. 88 sind mit *1* bis *5* die Schaltelemente bezeichnet, welche für die Umgruppierung der Motoren notwendig sind. Während der Serienfahrt Abb. 88a sind die Elemente *3* und *5* geschlossen (angedeutet durch kleine Kreise), in der Parallelschaltung dagegen die Elemente *1*, *4* und *5*, während das Element *3* geöffnet ist (s. Abb. 88b). In der Abb. 88c ist außerdem die zugehörige Bremsschaltung aufgezeichnet. Die Elemente *2* und *4* sind geschlossen, die Elemente *1*, *3* und *5* dagegen offen. Außerdem sind gegenüber den Abb. 88c und b einige weitere Verbindungen durch die Bremsumschaltwalze hergestellt. Bei der aufgezeichneten Schaltung ist stets das Feld des einen Motors mit dem Anker des anderen Motors in Reihe geschaltet. Beide Motoren arbeiten parallel auf den Anfahrwiderstand. Diese Schaltung wird gewählt, damit beide Motoren trotz kleiner Unsymmetrien gleichmäßig bei der Bremsung belastet sind (Näheres s. S. 128). Während des Bremsvorganges findet eine Umgruppierung der Motoren nicht statt. Beim Bremsen kann man — im Gegensatz zum einmotorigen Fahrzeug — denselben Vorschaltwiderstand benutzen wie bei der Anfahrt. Ist der Anfahrstrom J, so gilt $R = \frac{e}{J}$, wobei R der Vorschaltwiderstand ist (vom Motorwiderstand abgesehen). Beim Bremsen ist, wie bereits erörtert, im allgemeinen mit der doppelten Motor-Klemmenspannung, also $2e$, zu rechnen. Da beim Bremsen infolge der Parallelschaltung durch den Widerstand der doppelte Motorstrom, also $2J$, fließt, gilt für den Bremswiderstand $R' = \frac{2e}{2J} = \frac{e}{J} = R$. Das besagt, daß sowohl beim Bremsen als beim Anfahren meist der gleiche Widerstand (in bezug auf Ohmzahl) benützt werden kann.

Eine andere Reihen-Parallelschaltung zeigt die Abb. 89. Hier werden, abgesehen von den Elementen für die Widerstände, 6 Schaltelemente für die Umgruppierung benötigt. Bei dieser Schaltung ist in beiden

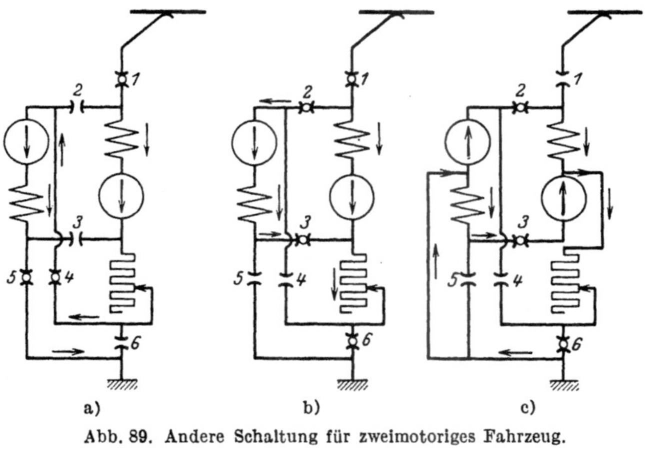

Abb. 89. Andere Schaltung für zweimotoriges Fahrzeug.

Motorkreisen die Reihenfolge von Anker und Feld verschieden. Diese Schaltart wird gewählt, um beim Übergang auf die Bremsschaltung nur geringe Schaltänderungen vornehmen zu müssen. In der Reihenschaltung (Abb. 89a) sind die Elemente *1*, *4* und *5* geschlossen, in der Parallelschaltung (Abb. 89b) dagegen die Elemente *1, 2, 3* und *6.* Die Bremsschaltung (Abb. 89c) entspricht in ihrer Wirkungsweise der Schaltung Abb. 88c, d. h. das Feld des einen Motors ist immer mit dem Anker des anderen in Reihe geschaltet.

Die Schaltungen der Abb. 88 und 89 sind in bezug auf Aufwand und Wirkung etwa gleichwertig. Im ersten Falle wird ein Schaltelement weniger benötigt, dafür wird im zweiten Falle die Bremsumschaltung einfacher.

c) Einzelheiten über die Reihen-Parallelschaltung. Es sei für den Fall der Abb. 90 die Anfahrt in ihren sämtlichen Einzelheiten erläutert. Abb. 90a zeigt die Reihen-Schaltung, Abb. 90b den jeweiligen

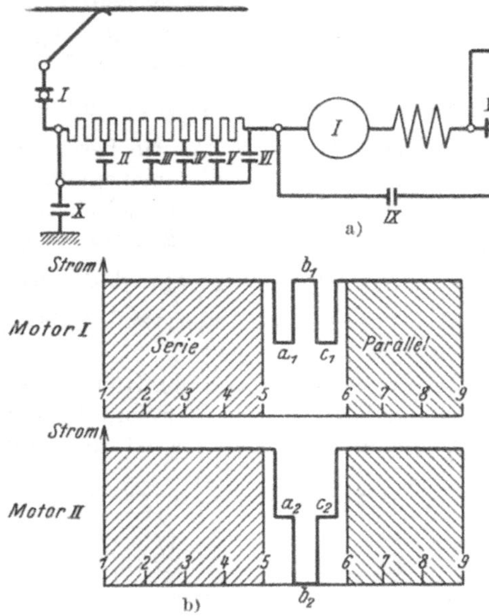

Elemente

Stellg.	I	II	III	IV	V	VI	VII	VIII	IX	X	
1	○						○				
2	○	○					○				
3	○	○	○				○				Serie
4	○	○	○	○			○				
5	○	○	○	○		○	○				
	○ ○ ○ ○	○ ○ ○ ○					○ ○	○ ○ ○	○		Übergang
6	○	○	○					○	○		
7	○	○	○	○				○	○		Parallel
8	○	○	○	○	○			○	○		
9	○	○	○	○	○	○		○	○		

c)

Abb. 90. Reihenparallelschaltung.

Strom des Motors *I* und *II* in Abhängigkeit von den Fahrstellungen, und Abb. 90c stellt die Schalttabelle dar. In den vertikalen Kolonnen bedeutet ein Kreis, daß das zugehörige Schaltelement geschlossen ist. In der Stellung *1* ist nur das Element *I* und *VII* geschlossen (in der Abb. 90a durch kleine Kreise dargestellt). Beide Motoren liegen in Reihe, der ganze Widerstand ist vorgeschaltet. In den folgenden Stellungen *2—5* werden durch die Elemente *II, III, IV* und *VI* die Widerstände allmählich kurzgeschlossen. Beim Übergang in die Parallelstellung (zwischen *5* und *6* der Schalttabelle) werden zunächst die Elemente *III, IV* und *VI* geöffnet, was gleichbedeutend mit einem Zuschalten von Widerstand ist. Dadurch sinkt zunächst der Strom im Motor *I* und *II* (s. Punkt a_1 und a_2 in Abb. 90b). Darauf wird bei weiterer Drehung der Kurbel das Element *VIII* geschlossen und der Motor *II* kurzgeschlossen. Dessen Strom fällt auf 0, während der

Motor *I*, da er durch den Wegfall des Motors *II* größere Spannung bekommt, einen höheren Strom aufnimmt (s. Punkt b_1 und b_2 der Abb. 90b[1]). Bei weiterer Drehung wird Element *VII* geöffnet, was auf die Stromverteilung keinen Einfluß hat. Dann wird Element *IX* geschlossen, beide Motoren sind dadurch parallel geschaltet. Infolge des noch in gleicher Größe vorgeschalteten Widerstandes wird jetzt durch Motor *I* weniger Strom fließen, während der Strom im Motor *II* ansteigt (Punkt c_1 c_2). Gelangt jetzt die Schaltwalze in die Stellung *6* der ersten Parallelstufe, so wird dabei das Element *III* geschlossen, damit wieder ein Teil des Vorschaltwiderstandes abgeschaltet, und es ist jetzt wieder derselbe Motorstrom wie bei der Serienanfahrt vorhanden. In den Stellungen *7*—*9* wird stufenweise der Restwiderstand kurzgeschlossen.

Der Ausbildung der Übergangsstellungen ist ganz besondere Aufmerksamkeit zu widmen. Betrieblich macht sich das Überschalten dadurch bemerkbar, daß, wie aus der Abb. 90b zu ersehen, praktisch nur die Zugkraft eines Motors, also halbe Zugkraft, zur Verfügung steht. Bei Straßenbahnen, Überlandbahnen und ähnlichen Fahrzeugen ist das meistens unbedenklich, jedoch ist bei schweren Lokomotiven mit angehängtem Zug diese kurzzeitige Abnahme der Zugkraft oft sehr störend, da sie stoßhaft auf das Fahrzeug wirkt.

Erwähnt sei außerdem, daß ein allzu rasches Überschalten von Serie auf Parallel und umgekehrt auch Störungen hervorrufen kann. Schaltet man z. B. von der Parallelstellung sehr rasch auf die Serienstellung, so öffnet sich Element *IX* und es schließt sich Element *VII*. Ist der Lichtbogen im Element *IX* noch nicht erloschen, wenn das Element *VII* bereits schließt, so vermag ein kurzschlußähnlicher Stromstoß von der Oberleitung über einen kleinen Teil der Widerstände, über das durch den Lichtbogen noch überbrückte Element *IX* und über die Elemente *VII* und *VIII* zur Erde zu fließen.

Obwohl die Schaltungen nach der Abb. 88 und 89 etwas verschieden sind, sind die Verhältnisse beim Überschalten von Serie auf Parallel ähnlich.

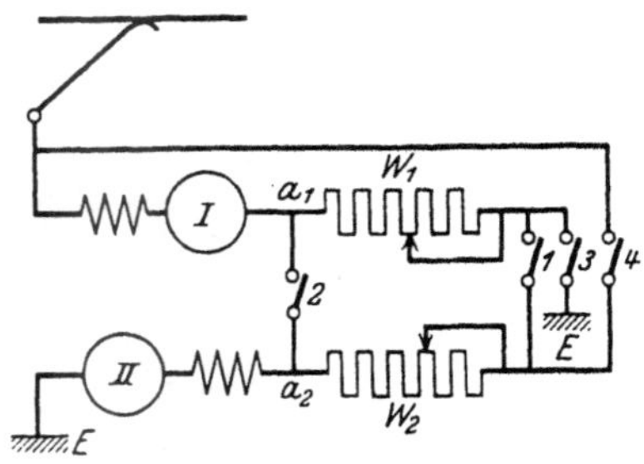

Abb. 91. Brückenschaltung.

d) Brückenschaltung. Um einen stoßfreien Übergang von Serie auf Parallel zu erhalten, sind Schaltungen entwickelt worden, die unter dem Namen „Brückenschaltungen" bekannt sind. Die prinzipielle Anordnung zeigt Abb. 91. Es kommen hier zwei Gruppen von Widerständen w_1 und w_2 vor, die getrennt regelbar sind. In der Reihenschaltung ist das Element *1* geschlossen und die Vorschaltwiderstände w_1 und w_2 werden allmählich auf den Wert 0 verringert. Auf der letzten Serienstellung kann das Element *2* geschlossen und das Element *1* geöffnet werden, da die Ströme sich dadurch nicht ändern. Beim Übergang in die Parallelschaltung werden

[1] Es sei bemerkt, daß b_1 nicht immer gleich hoch liegt wie der ursprüngliche Strom.

die Widerstände w_1 und w_2 wieder vorgeschaltet und die Elemente *3* und *4* gleichzeitig geschlossen. Da w_1 bzw. w_2 etwa je die Hälfte der Klemmenspannung aufnimmt, fließt der Strom des Motors *I* jetzt unmittelbar über w_1 und Element *3* zur Erde, während der Strom des Motors *II* über Element *4* und über w_2 dem Motor *II* unmittelbar zufließt. Da zwischen a_1 und a_2 kein nennenswerter Strom fließt (abgesehen von einem kleinen Ausgleichsstrom infolge Unsymmetrien) kann das Element *2* geöffnet werden und die endgültige Parallelschaltung ist vorhanden, bei der w_1 und w_2 allmählich kurzgeschlossen werden. Während des Überganges von Reihe auf Parallel bleibt der Strom in jedem Motor erhalten. Es treten also keine Zugkraftschwankungen auf. Bei der Brückenschaltung erfordert die Umschaltung von Reihe auf Parallel nur eine Zwischenstufe gegenüber mindestens zwei bei der normalen Reihen-Parallelschaltung.

Die Brückenschaltung, die theoretisch einwandfrei arbeitet, wird jedoch bei leichten Fahrzeugen kaum angewendet. Der Aufwand an Schaltmaterial ist nämlich unter Berücksichtigung der elektrischen Bremsung größer als bei den normalen Schaltungen. Es werden außerdem zwei Satz Widerstände benötigt. Bei der Brückenschaltung erscheint es zunächst zweckmäßig, die beiden Widerstandssätze w_1 und w_2 gleich abzustufen und beim Schalten in beiden Sätzen gleiche Widerstände kurzzuschließen. Hierbei ergeben sich jedoch etwa doppelt soviel Schaltelemente wie bei der normalen Reihen-Parallelschaltung mit einem Widerstandssatz. Um Schaltelemente zu sparen, stuft man deshalb die beiden Widerstandssätze verschieden und schaltet sie ungleichmäßig ab. Bei der Reihenschaltung liegen die beiden Widerstandssätze in Reihe und es wird abwechselnd immer ein Element von einem Satz und dann vom anderen zugeschaltet. Bei der Parallelschaltung, bei der jeder Motor seinen eigenen Widerstand hat, wird in gleicher Weise verfahren, wodurch infolge der verschiedenen Abstufung die Ströme beider Motoren voneinander abweichen. Ist zunächst der Strom vom Motor *I* kleiner als der des Motors *II*, so wird beim nächsten Schaltschritt sein Strom größer usw. Die Abb. 92 zeigt ein Anfahrdiagramm für die Brückenschaltung. Während der Reihenschaltung haben beide Motoren gleichen Strom, in der Parallelschaltung dagegen sind beide Ströme verschieden. Der Strom des Motors *I* ist dick ausgezogen, der des Motors *II* gestrichelt. Die ungleiche Abstufung der Widerstandssätze und das wechselseitige Fortschalten verringern wesentlich die erforderliche Zahl von Schaltelementen.

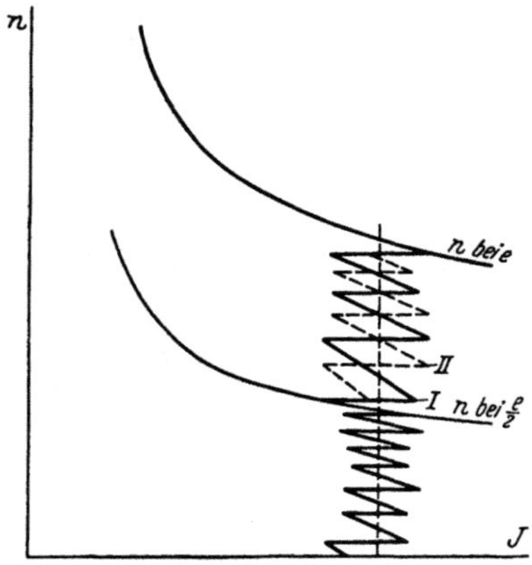

Abb. 92. Anfahrt in Brückenschaltung.

Beim Übergang auf Bremsen wird die Brückenschaltung meist in die Kreuzschaltung übergeführt.

e) Hauptstromschaltbild eines zweimotorigen Fahrzeuges mit zwei Führerständen. Die Abb. 93 stellt ein vollständiges Schaltbild mit normaler Reihen-Parallelschaltung für ein zweimotoriges Fahrzeug mit zwei Führerständen dar und es soll an ihr gezeigt werden, wie man die Prüfung eines solchen Schaltbildes vornimmt. Das Gesamt-Wagenbild muß so klar sein, daß es die Auflösung für alle möglichen Schaltstellungen ohne weiteres zuläßt. Dazu ist erforderlich, daß alle Punkte genau bezeichnet sind und daß insbesondere die Klemmenbezeichnungen der Motoren bekannt sind. Die Fahrschalterabwicklung soll die einzelnen Stellungen gut ablesen lassen und die Arbeitsweise der Umschaltwalze und der Bremswalze muß erkennbar sein. Stillschweigende Voraussetzung ist immer, daß die Umschaltwalze von Hand eingestellt ist und die Bremswalze von der Hauptwalze mitgedreht wird, je nachdem man auf Fahren oder Bremsen schaltet. Bei der Nachkontrolle geht man am zweckmäßigsten so vor, daß man sich markante Stellungen herauszeichnet, beispielsweise die erste Serienstellung, die erste Parallelstellung und die erste Bremsstellung für zwei Motoren und Einzelmotoren. Die übrigen Schaltstellungen sowie Rückwärtsfahrt und Fahrt mit einzelnen Motoren lassen sich bei einiger Übung dann rasch kontrollieren. Man beginnt, wenn man den Fahrschalter selbst nicht genau kennt, am zweckmäßigsten damit, daß man die Hauptelemente der zu prüfenden Schaltung, die unter allen Umständen vorkommen müssen, von vornherein aufzeichnet, also den Verbindungspunkt mit der Fahrleitung (hier *a* genannt), Anfang und Ende der Vorschaltwiderstände (hier *t* und *n*) und die beiden Motoren mit ihren Klemmen (also Motor *1* mit *g* und *f* für das Feld und *b* und *c* für den Anker, Motor *2* mit *k* und *i* für das Feld und *d* und *e* für den Anker). Das Ausgangsbild würde also so aussehen wie in Abb. 94 gezeichnet. Nun sucht man die Verbindungslinien zwischen den gezeichneten Grundelementen. Es sei zum Beispiel die Aufgabe gestellt, die Schaltung für Vorwärtsfahrt mit beiden Motoren auf der ersten Serienstellung zu prüfen, wenn vom Fahrschalter *I* aus gesteuert wird. Man beginnt beim Punkt *a* (dieser war ja schon vorher als Zuleitungspunkt von der Oberleitung über Drosselspule und Automaten zum Fahrschalter festgestellt). Der Punkt *a* ist der eine Pol eines Schaltelementes *I* (der Fahrschalter ist ein Nockenschalter[1] mit Einzelblasung, wie aus den gezeichneten Blasspulen hervorgeht); die Schaltelemente werden durch Rollen und Nocken gesteuert. Diese Rollen öffnen die Schaltelemente an denjenigen Stellen, an denen die Abwicklung der Hauptwalze geschwärzte Trapeze zeigt. Auf der Serienstellung *1* (Vertikale unterhalb Ziffer *1* für Serie) befindet sich keine Schwärzung, also ist das Element *I* geschlossen. Der zweite Pol des Schaltelementes *I* liegt an einer durchlaufenden Schiene, die am Punkte *t* angeschlossen ist. Man gelangt also dadurch zum Anfang der Anfahrwiderstände und stellt fest, daß von keiner der Anzapfungen (*s*, *r*, *q*, *p*) der Strom wegfließen kann, denn sie führen alle zu Schaltelementen der Hauptwalze (*II*, *III*, *IV*, *V*), die auf der Serienstellung *1* geöffnet sind, denn die Vertikale unter *1* durchschneidet geschwärzte

[1] S. auch Kap. Fahrschalter S. 160.

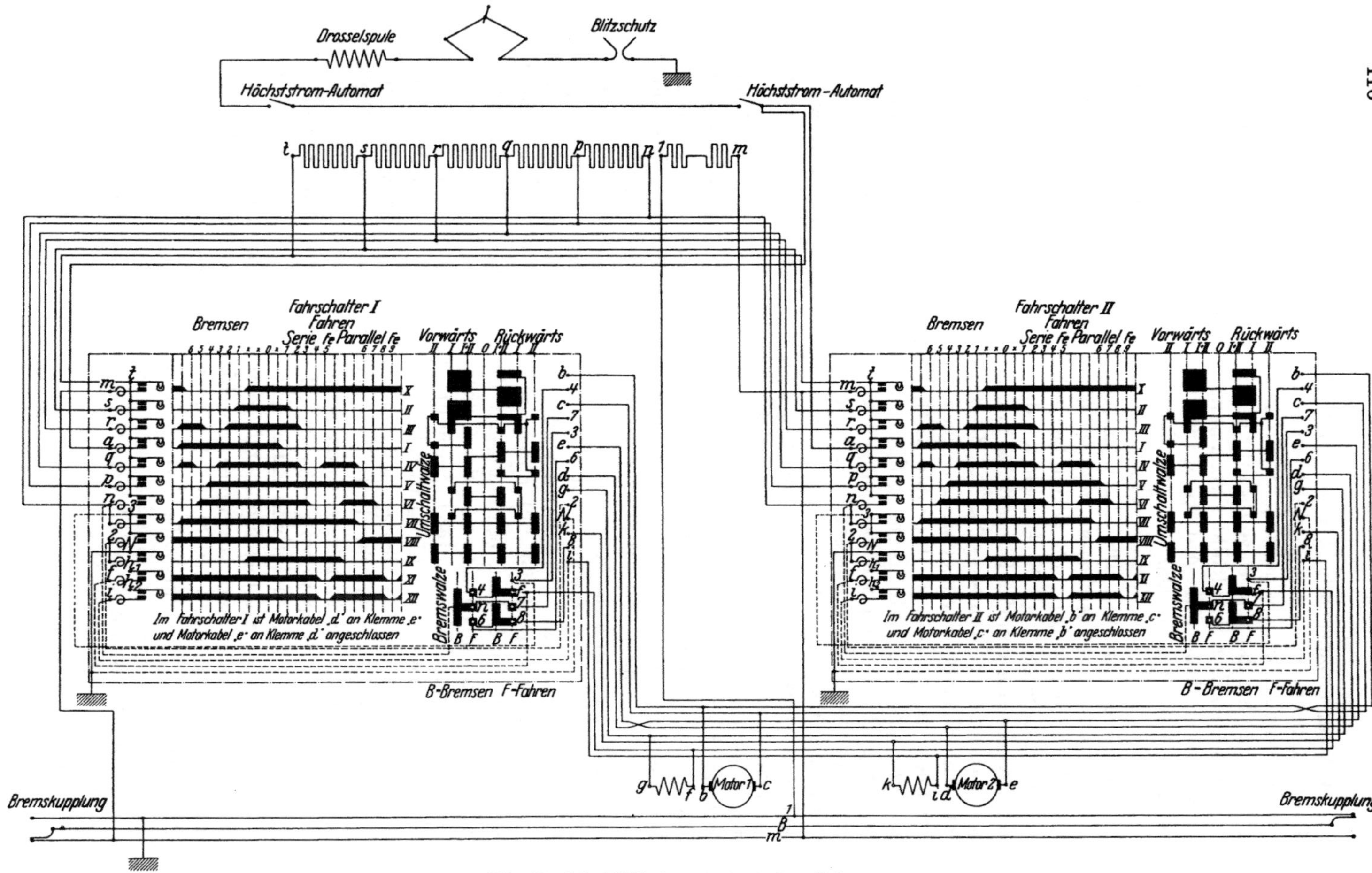

Abb. 93. Schaltbild eines zweimotorigen Fahrzeuges.

Flächen an den Horizontalen der Schaltelemente. Der Strom durchläuft also die gesamten Anfahrwiderstände bis zum Punkt *n*. Hier beginnt nun eine kleine Schwierigkeit; der Punkt *n* kommt auf dem Bild des Fahrschalters *I* mehrfach vor. Er ist einmal der eine Pol des Schaltelementes *VI* (dieses ist aber geöffnet, kommt daher nicht in Frage), das andere Mal findet er sich auf der Bremswalze. Gleichnamige Punkte der Haupt- und Nebenwalzen sind in einem Fahrschalter immer miteinander verbunden. Die sogenannte Bremswalze ist, da ja das Schaltbild für Fahren zu entwickeln ist, mit denjenigen Belägen auf den Fingern aufliegend gedacht, die für Fahren gelten (*F*). Der Finger *n* steht also durch eine Belagsverbindung mit dem Finger *7* in Verbindung. Man zeichnet sich in das Hilfsbild von *n* ausgehend eine Linie mit dem Endpunkt *7* (siehe Abb. 95). Vom Punkt *7* gelangt man zu einem zweiten Punkt *7*, der ein Finger der Umschaltwalze ist. Von der Umschaltwalze sind diejenigen Beläge mit der Fingerreihe in Deckung zu bringen, die unterhalb der Stellung „Vorwärts $I+II$“ stehen (weil hierfür das Schaltbild entwickelt werden soll). Dadurch ergibt sich für den Punkt *7* eine Verbindung mit dem Punkt *c*, also der einen Ankerklemme des Motors *1*.

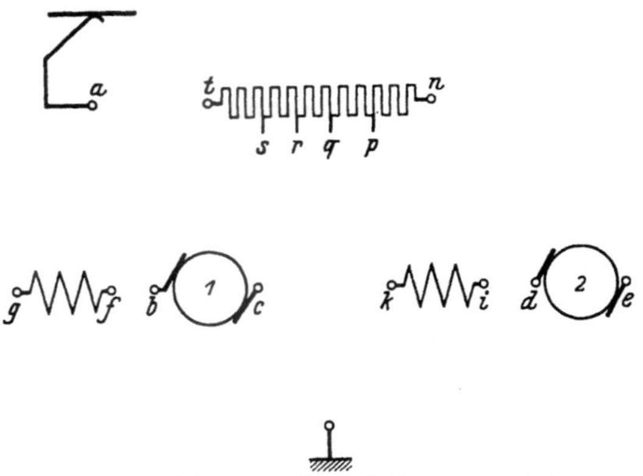

Abb. 94. Auflösung des Schaltbildes nach Abb. 93.

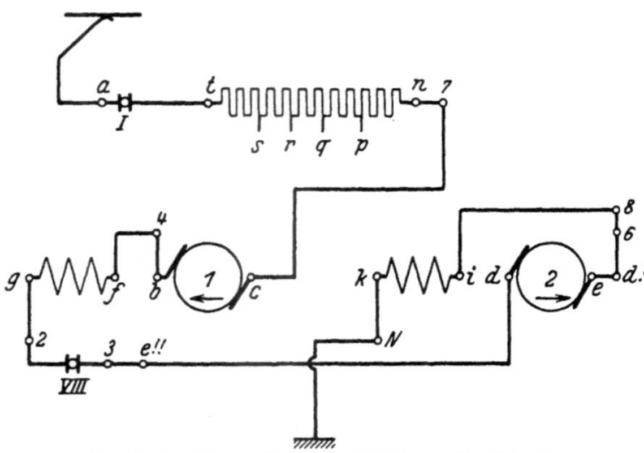

Abb. 95. Auflösung des Schaltbildes nach Abb. 93.

Der Strom durchfließt den Anker, verläßt ihn im Punkte *b*, der wieder ein Finger der Umschaltwalze ist. *b* ist über den Walzenbelag mit Punkt *4* verbunden, *4* ist auf der Bremswalze vorhanden und steht in Verbindung mit Punkt *f*, dem einen Ende der Feldwicklung des Motors *1*. Das andere Ende *g* dieser Wicklung liegt an der Umschaltwalze und steht durch einen Belag mit Punkt *2* in Verbindung, Punkt *2* der Umschaltwalze ist verbunden mit Punkt *2* der Hauptwalze und ist dort der eine Pol des Schaltelements *VIII*. Schaltelement *VIII* ist geschlossen (keine Schwärzung auf Stellung *1*), der Strom kann also über das Schaltelement weiterfließen zum Punkte *3*, dem einen Pol des Schaltelements *VII*. Schaltelement *VII* ist jedoch offen, so daß man die Leitung weiter verfolgen muß zum Punkt *3* der Bremswalze und weiter zur Umschaltwalze. Dort steht *3* in Verbindung mit Punkt *e*, der einen Ankerklemme des Motors *2*.

Nun muß man folgendes beachten: in einem zweimotorigen Fahrzeug sind die Motoren ja so eingebaut, daß sie spiegelbildlich zueinander stehen. Damit das Fahrzeug im gleichen Sinn von beiden Motoren angetrieben wird, muß also der eine Motor in anderer Richtung vom Strom durchflossen werden als der andere. Dem trägt man im Schaltbild dadurch Rechnung, daß man die Ankerklemmen des zweiten Motors tauscht. Das heißt: führt man an den ersten Fahrschalter die Ankerklemmen des ersten Motors richtig an, so vertauscht man die Klemmen des zweiten Motors. Dafür führt man die Klemmen des zweiten Motors an den zweiten Fahrschalter richtig an und vertauscht die Klemmen des ersten Motors. Man könnte diese Schwierigkeit ja auch anders lösen, müßte dazu jedoch die Fingerbezeichnung der beiden Fahrschalter verschieden machen, was vom betrieblichen Standpunkt gar nicht erwünscht ist. Punkt *e*, zu dem man gelangt war, führt also in Wirklichkeit an die Klemme *d* des Motors *2*, der Strom verläßt den Motor im Punkte *e*, der im Fahrschalter *I* an Punkt *d* angeschlossen ist. *d* liegt auf der Umschaltwalze und ist mit Punkt *6* verbunden, *6* steht durch die Bremswalze mit Punkt *8* in Verbindung, Punkt *8* auf der Umschaltwalze mit Punkt *i*. *i* ist der Feldanfang des Motors *2*, das Ende *k* steht auf der Umschaltwalze in Verbindung mit Punkt *N*, der geerdet ist. Hat man sich alle Verbindungen, wie oben beschrieben, in sein Hilfsbild eingezeichnet, so ergibt sich die Abb. 95. Man erkennt, daß die Serienschaltung richtig ist, da der Stromverlauf zur Erde geschlossen ist und die beiden Motoranker in verschiedener Richtung, die Felder jedoch gleichsinnig durchflossen werden.

In gleicher Weise kann man für jede beliebig gewählte Schaltstellung die Herauszeichnung vornehmen. Man muß nur stets darauf achten, welche Schaltelemente geschlossen sind, und daß auf Umschalt- und Bremswalze die entsprechenden Beläge mit den Fingerleisten zur Deckung gebracht werden. Zu beachten ist, daß der Kontroller Abb. 93 auf Stellung *5* und *9* für Feldschwächung (*Fe*) vorgesehen ist. Auf Grund besonderer Verhältnisse wurde jedoch die Shuntung nicht benutzt, d. h. die Elemente h_1 und h_2 sind nicht angeschlossen.

Erwähnt sei noch, daß bei Fahrzeugen mit zwei Führerständen im Hauptschaltbild nicht immer beide Kontrollerabwicklungen eingezeichnet sind, sondern nur eine, da sie für die Prüfung und die Montage völlig ausreicht.

3. Das viermotorige Fahrzeug.

Bei viermotorigen Fahrzeugen werden meist je zwei Motoren zu einer Gruppe zusammengefaßt und diese Gruppen zuerst in Serie und dann parallel geschaltet. Es bieten sich zwei Möglichkeiten, eine Gruppe zu bilden. Sie kann aus zwei in Reihe geschalteten Motoren bestehen, wobei jeder Motor für die halbe Klemmenspannung bemessen ist oder sie hat je zwei parallel geschaltete Motoren, wobei jeder Motor für die volle Klemmenspannung gewickelt ist.

Die viermotorige Schaltung, bei der jede Gruppe aus je zwei in *Reihe* geschalteten Motoren besteht, zeigt die Abb. 96.

Abb. 96a zeigt die Serienschaltung, Abb. 96b die Parallelschaltung und Abb. 96c die Bremsschaltung. Die Motoren sind so geschaltet, daß sowohl die Anker als auch die Felder hintereinander liegen. Hierdurch

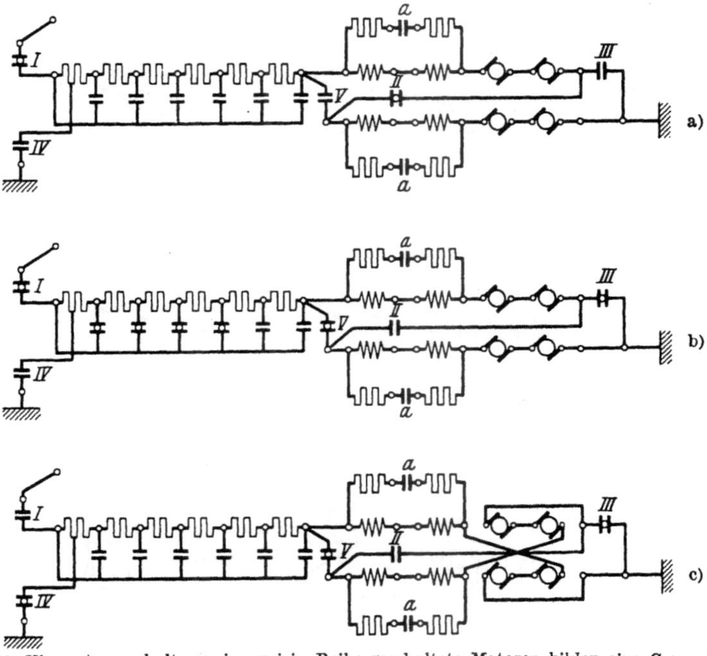

Abb. 96. Viermotorenschaltung, je zwei in Reihe geschaltete Motoren bilden eine Gruppe.

hat man den Vorteil, daß bei Shuntung nur ein einziges Zusatzelement pro Gruppe benötigt wird. In der Serienschaltung sind die Elemente *I* und *II* geschlossen. Soll geshuntet werden, so sind nur die Elemente *a* zu schließen. In der Parallelschaltung sind die Elemente *I*, *III* und *V* geschlossen. Bei Shuntung werden hier ebenfalls die beiden Elemente *a* betätigt. In der Bremsschaltung sind die Elemente *III*, *V* und *IV* geschlossen. Die Abb. 96c zeigt, daß die Bremsschaltung eine Kreuzschaltung[1] ist, die in ihrem Aufbau genau der Schaltung für die zweimotorige Ausrüstung entspricht. Überhaupt entspricht allgemein die viermotorige Schaltung, wenn zwei Motoren dauernd in Reihe geschaltet sind, in ihrem Aufbau vollkommen der zweimotorigen.

Die Abb. 97 zeigt die viermotorige Ausrüstung, bei der je zwei Motoren, *parallel geschaltet*, eine Gruppe bilden. In der Serienschaltung (Abb. 97a) sind die Elemente *I* und *II* geschlossen. In der Parallel-

[1] Siehe S. 128.

schaltung (Abb. 97b) sind dagegen die Elemente *I*, *III* und *IV* geschlossen. Soll in vorliegendem Fall geshuntet werden, so muß zu jedem Feld ein Widerstand parallel geschaltet werden, das bedingt, da vier Felder vorhanden sind, vier zusätzliche Elemente für die Shuntung (in der Abb. 97 nicht eingezeichnet). Der Aufwand an Schaltelementen ist also hier größer als bei der viermotorigen Ausrüstung mit je zwei dauernd in Reihe geschalteten Motoren, wo nur zwei zusätzliche Schaltelemente für die Shuntung benötigt wurden.

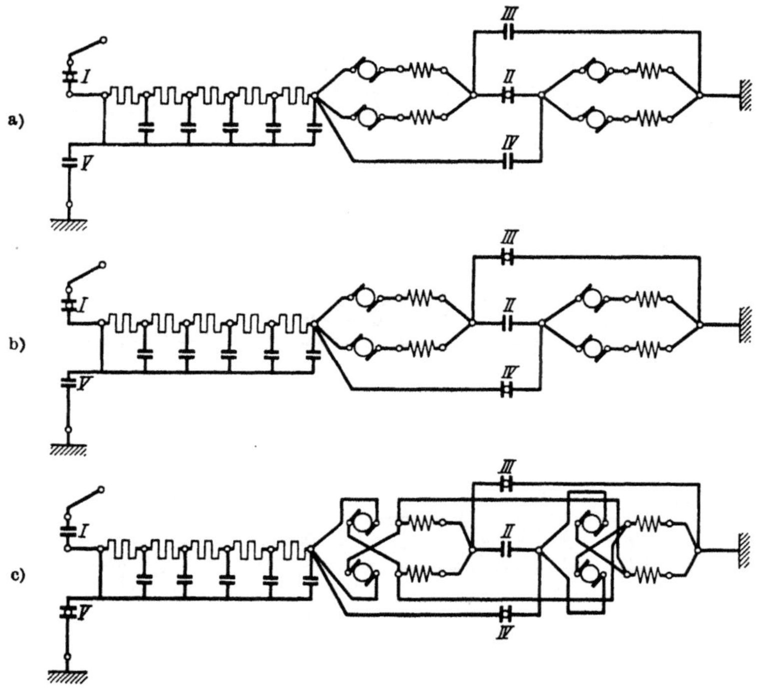

Abb. 97. Viermotorenschaltung, je zwei parallelgeschaltete Motoren bilden eine Gruppe.

Beim elektrischen Bremsen (Abb. 97c) sind die Elemente *III*, *IV* und *V* geschlossen. Die Abbildung zeigt, daß jede Gruppe für sich in Kreuzschaltung geschaltet ist und daß beide Gruppen zusammen auf den Vorschaltwiderstand arbeiten. Außerdem sind noch Ausgleichsleiter vorhanden, welche die Felder der beiden Gruppen miteinander verbinden. Ohne diesen Ausgleichsverbinder wäre eine Bremsung nicht möglich, da die eine Gruppe auf die andere arbeiten würde (s. S. 131). Mit Ausgleichsverbindern ist wohl eine Bremsung möglich, jedoch liegen die Verhältnisse ungünstig, da bei Unsymmetrien in den Motoren die Motoren ungleiche Belastungen haben.

Aus den obigen Betrachtungen erkennt man, daß die viermotorige Ausrüstung mit zwei dauernd parallelgeschalteten Motoren schaltungstechnisch komplizierter ist als die Schaltung mit je zwei dauernd in

Reihe geschalteten Motoren. Außerdem ist die zugehörige Bremsschaltung schlechter, weil die Motoren ungleich belastet werden. Auch die Umschaltwalze des Fahrschalters wird größer, da z. B. bei Umkehr der Fahrtrichtung alle vier Motoranker für sich umgepolt werden müssen.

4. Das vielmotorige Fahrzeug allgemein.

Beim vielmotorigen Fahrzeug besteht an und für sich die Möglichkeit, eine größere Zahl von wirtschaftlichen Fahrstellungen zu erzeugen. Bei der viermotorigen Ausrüstung z. B. folgende:

1. alle vier Motoren sind in Reihe,
2. je zwei Motoren sind in Reihe und beide Gruppen parallel geschaltet,
3. alle vier Motoren sind parallel geschaltet.

Die wirtschaftlichen Geschwindigkeiten würden sich in diesem Fall etwa wie ¼ : ½ : 1 verhalten. Die in den Widerständen vernichtete Energie wird geringer als bei Schaltungen mit nur zwei wirtschaftlichen Fahrstellungen. Im allgemeinen wendet man, abgesehen von Fahrzeugen für Vollbahnen, diese möglichen Schaltungen nicht an, da die Umänderung der einen Schaltart in die andere Schwierigkeiten bereitet und eine sehr große Zahl von Umschaltelementen erfordert. Bei einer sechsmotorigen Ausrüstung bestünde z. B. die Möglichkeit, folgende Schaltarten auszuführen:

1. sechs Motoren in Reihe,
2. je drei Motoren in Reihe, zwei Gruppen parallel,
3. je zwei Motoren in Reihe, drei Gruppen parallel,
4. sechs Motoren parallel.

In diesem Falle wären die Umschaltungen noch umständlicher. Kommen solche Fälle zur Anwendung, so wird man die Umänderung der Schaltart nicht mehr in den normalen Fahrschalter verlegen, sondern eine besondere Ordnungswalze vorsehen, welche die Umgruppierung der Schaltungen besorgt.

Um diese oben geschilderten Schwierigkeiten zu vermeiden, beschränkt man sich bei Gleichstromfahrzeugen kleinerer und mittlerer Größe auf zwei wirtschaftliche Fahrgeschwindigkeiten und führt mehrmotorige Ausrüstungen, wie es z. B. bei der viermotorigen gezeigt wurde, auf solche Schaltarten zurück.

5. Motorschaltungen zur Steuerung zweier Triebwagen.

Manche Betriebe lassen sich wirtschaftlicher gestalten, wenn in Zeiten starken Verkehrs Züge gebildet werden, die zwei Triebfahrzeuge, durch einen Führer gesteuert, (evtl. mit Anhänger) enthalten, während in Zeiten schwächeren Betriebs ein Triebfahrzeug genügt. Im folgenden soll als Beispiel eine Motorschaltung gebracht werden (Abb. 98), welche diese Aufgabe in einwandfreier Weise löst. Sämtliche für die Anfahrt notwendigen Schaltänderungen werden dabei vom Kontroller des führenden Wagens ausgeführt, auch wird nur dessen Anfahrwiderstand benutzt. Die Abb. 98a und b zeigen die Schaltung für einen Motorwagen, die Abb. 98c und d die Schaltung für zwei Motorwagen.

In der Abb. 98a, welche die Reihenschaltung darstellt, sind die Elemente *I* und *III* geschlossen. In der Parallelschaltung dagegen (siehe Abb. 98b) die Elemente *I, II* und *IV*.

Die Abb. 98c zeigt die Serienschaltung für zwei Motorwagen. Der zweite Wagen ist mit dem ersten durch zwei Kupplungsleitungen K_1 und K_2 verbunden. Es ist nötig, daß im geführten Motorwagen die Schaltung für das Zusammenarbeiten in der Zweiwagenschaltung vorbereitet

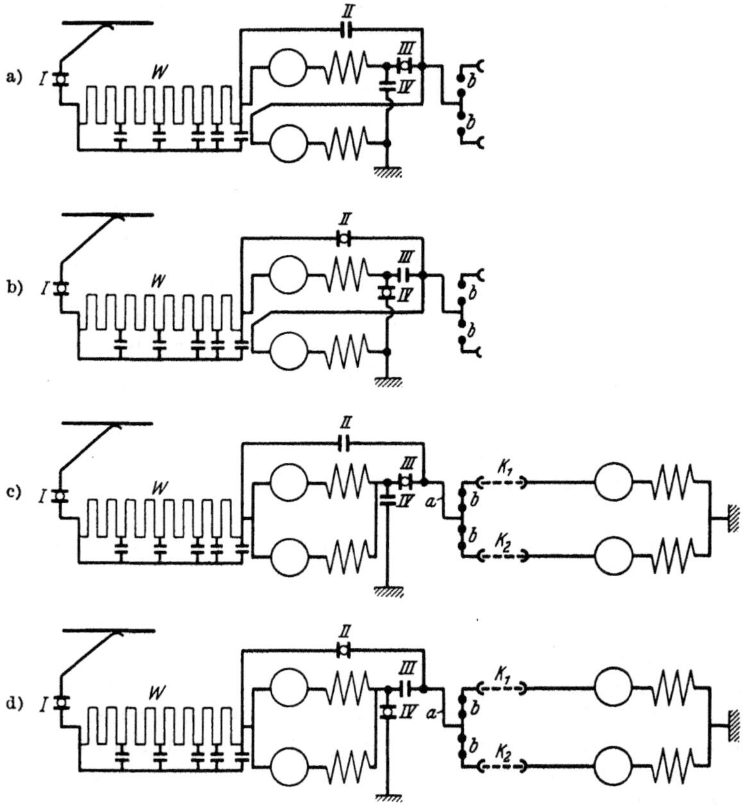

Abb. 98. Schaltung für Zweiwagensteuerung (BBC).

werden muß. Aus diesem Grunde muß jeder Fahrschalter eine besondere Ordnungswalze haben (die zweckmäßig mit der Fahrtwendewalze kombiniert wird). Bei Fahrt in Zweiwagensteuerung wird im vorderen Führerstand des führenden Motorwagens die Ordnungswalze auf „Wagen führend" gestellt. Im rückwärtigen Führerstand kommt die Ordnungswalze in die Nullstellung. Im geführten Motorwagen wird die Ordnungswalze im vorderen Führerstand ebenfalls in die Nullstellung gebracht, im rückwärtigen Führerstand dagegen in die Stellung „geführt". Hierdurch werden sämtliche notwendigen Schaltverbindungen vorbereitet, um ein Fahren in Zweiwagenschaltung zu ermöglichen.

In der Abb. 98c, welche die Serienschaltung darstellt, sind die

Elemente *I* und *III* geschlossen, also genau die gleichen Elemente wie bei der Serienschaltung in Einwagensteuerung (Abb. 98a). In der Parallelschaltung (Abb. 98d) sind die Elemente *I*, *II* und *IV* geschlossen (also ebenfalls die gleichen Elemente wie in der Abb. 98b). Die Schaltung in geführtem Motorwagen hat sich also sowohl in der Serie- als auch in der Parallelschaltung in keinerlei Weise geändert.

Im vorliegenden Falle sind zwei Starkstromkupplungskabel K_1 und K_2 verwendet. Man könnte glauben, daß man mit einem Kupplungskabel auskäme, wenn die Kupplung in die Leitung *a* gelegt würde. Dies ist jedoch nicht der Fall. Soll nämlich beim Rangieren vom vorderen Führerstand aus rückwärts gefahren werden, so läßt sich dies bei zwei gekuppelten Motorwagen nur ausführen, wenn nur mit den Motoren des ersten Triebwagens rückwärts gefahren wird, weil man die Motoren des geführten Wagens nicht ohne großen Aufwand an Kupplungsleitungen von vorne aus umpolen kann. Die Stromkreise des zweiten Motorwagens werden dabei elektrisch vom ersten durch die Ordnungswalze getrennt. Bei Verwendung von nur einer einzigen Kupplung in der Leitung *a* zwischen den beiden Wagen bilden die beiden Motoren im geführten Motorwagen einen geschlossenen Kreis, in dem bei Rückwärtsfahrt beide Motoren auf ihren eigenen Widerstand generatorisch arbeiten. Dabei polt der Motor mit der stärkeren EMK den schwächeren um. Es würde also eine sehr starke Kurzschlußbremsung eintreten, welche die Rückwärtsfahrt unmöglich macht. Aus diesem Grunde sind zwei Kupplungskabel vorhanden. Soll rückwärts gefahren werden, so werden durch die Ordnungswalze die Verbindungen *b* geöffnet, so daß also der Motorkreis im geführten Wagen unterbrochen ist, Kurzschluß-Bremsströme also nicht fließen können.

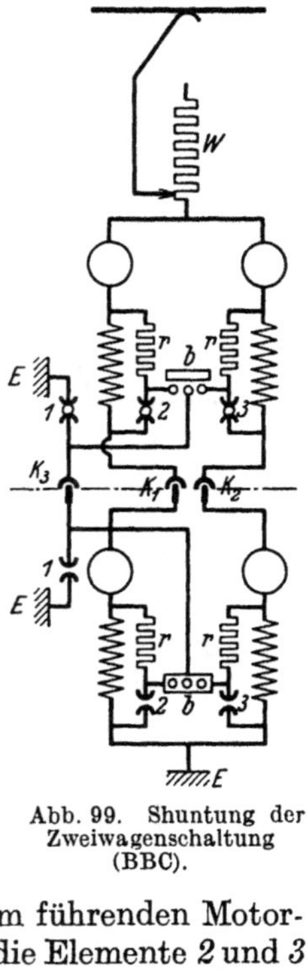

Abb. 99. Shuntung der Zweiwagenschaltung (BBC).

a) Zweiwagenschaltung mit Shuntung. Die Zweiwagenschaltung ist auch mit Shuntung ausführbar. Die Abb. 99 zeigt die dazu erforderliche Schaltung. Die Shuntwiderstände sind mit *r* bezeichnet und im geführten Motorwagen sind während der Fahrt diese Widerstände *r* durch den Belag *b* der Ordnungswalze miteinander verbunden. Die Felder des geführten Motorwagens stehen dadurch über die beiden Widerstände *r* miteinander in Verbindung. Der zwischengeschaltete Widerstand $2r$ ist so groß, daß auch bei Unsymmetrie der Motoren eine gegenseitige Beeinflussung der beiden Motoren und damit eine ungleichmäßige Stromverteilung nicht eintritt. Es sind drei Kupplungskabel, K_1, K_2, K_3, vorhanden. K_1 und K_2 sind für die normale Fahrschaltung vorgesehen, während das Kupplungskabel K_3 für das Shunten dient. Hierbei werden im führenden Motorwagen die Elemente *1*, *2* und *3* geschlossen. Durch die Elemente *2* und *3* werden die Felder im führenden Motorwagen unmittelbar geshuntet, während die Felder des geführten über die Widerstände r durch das Element *1* an Erde gelegt werden, wodurch deren Shuntung hergestellt wird. Die Abb. 99 zeigt die Serienschaltung. In der Parallelschaltung ist die Shuntung genau so möglich, da sich die Schaltung im geführten Wagen ja nicht ändert. Soll also in der Zweiwagenschaltung eine Shuntmöglichkeit vorgesehen werden, so bedeutet dies nur eine Kupplungsleitung und ein Schaltelement mehr.

b) Bremsschaltung bei Zweiwagensteuerung. Die Zweiwagensteuerung gestattet auch mit allen vier Motoren zu bremsen (s. Abb. 100). Während der Fahrt sind die Felder des geführten Motorwagens über zwei Widerstände r durch einen Belag b der Ordnungswalze miteinander verbunden. Diese Widerstände r werden nur so groß gewählt, daß eine gegenseitige Beeinflussung der beiden Motoren nicht möglich ist. Im führenden Motorwagen werden die Motoren in der bekannten Kreuzschaltung geschaltet und führender und geführter Wagen durch die drei Kupplungsleitungen K_1, K_2 und K_3 miteinander verbunden. Als Bremswiderstand wird der an und für sich vorhandene Anfahrwiderstand benutzt.

Die von den Motoren des führenden Wagens erzeugten Ströme (dargestellt durch ausgezogene Pfeile) durchfließen gemeinsam den Vorschaltwiderstand, verteilen sich dann über die beiden Widerstände r und durchfließen die Felder der Motoren des geführten Motorwagens und kommen dann zur Erde. Dadurch werden die Felder im geführten Motorwagen erregt und dessen Motoren erzeugen einen Strom (EMK hat gleiche Richtung wie bei Fahrt), dessen Verlauf durch gestrichelte Pfeile dargestellt ist. Betrachtet man einen Motor im geführten Wagen, so durchfließt dessen Strom den Motoranker, dann die eine Kupplungsleitung, den Bremswiderstand, die Bremskupplung und kommt über den Zusatzwiderstand r zum Anker zurück. Das zugehörige Motorfeld wird dabei nicht durchflossen. Durch den Bremswiderstand fließt insgesamt der vierfache Motorstrom.

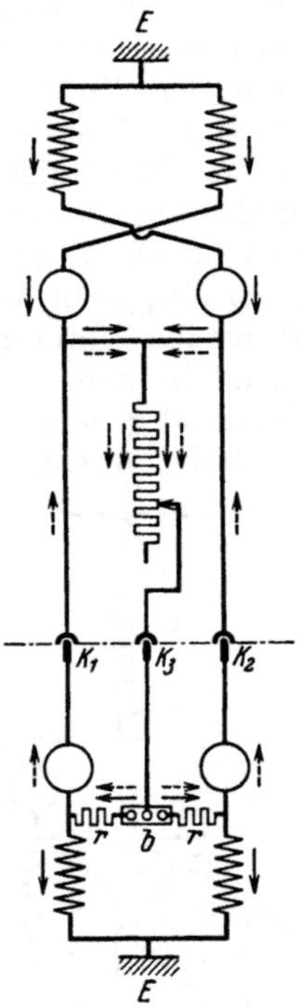

Abb. 100. Elektrische Bremsung der Zweiwagenschaltung (BBC).

Im vorliegenden Falle wird für die Bremsung eine besondere Leitung K_3 benötigt. Ist an und für sich schon eine Shuntleitung vorhanden, so kann diese Shuntleitung ebenfalls für das Bremsen benutzt werden, ebenso die Shuntwiderstände r.

B. Theorie der elektrischen Bremsschaltungen.

Während im Fahrbetrieb beliebig viele Motoren parallel geschaltet werden können, treten bei der elektrischen Widerstandsbremsung Schwierigkeiten auf, deren Umgehung zu Spezialschaltungen zwingt, auf die jetzt eingegangen werden soll. In der Abb. 101a ist zunächst die einmotorige Bremsschaltung aufgezeichnet, bei der keine Schwierigkeiten auftreten. (In den Abbildungen ist angenommen, daß Feld und Anker so geschaltet sind, daß Bremswirkung eintritt[1].) Abb. 101 b zeigt die Bremsschaltung von zwei parallelgeschalteten Motoren, die gemeinsam auf einen Widerstand arbeiten. Diese Schaltung ist nicht brauchbar. Man muß nämlich damit rechnen, daß beide Motoren nie vollkommen gleich sind, so daß der eine eine größere EMK als der andere entwickelt. Zu Beginn der Bremsung sei die durch die Remanenz erzeugte EMK E_0 des Motors *I* größer als die des Motors *II* (E_0 in der Abbildung durch verschieden lange gestrichelte Pfeile dargestellt). Es wird dann ein Strom fließen, der den Motor *I* im positiven Sinne, den Motor *II* dagegen im negativen Sinne durchfließt und dessen Feld umkehrt. Damit kehrt sich auch die EMK des zweiten Motors um. Beide Motoren arbeiten jetzt generatorisch auf den durch sie gebildeten Kurzschlußkreis, wobei der vorgeschaltete Widerstand *R* vollkommen belanglos ist. Man hat also bei zwei unmittelbar parallelgeschalteten Motoren keinerlei Möglichkeit, die elektrische Bremsung irgendwie zu beeinflussen, da diese sofort als volle Kurzschlußbremsung innerhalb der Motoren wirkt.

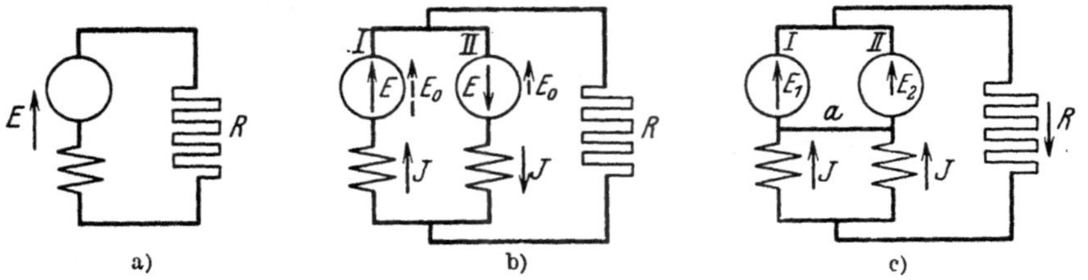

Abb. 101. Bremsschaltungen.

Aus diesen Betrachtungen folgt, daß man Vorkehrungen treffen muß, um eine Stromumkehr in den Feldern zu verhüten. Ein Mittel bietet die Parallelschaltung der Felder beider Motoren durch eine Ausgleichleitung *a* (s. Abb. 101 c). Hier haben die elektromotorischen Kräfte beider Motoren stets gleiche Richtung, da beide Felder stets in gleichem Sinne stromdurchflossen sind. Trotz alledem hat diese Schaltung Nachteile, weil sie empfindlich gegen Unsymmetrien der Motoren ist. Es sei der ungünstige Fall angenommen, daß die beiden Motoren in den Drehzahlkurven sehr verschieden seien und um die übliche maximale Toleranz $\pm$ 5% von dem Sollwert abweichen. Dies kann gleichbedeutend sein, daß die erzeugten elektromotorischen Kräfte um etwa 10% in beiden Motoren verschieden sind. Da bei Bremsung mit voller Geschwindigkeit die erzeugte elektromotorische Kraft (z. B. bei Straßenbahnmotoren) ca. 1000 Volt ist, beträgt der Unterschied der elektromotorischen Kräfte beider Motoren ca. 100 Volt. Dieser Unterschied wird einen Ausgleichstrom hervorrufen, der durch die Ankerwiderstände bestimmt ist. Ist der Ankerwiderstand pro Motor 0,5 Ohm, so ist der Ausgleichstrom $\frac{100}{2 \cdot 0{,}5} = 100$ Amp. Der Strom des Motors *I* wird also um 100 Amp.

[1] Siehe S. 20.

größer und der des Motors *II* um 100 Amp. kleiner sein als normal, obwohl durch die Felder der beiden Motoren gleicher Strom fließt. Hierdurch wird der eine Motor unzulässig überlastet. Bei kleiner werdender Drehzahl und kleiner werdendem Vorschaltwiderstand wird der Ausgleichstrom kleiner.

Es ist außerdem zu beachten, daß infolge der beiden unmittelbar parallelgeschalteten Motoranker sich in gewissen Fällen auch Ausgleichströme ausbilden, deren Erregung durch die Wendepole erfolgt, falls die neutrale Zone der Bürsten nicht genau stimmt.

In der Abb. 102 ist eine Gleichstrommaschine aufgezeichnet, bei der der Anker unmittelbar über einen kleinen Widerstand kurzgeschlossen ist, wobei jedoch die Feldspulen nicht angeschlossen, also stromlos sind. Die Drehrichtung des Ankers ist durch einen Pfeil gekennzeichnet, und es ist angenommen, daß die Bürsten entgegen der Drehrichtung um den kleinen Winkel $\frac{\alpha}{2}$ aus der Neutralen verschoben seien. Ist in den Feldern eine kleine Remanenz vorhanden (Pfeilrichtung) und der im Ankerkreis liegende Widerstand sehr klein, so wird zunächst ein Strom entstehen, der in den oberen Stäben des Ankers in die Papierebene und in der unteren Hälfte des Ankers aus der Papierebene herausgerichtet ist. Dieser Strom durchfließt die Wendepole und erzeugt hier ein Feld, dessen Richtung durch einen Pfeil dargestellt ist. Das Feld ist bei Wendepolen stets so gerichtet, daß es den Ankeramperewindungen entgegenarbeitet. Dieses Wendepolfeld erzeugt in der Ankerwicklung, und zwar in den Stäben, die innerhalb des Winkel α liegen (weil die neutrale Zone nicht richtig eingestellt ist), ebenfalls eine EMK, die den vorhandenen Strom verstärkt. Auf diese Weise bekommt man über die Wendepole eine Erregung für den Ankerstrom, der ganz erhebliche Werte annehmen kann. Ebenfalls in gleichem Sinne erregend wirken die Amperewindungen der Ankerströme, die innerhalb des Winkelbereiches α liegen. Sie erzeugen ein Hauptfeld, das generatorische EMK erzeugt. Die Selbsterregung ist auch bei entgegengesetztem Ankerstrom vorhanden, sofern der Erregungsvorgang nur entsprechend eingeleitet ist, z. B. durch eine anders gerichtete Remanenz. Voraussetzung für Selbsterregung ist ferner, daß der eingeschaltete Widerstand nicht zu groß ist. Ist die Bürstenbrücke nach der entgegengesetzten Seite verschoben, also im Sinne der Drehrichtung, so tritt keine Selbsterregung auf.

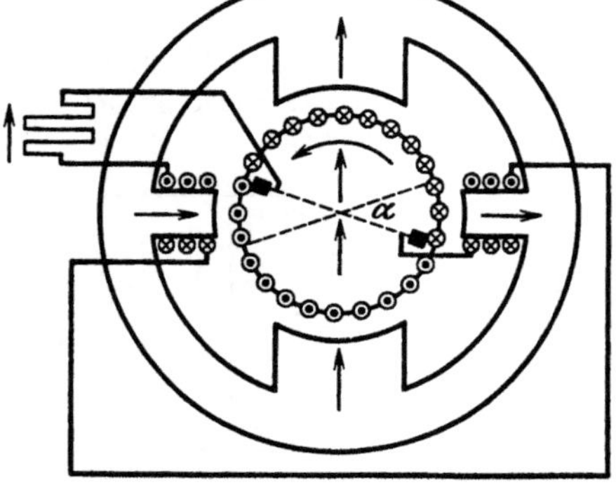

Abb. 102. Selbsterregung durch die Wendepole.

Betrachtet man wieder den Fall der Abb. 101c, so handelt es sich um zwei Motoren, deren Anker unmittelbar parallel geschaltet sind. Es sei angenommen, beide Motoren besitzen eine Verschiebung der neutralen Zone entgegen dem Drehsinne und die Geschwindigkeit sei etwas kleiner als die kritische, die für die Erregung der normalen Bremsung notwendig ist. Die durch Remanenz erzeugte EMK des einen Motors wird größer sein als die des andern. Es fließt also durch beide Anker ein kleiner Strom, im einen (stärkere EMK) im positiven, im andern im negativen Sinne. Über die Wendepole beider Motoren erfolgt nun eine Verstärkung dieses Vorganges, so daß Ströme erregt werden, die wesentlich größer sein können als die normalen. Eine Selbsterregung ist auch schon möglich, wenn nur die Bürstenbrücke des einen Motors etwas entgegen der Drehrichtung verschoben ist. Bei diesen Erregungsvorgängen braucht durch die Felder kein Strom zu fließen.

Es sei bemerkt, daß auch durch das Kippen der Kohlen in den Bürstenhaltern selbst bei ursprünglich genau eingestellter neutraler Zone eine Verschiebung derselben eintreten kann. Es ist bekannt, daß sich bei Motoren, die abwechselnd in verschiedenen Drehrichtungen arbeiten, meist eine Kippzone in der Mitte der Kohlenfläche ausbildet. Wie die Abb. 103 zeigt, trägt dann nur die Fläche der Kohle, die ent-

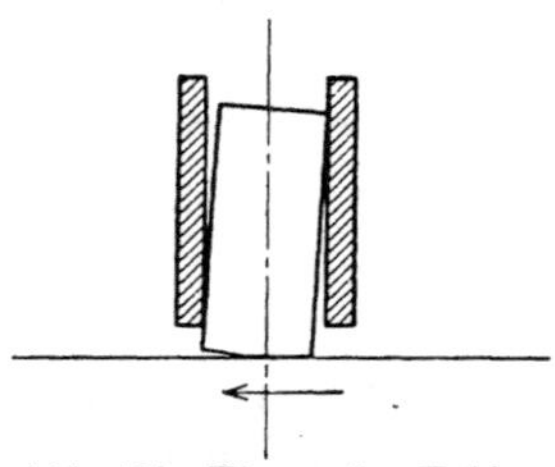

Abb. 103. Kippen der Kohle.

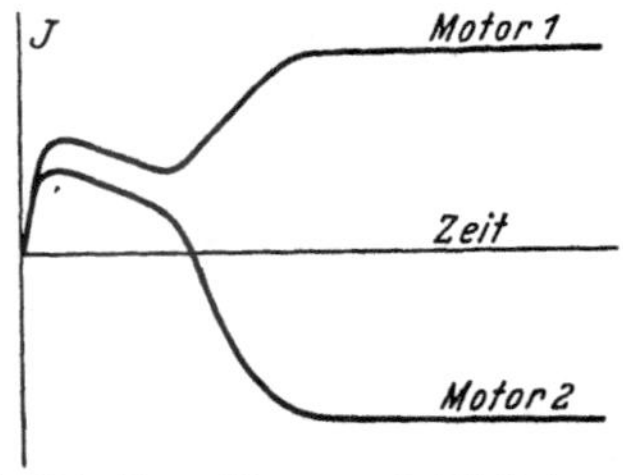

Abb. 104. Stromdiagramm bei Selbsterregung über die Wendepole.

gegen der Drehrichtung liegt. Man hat also durch das Kippen der Kohlen ebenfalls eine Verschiebung der neutralen Zone entgegen der Drehrichtung, so daß also hierdurch schon die Vorbedingungen für die Selbsterregung über die Wendepole und durch die AW des Erregergürtels α gegeben sind. Durch diese Selbsterregung in Verbindung mit der normalen Bremsung werden die Vorgänge innerhalb des Motors sehr verwickelt.

Man kann z. B. bei schlechter neutraler Zone gelegentlich beim Bremsen mit der Schaltung nach Abb. 101c einen Stromverlauf beobachten, der in Abb. 104 in Abhängigkeit von der Zeit aufgetragen ist. Befindet sich z. B. der Wagen in Geschwindigkeit auf leichtem Gefälle und wird eine feste Bremsstufe mit Vorschaltwiderstand eingestellt, so erregen sich beide Motoren zunächst in der normalen Art, wobei die Geschwindigkeit und der Strom abnimmt, da man bei nicht zu großer Belastung des Motorwagens in die Nähe der kritischen Geschwindigkeit gelangt. Jetzt wird häufig der eine Stromwert größer und der andere wird negativ, und zwar manchmal genau so groß wie der positive Strom. Man hat also jetzt eine Selbsterregung über die Wendepole, während durch den vorgeschalteten Bremswiderstand und durch die Felder, falls man unterhalb der kritischen Geschwindigkeit für die normale Erregung kommt, kein oder nur ein unwesentlicher Strom fließt. Die jetzt fließenden Ankerströme sind erheblich, da sie mit dem schwachen Wendepolfeld und dem nur durch den Erregergürtel erzeugten Hauptfeld eine Bremswirkung erzeugen müssen.

Die Schaltung, bei der zwei Motorfelder parallel geschaltet sind, ist also, wenn möglich, zu vermeiden, da in beiden Ankern ungleiche Ströme fließen. Einen Widerstand in die Ausgleichsverbindung *a* zu legen, hat auch keinen Zweck, da man sich dann der Schaltung nach Abb. 101b nähert, die, wie gezeigt, eine regelbare Bremsung nicht gestattet. Die einzige Möglichkeit, die Ausgleichströme kleinzuhalten, besteht in der Einschaltung zusätzlicher Widerstände in die Motoranker (nur beim Bremsen).

Eine Schaltung, welche die obengenannten Nachteile vermeidet, ist die sogenannte Kreuzschaltung. Hierbei wird das Feld des einen

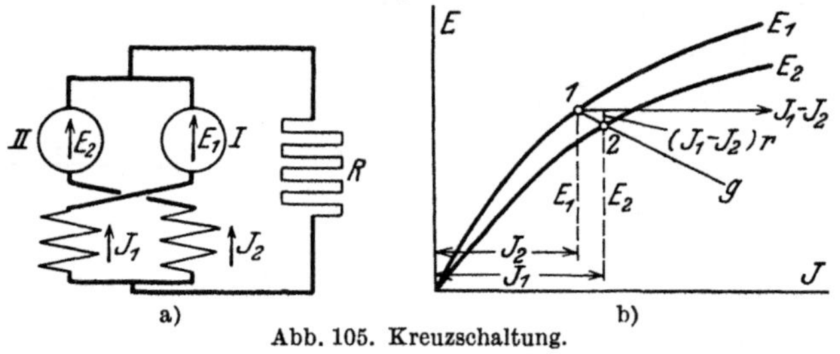

Abb. 105. Kreuzschaltung.

Motors mit dem Anker des anderen verbunden (s. Abb. 105b). Betrachtet man eine normale Bremsung und nimmt man an, die EMK des Motors *I* sei etwas stärker als die des Motors *II*, so wird der Motor *I* einen etwas stärkeren Strom erzeugen, der jedoch das Feld des Motors *II* stärkt, so daß dessen EMK ebenfalls etwas vergrößert wird. Diese Kreuzschaltung ist also für den Bremsbetrieb selbststabilisierend.

Es sei jetzt noch rechnungsmäßig festgestellt, wie groß die Differenz der beiden Motorströme bei der Kreuzschaltung ist. Zur Vereinfachung sei angenommen, daß die Motorwiderstände beider Motoren gleich sind. Man geht bei der Rechnung von der Bedingung aus, daß die Klemmenspannungen beider Motoren gleich sein müssen. Es gilt also

$$E_1 - J_1 r = E_2 - J_2 r \tag{109a}$$

oder umgeschrieben

$$E_1 = E_2 + (J_1 - J_2) r. \tag{109b}$$

In der Abb. 105b sind die EMK-Kurven beider Motoren aufgetragen, wobei angenommen ist, daß die des Motors *I* höher liegen soll. Das Kennzeichen der Kreuzschaltung ist, daß $E_1 = f(J_2)$ und $E_2 = f(J_1)$ ist. In der Abb. 105b ist im Abstande J_2 die EMK E_1 aufgetragen (Punkt *1*). Auf einer Horizontalen durch Punkt *1* ist die Größe $J_1 - J_2$ als Abszisse aufgetragen, wobei J_1 unbekannt und gesucht ist. Zeichnet man die Gerade *1*—*g* unter der Neigung $\operatorname{tg} \alpha = r$, so wird aus der EMK-Kurve des Motors *II* der Punkt *2* herausgeschnitten. Da hier die Gleichung (109b) erfüllt ist, ist dieser Punkt der gesuchte Gleichgewichtszustand des Motors und die zugehörige Abszisse ist der Strom J_1. Allgemein kann man also zwei zugehörige Stromwerte erhalten, indem man eine unter der Neigung $\operatorname{tg} \alpha = r$ gezogene Gerade parallel verschiebt und deren Schnittpunkte mit den Kurven E_1 und E_2 ermittelt. Die Kreuzschaltung ergibt von allen Motorschaltungen die geringste Ungleichheit in der Stromverteilung.

Die Kreuzschaltung hat außerdem den weiteren Vorteil, daß bei ihr auch eine Bremswirkung auftritt, wenn ein Triebwagen im Gefälle plötzlich rückwärts zu rollen beginnt und der Führer in der Aufregung in die Vorwärts-Bremsstellung geht. Die Abb. 106 zeigt die dabei auftretenden Vorgänge. Die gestrichelten Pfeile in den Feldern geben die Richtung des remanenten Feldes zu Beginn des Vorganges an. Bei Vorwärtsfahrt haben die elektromotorischen Kräfte gleiche Richtung wie die Feldpfeile, bei Rückwärtsfahrt drehen sie sich jedoch um und haben die Größe und Richtung der an den Ankern gestrichelten Pfeile. Dabei ist angenommen, daß die EMK des Motors *I* größer als die des Motors *II* ist. Es wird also ein Strom fließen, der die Richtung der ausgezogenen Pfeile hat. Die EMK des Motors *I* wird dadurch verstärkt, während die EMK des Motors *II* sich umkehrt, so daß also die elektromotorischen Kräfte beider Motoren in Reihe geschaltet auf den inneren Motorkurzschluß arbeiten. Die Bremsung, die bei Rückwärtsfahrt auftritt, ist also eine völlige Kurzschlußbremsung, bei der der vorgeschaltete Bremswiderstand keinerlei Rolle spielt.

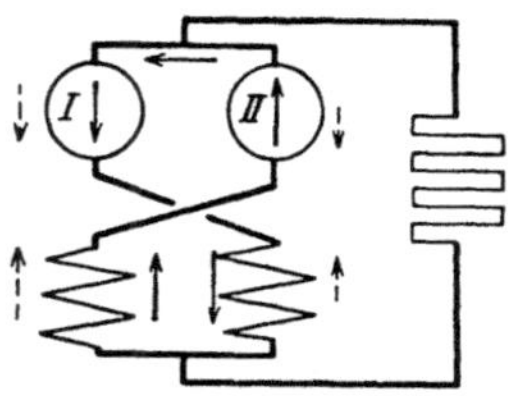

Abb. 106. Kreuzschaltung bei Rückwärtsfahrt.

Eine der Kreuzschaltung entsprechende Schaltung ist auch für mehr als zwei Motoren denkbar. Bei drei Motoren z. B. ist die Schaltanordnung folgende:

Der Anker des Motors *I* ist mit dem Feld vom Motor *II*, der Anker des Motors *II* mit dem Feld vom Motor *III* und der Anker des Motor *III* mit dem Feld vom Motor *I* verbunden. Es scheint jedoch, daß solche erweiterte Kreuzschaltungen für Motorzahlen größer als zwei sich nicht bewährt haben. Außerdem sei darauf hingewiesen, daß bei der erweiterten Kreuzschaltung bei einer Motorzahl größer als vier sich sonderbarerweise Wechselströme zu erregen vermögen, welche die normalen Bremsvorgänge vollkommen stören. Diese Vorgänge lassen sich nur durch einen großen Rechenaufwand beweisen und es sei von dessen Wiedergabe hier abgesehen.

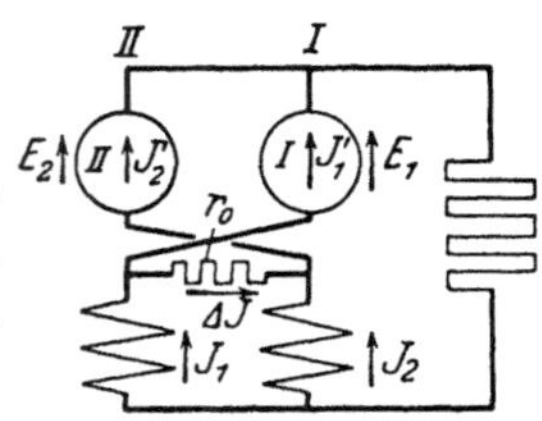

Abb. 107. Kreuzschaltung mit Ausgleichwiderstand.

Die Kreuzschaltung (Abb. 105a) besitzt die Eigenschaft, daß eine Bremsung nicht mehr möglich ist, wenn in irgendeinem Motor eine Unterbrechung auftritt. Um dies zu vermeiden, hat man vorgeschlagen, bei der Kreuzschaltung zwischen beide Felder einen Ausgleichswiderstand r_0 zu legen (s. Abb. 107). Hierdurch wird zwar die Wirkung der Kreuzschaltung bezüglich Ausgleichs der Motorströme etwas verschlechtert, jedoch vermag sich wenigstens noch der Motor *I*, wenn z. B. am Motoranker *II* eine Unterbrechung eintritt, zu erregen, allerdings schlechter als in der normalen Schaltung. Es sei rechnungsmäßig festgestellt, wie groß die Differenz der Motorströme in dieser Schaltung ist. Bei der Berechnung sei angenommen, daß eine Selbsterregung der über den Widerstand r_0 parallelgeschalteten Motoranker infolge der Wendepole nicht vorhanden sei. Ist r_0 nicht zu klein, so ist obige Bedingung an und für sich schon erfüllt.

Im folgenden sei der Strom im Motoranker *I* mit J_1' und der des Motors *II* mit J_2' bezeichnet. Der Feldstrom des Motors *II* sei J_1 und der des Motors *I* J_2. Durch den Ausgleichswiderstand r_0 fließt in der eingezeichneten Richtung der Strom ΔJ (s. Abb. 107). Da die Klemmenspannung beider Motoren gleich sein muß, gilt

$$E_1 - J_1' r_a - J_1 r_f = E_2 - J_2' r_a - J_2 r_f \,, \tag{110}$$

(r_a = Ankerwiderstand, r_f = Feldwiderstand).

Aus der Abb. 107 lassen sich folgende Beziehungen entnehmen:

$$J_1' = J_1 - \Delta J \,, \qquad J_2' = J_2 + \Delta J \,. \tag{111}$$

Unter Benutzung dieser Werte und unter Beachtung, daß der Motorwiderstand

$$r = r_a + r_f$$

ist, kann Gleichung (110) auch geschrieben werden

$$E_1 = E_2 + (J_1 - J_2) r - \Delta J \, 2 \, r_a \,. \tag{112}$$

Wendet man das Kirchhoffsche Gesetz für die Motorfelder und den Ausgleichswiderstand r_0 an, so erhält man

$$\Delta J r_0 = r_f (J_2 - J_1) \,. \tag{113}$$

Setzt man diese Gleichung in Gleichung (112) ein, so erhält man nach Umformung

$$E_1 = E_2 + (J_1 - J_2)\left(r + 2 \frac{r_f r_a}{r_0}\right), \tag{114}$$

deren bildliche Auftragung in der Abb. 108 erfolgt ist. Hier sind die elektromotorischen Kräfte für den Motor *I* und Motor *II* aufgetragen. Es sei angenommen, daß $E_1 = f(J_2)$ und $E_2 = f(J_1)$ ist. Im Punkte *1* (Stromwert J_2, EMK E_1) wird unter der Neigung $\operatorname{tg}\alpha = r + 2 \frac{r_f r_a}{r_0}$ die Gerade $1 - g$ abgetragen. Diese schneidet aus der anderen EMK-Kurve den Punkt *2* heraus, der den gesuchten Stromwert J_1 ergibt, da hier die Gleichung (111) erfüllt ist. Nachdem J_1 und J_2 bekannt sind, kann J_1' und J_2' berechnet

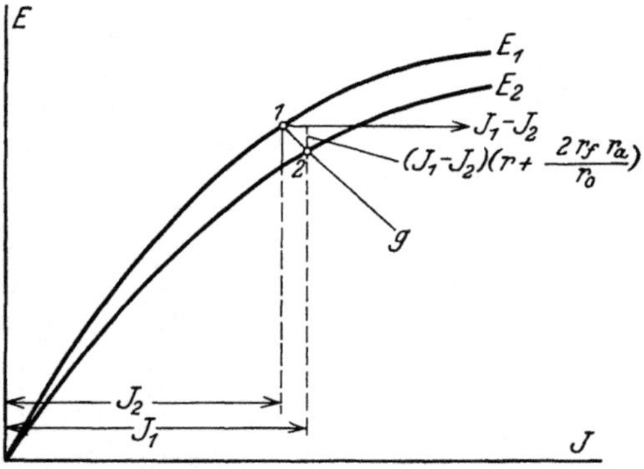

Abb. 108. EMK-Diagramm der Kreuzschaltung mit Ausgleichwiderstand.

werden. Setzt man die Gleichung (113) in die Gleichungen (111) ein, so erhält man

$$J_1' = J_1\left(\frac{r_f}{r_0} + 1\right) - \frac{r_f}{r_0} J\,,$$

$$J_2' = J_2\left(\frac{r_f}{r_0} + 1\right) - \frac{r_f}{r_0} J_1\,. \tag{115}$$

In der Abb. 109 sind für ein extremes Beispiel, bei dem angenommen ist, daß die elektromotorischen Kräfte beider Motoren sich um 10% unterscheiden sollen, die Ströme J_1' und J_2' in Abhängigkeit von $\frac{r_0}{r_f}$ aufgetragen. Die beiden gestrichelten Linien geben die Stromwerte an, die bei der reinen Kreuzschaltung vorhanden sind. Man erkennt, daß schon bei $\frac{r_0}{r_f} = 3$ die Unterschiede im Vergleich zur normalen Kreuzschaltung nicht mehr sehr groß sind. Es sei nochmals darauf hingewiesen, daß es sich um ein extremes Beispiel handelt, daß also normalerweise die Stromunterschiede kleiner sind.

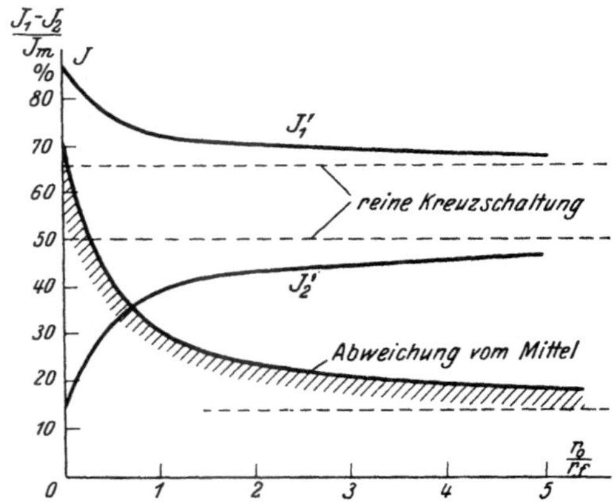

Abb. 109. Stromverteilung bei der Kreuzschaltung mit Ausgleichswiderstand.

In der Abb. 109 ist außerdem noch eine schraffierte Kurve eingezeichnet, welche die Abweichung der beiden Stromwerte vom Strommittel in Prozenten ergibt.

In der Abb. 110 ist eine Bremsschaltung aufgezeichnet, die für vier Motoren gilt und auf die sich einige andere Schaltungen zurückführen lassen. Je zwei Motoren sind in der Kreuzschaltung geschaltet, und beide Motorengruppen arbeiten auf einen gemeinsamen Widerstand. Außerdem sind die Felder durch zwei Ausgleichsleiter *a* und *b* miteinander verbunden. Ohne diese Ausgleichsleitungen wäre eine regelbare Bremse nicht vorhanden, da jede Motorgruppe gewissermaßen wie ein einziger Motor wirkt, man also die Schaltung nach Abb. 101b hätte, bei der der eine Motor sich umpolt und beide auf ihren inneren Kurzschluß arbeiten. Die Schaltung nach Abb. 110 hat Ähnlichkeit mit der Schaltung der Abb. 101c und es vermögen auch hier bei ungenauer neutraler Zone die verschiedensten Ausgleichströme zu fließen. Besitzt die linke Gruppe eine größere EMK als die rechte, so vermögen Ausgleichströme

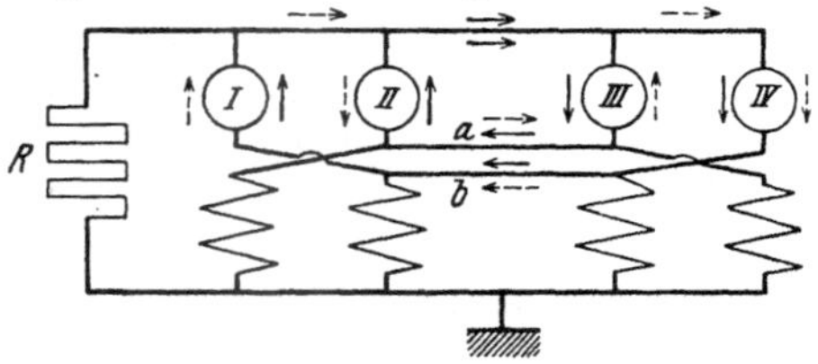

Abb. 110. Viermotorige Bremsschaltung.

zu fließen, welche die ausgezogene Pfeilrichtungen haben. Außerdem besteht die Möglichkeit, daß Ausgleichströme fließen, welche die gestrichelte Pfeilrichtung besitzen, wobei diese Ausgleichströme sich allerdings über die Wendepole erregen.

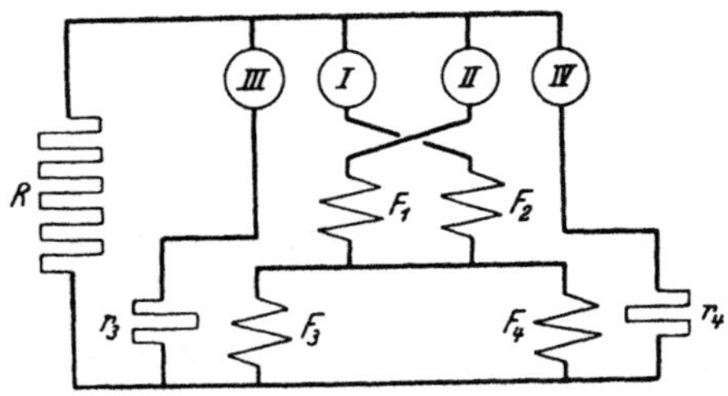

Abb. 111. Viermotorige Bremsschaltung.

Bei der Schaltung nach Abb. 111 sind die Motoren *I* und *II* in Kreuzschaltung geschaltet. Der erzeugte Strom durchfließt die Felder F_3 und F_4 der Motoren *III* und *IV*. Zur Vermeidung von Ausgleichströmen sind Dämpfungswiderstände r_3 und r_4 eingeschaltet.

Es lassen sich noch viele Bremsschaltungen angeben, die sich jedoch meist auf eine der gebrachten Schaltungen zurückführen lassen.

C. Nutzbremsschaltungen.

Der Gleichstrom-Hauptstrommotor ist für die elektrische Nutzbremsung nicht unmittelbar geeignet. Schaltet man dagegen das Feld des Hauptstrommotors im Nebenschluß zum Anker, so ist Nutzbremsung möglich. Diese Schaltung zeigt die Abb. 112. Ist die Feldwicklung *F* im Sinne der Selbsterregung geschaltet, so arbeitet der Motor *M*, wenn zunächst der Schalter *a* geöffnet ist, in der normalen Widerstandsbremsung. Ist die zwischen den Punkten *b* und *c* liegende Spannung etwas größer als die Fahrdrahtspannung und wird der Schalter *a* geschlossen, so arbeitet der Motoranker *M* auf das Fahrleitungsnetz in Nutzbremsschaltung. Das Feld *F* ist dabei mit dem Widerstand R_f im Nebenschluß zum Anker geschaltet, liegt also an der Klemmenspannung. Eine Umkehr der Stromrichtung im Felde und damit ein Umkippen der EMK wie beim Hauptstromgenerator (s. S. 30) ist also nicht möglich. Vor das Feld *F* muß ein großer Widerstand R_f geschaltet sein, da bei vollem Strom am Felde nur eine geringe Spannung liegt.

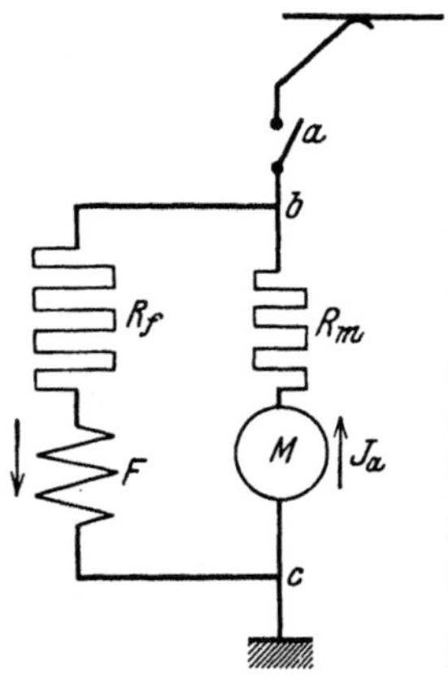

Abb. 112. Nutzbremsung in Nebenschlußschaltung.

Der vom Motoranker *M* erzeugte Strom fließt einesteils durch den Nebenschluß zum Feld und andererseits zur Fahrleitung. Da der im Nebenschluß fließende Strom (Hauptstromspule), um das Feld genügend zu erregen, immerhin von der Größenordnung des zur Fahrleitung fließenden Stromes ist, ist der Wirkungsgrad der Nutzbremsung schlecht.

Die Abb. 113 zeigt, wie sich bei konstanter Klemmenspannung die Drehzahl des Motors bzw. die Geschwindigkeit *v* in Abhängigkeit zum Ankerstrom J_a verhält. Da mit wachsendem Strom bei konstanter

Klemmenspannung die EMK des Ankers größer werden muß, hat die Geschwindigkeitskurve einen flach ansteigenden Charakter. Der Anstieg ist um so steiler, je größer der Vorschaltwiderstand R_m ist. Wächst die Klemmenspannung etwas, so ist der Verlauf der Kurve jetzt der gestrichelte. Da die Geschwindigkeit des Fahrzeugs sich nicht plötzlich ändert, wird der Strom von J_1 auf den Wert J_2 sinken. Zur Kleinhaltung dieser starken Stromschwankungen ist eine steile Charakteristik, also Vorschaltung eines Widerstandes R_m erforderlich. Es kommt noch hinzu, daß bei raschen Spannungsschwankungen das Feld infolge seiner Induktivität nicht so schnell zu folgen vermag, so daß die Spannungsschwankung zunächst durch einen den Motor durchfließenden Ausgleichstrom ausgeglichen wird. Dieser ist ebenfalls um so kleiner, je größer der vorgeschaltete Widerstand R_m ist. R_m darf jedoch andererseits nicht zu groß werden, um den Wirkungsgrad der Anlage nicht zu sehr zu verschlechtern. Zur Vermeidung der durch Spannungsschwankungen und die Feldträgheit bedingten Stromstöße ist es zweckmäßig, das Verhältnis der Induktivität des Feldes zum Gesamtwiderstand des Nebenschlußkreises etwa so groß zu machen, wie das Verhältnis der Induktivität im Ankerstromkreis zum Gesamtwiderstand desselben. Die Zeitkonstanten $\frac{L}{R}$ sind dann in beiden Stromkreisen gleich, so daß die bei Spannungsschwankungen auftretenden Ausgleichsvorgänge in beiden Stromkreisen gleich schnell erfolgen. Da der Anker jedoch meist eine sehr kleine Induktivität hat, versucht man, diese durch geeignete Konstruktion zu vergrößern, oder man wendet kleine Kompoundwicklungen an, oder man schaltet eine zusätzliche Drosselspule in Reihe.

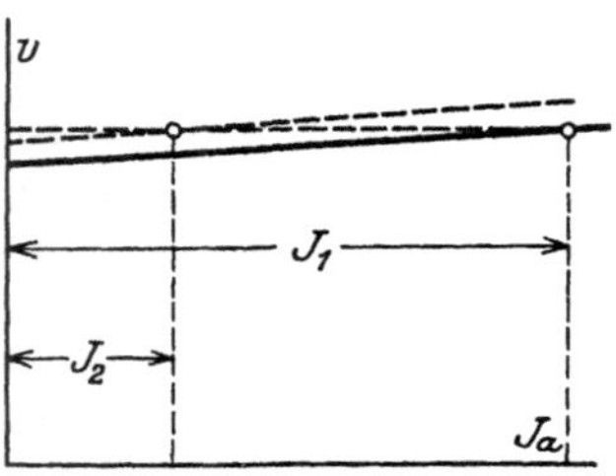

Abb. 113. Abhängigkeit der Geschwindigkeit vom Strom bei Nutzbremsung.

Eine Verbesserung des Wirkungsgrades tritt ein, wenn beim Bremsen mehrere Motoranker parallel, die Felder dagegen in Reihe geschaltet werden. Hierdurch wird der die Felder durchfließende Strom im Vergleich zum Summenstrom der Motoranker klein, d. h. der Wirkungsgrad wird besser. Eine reine Parallelschaltung der Anker hat jedoch, wie auf S. 126 gezeigt, den Nachteil, daß unkontrollierbare Ausgleichströme fließen können. Man muß zum mindesten vor jeden Anker einen Einzelwiderstand schalten.

Man kann auch einige Anker in Reihe schalten und erreicht dann, da pro Anker nur eine kleine Klemmenspannung vorhanden ist, eine Verkleinerung des Erregerstromes, so daß also hierdurch die Erregerverluste kleiner werden, allerdings läßt sich wegen der kleineren Klemmenspannung nicht die gleiche Nutzbremsleistung herausholen wie oben.

Es besteht weiterhin die Möglichkeit, daß man die Feldwicklung der Motoren in zwei Gruppen unterteilt, die im Fahrbetrieb parallel, im Bremsbetrieb dagegen in Reihe geschaltet sind. Auch dies reduziert die im Nebenstromkreis vorhandenen Verluste.

Die bis jetzt behandelten Schaltungen haben den Vorteil, daß, wenn aus irgendeinem Grunde die Netzspannung in Wegfall kommt, die Motoren noch in Widerstandsbremsung fahren können. Man hat sogar Schaltungen ausgebildet, bei denen je nach Zweckmäßigkeit und Geschwindigkeit mit Nutzbremsung bzw. mit Widerstandsbremsung gefahren wird. Bei zu kleiner Fahrgeschwindigkeit ist ja, wenn die EMK kleiner als die Netzspannung wird, eine Nutzbremsung nicht mehr möglich.

Abb. 114 zeigt eine Nutzbremsschaltung, die einen wesentlich besseren Wirkungsgrad hat, bei der jedoch beim Bremsen kleine Hilfsmaschinen notwendig sind. Der Motoranker ist mit M und sein Feld mit F bezeichnet. In Reihe mit dem Feld liegt ein kleiner Hilfsgenerator G. Parallel zu Feld und Generator ist ein Widerstand R_H und ein kleiner Hauptstrommotor M_H geschaltet. Es sei zunächst angenommen, der Hilfsmotor M_H sei nicht vorhanden, sondern nur R_H. Der kleine Generator G wird mit konstanter Drehzahl angetrieben[1] und es sei angenommen, daß er eine konstante EMK habe. Steigt die Spannung am Fahrdraht, so wird der Strom J etwas kleiner und damit der Spannungsabfall im Widerstand R_H, durch den ja der Strom $J_H = J + J_f$ fließt. Infolge des kleiner werdenden Spannungsabfalls erzeugt der Generator G einen stärkeren Strom J_f, der das Feld stärkt und damit die EMK von M, so daß also das Kleinerwerden des Ankerstromes teilweise kompensiert wird. Um die im Widerstand R_H vernichtete Energie zu verringern, kann man den Widerstand R_H verkleinern, sofern man einen kleinen Hauptstrommotor M_H in Reihe schaltet, der mit dem Generator G gekuppelt ist. Ist der Motor M_H ungesättigt, so ist seine EMK bei konstanter Drehzahl proportional dem Strom J_H. Der Hauptstrommotor M_H wirkt also wie ein zusätzlicher Widerstand, so daß also die Schaltung genau so arbeitet, wie vorher beschrieben. Da jedoch der Motor die von ihm aufgenommene Energie an den Generator G abgibt, werden die Gesamtverluste verkleinert, der Wirkungsgrad also besser. Der Hilfsmotor M_H hat außerdem eine Induktivität, die für eine gute Stromverteilung in den Parallelkreisen bei plötzlichen Spannungsschwankungen günstig ist.

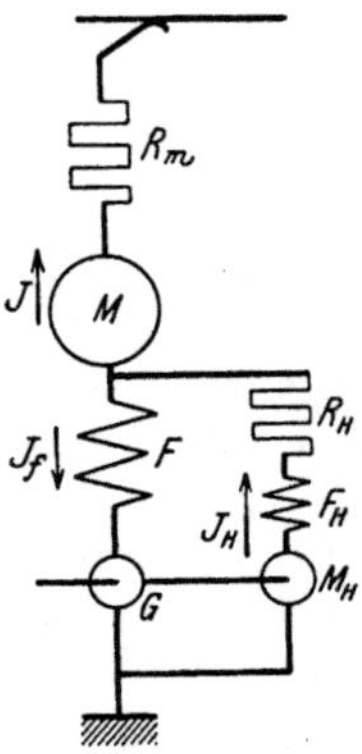

Abb. 114. Nutzbremsschaltung mit Hilfsmaschinen.

D. Die indirekte Steuerung.

Die bis jetzt behandelten Motorschaltungen waren direkte Schaltungen, d. h. die Motorströme wurden unmittelbar von den auf den Führerständen befindlichen Fahrschaltern gesteuert. Bei dieser direkten Steuerung muß bei zwei Führerständen ein großer Teil der Starkstromkabel nach jedem Führerstand geführt werden. Außerdem sind zwei Fahrschalter vorhanden. Es sind zwar schon Anordnungen ausgeführt worden, bei denen ein Zentralfahrschalter in der Mitte des Wagens,

[1] Durch einen besonderen, in der Abbildung nicht eingezeichneten Motor.

z. B. unter dem Fußboden, angeordnet ist und bei denen die Betätigung dieses Kontrollers von den Führerständen aus durch einen Blindkontroller und mechanischer Übertragungsmittel, z. B. Wellen, Zahnräder, Kettenräder, Ketten u. dgl., erfolgt. Für Straßenbahnen und ähnliche Fahrzeuge ist dieser Antrieb mit Schwierigkeiten verbunden. Man wünscht nämlich, daß sämtliche Fahrstellungen innerhalb eines Kurbelwinkels, der kleiner als 360° ist, vorhanden sind. Da bei Straßenbahnen meist elektrische Bremsung vorhanden ist, ergibt sich dann pro Schaltstufe ein Schaltwinkel von nur etwa 15°. Da zwischen der Führerkurbel und dem eigentlichen Kontroller ein größeres Schaltgestänge vorhanden ist, welches Elastizität und auch Spiel hat, kommt es bei solchen Anlagen leicht vor (falls das Übertragungsgestänge etwas Luft bekommen hat), daß die Stellung der Führerkurbel (am Blindkontroller) nicht genau mit der Stellung des Fahrschalters übereinstimmt. Wesentlich günstiger werden diese Verhältnisse, wenn der Blindkontroller im Führerstand so ausgebildet werden darf, daß eine Drehung von z. B. 180° einer Schaltstufe entspricht. In einem solchen Falle macht ein etwa vorhandenes Spiel im Übertragungsgestänge praktisch nichts aus. Solche Anordnungen des Blindkontrollers sind jedoch meist nur bei Lokomotiven erlaubt.

Anstatt den in der Mitte des Fahrzeugs gelegenen Kontroller durch ein mechanisches Gestänge zu bewegen, kann man ihn auch unmittelbar durch einen Elektromotor, Luftmotor oder durch einen Magneten antreiben lassen. Diese Antriebe werden dann von den Führerständen aus durch kleine Hilfskontroller, sogenannte Steuerkontroller, gesteuert. Vorteilhaft ist bei dieser Anordnung, daß die Starkstromkabel nicht nach den Führerständen geführt zu werden brauchen, daß man den Fahrschalter an einer Stelle anbringen kann, die für den Einbau günstig ist, daß man auf den Führerständen nur kleine Hilfskontroller benötigt, die kleine Ströme schalten, daß diese Hilfskontroller mechanisch leicht zu schalten sind und daß außerdem eine Vielfachsteuerung möglich ist.

1. Indirekte Fahrschaltersteuerung.

In der Abb. 115 ist ein Ausführungsbeispiel einer solchen Steuerung aufgezeichnet, wobei der Antrieb des Fahrschalters durch einen Gleichstrommotor erfolgt. Dieser besitzt zwei umschaltbare Feldwicklungen q und p, von denen die eine für Vorwärts- und die andere für Rückwärtslauf bestimmt ist. Der Motor a arbeitet über ein Zahnradvorgelege b auf eine Welle, auf der eine Scheibe w sitzt, die einen rechteckigen Ausschnitt hat. Mit dieser Welle ist eine Spindel verbunden, auf der, an einer Wandermutter befestigt, zwei Gleitbürsten u und v sitzen, die auf zwei Gleitschienen x und y und auf den Kontakten *1*, *2*, *3* bis *6* schleifen (Hilfskontroller). Dreht sich die Welle um eine Umdrehung, so bewegen sich die Bürsten um eine Teilung weiter. Mit der Welle ist schließlich durch eine Kettenübertragung eine weitere Welle e verbunden, welche den nicht gezeichneten Fahrschalter antreibt. Der Steuerkontroller im Führerstand besitzt zwei Schaltbeläge m und n, von denen bei Drehung der Steuerwalze der Belag m stets mit dem Pluspol und der Belag *n* mit dem Minuspol der Spannung verbunden ist. Außerdem ist ein Fahrtwendergriff *k* vorhanden. Steht dieser z. B. in Vorwärtsstellung, so ist der Pluspol der Stromquelle mit dem Pluspunkt, die Minusleitung mit dem zugehörigen Minuspunkt im Steuerkontroller verbunden. Wird der Steuerkontroller z. B. in die Stellung *III* gebracht, so bekommen die Leitungen *1*, *2* und *3* Plusspannung, während die übrigen Leitungen Minusspannung haben. Die Punkte *1* bis *6* stehen mit den entsprechenden Punkten des Hilfskontrollers in Verbindung. In der *0*-Stellung des Hilfskontrollers hat die Leitung *1* Plusspannung und der Strom vermag über die große Kontaktbürste *v* über die Magnetspulen zu fließen, die mit einem Minuszeichen bezeichnet sind. Diese Magnetspulen stehen mit dem Minuspol der Leitung in Verbindung. Die mit Minus bezeichneten Magnete ziehen also an und folgende Umsteuerungen finden statt:

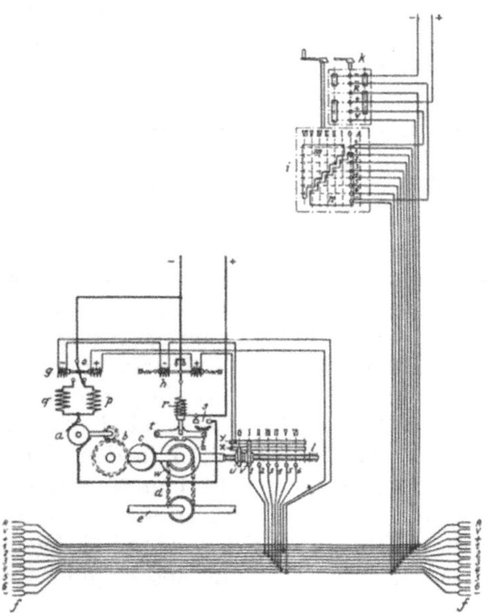

Abb. 115. Steuerung mit Motorenantrieb.

Zunächst bekommt der Verklinkungsmagnet *r* Spannung, so daß er den Klinkenhebel *t* aus dem Klinkenrad *w* heraushebt und dieses für Drehungen freigibt. Der angezogene Verklinkungsmagnet schließt außerdem einen Kontakt *s*, durch den der Motor *a* Spannung erhält. Am Motor *a* ist durch die mit Minus bezeichnete Umschaltspule die linke Feldwicklung *q*, d. h. die Vorwärtswicklung eingeschaltet worden. Der Motor beginnt sich zu drehen und bewegt dabei sowohl den Hauptfahrschalter als auch den Hilfskontroller. Gelangt dessen kleine Bürste *u* der Hilfswalze schließlich in die Stellung *III*, d. h. der Fahrschalter befindet sich ebenfalls in der Stellung *III*, so hat die große Bürste *v* des Hilfskontrollers jetzt Minuspotential. Da die mit Minus bezeichneten Steuerspulen jetzt stromlos werden, fällt der Verklinkungsmagnet ab. Der Motor bleibt jedoch so lange eingeschaltet, bis die einwandfreie Mittellage der Stellung *III* erreicht ist, da erst jetzt der Verklinkungsmagnet in den zugehörigen Ausschnitt fallen kann und der Motor abgeschaltet wird. Um die Wucht des plötzlich abgebremsten Motors unschädlich zu machen, wird zwischen Motor und Klinkenscheibe zweckmäßig eine Rutschkupplung *c* vorgesehen.

Soll jetzt z. B. von der Stellung *III* bis zur Stellung *I* zurückgeschaltet werden, so bringt man den Steuerschalter in die Stellung *I*. Jetzt hat die Leitung *1* Pluspotential, während die Leitungen *2* bis *6*

Minuspotential haben. An dem Hilfskontroller befindet sich die kleine Bürste in der Stellung *III* und hat Minuspotential. Sie steht mit den mit „Plus“ bezeichneten Steuerspulen jetzt in Verbindung und diese werden umgesteuert. Dadurch wird die Rückwärtswicklung *p* des Motors eingeschaltet, der Verklinkungsmagnet wird angehoben und der Einschaltkontakt für den Motor geschlossen. Der Motor läuft jetzt so lange rückwärts, bis der Kontroller sowie die kleine Bürste des Hilfskontrollers sich in der Stellung *I* befindet. In dieser Stellung hat die kleine Bürste des Hilfskontrollers Pluspotential, wodurch die mit „Plus“ bezeichneten Steuerspulen stromlos werden und der Motor abgeschaltet wird.

Durch Betätigung des Hilfskontrollers kann die Steuerung also beliebig hoch- und abgeschaltet werden, wobei der Hauptkontroller durch die Verklinkungsscheibe *w* eine eindeutige Fixierung auf den einzelnen Schaltstufen erfährt.

2. Vielfachsteuerung.

Die indirekten Steuerungen eignen sich zur Vielfachsteuerung, d. h. zum Steuern mehrerer Triebwagen von einem Führerstand aus. In dem Beispiel der Abb. 115 werden die mit *1* bis *6* bezeichneten Steuerleitungen mit durchgehenden Leitungen verbunden, die an den Enden des Wagens zu Vielfachkupplungen führen. Werden zwei solche Triebwagen zusammengekuppelt und wird dann der Steuerkontroller des einen Wagens betätigt, so bekommen die Schaltapparate beider Triebwagen Spannung und beide Kontroller werden durch ihren zugehörigen Antriebsmotor in die gewünschte Schaltstellung gebracht. Die Fahrtwendung wird ebenfalls indirekt durch eine kleine Stellungswalze am Steuerkontroller mittels Steuerstrom eingeleitet. Die eigentliche Fahrtwendung erfolgt durch die Haupt-Fahrtwendewalze, deren Antrieb durch Magnete oder durch Druckluft, die elektropneumatisch gesteuert wird, erfolgt. Um die Fahrtwendung für den ganzen Zug durchzuführen, müssen auch die Fahrtwender-Steuerleitungen durch den ganzen Zug geführt werden.

Bei der Verbindung der Steuerstromleitungen zwischen den einzelnen Fahrzeugen ist einiges zu beachten.

Werden die einzelnen Steuerkabel an den Enden des Wagens zu je einer Kupplung zusammengefaßt, deren Kontakte so angeordnet sind, wie auf der Abb. 115 gezeichnet, so würde eine Vielfachtraktion nur dann möglich sein, wenn der zweite Wagen in genau gleicher Weise angesetzt wird wie der erste. Wird jedoch der zweite Wagen um 180° gedreht und mit dem ersten gekuppelt, so kommt die mit *R* bezeichnete Leitung des ersten Wagens, mit der mit Minus bezeichneten Leitung des zweiten Wagens in Verbindung, was nicht zulässig ist. Deshalb sind für die Ausbildung der Steuerstromkupplungen Regeln zu beachten, über die jetzt gesprochen werden soll.

Die durchgehenden Steuerstromleitungen werden am Wagenende meist zu einer Kupplungsdose und zu einem Stecker geführt. Dabei ist die Dose auf den Stirnwänden der Wagen z. B. rechts, der Stecker links angeordnet. In der Abb. 116a ist die Anordnung für zwei durchgehende Steuerleitungen *1* und *2* dargestellt. Diese Steuerleitungen sind mit den in der Dose befindlichen zugehörigen Kontakten *1* und *2* und mit den Steckerkontakten *1'* und *2'* verbunden. Werden zwei solcher Fahrzeuge miteinander gekuppelt dargestellt, so wird stets die Leitung *1* des ersten Fahrzeugs mit der Leitung *1* des zweiten Fahrzeugs in Verbindung stehen. Wird das zweite Fahrzeug um 180° gedreht, so wird auch jetzt noch die Verbindung der gleichbezeichneten Leitungen in beiden Wagen vorhanden sein.

Es müssen also an jeder Stirnwand für jede Steuerleitung zwei Kontakte *1* und *1'* bzw. *2* und *2'* vorhanden sein, um eine richtige Kupplung von zwei Triebwagen zu ermöglichen. Daran ändert sich auch nichts, wenn sämtliche Kupplungskontakte zu einer einzigen Mittelkupplung zusammengefaßt sind (in diesem Fall könnte nur der genau in der Mitte stehende Kontakt als Einfachkontakt ausgebildet sein).

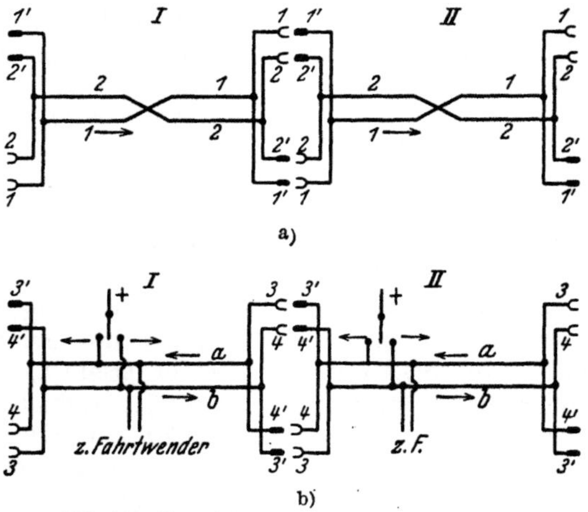

Abb. 116. Steuerleitungen bei Vielfachsteuerung.

Die Schaltung für die Steuerstromleitungen entsprechend Abb. 116a ist jedoch nicht für die Fahrtwendeleitungen brauchbar. Es sei angenommen, die Leitung *1* der Abb. 116a sei eine Leitung für die Fahrtwendung und das Fahrzeug bekommt, wenn die Leitung *1* Spannung erhält, eine Fahrtrichtung, die durch den Pfeil gekennzeichnet ist (in der in der Abbildung aufgezeichneten Schaltung würden beide Fahrzeuge nach rechts fahren). Wird jetzt z. B. das Fahrzeug *2* um 180° gedreht, so werden, wenn die Leitungen *1* Spannung erhalten, die Fahrtwendewalzen so umgelegt, daß das Fahrzeug *1* sich nach rechts bewegen will, das Fahrzeug *2* dagegen nach links, was jedoch falsch ist.

Für Fahrtwendeleitungen muß deshalb eine besondere Schaltung der Steuerleitungen gewählt werden, die in der Abb. 116b dargestellt ist. Die beiden Fahrtwendeleitungen seien mit *a* und *b* bezeichnet. Die Leitung *a* ist auf der rechten Stirnwand mit dem Dosenkontakt *3*, jedoch mit dem Steckerkontakt *4'* verbunden, auf der linken Stirnwand dagegen mit dem Dosenkontakt *4* und dem Steckerkontakt *3'*. Entsprechendes gilt für die Leitung *b*. Die Leitungen *a* und *b* sind mit Pfeilen versehen, die angeben, welche Fahrtrichtung des Wagens durch den Fahrtwender vorbereitet wird, wenn die zugehörige Leitung Spannung erhält. Wird jetzt der Wagen *II* um 180° gedreht und gibt man im ersten Triebwagen auf die Leitung *a* Spannung, so ist diese Leitung mit der Leitung *b* des zweiten Triebwagens verbunden. Beide Triebwagen werden jetzt nach links arbeiten, da der Pfeil der Leitung *a* im ersten Wagen nach links und der Pfeil der Leitung *b* im zweiten Wagen wegen der Drehung um 180° ebenfalls nach links gerichtet ist.

3. Schützensteuerung.

Die bis jetzt behandelten indirekten Steuerungen hatten einen Fahrschalter, der servomotorisch angetrieben wurde. Es gibt jedoch auch indirekte Steuerungen, bei denen die Kontakte der Schaltwalze durch Einzelschütze ersetzt sind. Ein elektromagnetisches Schütz besteht aus einem Magnet, der einen Starkstromkontakt schließt, wenn die Magnetspule Spannung erhält (s. Abb. 117a). Die Schütze sind meist mit einer Blasspule versehen, um den Lichtbogen zu löschen. Die Steuerströme dieser Schützen, d. h. die Ströme für die Schützspulen, werden von einem Steuerkontroller im Führerstand stufenweise geschaltet.

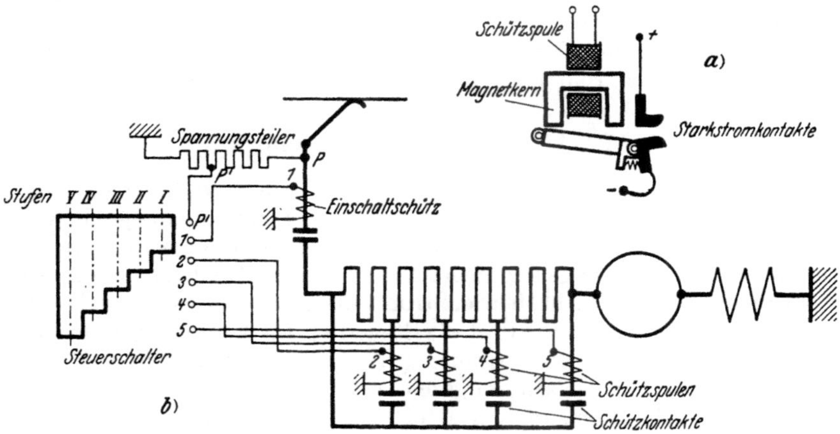

Abb. 117. Schützensteuerung.

Abb. 117b zeigt im Prinzip eine solche Schützensteuerung für ein einmotoriges Fahrzeug. Da man für höhere Fahrdrahtspannungen die Schützspulen nicht gerne wickelt, verwendet man hier oft einen Spannungsteiler, so daß die Schützspulen z. B. nur etwa 200 Volt Spannung erhalten.

Wie bereits auf S. 112 gezeigt, sind bei einer Steuerung, z. B. mit Reihenschaltung der Motoren, immer einige Elemente vorhanden, die während einer Reihe von Schaltstufen geschlossen sind, so z. B. während der Serienschaltung bzw. während der Parallelschaltung. Will man keinen Spannungsteiler anwenden, so kann man, falls die Schützspulen für eine kleinere Spannung gewickelt sind, zunächst die Schütze in Reihe schalten, die dauernd eingeschaltet sind. Beim Übergang von der Reihen- in die Parallelschaltung werden dann einige Schütze dieser Gruppe durch andere ersetzt, bzw. wenn ein Schütz vollkommen wegfällt, muß ein entsprechender Vorschaltwiderstand vorgesehen werden. Außer diesen Gruppierungsschützen, welche die Schaltung herstellen, sind eine Reihe von Schützen vorhanden, welche den Anlaßwiderstand allmählich kurzschließen bzw. die Shuntung der Motorfelder herstellen. In diesem Fall ist bei Beginn der Anfahrt nur ein Schaltelement, d. h. nur ein Schütz geschlossen und die restliche Spannung muß durch Vorschaltwiderstände vernichtet werden. Kommen beim Hochschalten weitere Schützen hinzu, so wird für die hinzukommenden Schütze ein entsprechender Teil des Vorschaltwiderstandes weggenommen.

Wesentlich einfacher liegen die Verhältnisse, wenn eine niedrige Hilfsspannung zur Verfügung steht, da jetzt sämtliche Schütze parallel geschaltet werden können und Widerstandszu- und -abschaltung bzw. ein Spannungsteiler entbehrt werden kann. Bei der Schützensteuerung erfolgt die Fahrtwendung oft durch eine Fahrtwendewalze, alsonicht durch Schütze.

Es sei erwähnt, daß es außer elektromagnetischen auch elektropneumatische oder Druckluftschütze gibt. Hier wird eine Spule gesteuert, welche ein Ventil steuert, durch welches Luft in einen Zylinder strömt. Durch den Kolben wird dann der Starkstromkontakt betätigt. Bei einem Druckluftschütz kann der Steuermagnet viel kleiner ausgebildet sein als bei einem elektromagnetischen.

E. Automatische Steuerung.

Bei dieser erfolgt das stufenweise Hochschalten vollkommen automatisch in Abhängigkeit vom Motorstrom. Die Stromabhängigkeit wird durch ein vom Motorstrom durchflossenes Fortschalterelais erzielt, das bei zu großem Strom so lange angezogen bleibt und den Steuerstrom des Antriebapparates unterbricht, bis der Strom auf einen zulässigen Wert herabgesunken ist. Erst dann schaltet die Steuerung wieder eine Stufe weiter.

In der Abb. 118 ist als Ausführungsbeispiel eine magnetische Klinkwerksteuerung schematisch aufgezeichnet, die automatische Anfahrt und automatische Bremsung gestattet[1]. Es bedeutet: *a* den Steuerhebel eines kleinen, im Führerstand angebrachten Steuerschalters, der außer der Nullstellung die Fahrtstellung *F* und die Bremsstellung *B* hat Es sei der Einfachheit halber angenommen, daß nur ein Motor durch den Fahrschalter gesteuert werde. Der Hauptbelag dieses Fahrschalters ist mit *B* bezeichnet und der Antrieb erfolgt durch ein mit der Schaltwalze fest verbundenes Klinkenrad *y*, welches durch die von dem Magneten *l* betätigte Klinke *u* bewegt wird.

Es sei angenommen, der Steuerhebel *a* werde in die Fahrtstellung *F II* gebracht. Dadurch bekommt die Leitung *z* Spannung und der Magnet *o* zieht den Anker *p* an. Die Festhalteklinke *q* kommt mit dem Klinkenrad *y* in Eingriff. Außerdem wird die mit *p* befestigte Ausklinkstange *r* nach rechts bewegt, so daß die Arbeitsklinke *u* ebenfalls zum Eingriff gelangt. Die Leitung *b* bekommt gleichfalls durch den Steuerhebel *a* Spannung und es fließt Strom über den Kontaktbelag *f* (der Hauptwalze) zu dem Magneten *e*. Dieser steuert eine Umschaltwalze *c*, welche für den Motor entweder die Fahrtstellung oder die Bremsstellung vor-

[1] Es sei erwähnt, daß man für automatische Steuerungen auch Druckluftzylinder oder Motoren als Antriebsorgane benutzen kann.

bereitet. Ist der Magnet *e* stromlos, so bringt eine Feder *f* die Umschaltwalze *c* in die Bremsstellung *B*. Bei Erregung des Magneten *e* wird jedoch die Federkraft *f* überwunden und die Fahrtstellung *F* hergestellt. (Beim Hochschalten des Kontrollers wird die Erregung von *e* durch den Kontaktbelag *f* unterbrochen, die Umschaltwalze *c* wird jedoch dafür mechanisch verklinkt — nicht eingezeichnet —, die Verklinkung wird beim Zurückschalten in der Nullstellung wieder aufgehoben.) Es vermag dann Strom über die Leitung *b* über den Kontakt *g* der Umschaltwalze nach dem Belag *h* des Hauptkontrollers zu fließen. Von hier fließt der Strom über die Leitung *i* über den Kontakt *j* des Fortschaltrelais *w* über den Schnappkontakt *k* zur Magnetspule *l* des Antriebsmagneten und von hier über die Feldwicklung *F* des Motors *M*, zur Erde. Der Antriebsmagnet *l*, der zweckmäßig als Drehmagnet ausgebildet ist, zieht seinen Anker gegen die Federkraft *v* an und seine Klinke *u* bewegt dabei das Klinkenrad *y* um eine Schaltstufe vorwärts. Die Klinke *q* verklinkt nach Beendung der ersten Schaltstufe das Klinkenrad *y* und verhindert, daß der Kontroller nach der Abschaltung des Magneten *l* in die Nullstellung zurückläuft. Es ist nämlich eine Rückzugfeder vorhanden (nicht eingezeichnet), die das Bestreben hat, an dem Seil *s* den Kontroller in die Nullstellung zu ziehen. Die Abschaltung des Magneten *l* am Ende seines Hubes erfolgt durch den Schnappschalter *k*.

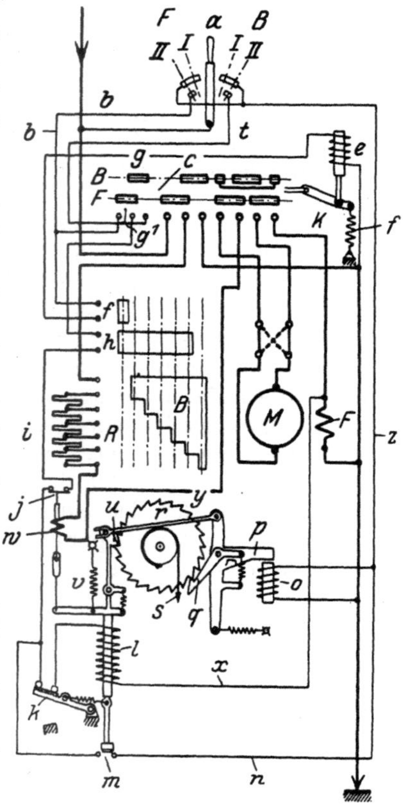

Abb. 118. Automatische Steuerung mit Magnetantrieb.

Mit dem Magnetanker ist durch ein Langloch der Anker des Fortschaltrelais *w* verbunden[1]. Dadurch wird beim Anziehen des Magneten *l* schon nach kleiner Bewegung der Kontakt *j* des Fortschaltrelais mechanisch unterbrochen. Der Magnet *l* wird dadurch nicht stromlos, da Strom über die Leitung *z*, über den jetzt geschlossenen Brückenkontakt *m*, über den Schnappkontakt *k* zu der Magnetspule *l* fließen kann. Ist der Strom des Motors zu groß, also auch der Strom im Fortschaltrelais *w* (vom Motorstrom durchflossen), so behält es seinen Anker angezogen. Der Magnet *l*, der am Ende seines Hubes abgeschaltet ist, fällt infolge der Federkraft *v* in seine Ausgangsstellung zurück und schließt dabei den Kontakt *k*. Erst wenn der Motorstrom auf einem bestimmten zulässigen Wert herabgesunken ist, fällt das Fortschaltrelais

[1] Er bewegt sich bei Erregung nach unten!

ab, schließt seinen Kontakt *j* und der Magnet *l* schaltet wieder eine Stufe vorwärts. Bei dem stufenweisen Hochschalten werden die dem Motor *m* vorgeschalteten Widerstände *R* durch den Belag *B* stufenweise kurzgeschlossen.

Soll auf irgendeiner Zwischenstufe die Steuerung angehalten werden, so genügt es, den Steuerhebel *a* in die Fahrstellung *I* zu bringen. Dadurch wird der Strom der Leitung *b* unterbrochen und der Antriebsmagnet *l* bekommt jetzt keine Stromimpulse mehr. Die Magnetspule *o* bleibt dabei stromdurchflossen. Soll die Steuerung in die Nullstellung zurückgehen, so wird der Steuerhebel *a* in die Mittelstellung gebracht. Dadurch wird die Magnetspule *o* stromlos, der Anker *p* wird infolge Federkraft abgezogen, die Klinke *u* sowie die Klinke *q* wird außer Eingriff mit dem Klinkenrad *y* gebracht und durch die an dem Seil angreifende Feder wird die Kontrollerwalze in die 0-Stellung zurückgedreht.

Soll elektrisch gebremst werden, so wird der Steuerhebel *a* in die Bremsstellung *II* gebracht. Die Leitung *t* bekommt dadurch Spannung. Durch den Kontakt *g* der Umschaltwalze *c* bekommt der Belag *h* Spannung und damit der Antriebsmagnet *l* des Hauptkontrollers. Da in der Bremsstellung des Umschalters *c* die Motorverbindungen so geschaltet sind, daß eine Selbsterregung eintritt, wird der Motor *M* als Generator auf die Vorschaltwiderstände *R* arbeiten. Ein Weiterschalten der Steuerung tritt jedoch immer erst ein, wenn der Motorstrom entsprechend gesunken ist. Soll in irgendeiner Bremsstellung etwas verweilt werden, so bringt der Führer den Steuerhebel *a* in die Bremsstellung *I*, in der der Antriebsmagnet abgeschaltet ist, die Magnetspule *o* jedoch noch Spannung über die Leitung *z* hat. Soll die Kontrollerwalze in die Nullstellung, so wird der Steuerhebel in die Mittelstellung gebracht.

Beim elektrischen Bremsen braucht der als Generator geschaltete Motor eine gewisse Zeit, um sich zu erregen. Arbeitet die Steuerung sehr rasch, so kann es vorkommen, daß infolge dieser Verzögerung die Steuerung einige Stufen überschaltet, so daß plötzlich ein zu starker Strom entsteht, und erst jetzt das Fortschaltrelais die Steuerung stoppt. Um den Erregungsvorgang zu beschleunigen, wird deshalb die Magnetspule *l* nicht unmittelbar an Erde gelegt, sondern dem Feld *F* des Motors *M* vorgeschaltet. Dadurch wird erreicht, daß beim Arbeiten der Steuerung der stoßweise vorhandene Strom der Magnetspule *l* durch das Feld *F* des Motors *M* fließt und den Erregungsvorgang beschleunigt. Sind zwei Motoren in der Bremsschaltung vorhanden, so werden die beiden Felder durch einen Widerstand miteinander verbunden und das Ende der Magnetspule *l* wird an die Mitte dieses Widerstandes gelegt. Dadurch erhalten beide Felder eine Vorerregung.

Die oben skizzierte automatische Steuerung läßt sich für Vielfachsteuerung verwenden, wenn die zur Steuerung benötigten Leitungen zu Steuerstromkupplungen geführt werden.

F. Hilfsstromkreise.

Zu den Hilfsstromkreisen zählen alle diejenigen, die nicht vom Hauptstrom (Motorstrom) durchflossen werden. Sie sind fast ausnahmslos vor den Automaten von der Oberleitung abgezweigt, da es sich um Einrichtungen handelt, die auch bei abgeschaltetem Hauptstrom arbeiten müssen. Jeder Hilfsstromkreis muß für sich gegen Überlastung geschützt sein, was wegen der geringen Stromstärken meist durch Abschmelzsicherungen geschieht. Hilfskreise sind die Einrichtungen für die Fahrzeugbeleuchtung, die Heizung, die Kompressoren bei Druckluftbremsen, die Lüftermotoren bei Fremdlüftung, die Steuerleitungen bei indirekten Steuerungen, die Frischstromerregung bei Schienenbremsen usw. Sie seien im folgenden näher behandelt.

1. Die Beleuchtungseinrichtung.

Sie wird entweder unmittelbar von der Fahrdrahtspannung betrieben (bei Akku-Fahrzeugen von der Batteriespannung) oder mittelbar über einen Umformer, oder sie besitzt eine eigene Stromerzeugungsanlage.

Die Speisung über einen Beleuchtungsumformer wird dort angewandt, wo die Fahrdrahtspannung sehr hoch ist (über 1500 Volt) oder wo die Kosten für die Anschaffung und Unterhaltung eines zusätzlichen Aggregates durch die Vereinfachung der übrigen Einrichtungen (Schalter, Sicherungen, Isolation) und durch die Erhöhung der Betriebssicherheit aufgewogen werden.

Die Erzeugung einer besonderen Niederspannung durch eine Dynamomaschine, die von der Fahrzeugachse angetrieben wird, kommt nur für solche Bahnen in Frage, die sehr große Haltestellenentfernungen aufweisen, z. B. für Vollbahnen. Solange nämlich die Beleuchtungsdynamo nicht die volle notwendige Spannung abgibt, wie bei Anfahrt, Auslauf und Stillstand des Fahrzeugs, muß die Beleuchtung durch eine Batterie erfolgen, die um so größer wird, je kürzer die Stationsentfernungen sind. Auch eine ausreichende Batterieaufladung durch die Dynamo während der Fahrt erfordert größere Strecken ohne Halt.

Zur Beleuchtungseinrichtung gehören die Lichtsicherungen, die Lichtschalter, die Scheinwerfer an den Wagenstirnwänden, die Schlußlichter, die Innenbeleuchtung, Führerstandsbeleuchtung usw. Für die Schaltung der Beleuchtungseinrichtung sind folgende Gesichtspunkte zu beachten. Beträgt die zur Verfügung stehende Spannung weniger als 220 Volt, so ist Parallelschaltung aller Glühlampen angebracht. Die damit verbundene Unabhängigkeit der Beleuchtungskörper voneinander ist gerade im Bahnbetrieb ein stets anzustrebender Vorteil. Bei höheren Fahrdrahtspannungen muß man Gruppen von in Reihe geschalteten Lampen bilden (bei 550 Volt Fahrdrahtspannung kann man z. B. immer fünf Lampen zu 110 Volt in Serie schalten). Der Grund liegt darin, daß Glühbirnen über 260 Volt Spannung wegen des zu dünnen Fadens nicht hergestellt werden. Die Serieschaltung bringt betrieblich die Unannehmlichkeit, daß beim Defektwerden einer Lampe gleich der ganze Lampenkreis ausfällt und daß die Fehlerquelle erst gesucht werden muß. Man hilft sich dadurch, daß man von Zu- und Ableitung jeder Glühbirne noch eine Abzweigung zu einer Prüfsteckdose *k* führt (s. Abb. 119). Mit einem Prüfstecker *P*, der in sich einen Überbrückungswiderstand besitzt, kann man die defekte Lampe herausfinden, da beim Einstecken in ihre Steckdose der ganze Kreis wieder aufleuchtet. Die Prüfdosen sind entweder am Sockel der Beleuchtungskörper angebracht oder — für die Außenbeleuchtung — in den Führerständen. Oft vereinigt man alle Steckdosen eines Kreises in einem sogenannten „Lampensucher", der die Form eines Drehschalters hat, mit so viel Stellungen, als Serienlampen vorhanden sind. Je nach Stellung des Schaltergriffes ist dann die betreffende Lampe überbrückt.

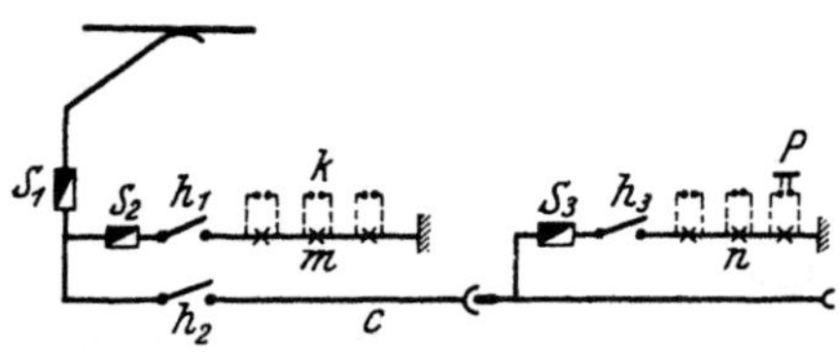

Abb. 119. Lichtschaltung.

Man trägt dem Nachteil der Serienschaltung (Erlöschen des ganzen Kreises bei Defekten) noch dadurch Rechnung, daß man die verschiedenen Seriengruppen so einteilt, daß die Außenbeleuchtung durch zwei getrennte Stromkreise besorgt wird und daß auch bei mehrflammigen Innenbeleuchtungskörpern die Glühlampen verschiedenen Stromkreisen angehören.

Abb. 119 zeigt die grundsätzliche Schaltung eines Fahrzeuges mit Anhängewagen. Der Einfachheit halber ist in jedem Wagen nur ein

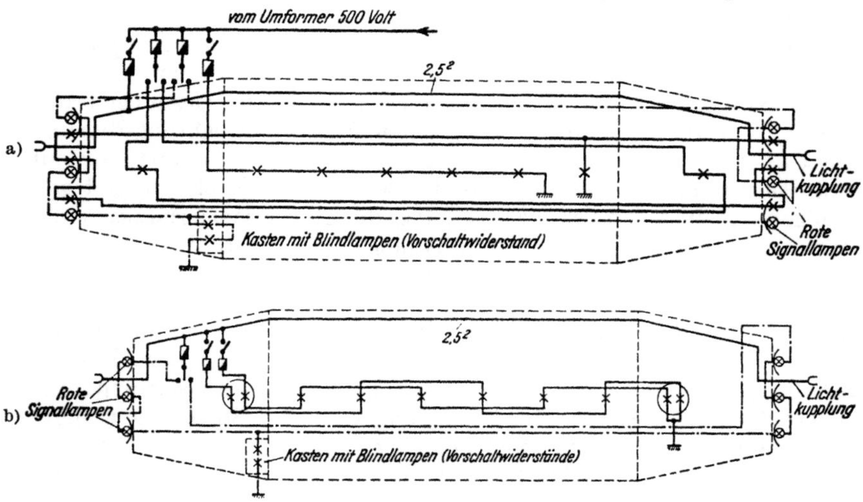

Abb. 120. Beleuchtungsschaltbild.
a) für Triebwagen, b) für Anhänger.

Stromkreis mit je drei Lampen gezeichnet. Parallel zu diesem Stromkreis können weitere liegen, jeder mit eigener Sicherung und eigenem Schalter. Für die Anhängewagen ist ein durchgehendes Kabel *c* mit Kupplung vorgesehen, das vom Triebwagen aus unter Spannung gesetzt wird und von dem in jedem Anhängewagen die Beleuchtung abgezweigt wird.

Abb. 120 zeigt eine ausgeführte Schaltung für einen Überlandwagen mit Beiwagen. Es sind 3 Beleuchtungskreise zu je 5 Lampen vorhanden. Jeder Kreis ist für sich abgesichert. 2 Umschalter schalten je nach Fahrtrichtung die Streckenlampen und Schlußlampen um. Der besetzte Führerstand soll dunkel sein, um den Führer nicht zu blenden.

2. Heizung.

Zur Heizung von Fahrzeugen werden Heizöfen verwendet, die einzeln oder in Gruppen von der Fahrdrahtspannung aus gespeist werden. Die grundsätzliche Schaltung einer Fahrzeugheizung mit vier Heizkörpern zeigt die Abb. 121. Die Leitung *a* ist die durchgehende Leitung für die Heizung von Anhängewagen; sie ist die gleiche wie diejenige der Beleuchtungseinrichtung, d. h. zur Ersparung von durchgehenden Leitungen ist die Kupplung für Heizung und Beleuchtung gemeinsam. Die für die Wagenheizung notwendige Heizleistung wird zweckmäßigerweise aufgeteilt, so daß man verschiedene Heizstärken einschalten kann. Man könnte die beiden Heizkreise nach Abb. 121 auch durch einen einzigen Schalter, der die Stellungen „Gruppe *1*", „Gruppe *2*" und „beide Gruppen" hat, einschalten, jedoch zieht man die Lösung mit zwei völlig getrennten Kreisen meistens vor, um bei Defektwerden des Schalters noch eine Reserve zu haben. Es ist darauf zu achten, daß der Schalter und die Sicherung für die durchgehende Leistung (über Leitung *a*) hinreichend groß bemessen sind. Je nach Zahl der Anhängewagen können ganz beträchtlich größere Schaltleistungen vorkommen als für Sicherungen und Schälter des Wagens allein.

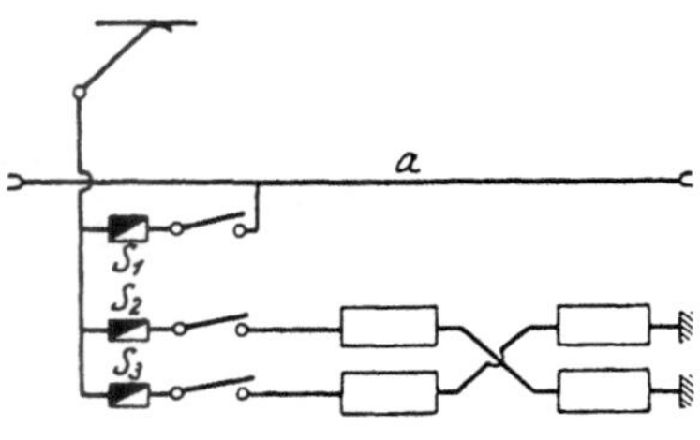

Abb. 121. Schaltung der Heizung.

3. Kompressorkreise.

Fahrzeuge mit Druckluft-Bremseinrichtung haben zur Erzeugung der Druckluft eine Luftpumpe, die von einem Motor angetrieben wird (Kompressormotor). Die grundsätzliche Schaltung zeigt Abb. 122. Kompressormotoren haben fast durchweg sogenannte Grobschaltung, d. h. sie werden ohne Vorschaltwiderstände direkt an die Fahrdrahtspannung gelegt. Dies kann mit Rücksicht darauf, daß es sich ja um Motoren verhältnismäßig kleiner Leistung handelt, geschehen, allerdings nimmt man bereits bei der Konstruktion dieser Motoren auf den schweren Anlaßvorgang Rücksicht. Man muß nämlich bedenken, daß die Kompressormotoren meist unter Last anlaufen müssen, da sie oft bei einem schon bestehenden Gegendruck die Luft einpressen. Ist der Kompressormotor von größerer Leistung, so sieht man ein Anlassen

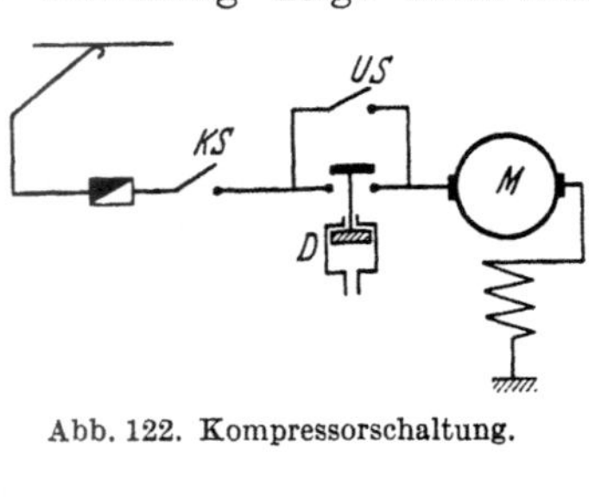

Abb. 122. Kompressorschaltung.

in wenigstens zwei Schaltstufen vor, d. h. es ist auf der ersten Stufe ein Vorschaltwiderstand vorhanden, der auf der zweiten Stufe kurzgeschlossen wird. Eine interessante Lösung, wie man ein stufenweises Anlassen erzielen kann, obwohl nur eine einmalige Einschaltung vorgenommen wird, zeigt Abb. 123. Hier ist dem Motor ein Vorschaltwiderstand *W* vorgeschaltet, außerdem ist ein Schütz *S* vorhanden, das unmittelbar an der Ankerspannung liegt und so eingestellt ist, daß es etwa bei der halben Klemmenspannung anspricht, und den Vorschaltwiderstand kurzschließt. Der Einschaltvorgang ist also so, daß der Motor mit dem Vorschaltwiderstand anläuft und daß er sich diesen Vorschaltwiderstand selbst kurzschließt, sobald die Gegen-EMK die halbe Netzspannung erreicht hat.

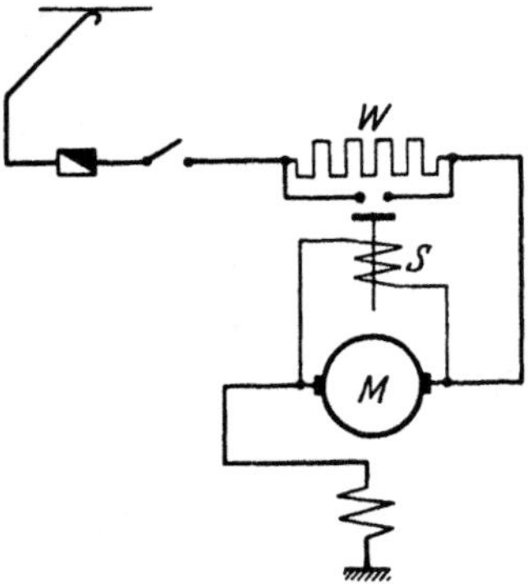

Abb. 123. Anlaßschaltung mit Hilfsschütz.

Der Kompressorschalter *KS* bleibt während des ganzen Betriebes geschlossen. Hat der Motor so viel Luft gefördert, daß die Luftbehälter den notwendigen Druck besitzen, so wird der Motor selbsttätig durch den Druckregler *D* (s. Abb. 122) abgeschaltet. Der Druckregler besteht im Prinzip aus einem Kolben (bzw. Membran), der bei Überschreitung eines einstellbaren Behälterdruckes die Stromzuführung zum Kompressormotor selbsttätig unterbricht. Sinkt der Behälterdruck unter ein bestimmtes Maß, so fällt der Kolben zurück und schaltet den Motor wieder ein.

Zweckmäßigerweise sieht man noch einen besonderen Schalter vor, mit dem man den Druckregler im Falle eines Defektes überbrücken kann. In diesem Falle muß selbstverständlich der Führer den Kompressormotor von Hand abschalten, wenn der Behälterdruck zu hoch steigt (am Führerstands-Manometer ersichtlich).

Fahren zwei Triebwagen in Vielfachsteuerung, so sind die Kompressormotoren stets parallel geschaltet. Da außerdem die Luftbehälter beider Fahrzeuge durch eine Druckluft-Ausgleichsleitung miteinander verbunden sind, darf das Ein- und Ausschalten der Kompressormotoren nur durch e i n e n Druckregler, z. B. den des führenden Fahrzeuges, erfolgen, während der andere unwirksam bleiben muß. Würde nämlich jeder Druckregler auf seinen Motor wirken können, so würde, da zwei Druckregler nie genau gleich sind, bei fallendem Behälterdruck einer früher einschalten, so daß der andere und damit dessen Motor samt Kompressor wegen des wieder steigenden Druckes nie zum Arbeiten käme.

4. Lüftermotoren.

Die Motoren größerer Fahrzeuge werden oft mit Kühlluft durchgeblasen, um ihre Leistung zu erhöhen. Zur Erzeugung der Kühlluft dienen ein oder mehrere Lüftermotoren (Hauptstrommotoren), die durch einen Ventilator Außenluft ansaugen und über Luftkanäle in das Innere der Fahrmotoren leiten. Das Anlassen der Lüftermotoren erfolgt meistens wie bei den Kompressormotoren in Grobschaltung, oder mit einer Anlaßstufe, die entweder von Hand bedient oder automatisch vom Motor über ein Schütz eingeschaltet wird (s. Abb. 123). Die Lüftermotoren bleiben meistens während des ganzen Betriebes eingeschaltet, da die Fahrmotoren zweckmäßig auch im Stillstand gekühlt werden.

5. Meßkreise.

Zu den Hilfsstromkreisen gehören auch die Meßkreise, also die Anordnung von Volt- und Amperemetern, Wattstundenzählern usw. Voltmeter werden meistens nur verwendet, um die Fahrdrahtspannung zu kontrollieren. Amperemeter liegen (meist mit einem Shuntwiderstand) in denjenigen Kreisen, deren Stromstärke man messen will, also z. B. in der Zuleitung zu den Motoren oder unmittelbar hinter den Automaten, wenn der gesamte aufgenommene Strom gemessen werden soll.

6. Einzelfälle.

Nachstehend seien noch einige Nebenstromkreise erwähnt, die gelegentlich vorkommen. Bei Schienenbremsen mit Frischstromerregung liegt eine besondere Magnetspule in der Schienenbremse, die über einen Vorschaltwiderstand und einen Schalter unmittelbar an die Fahrdrahtspannung gelegt werden kann. Der Schalter ist entweder durch eine besondere Stellung des Fahrschalters dargestellt oder getrennt vorgesehen.

Höchststromautomaten haben außer Hauptstromauslösung manchmal eine Fern- bzw. Nullspannungsauslösung. Bei der Fernauslösung wird durch einen Schalter eine Magnetspule im Automaten unter Spannung gesetzt, die dann einen Eisenkern anzieht, welcher mechanisch auf die Auslöseklinke des Automaten wirkt. Da man den Schalter an beliebiger Stelle anordnen kann, ist damit die Möglichkeit einer Fernabschaltung des Automaten gegeben. Die Nullspannungsauslösung arbeitet im umgekehrten Sinne wie die Fernauslösung. Bei ihr ist eine Magnetspule dauernd unter Oberleitungsspannung und hält dadurch einen Anker angezogen, der den Auslösemechanismus festhält. Bleibt die Fahrdrahtspannung weg, so fällt der Anker nach einer kleinen Zeitverzögerung ab und löst den Schalter aus. Die Einrichtung hat den Zweck, bei nicht kurzzeitiger Fahrdrahtspannungs-Unterbrechung den ganzen Hauptstrom abzuschalten, damit bei wiederkehrender Spannung nicht ein unzulässiger Stromstoß auf die z. B. in irgendeiner Fahrstufe stillgesetzten Motoren gelangt. Eine Einrichtung sorgt dafür, daß der Automat nur in der 0-Stellung des Fahrschalters wieder eingelegt werden kann.

IV. Apparate und Zubehörteile.

A. Stromabnehmer.

1. Der Rollenstromabnehmer.

Bei den ersten Straßenbahnen erfolgte die Stromabnahme nur durch Rollenstromabnehmer. Ein solcher besteht aus einer Kontaktstange, an deren Kopf eine Rolle drehbar gelagert ist. Diese Rolle wird vermöge Federn, die am Fuße der Kontaktstange eingreifen, gegen den Fahrdraht gepreßt. Die Abb. 124 zeigt einen solchen Rollenstromabnehmer. Die Kontaktstange ist in einem Bock gelagert. Die Schmierung erfolgt durch Staufferbüchsen. Das notwendige Federvolumen ist hier in vier Federn untergebracht, deren Vorspannung und damit der Anpreßdruck der Kontaktrolle eingestellt werden kann. Die Kontaktstange muß außerdem, um ein Befahren der Kurven und ein Wenden an den Endstationen zu ermöglichen, um eine vertikale Achse drehbar sein (in der Abbildung nicht gut zu erkennen). Die Abb. 125a zeigt eine Kontaktrolle. Die Lauffläche ist rillenförmig ausgebildet, um ein Entgleisen der Rolle zu verhindern. Um den Stromübergang durch die Lager und damit eine allmähliche Zerstörung der Lagerflächen zu vermeiden, sind besondere Kontaktfedern vorgesehen (s. Abb. 125b). Da der Rollendurchmesser klein ist, hat die Rolle sehr große Drehzahlen bei hoher Wagengeschwindigkeit. Eine möglichst reibungslose Lagerung und beste Schmierung ist von größter Wichtigkeit, da ein Versagen der Lagerung, gleichbedeutend mit einem Schleifen der Rolle, sowohl eine unzulässige Abnützung am Fahrdraht als auch Schleifstellen an der Rolle selbst hervorruft. Dadurch arbeitet die Rolle nicht mehr funkenfrei und wird in kurzer Zeit unbrauchbar. Da bei einem einwandfreien Lauf der Rolle keinerlei Schleifen zwischen Rolle und Fahrdraht eintritt, kann man Anpreßdrücke von ca. 8 bis 12 kg und damit Stromstärken von ca. 200 Amp. dauernd zulassen.

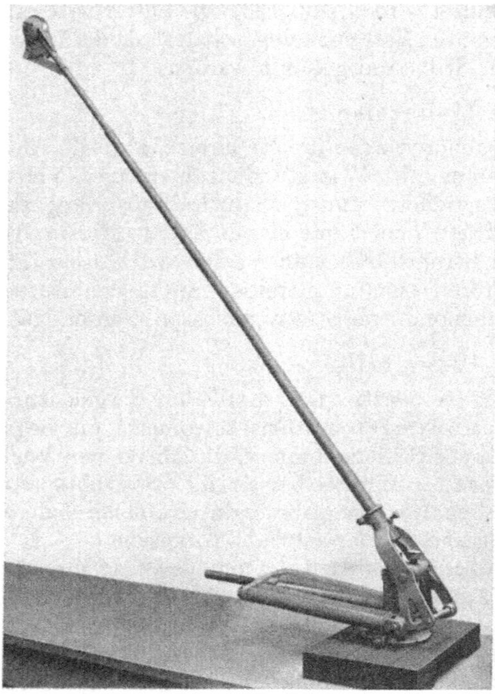

Abb. 124. Rollenstromabnehmer (SSW).

Abb. 125a. Rolle (AEG).

Abb. 125b. Rollenkorb (AEG).

An der Stromabnehmerstange ist ferner eine Abzugsleine befestigt zum Abziehen und Anlegen der Rolle. Gelegentlich werden die Stromabnehmer mit einer „Dickinsonrolle“ ausgeführt, d. h. mit einer Rolle, die im Stangenkopf noch um eine vertikale Achse drehbar ist (s. Abb. 126). Diese Art der Ausführung wird bei Oberleitungsomnibussen fast ausschließlich verwandt.

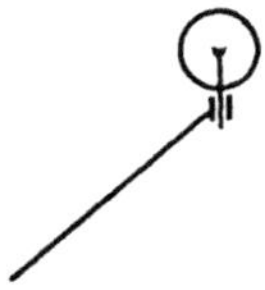

Abb. 126. Dickinsonrolle.

Trotz des geringen Gewichtes und des geringen Preises und der Möglichkeit einer großen Stromabnahme hat sich der Rollenstromabnehmer in Europa, im Gegensatz zu Amerika, auf die Dauer nicht behauptet und wird heute nur bei solchen Bahnen verwendet, die schon bei Einführung des elektrischen Betriebes sich auf Rollenstromabnehmer festgelegt hatten. Der Rollenstromabnehmer verlangt nämlich eine sehr sorgfältige Fahrleitungsverlegung in Gleismitte, so daß in Kurven sehr zahlreiche Abfangungen notwendig werden. Außerdem sind bei Weichen am Fahrdraht besondere Luftweichen einzubauen, um die Rolle richtig zu führen. Die Fahrleitung ist also bei Verwendung von Rollenstromabnehmern sehr teuer, wirkt auch weniger ästhetisch wegen der vielen Aufhängungen und bedarf einer größeren Wartung. Trotz sorgfältig verlegter Fahrleitung kommen gelegentlich Rollenentgleisungen vor, welche die Fahrleitung beschädigen können. Unerwünscht ist noch, daß bei Wechsel der Fahrtrichtung der Rollenstromabnehmer um den ganzen Wagen herum geschwenkt werden muß.

2. Der Bügelstromabnehmer.

Diese Konstruktion vermeidet die Nachteile des Rollenstromabnehmers. Abb. 127 zeigt die heute allgemein übliche Form des Bügelstromabnehmers. Er besteht im wesentlichen aus einem Untergestell, zwei Rohren und einem lyraförmig ausgebildeten Oberteil, welche das Schleifstück trägt. Der Stromabnehmer wird durch Spiralfedern gegen die Fahrleitung gedrückt. Da die Stromabnahme auf der ganzen Breite des Schleifstückes möglich ist, sind bei guter Fahrleitung Entgleisungen ausgeschlossen. Im Gegensatz zum Rollenstromabnehmer, der die Fahrleitung möglichst genau in Gleismitte verlangt, muß beim Bügelstromabnehmer der Fahrdraht im Zickzack verlegt sein, damit das Schleifstück gleichmäßig abgenutzt wird. Die Fahrleitung wird billiger als beim Rollenbetrieb, da die Luftweichen in Wegfall kommen und in Kurven weniger Abfangungen benötigt werden.

Da beim Bügelstromabnehmer das Schleifstück auf dem Fahrdraht schleift, tritt eine Abnutzung sowohl des Fahrdrahtes (die allerdings sehr gering ist) als auch des Schleifstückes ein. Um diese Abnutzungen klein zu halten, darf der Bügeldruck nicht so hoch sein wie beim Rollenstromabnehmer. Er beträgt ca. 5 kg im Gegensatz zu 8 bis 12 kg beim Rollenstromabnehmer. Die zulässige Stromabnahme ist deshalb meist geringer, und zwar ca. 150 Amp. dauernd, kurzzeitig bis 300 Amp.

Die ursprünglichste Ausführung des Schleifstückes ist das Aluminiumschleifstück mit U- oder W-förmigem Profil. Neuerdings verwendet man vorwiegend Schleifstücke aus Kohle mit dreieckigem oder rechteckigem Querschnitt oder Platten aus Eisenblech mit Schmiernuten (Fischerplatten).

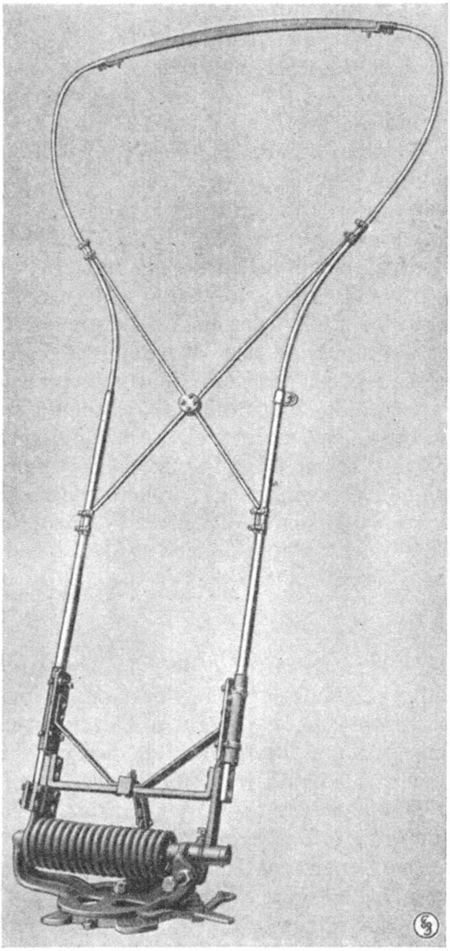

Abb. 127. Bügelstromabnehmer (SSW).

Der Nachteil der Bügelstromabnehmer besteht in den starken Beschleunigungen, die er beim Befahren von Fahrleitungsunebenheiten erfährt. Da das Trägheitsmoment des ganzen Stromabnehmers, bezogen auf die Drehachse, sehr groß ist, treten große Beanspruchungen im Schleifstück auf. Außerdem tritt bei größeren Fahrgeschwindigkeiten leicht ein Bügelspringen mit Funken auf. Der Bereich der Verwendungsmöglichkeit von Bügelstromabnehmern ist durch diese Umstände auf maximal 40 km begrenzt.

Unerwünscht ist auch, daß der Bügelstromabnehmer beim Wechsel der Fahrtrichtung umgelegt werden muß, wozu an den Wendepunkten eine entsprechende Elastizität in der Fahrdrahtaufhängung vorzusehen ist, es sei denn, daß er wie ein Rollenstromabnehmer schwenkbar ausgebildet wird.

3. Scherenstromabnehmer.

Für höhere Fahrgeschwindigkeiten war es also notwendig, einen Stromabnehmer auszubilden, bei dem das Schleifstück Fahrleitungsunebenheiten sowie kleine Änderungen in der Höhenlage ausgleichen kann, ohne daß dabei das ganze Stromabnehmergerüst mitbewegt werden muß. Außerdem sollte ein Fahrtrichtungswechsel ohne weiteres möglich sein. Diese Forderungen führen zur Ausbildung des Scherenstromabnehmers (s. Abb. 128). Die unteren Bügelrohre *a* sind in den Drehpunkten *j* gelagert und gelenkig mit den oberen Bügelrohren *b* verbunden. Die Bügelrohre *b* tragen im Punkte *d* die drehbar gelagerte Wippe *c*. Durch Federn *f* wird die Wippe *c* in der Ruhelage vertikal gehalten. Um den Stromabnehmer mit dem Bügeldruck von ca. 5 kg an den Fahrdraht zu pressen und um außerdem das Gewicht auszugleichen, sind besondere Federn *g* an den unteren Bügelrohren angebracht. Um ein zwangläufiges Auf- und Niedergehen der beiden Scherenhälften zu sichern, sind diese durch Gelenkhebel und Ausgleichstangen *h* miteinander verbunden. Bei Fahrt eines solchen Stromabnehmers wird infolge der zwischen Fahrdraht und Schleifstück auftretenden Reibung die Stromabnehmerwippe sich etwas schräg stellen. Kleine Unebenheiten des Fahrdrahtes werden ausschließlich durch die Wippe ausgeglichen, da diese gefedert ist, während bei größeren Schwankungen in der Höhenlage des Fahrdrahtes die Scheren des Stromabnehmers nach unten bewegt werden. Damit beim Niederdrücken des Stromabnehmers die Wippe sich nicht zu sehr schief stellt, darf die Wippenfederung im Vergleich zur Federung der Schere nicht zu weich sein.

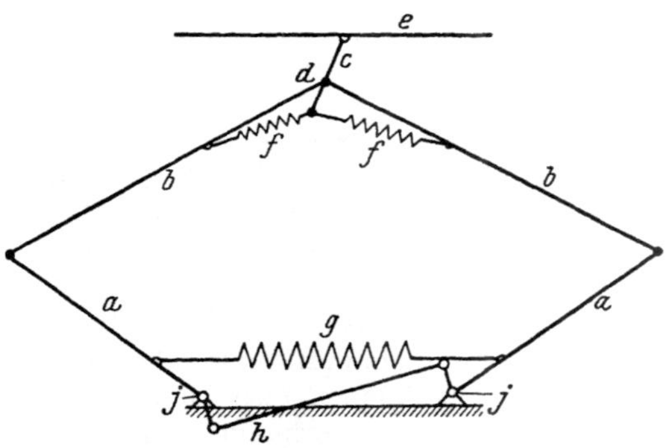

Abb. 128. Scherenstromabnehmer.

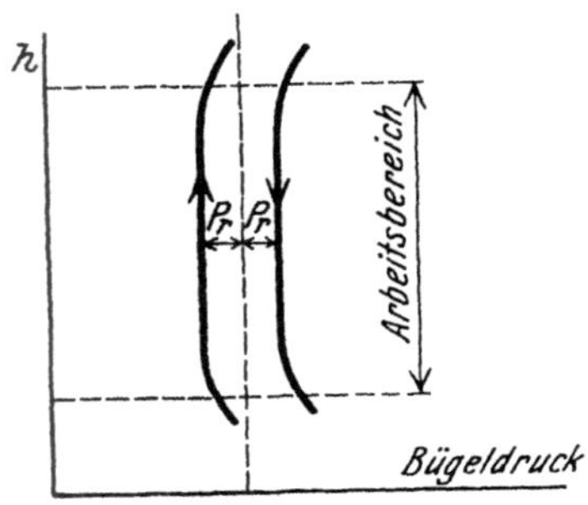

Abb. 129. Bügeldruckdiagramm.

Bei einem guten Stromabnehmer muß der Anpressungsdruck an die Fahrleitung bei verschiedener Höhenlage möglichst konstant sein. Dieses Verhalten wird durch das Bügeldruckdiagramm geprüft, das man erhält, wenn man die vom Stromabnehmer ausgeübten Anpreßdrücke mißt, indem man einmal den Stromabnehmer von der tiefsten bis zur höchsten Lage bewegt und dann umgekehrt. Man erhält je nach Bewegungsrichtung verschiedene Werte, da die Stromabnehmerreibung ja stets der Bewegung entgegengesetzt gerichtet ist. Beim hochgehenden Stromabnehmer ist demzufolge der Bügeldruck kleiner als beim nach unten gehenden. In der Abb. 129 ist ein Bügeldruckdiagramm dargestellt. Die horizontal gezeichneten Linien geben den Arbeitsbereich des Stromabnehmers an. Das gezeichnete Bügeldruckdiagramm ist ein gutes, da praktisch während des ganzen Arbeitsbereiches konstanter Anpressungsdruck vorhanden ist. Die Kraftdifferenz zwischen beiden Kurven stellt die doppelte Reibung dar und beträgt bei ausgeführten Stromabnehmern etwa 2 kg. Dieser Betrag schwankt je nach der Lagerausbildung der Stromabnehmer und deren Gewicht; bei leichten Ausführungen und gutgelagerten Gelenken kann er wesentlich niedriger sein, ca. 1 kg und weniger.

Es ist ferner erwünscht, daß Scherenstromabnehmer eine hohe

Seitensteifigkeit haben, damit nicht jeder Stoß Schwankungen des Scherengestells verursacht.

Die Abb. 130 zeigt eine ausgeführte Stromabnehmerkonstruktion (Ausführung AEG). Bei der Stromabnehmerkonstruktion muß darauf geachtet werden, daß der Übergang vom Schleifstück zur Wippe gut abgerundet ist, um ein gutes Auflaufen bei Fahrdrahtkreuzungen zu sichern. Ferner sind bei Stromabnehmern an den Gelenken (Schmierung durch Staufferbüchsen) besondere Kupferlitzen anzubringen, um die Lager vor Stromdurchgang zu schützen. Zum Abziehen des Bügels dient ein Abzugsseil mit Rolle. Bei höheren Spannungen (über 1000 Volt) ist die Einführung des Seilzuges durch das Wagendach mit besonderer Sorgfalt auszuführen, damit kein Wasser am Seil entlang in das Innere des Wagens gelangen kann und den Isolationswert des Seiles verringert.

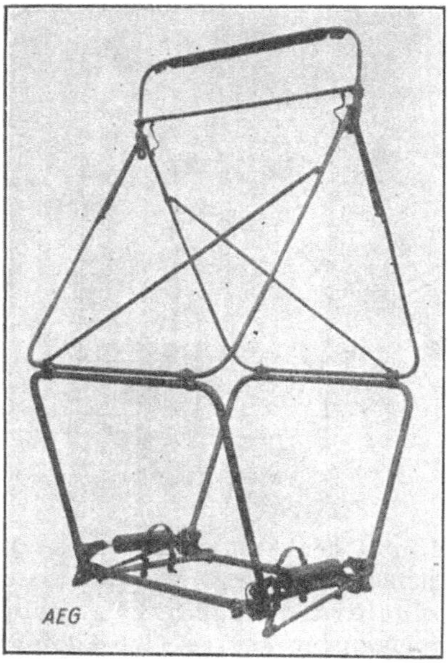

Abb. 130. Scherenstromabnehmer (AEG).

Abb. 131 zeigt einen ausgesprochenen Straßenbahn-Stromabnehmer mit geringem Gewicht (ca. 75 kg, Ausführung BBC). Der Stromabnehmer ist noch dadurch interessant, daß bei ihm das Scherengestell nicht statisch überbestimmt ist. Es können also kleine Ungenauigkeiten vorhanden sein, z. B. infolge Montage, ohne daß Klemmungen eintreten.

Bei den bisher behandelten Ausführungen wurde das Hochgehen des Stromabnehmers durch eigene Federkraft bewirkt. Bei Überlandbahnen, bei denen meistens Druckluft vorhanden ist, kann man diese zum Anlegen des Stromabnehmers heranziehen. Man erhält dann eine Konstruktion, deren Prinzip in der Abb. 132 dargestellt ist. Der Druckluftzylinder *a* wird mit Luft gefüllt und schiebt dabei seinen Kolben *b* nach links. Dadurch wird die Feder *c* gespannt und hebt den Stromabnehmer bis zum Anliegen an den Fahrdraht. Die Druckluft kommt aus dem mit *L* bezeichneten Behälter, durchströmt den gekrümmten Kanal des Führerbügelventils, dann die Rohrleitung *e*, ein elektrisch isolierendes Zwischenstück *f* (meist Gummischlauch) und gelangt schließlich in den bereits erwähnten Zylinder *a*. Soll der Stromabnehmer niedergelassen werden, so wird der Handgriff des Führerbügelventils in die Stellung „Bügel nieder" gedreht, wodurch der Druckluftzylinder durch den geraden Kanal im Führerbügelventil mit der Außenluft verbunden wird. Die Druckluft strömt aus und der Stromabnehmer geht nieder. Um den Bügel auch bei fehlender Druckluft

Abb. 131. Scherenstromabnehmer (BBC).

hochzubringen (damit der Kompressormotor laufen kann), ist eine Handluftpumpe g vorgesehen, die mit dem Zylinder a durch eine

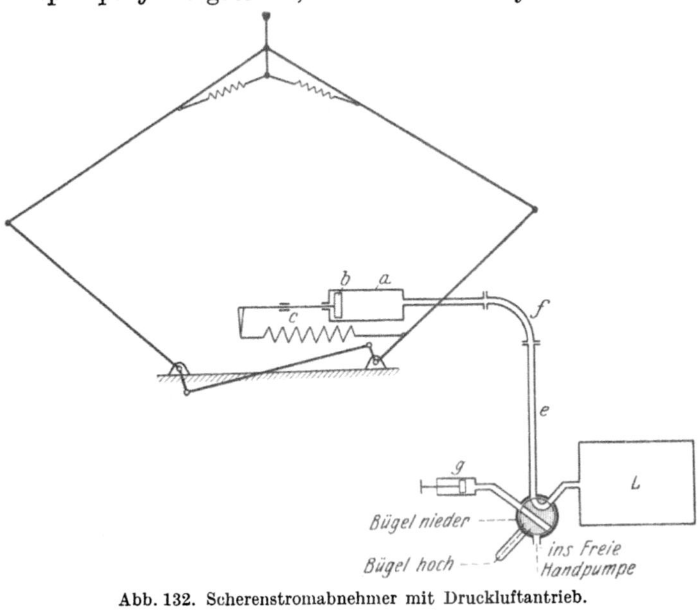

Abb. 132. Scherenstromabnehmer mit Druckluftantrieb.

besondere Stellung des Führerbügelventils in Verbindung gebracht werden kann.

In Wirklichkeit sind außer der Feder *c* noch weitere Federn vorhanden, die z. B. über Kurvenscheiben angelenkt sind, jedoch im Prinzipbild weggelassen sind.

Eine weitere Stromabnehmerausführung ist der Doppelwippen-Stromabnehmer, der zwei Schleifstücke trägt, die in einem Abstande von 300 bis 500 mm voneinander angeordnet sind. Solche Stromabnehmer werden dort verwendet, wo große Stromstärken abzunehmen sind. Pro Schleifstück dürfte die Grenze etwa bei 150 Amp. dauernd liegen für die normalen Ausführungen (Kohleschleifstück, Fischerplatten, breite rechteckige Aluminiumstücke). Genaue Werte lassen sich schlecht angeben, da für die zulässige Stromabnahme eine Reihe Faktoren bestimmt ist, nämlich Fahrgeschwindigkeit, Bügeldruck und Zustand der Fahrleitung. Durch Ausbildung von Spezialschleifstücken kann die Stromabnahme noch gesteigert werden. Ein Vorteil der Doppelwippe ist die geringere Auswirkung des Bügelspringens, da meist wenigstens ein Schleifstück anliegt. (Erwünscht bei Fahrzeugausrüstungen, welche spannungsabhängige Apparate, z. B. Relais, besitzen.) Trotzdem zieht man Stromabnehmer mit einem Schleifstück vor (wenn es die abzunehmenden Stromstärken irgend gestatten), weil dessen Laufeigenschaften wegen der kleineren Wippenmasse besser sind und weil bei Doppelwippe das vordere Schleifstück die Fahrleitung etwas anhebt, wodurch das hintere unruhig läuft.

4. Walzenstromabnehmer.

Zur Abnahme sehr großer Stromstärken kommen außerdem Walzenstromabnehmer zur Verwendung. Es sind Scherenstromabnehmer, bei denen das Schleifstück durch eine zylindrische Walze aus Hartkupfer ersetzt ist, die drehbar gelagert ist. Der Anpreßdruck ist, wie bei der Rolle, größer als bei Schleifstücken und beträgt ca. 7 bis 12 kg. Solche Stromabnehmer kommen z. B. bei Abraumlokomotiven vor (s. S. 231). Es besteht jedoch in letzter Zeit die Tendenz, die Walzenstromabnehmer durch Bügelstromabnehmer mit Spezialschleifstück zu ersetzen (Eisenplatte mit Cu-Streifen bis 400 Amp. dauernd).

5. Stromabnehmer für 3. Schiene.

Bei manchen Bahnanlagen (Stadtbahnen, Untergrundbahnen) erfolgt die Stromabnahme nicht von einer Oberleitung, sondern von einer Eisenschiene, welche in geringem Abstand über *SO* seitlich vom Gleis isoliert geführt wird. Von dieser Schiene wird der Strom durch ein Gleitstück (Gleitschuh) abgenommen, welches durch eine besondere Hebelkonstruktion mit dem Wagen seitlich verbunden ist. Der Schleifschuh besteht meistens aus Gußeisen und wird mit einem Anpreßdruck von etwa 9 kg gegen die Stromschiene gedrückt. Abb. 133 zeigt eine derartige Ausführung, die ein Bestreichen der Stromschiene sowohl von unten als auch von der Seite gestattet.

6. Rundfunkstörungen.

Durch die Einführung des Rundfunks ergab sich die Notwendigkeit, den Schleifstücken von elektrischen Fahrzeugen besondere Aufmerksamkeit zu widmen, da es sich zeigte, daß durch die Stromabnehmer, besonders bei Aluminiumschleifstücken, erhebliche Empfangsstörungen auftraten. Diese Rundfunkstörungen sind weniger am Tage als abends vorhanden, wenn das elektrische Licht der Wagen eingeschaltet ist und wenn außerdem (z. B. kurz vor einer Haltestelle oder im Gefälle) die Motoren abgeschaltet sind. Die Störungen sind darauf zurückzuführen, daß die Fahrleitung eine Art Antenne darstellt, die bei Störung ihres elektrischen Gleichgewichtszustandes elektrische Schwingungen ausstrahlt. Diese Schwingungserzeugung ist besonders stark, wenn nur ganz schwache Ströme (z. B. Lichtströme) aus der Fahrleitung entnommen werden. Die Stromentnahme erfolgt praktisch stets mit kleinen, schwingungserregenden Funken, die den Gleichgewichtszustand des Systems dauernd stören. Ungünstig ist außerdem, daß eine Fahrleitung ein ganzes Wellenspektrum aussendet, so daß Störungen praktisch auf allen Rundfunkwellen auftreten.

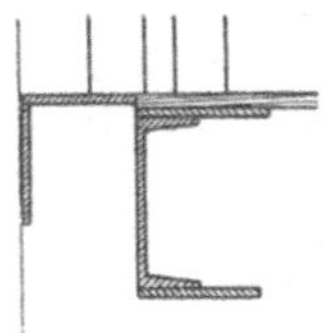
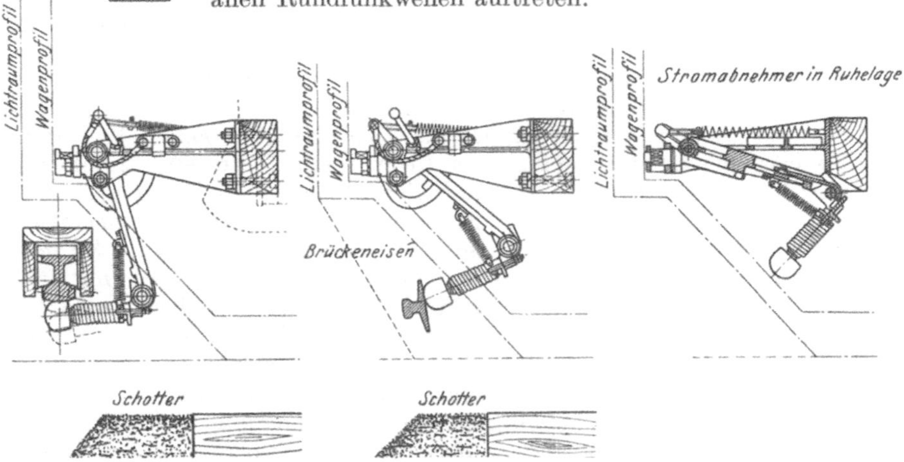

Abb. 133. Stromabnehmer für dritte Schiene (AEG).

Werden dagegen die Motoren eingeschaltet, so daß also größere Ströme fließen, so fehlen, wie die Praxis gezeigt hat, die kleinen Funken, und die Störungen werden wesentlich geringer. Erwähnt sei noch, daß auch Rundfunkstörungen bei schlechter Kommutierung der Motoren beobachtet wurden, anscheinend jedoch seltener. Rundfunkstörungen ergibt auch das Sanden infolge des schlechten, wechselnden Übergangswiderstandes der Schienen.

Auch bei Rollenstromabnehmern treten Radiostörungen auf. Jedoch zeigt es sich, daß nicht jeder Wagen in gleicher Weise störend wirkt, da die Ursache der Störungen auf die mehr oder weniger gute Beschaffenheit der Stromabnehmerrolle zurückzuführen ist. Hat eine solche Rolle eine Schleifstelle, so wird bei jeder Umdrehung ein kleines Springen der Rolle und damit ein Funken, also Schwingungserzeugung auftreten. Von besonderem Einfluß auf die Radiostörungen ist sowohl beim Bügel- als auch beim Rollenbetrieb der Zustand der Fahrdrahtoberfläche. Man beobachtet sehr oft, besonders beim Bügelbetrieb mit Aluminiumbügeln, daß die Schleiffläche des Fahrdrahtes stark aufgerauht ist und in vielen Fällen Riffeln aufweist. Eine solche Fahrleitung wirkt natürlich ganz besonders störend. Feuchtigkeit und Rauhreif verschlechtern auch bei guter Fahrleitung die Verhältnisse.

Zur Beseitigung der Rundfunkstörungen war man bemüht, die kleine Funkenbildung am Schleifstück zu unterdrücken und kam dadurch auf andere Materialien und andere Schleifstückformen. So stellte man fest, daß Schleifstücke aus Kohle die Rundfunkstörungen ganz wesentlich verringerten. (Das Kohleschleifstück hat meist einen dreieckigen Querschnitt mit abgerundeten Kanten.) Die Verringerung der Störungen ist darauf zurückzuführen, daß die bei kleinen Strömen auftretenden Funken bei Kohle infolge der Verdampfung von Kohleteilchen mehr den Charakter von Flammenlichtbögen haben, die an schwingungserregender Wirkung gering sind, im Vergleich zu den mehr prasselnden hellen Funken, die beim Aluminium auftreten. Es stellte sich außerdem heraus, daß durch die Verwendung von Kohlebügeln im Laufe der Zeit auch eine Glättung der Fahrleitung eintrat, was eine weitere Verbesserung der Verhältnisse mit sich brachte.

Eine weitere Ausführung ist das Schleifstück von Fischer. Das Fischer-Schleifstück ist eine etwa 10 cm breite Platte aus Eisenblech mit 2 bis 3 Schmiernuten auf der Schleiffläche. Der Drehpunkt der Platte liegt möglichst dicht an der Oberfläche, so daß das Kippmoment sehr klein ist und infolge der großen Auflagefläche eine gute Stromabnahme ermöglicht. Der Fischer-Bügel wurde ursprünglich nur für Eisenfahrleitungen verwendet (während des Krieges) und man glaubte zunächst, daß eine Verwendung an Kupferfahrleitungen eine starke Abnützung des Kupferquerschnittes verursachen würde. Die Erfahrung hat jedoch gezeigt, daß durch die breite Schleiffläche zunächst eine sehr gute Polierung des Kupferdrahtes eintritt und daß dann praktisch keine Abnützung vorhanden ist. Man muß ja auch berücksichtigen, daß der auf die Längeneinheit bezogene spezifische Anpressungsdruck des breiten Bügels geringer ist als bei anderen Bügeln.

Es sei jedoch erwähnt, daß das beste Mittel, um Radiostörungen zu vermeiden, weniger darin besteht, komplizierte Störschutzmittel zu verwenden, als die Energie der Sender zu erhöhen. Durch Verwendung gut verteilter Großsender kann die Empfangsfeldstärke derart gesteigert werden, daß die Störfeldstärke meist belanglos ist.

B. Überstromschalter.

Um die Motoren vor Überlastung zu schützen und um außerdem auftretende Kurzschlüsse abzuschalten, sind bei elektrischen Fahrzeugen Überstromschalter, auch Automaten oder Höchststromschalter genannt, eingebaut. Ein solcher Apparat soll folgenden Bedingungen genügen:

1. er soll bei dem eingestellten Überstrom ansprechen und diesen abschalten;

2. er soll so reichlich bemessen sein, daß Kurzschlüsse abgeschaltet werden können,

3. er muß von Hand ein- und ausschaltbar sein,

4. er soll möglichst eine *Freiauslösung* besitzen, d. h. der Schalter muß beim auftretenden Überstrom ausschalten, auch wenn der Handgriff in der Einschaltstellung festgehalten wird.

Bei elektrischen Fahrzeugen sind ein bzw. zwei Automaten vorhanden. So schaltet man bei Straßenbahnen oft zwei Automaten in Reihe, wobei dann in jedem Führerstand einer vorhanden ist. Es kann dann von jedem Führerstand aus eine Handabschaltung vorgenommen werden. Mitunter wird der eine Automat durch einen Handabschalter ersetzt. In solchen Fällen schaltet man gerne vor den jetzt nur einfach vorhandenen Automaten eine Hauptsicherung (Schmelzsicherung mit Funkenblasung), um, falls der Automat versagt, trotzdem eine Abschaltmöglichkeit bei Kurzschlüssen zu haben.

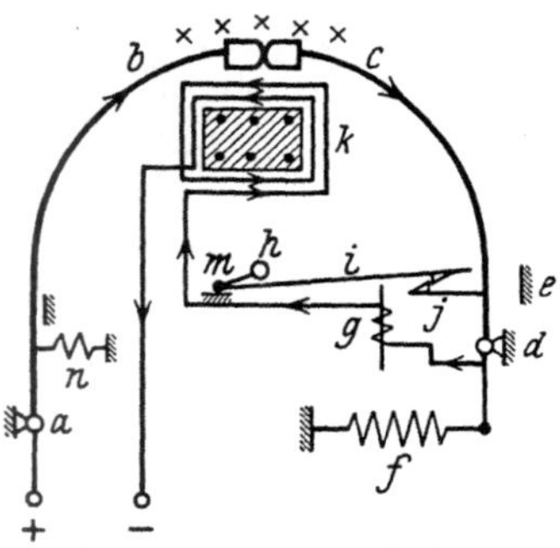

Abb. 134. Höchststromschalter (schematisch).

Die Abb. 134 zeigt in schematischer Darstellung den Aufbau eines Automaten. Es sind zwei Kontakthörner *b* und *c* vorhanden, die in den Punkten *a* und *d* drehbar gelagert sind. Die durchgehende Welle *h* ist mit dem Handgriff des Automaten verbunden (nicht eingezeichnet). Mit der Welle *h* ist der Hebel *m* verbunden, der gelenkig den Klinkenhebel *i* trägt und mit der Gegenklinke *j* in Eingriff steht, die mit dem Kontakthorn *c* starr verbunden ist. Eine Feder *f* hat das Bestreben, den Kontaktarm *c* zu öffnen, was jedoch durch den Klinkenhebel *i* und den Hebel *m* verhindert wird, der sich in der Einschaltstellung an einen Anschlag stützt. Der Stromverlauf geht von dem Pluspol über die Kontakthörner *bc*, dann über die Spule *g* des Auslösemagneten über die Blasspule *k* zum Minuspol des Schalters. Wird der Strom zu stark, so zieht der Magnet *g* seinen Anker an. Dieser schlägt gegen den Klinkenhebel *i*, die Gegenklinke *j* wird frei und das Kontakthorn *c* wird durch die Federkraft *f* geöffnet. Die Blasspule *k* erzeugt dabei Kraftlinien, die an den Kontakten in die Papierebene hineingerichtet sind, also den Lichtbogen nach oben blasen, bis er erlöscht. Als Regel gilt: der *Strom in der Blasspule muß stets entgegengesetzte Richtung wie der Strom in den Kontakthörnern haben.*

Um die Ansprechstromstärke des Auslösemagneten *g* verändern zu können, muß der Magnetanker eine regulierbare Feder besitzen. Hat der Schalter ausgelöst, so muß zur Wiedereinschaltung die Welle *h* im Uhrzeigersinne gedreht werden. Der Klinkenhebel *i* bewegt sich dann nach rechts und kommt mit der Gegenklinke *j* in Eingriff. Wird dann die Welle *h* nach links gedreht, so wird das Funkenhorn *c* gegen die Federkraft *f* mitgenommen, der Höchststromschalter also eingeschaltet. Zur

Erzeugung eines konstanten Anpreßdruckes der Kontakte ist der linke Kontaktarm *b* etwas federnd gelagert (z. B. Feder *n*).

Tritt beim Einschalten ein Überstrom auf, so kann in jeder Stellung der Welle *h* eine Auslösung des Schalters stattfinden (Freiauslösung).

Abb. 135. Höchststromschalter (BBC).

Die Abb. 135 zeigt die Photographie eines Höchststromautomaten. Eine etwas andere Konstruktion, bei der keine magnetische Funkenlöschung zur Verwendung kommt, zeigt die Abb. 136. Hier erfolgt die Abschaltung des Lichtbogens an den nach oben gebogenen Kontakthörnern infolge des Auftriebes der erwärmten Luft und der elektrodynamischen Wirkung.

Einen interessanten, nach wesentlich anderen Prinzipien arbeitenden Höchststromschalter zeigt die Abb. 137. Hier werden die Kontakte durch eine Feder in der Ruhelage zusammengepreßt. Der Strom gelangt vom Stromabnehmer zum Anschlußpunkt *I* und von hier durch die Stromspule über die Kontakte durch die Blasspule zum Anschlußpunkt *II*. Dieser wird mit dem Fahrschalter verbunden, von wo die Verbindung zu den Motoren hergestellt wird. Bei Überstrom zieht der Magnetanker infolge der Stromspule an und öffnet die Kontakte und unterbricht den Überstrom. Parallel zu den Kontakten liegt eine dünndrähtige Klebspule, durch die jetzt ein sehr kleiner Strom über die Motoren führt. Dieser Strom ist so klein, daß er für die Motoren vollkommen belanglos ist. Durch ihn bleibt der Magnetanker angezogen und die Kontakte bleiben geöffnet. Erst wenn der Fahrschalter in die 0-Stellung gebracht, der Motorkreis also geöffnet wird, wird die Klebspule spannungslos und der Automat wird durch die Feder wieder geschlossen. Es ist außerdem noch ein Handhebel vorhanden, durch den entgegen

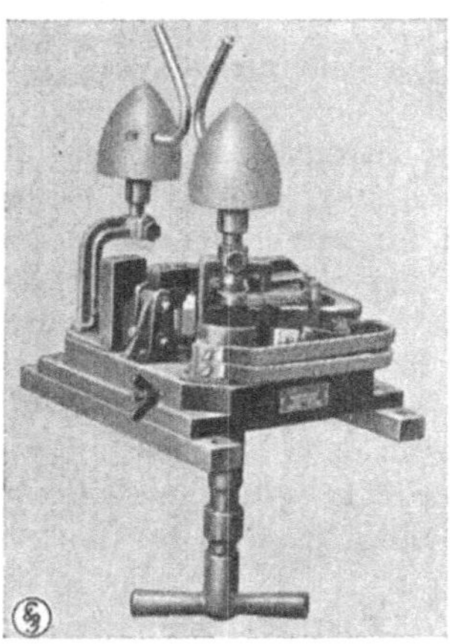

Abb. 136. Höchststromschalter mit Hörnerfunkenlöschung (SSW).

der Federkraft der Automat geöffnet werden kann. Der Automat bleibt dann infolge geeigneter Verklinkung offen (nicht eingezeichnet). Die Wiedereinschaltung kann nur durch den Handhebel erfolgen. Bei ge-

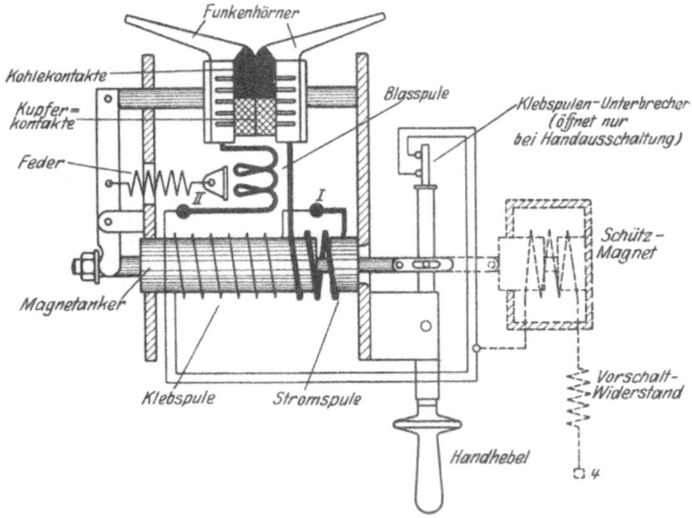

Abb. 137. Höchststromschalter (Krupp).

öffnetem Handhebel wird außerdem der Stromkreis der Klebespule unterbrochen, um keine spannungsführende Verbindung nach den Motoren zu haben.

Eine vollkommene Sicherung der Motoren gegen Überlastung ist durch Überstromschalter nicht immer vorhanden. Da bei der Anfahrt die Motoren zunächst in Reihe und dann parallel geschaltet sind, muß der Höchststromschalter für den doppelten Motorstrom eingestellt sein. In der Reihenschaltung ist dann beim einfachen Strom kein Schutz gegen Motorüberlastung vorhanden. Ein einwandfreier Schutz läßt sich erzielen, wenn die Auslösespule des Höchststromschalters unterteilt wird und die beiden Spulenhälften während der Reihenschaltung der Motoren in Reihe und in der Parallelschaltung parallel geschaltet werden. Dies erfordert jedoch besondere Umschaltkontakte auf der Kontrollerwalze, die man gerne vermeidet. Es besteht die weitere Möglichkeit, daß man jeden Motor für sich durch eine Starkstromsicherung absichert. Eine solche Sicherung (Schmelzsicherung mit magnetischer Blasung) zeigt die Abb. 138. Bei der Anordnung dieser

Abb. 138. Motorsicherung (SSW).

Sicherung ist darauf zu achten, daß sie, falls elektrische Bremsung vorhanden, nicht im Bremsstromkreis liegt, da hier trotz gelegentlicher Motorüberlastung die Bremsung nie versagen darf. Aus dem gleichen Grunde darf ein Automat niemals im Bremsstromkreis liegen.

Trotz des unvollkommenen Automatenschutzes in der Serienschaltung findet man sich meist damit ab, da in der eigentlichen Betriebsschaltung, also in der Parallelschaltung, der Überstromschutz richtig arbeitet.

C. Überspannungsschutz.

Um das Eindringen von atmosphärischen Überspannungen in die elektrische Ausrüstung eines Fahrzeuges zu verhindern, werden meist Hörnerableiter verwendet. Die Abb. 139 zeigt einen solchen Hörnerableiter. Die Zuleitung von der Fahrleitung wird an das eine Horn angeschlossen (in der Abbildung das rechte). Der Fahrstrom durchfließt zunächst die von diesem Horn abgehende Schutzdrossel und gelangt dann zu den eigentlichen elektrischen Ausrüstungsteilen. Das andere Horn ist dagegen unmittelbar oder über einen Widerstand (z. B. Karborundum) mit der Erde verbunden. Tritt eine atmosphärische Überspannung (z. B. Wanderwelle) auf, so stellt die Drosselspule für sie, da sie hochfrequenter Art ist, einen großen Widerstand dar und verhindert ihr Eindringen in den Wagen, besonders, da die Überspannung gleichzeitig die Funkenstrecke durchschlägt und zur Erde abfließt. Der zur Erde nachfließende, evtl. durch einen Widerstand begrenzte Oberleitungsstrom wird an dem Hörnerableiter hochklettern und dann auslöschen. Die durch die Hörner gebildete Funkenstrecke muß einstellbar sein, was man durch eine Verschiebbarkeit des freien Hornes erreicht. Mittlerer Abstand ca. 5 mm.

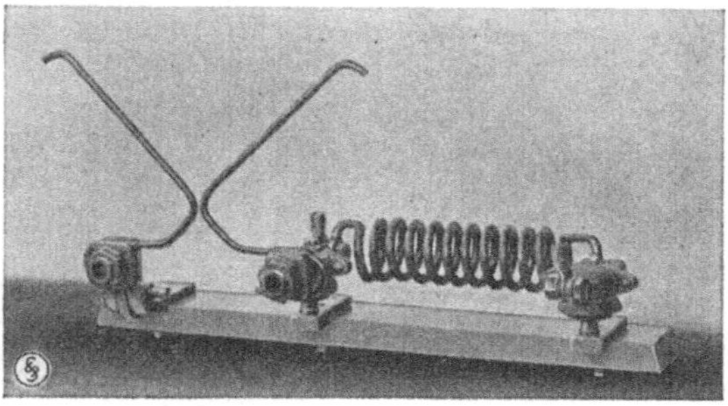

Abb. 139. Hörnerableiter (SSW).

D. Fahrschalter.

Das Anlassen der Gleichstrom-Hauptstrommotoren geschieht mit Hilfe von Vorschaltwiderständen, die stufenweise abgeschaltet werden. Bei mehrmotorigen Fahrzeugen müssen außerdem die Motoren zuerst in Reihe und dann parallel geschaltet werden. Man ist natürlich bestrebt, alle die genannten Schaltänderungen und noch weitere, die sich bei mehrmotorigen Fahrzeugen auf die Wahl der eingeschalteten Motoren beziehen, mit einem einzigen Apparat durchzuführen und die Bedienung soweit wie möglich zu vereinfachen.

Die geläufigste Ausführungsform eines solchen Apparates ist der Fahrschalter oder Kontroller mit Handbetätigung. Man kann die auszuführenden Schaltmanöver in zwei Gruppen einteilen, und zwar:

a) in solche, die bei fließendem Motorstrom, also „unter Last" vorgenommen werden müssen, und

b) in solche, die im stromlosen Zustand erfolgen.

Zu den unter a) genannten gehören alle Schaltoperationen, die während der Bewegung des Fahrzeuges vorgenommen werden, also die stufenweise Änderung der Vorschaltwiderstände beim Fahren und Bremsen, das Einschalten und Ausschalten der Motoren und die Herstellung der Serie-Parallelschaltung. Eine Ausnahme hiervon macht die Übergangsschaltung von Fahren auf Bremsen und umgekehrt, denn sie erfolgt stets, nachdem der Fahrstrom bereits abgeschaltet ist und bevor der Bremsstrom fließen kann.

Zu b) gehören alle diejenigen Schaltoperationen, die normalerweise vor Beginn der Fahrt vorgenommen werden, nämlich die Wahl der Fahrtrichtung vorwärts oder rückwärts und die Wahl der benützten Motoren oder Motorgruppen (einzelne oder alle Motoren).

Die Schaltungen unter Last werden von der sogenannten „Hauptwalze" des Fahrschalters vorgenommen, die stromlosen Schaltungen von der „Nebenwalze" oder „Umschaltwalze". Die Übergangsschaltung von Fahren auf Bremsen erfolgt durch eine „Bremswalze", die mit der Hauptwalze gekuppelt ist und von ihr in die zwei Stellungen „Fahren" oder „Bremsen" gedreht wird.

1. Die Hauptwalze.

Die Konstruktion ihrer Unterbrechungsstellen muß unter Berücksichtigung der Abschaltleistung erfolgen. Dazu ist zunächst zu bemerken, daß bei Unterbrechung von Gleichstrom höherer Spannung (eine solche ist bei der normalen Straßenbahnspannung von 550 Volt bereits gegeben) je nach Stromstärke ganz beträchtliche Lichtbögen und damit Kontaktverschmorungen auftreten. Es ergibt sich also die Notwendigkeit, eine Lichtbogenblasung vorzusehen, die Stehlichtbögen verhindert.

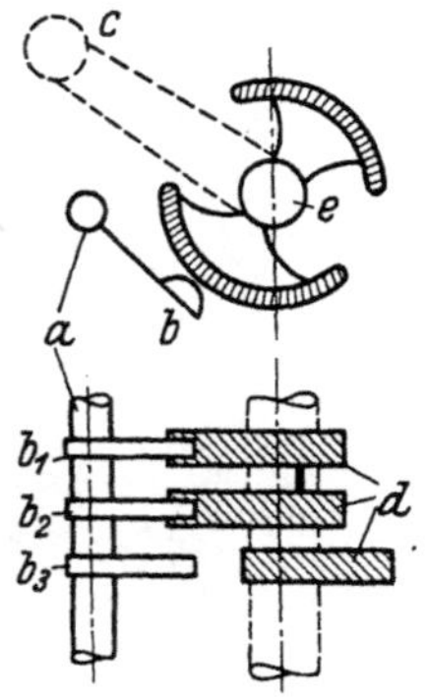

Abb. 140. Fahrschalterwalze.

Die älteste Ausführungsform der Hauptwalze ist in Abb. 140 schematisch dargestellt.

Die vertikale Fingerleiste *a* trägt eine Reihe von Kontaktfingern b_1, b_2 und b_3 usw., die bei Drehung der Fahrtkurbel *c* mit metallischen Segmenten *d* in Berührung kommen. Die Segmente sitzen isoliert auf der Welle der Fahrwalze *e* und sind so ausgebildet, daß je nach Kurbelstellung die gewünschten Verbindungen zwischen den Fingern hergestellt oder gelöst werden. In der schematischen Darstellung sind z. B. gerade die beiden Finger b_1 und b_2 miteinander verbunden.

Die Kontaktfinger müssen mit einem hinreichenden Anpreßdruck auf den Walzenbelägen aufliegen, damit ein sicherer Kontakt gewährleistet ist und keine unzulässige Erwärmung auftritt. Die Anpressung erfolgt durch Federn. Der Hub muß begrenzt sein, damit der Finger nach Ablauf von einem Belag unter Einwirkung der Feder nicht zu tief durchhängt und bei Rückbewegung der Walze nicht staucht. Die eigentlichen Kontaktstücke sind des Abbrandes wegen auswechselbar und der wechselnden Drehrichtung der Walze entsprechend beidseitig abgeschrägt. Abb. 141 zeigt einige Kontaktfingerformen. Zwischen den Kontaktfingern greifen Schutzwände aus einem feuerfesten Material ein, die meistens bei dieser Walzenkonstruktion als sogenannte Funkenrechen ausgebildet sind, d. h. die einzelnen Platten sitzen alle auf einer gemeinsamen Welle und können gemeinsam ausgeschwenkt werden, damit man an die Kontaktfinger heran kann. Das Material der Funkenkämme muß nicht nur feuerfest sein, sondern außerdem isolierende Eigenschaft besitzen und darf nicht hygroskopisch sein. Man verwendet dazu besondere Ausführungsarten von Asbestschiefer.

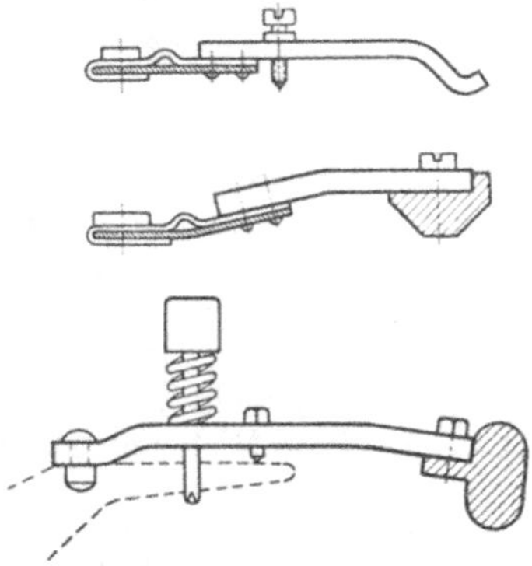

Abb. 141. Kontaktfingerkonstruktionen.

Schalter, deren Hauptwalzen nach der oben beschriebenen Form durchgebildet sind, heißen „Walzenschalter". Die Lichtbogenblasung wird bei ihnen in der Weise vorgenommen, daß seitlich von der Fingerleiste ein oder zwei große Blasspulen angeordnet sind (s. Abb. 142 links). Das dieser Konstruktion zugrunde liegende Blasprinzip besteht darin, daß die sich öffnenden Kontakte in einem senkrechten Blasfeld liegen, so daß der entstehende Lichtbogen, dessen Stromrichtung senkrecht zu den Kraftlinien ist, nach der einen Seite abgelenkt wird. Durch geeignete Form der Abbrennstücke und durch entsprechend große Ausbreitung des Blasfeldes wird der Lichtbogen so lange nach vorn gedrängt, bis er abreißt.

Abb. 142. Fahrschalter mit Zentralblasung.

In Wirklichkeit ergeben sich jedoch bei einem Walzenschalter mit beispielsweise zwei Blasspulen die in der Abb. 143 dargestellten Verhältnisse. In ihr ist der Verlauf der Kraftlinien des Blasfeldes dargestellt, ferner die Richtung des bei der Öffnung entstehenden Funkens. Man erkennt, daß die Ablenkrichtung nicht bei allen Unterbrechungsstellen gleich ist, sondern von der verschiedenen Richtung der Kraftlinien abhängt. So wird z. B. in der gezeichneten Schnittebene *A—B* der Lichtbogen nicht nach vorn (wie gewünscht), sondern nach oben gegen die Funkenwand geblasen. Im Schnitt *C—D* wird er nach vorn geblasen werden, was wesentlich besser ist. Die Blasspule wird stets vom Hauptstrom durchflossen und ergibt dadurch immer ein Blasfeld, das der Richtung des Hauptstromes entspricht.

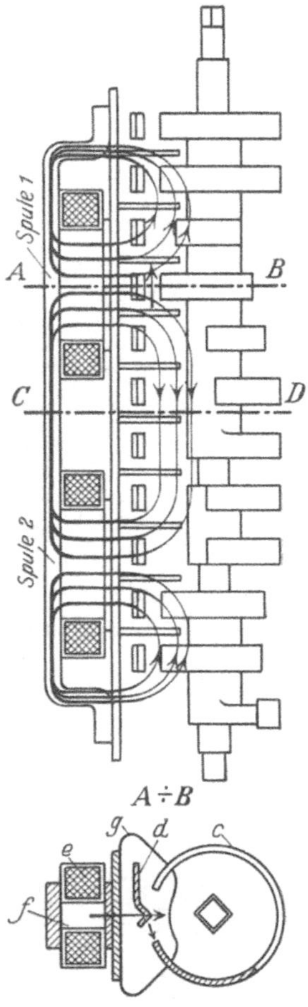

Abb. 143. Kraftlinienverlauf bei Zentralblasung.

Die neueste Form der Hauptwalzenausführung besitzen die sogenannten „Nockenschalter". Bei ihnen besorgt die Hauptwalze nicht unmittelbar die Schaltungen, sondern mit Hilfe von Nockenscheiben, die auf ihrer Achse aufgereiht sind und die ihrerseits besondere Schaltelemente steuern. Jedes dieser Schaltelemente, d. h. jedes Kontaktpaar, besitzt eine besondere Blasspule. Die Konstruktion geht aus der Abb. 144 hervor.

Es bedeutet *a* die aus Isoliermaterial hergestellte Kurven- oder Nockenscheibe (auf der Hauptwalze aufgesteckt), durch die der bewegliche Arm *b* des Schaltelements um den Drehpunkt *c* bewegt wird. Die Blasspule *d* ist um einen Eisenkern *e* gewickelt und an dem festen Kontaktarm *k* befestigt; die Polplatten, die auf den beiden Stirnplatten *e* angeschraubt und so groß sind, daß sie die Kontaktarme etwas überragen, sind auf der Photographie weggelassen. Der bewegliche Kontaktarm *b* wird durch eine Feder *f* unter dauernder Druckspannung gehalten. Ein Schließen der Kontaktklötze *g* unter dem Druck dieser Federkraft erfolgt, wenn die Nockenwelle durch die Fahrkurbel gedreht wird und die Rolle *h* des Kontakthebels *b* also in den Einschnitt der Nockenscheibe *a* gleitet. Das Öffnen der Klötze *g* erfolgt dagegen zwangläufig durch die Nockenscheibe, so daß ein Öffnen der Kontakte selbst bei Anschmorung sichergestellt ist. Die Kontakte sind bei der Ausführungsform nach Abb. 144 reine Druckkontakte. Die Kontaktstücke sind leicht auswechselbar. Sowohl der bewegliche als auch der feste Kontaktarm *k* sind an isolierten Stäben festgeschraubt.

Eine andere Ausführungsform eines neuen Schaltelements zeigt die Abb. 145. Man erkennt in der Mitte die kreisförmige Blasspule, auf der rechten Seite sitzt der mehr geradlinig ausgeführte auswechselbare Kontakt, links ist der bewegliche Kontakt, der ebenfalls um den Drehpunkt gegen den Druck einer Feder durch die Nockenwalze geöffnet werden kann. Die Nockenwalze mit den Scheiben ist in der Abb. 145 entfernt.

Abb. 144. Einzelschaltelement für Nockenkontroller (BBC).

Der Vorteil dieser Anordnungen gegenüber den alten Schaltern liegt zunächst darin, daß die Reibung auf ein Minimum reduziert ist. Man muß berücksichtigen, daß die Kontaktfinger von Walzenschaltern infolge der Lichtbögen rauh sind, ebenso die Ablaufkanten der Segmente, und daß die Finger mit Durchhang angeordnet sind. Der Nockenschalter hat dagegen rollende Reibung und die Kontakte selbst drücken nur aufeinander. Der wichtigste Unterschied gegenüber der zuerst beschriebenen Ausführung der Walzenschalter ist jedoch die Funkenlöschung. Der Umstand, daß jedes Schaltelement eine besondere Blasspule besitzt, gestattet, jedes Kontaktpaar mit der Blaswirkung, d. h. der Windungszahl, auszustatten, die nach seiner Belastung die günstigste ist.

Abb. 145. Nockenkontroller (SSW).

Hinzukommt, daß ein anderes Blasprinzip, das sich besonders bei der Abschaltung größter Leistungen bewährt hat, zur Anwendung gelangt. Es geht von dem Gedanken aus, daß es nicht notwendig ist, den Lichtbogen möglichst weit von den Funkenhörnern wegzublasen, sondern daß es nur darauf ankommt, dem Lichtbogen die zum Erlöschen notwendige Länge zu geben. Aus diesem Grunde gibt man, wie die Abb. 146 zeigt, den Funkenhörnern eine möglichst gestreckte Form und bildet das Blasfeld so aus, daß es nur in unmittelbarer Nähe der Hörner stark ist, in einiger Entfernung dagegen schon wesentlich an Stärke abnimmt. Tritt der Lichtbogen beim Abschalten auf, so wird er zunächst so weit nach vorn geblasen, bis er aus dem Bereich des starken Magnetfeldes in den des schwächeren gelangt. Da die Fußpunkte des Lichtbogens sich jedoch stets in dem starken Blasfeld befinden, werden sie gezwungen, den Hörnern entlang zu wandern, wodurch die Länge des Lichtbogens immer mehr zunimmt, bis er erlischt. Bei diesem Verfahren, das mehr eine Lichtbogenstreckung und Lichtbogenverdünnung darstellt (etwa wie man ein Gummiband durch ständiges Ziehen an den Enden zum Reißen bringt) spart man bei größeren Schaltern erheblich an Platz, denn der Lichtbogen tritt nur unwesentlich über den durch die Kontakthörner begrenzten Raum hinaus. (Erwähnt sei, daß z. B. bei Hochspannungs-Gleichstromschaltern für andere Zwecke, die nach dem gleichen Prinzip gebaut sind, die Lichtbogenlänge bis auf mehrere Meter gestreckt wird.)

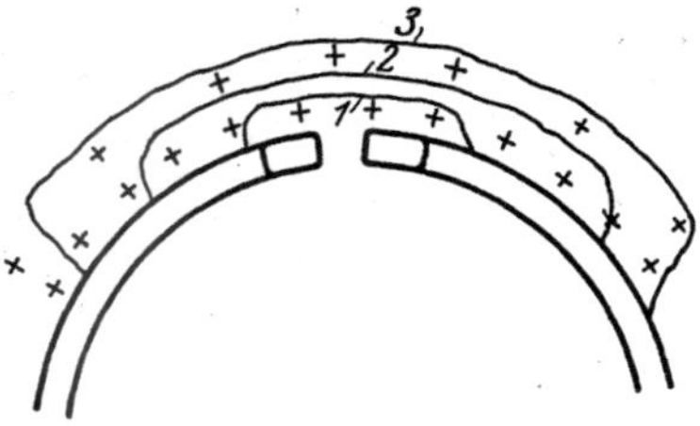

Abb. 146. Lichtbogenstreckung.

Die Anwendung dieses Blasprinzips, das man sich leicht auf die gezeichnete Form eines modernen Schaltelements übertragen kann, hat es ermöglicht, die Schaltleistung von Fahrschaltern erheblich zu steigern, ohne daß die Abmessungen vergrößert werden mußten.

Bei Nockenschaltern mit Hammerkontakten ist jedoch einem Punkte besondere Aufmerksamkeit zu widmen. Bei Abschaltungen können sich auf den Kontaktoberflächen Niederschläge von Kupferoxyd bilden. Solche Schichten besitzen isolierende Eigenschaft. Praktisch hat diese Erscheinung meistens keine Bedeutung, weil diese Schichten bei größeren Spannungen (über 15 Volt) sofort durchschlagen werden. Bedeutung gewinnt diese Oxydschicht jedoch bei der elektrischen Bremsung, weil dort zu Beginn der Bremsung nur die Remanenzspannung zur Verfügung steht, die sehr klein ist und nicht immer genügt, die Oxydschicht zu durchschlagen. Die Motoren vermögen sich daher nicht zu erregen und die Bremswirkung ist verhindert. Um solche für den Bahnbetrieb höchst gefährliche Versager zu vermeiden, versieht die Firma BBC diejenigen Kontaktpaare, die für die Herstellung des Bremsstromkreises wesentlich sind, mit Silberbelägen von etwa 3 mm Stärke. Das Silber hat die Eigenschaft, daß seine Oxyde den Strom sehr gut leiten, so daß also Bremsversager ausgeschlossen sind. Man kann auch durch entsprechende Konstruktion dafür sorgen, daß die Kontakte soviel Gleitreibung erhalten, daß auftretende Oxydschichten mechanisch zerstört werden, jedoch wird dadurch der Vorteil der geringen Reibung des Nockenschalters wieder etwas beeinträchtigt.

2. Die Umschaltwalze.

Sie hat nur solche Schaltungen auszuführen, die stromlos erfolgen, d. h. sie bereitet nur Schaltungen vor, die bei Einschaltung des Fahrstromes vorhanden sein müssen. Zu ihren Funktionen gehört die Einstellung der Fahrtrichtung, vorwärts oder rückwärts, sowie die Wahl der Motoren, d. h. ob mit allen oder mit einzelnen Motoren (bei vielmotorigen Fahrzeugen Motorgruppen) gefahren werden soll.

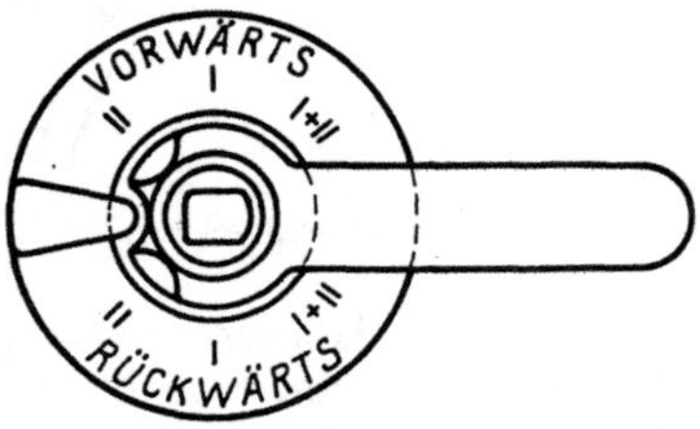

Abb. 147. Umschaltrosette.

Die prinzipielle Konstruktion der Umschaltwalze entspricht genau derjenigen einer Hauptwalze beim Walzenschalter, nur daß die Blasung wegen der stromlosen Schaltung in Wegfall kommt. Aus den gleichen Gründen fehlen die Funkenkamine und die auswechselbaren Abbrennstücke an den Kontaktfingern (kein Abbrand). Es ist also wieder eine Fingerleiste vorhanden mit aufgereihten Kontaktfingern und eine Welle mit Kontaktsegmenten. Die Drehung dieser Welle erfolgt von Hand. Abb. 147 zeigt die Rosette einer Umschaltwalze samt Handgriff für ein zweimotoriges Fahrzeug. Der Umschaltgriff wird vor Antritt der Fahrt in eine bestimmte Stellung gebracht, z. B. „Vorwärts $I + II$“ (d. h. mit beiden Motoren) und bleibt dann in dieser Stellung unverändert stehen.

3. Die Bremswalze.

Sie stellt diejenigen Umschaltungen her, die beim Übergang von Fahren auf Bremsen und umgekehrt notwendig sind. Dieser Übergang erfolgt stromlos, denn vor Herstellung der Bremsschaltung muß ja der Fahrstrom ausgeschaltet sein, ebenso kann man dafür sorgen, daß der Bremsstrom bereits unterbrochen ist, wenn man aus der Bremsschaltung in die Fahrschaltung übergeht. Diese Schaltoperationen können also ohne Funkenblasung vorgenommen werden, d. h. die Einzelteile können genau so ausgeführt sein, wie bei der normalen Umschaltwalze. Einen Unterschied macht jedoch die Betätigung. Die Umschaltwalze wird mit einem besonderen Handgriff gedreht, während für die Umschaltungen der Bremswalze allereinfachste Betätigung wegen Gefahrfällen notwendig ist. Die zusätzliche Betätigung eines Griffes beim Übergang von Fahren auf Bremsen ist deshalb meist unzulässig. Man ordnet deshalb die Bremswalze getrennt von der Umschaltwalze, oberhalb oder unterhalb derselben an und führt ihre Umsteuerung so aus, daß sie beim Bremsen in die Bremsstellung und beim Fahren in die Fahrstellung durch die Hauptwalze mitgenommen wird, was leicht durchgeführt werden kann, da bei solchen Übergängen der Drehsinn der Hauptwalze geändert wird.

Es gibt auch Schalterkonstruktionen, bei denen Bremswalze und Umschaltwalze in eine Walze zusammengefaßt sind. Selbstverständlich muß je nach Drehung der Hauptkurbel auf Fahren oder Bremsen dann die gesamte kombinierte Walze gedreht werden. Jeder Wahlstellung der Umschaltwalze muß dann noch eine entsprechende Bremsstellung zugeordnet sein. Dadurch wird der Umfang der gemeinsamen Walze groß und man ist gezwungen, auf einzelne Bremsschaltungen zu verzichten, beispielsweise auf das elektrische Bremsen mit einzelnen Motoren. Die Ausführung mit besonderer Bremswalze ist deshalb zweifellos einfacher.

4. Verriegelungsprogramm.

Bei jeder Fahrschalterkonstruktion müssen besondere Vorkehrungen getroffen sein, um unzulässige Schaltoperationen zu verhindern. So darf es nicht möglich sein, daß in irgendeiner Fahrstellung der Hauptkurbel die Umschaltwalze betätigt wird, da sie dadurch Abschaltungen unter Strom ausführen müßte und wegen der fehlenden Blasung verbrennen würde. Außerdem muß dafür gesorgt sein, daß die Fahrkurbel nur abgenommen werden kann, wenn Haupt- und Umschaltwalze sich in Nullstellung befinden. Befindet sich ferner die Umschaltwalze in einer Zwischenstellung, d. h. in keiner der planmäßigen Stellungen, so darf eine Drehung der Hauptwalze nicht möglich sein. Fährt man mit einem Motor allein, so müssen die Parallelstufen verriegelt sein. Alle diese Bedingungen bezeichnet man als Verriegelungsprogramm des Fahrschalters.

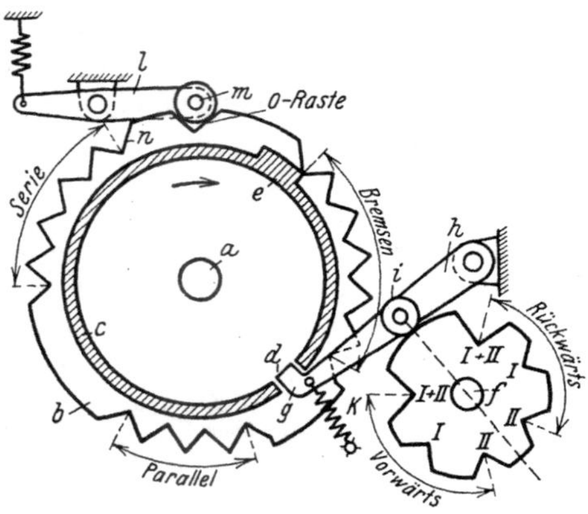

Abb. 148. Fahrschalterverriegelung.

Abb. 148 zeigt im Prinzip, wie eine solche Verriegelung ausgeführt sein kann. Die Abbildung entspricht der Nullstellung der Haupt- sowie der Umschaltwalze. Mit der Hauptwalze *a* ist eine Klinkenscheibe *b* verbunden, die einen ringförmigen Wulst *c* trägt, der bei *d* eine Aussparung hat und bei *e* einen Anschlag trägt. Befindet sich die Umschaltwalze *f* in der Nullstellung, so wird die Nase *g* des Blockierungshebels *h* in die Aussparung *d* gedrückt. Die Hauptwalze *a* ist dadurch gegen Drehung verriegelt. Wird die Umschaltwalze z. B. in die Stellung „Vorwärts Motoren $I + II$“ gedreht, so kann sich die Rolle *i* in den entsprechenden Ausschnitt der Umschaltwalze setzen, und die Nase *g* wird durch die Feder *k* aus der Verriegelungsaussparung *d* herausgezogen. Die Hauptwalze *a* kann jetzt gedreht werden und die einzelnen Schaltstellungen sind für den Führer durch eine besondere Rastierung erkennbar. Diese Rastierung wird erzeugt durch einen Rastierungshebel *l* mit einer Rolle *m*, die durch Federkraft in an der Scheibe *b* angebrachte Ausschnitte *n* gepreßt wird. Die Rastierungsrolle *m* wird mitunter auch durch einen drehbaren Vierkant ersetzt, der ein präziseres Eingreifen in die Ausschnitte ermöglicht.

Wird die Umschaltwalze z. B. in die Stellung Motor *I* gebracht, so setzt sich die Rolle *i* des Verriegelungshebels *h* in den dazugehörigen Ausschnitt *I* der Umschaltwalze. Dieser Ausschnitt ist so bemessen, daß die Nase *g* des Verriegelungshebels *h* gerade aus der Aussparung *d* heraustritt, also nicht so tief wie in der Stellung *I* + *II*. Wird die Hauptwalze im Uhrzeigersinn gedreht, so kann nur bis zur letzten Serienstellung geschaltet werden, da dann der Anschlag *e* an die Nase *g* anstößt. (In der Stellung *I* + *II* ist die Nase *g* so weit zurückgezogen, daß auch der Anschlag noch an ihr vorbeibewegt werden kann.) Befindet sich die Hauptwalze in irgendeiner Zwischenstellung und die Umschaltwalze ist in Stellung *I* + *II*, so kann die Umschaltwalze nicht gedreht werden (etwa versehentlich durch Publikum), da die Nase *g* in ihrer Bewegung durch den Wulst *c* begrenzt wird.

Die weiteren Verriegelungen des Verriegelungsprogramms werden mit der Fahrkurbel und dem Umschaltgriff unmittelbar bewirkt. Der Umschaltgriff ist nur in der Nullstellung der Umschaltwalze herausnehmbar. Wie bereits erwähnt, muß die Betätigung der Bremswalze abhängig gemacht werden von der Drehrichtung der Hauptwalze, und zwar derart, daß bei Drehung der Hauptkurbel im Einschaltsinn diejenigen Beläge mit den Kontaktfingern zusammentreffen, die für die Fahrschaltung notwendig sind, und daß beim Zurückdrehen über die Nullstellung auf Bremsen die Beläge anliegen, die für die Bremsschaltung notwendig sind. Für den Umschaltmechanismus lassen sich verschiedene Konstruktionsprinzipien anwenden. Eine Ausführung zeigt die Abb. 149, bei der zwei Scheiben *I* und *II*, die untereinander auf der Hauptwalzenwelle angeordnet sind, zur Verwendung kommen. Diese Scheiben, von denen die obere schraffiert ist, besitzen Auflaufkanten *a* und *b*, welchen zwei mit Rollen versehene Hebel *c* und *d* zugeordnet sind. Wird die Hauptwalze im Uhrzeigersinn gedreht, so drückt die Kante *a* der oberen Scheibe den oberen Hebel *c* nach abwärts, während die Rolle des unteren Hebels *d* längs der Kante *b* sich in den Einschnitt der unteren Scheibe hinein bewegt. Dadurch wird die Rolle *b* der Brems- bzw. Umschaltwalze um einen Winkel α gedreht, wodurch die Schaltungsänderung bewirkt wird. Bei Zurückdrehung drückt die Kante *b* den Hebel *d* und damit die Walze *b* wieder in die alte Lage. Im Prinzip könnte man mit einer Scheibe auskommen, die die beiden Kanten *a* und *b* hat, jedoch wäre dann bei größeren Drehwinkeln für Fahren und Bremsen die Lage der Bremswalze nicht eindeutig festgelegt.

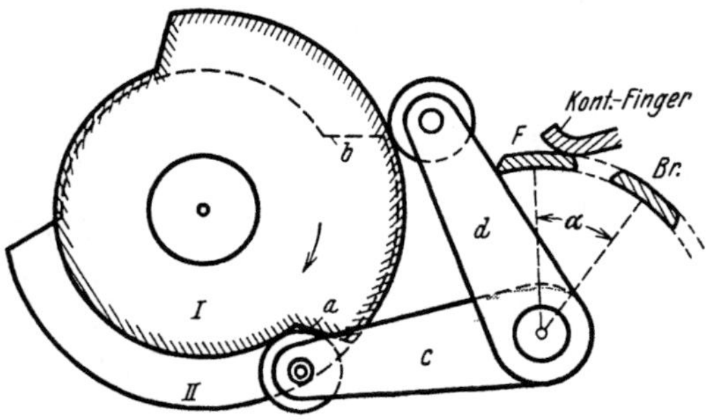

Abb. 149. Mechanische Steuerung der Bremsumschaltwalze.

5. Fahrschalterabwicklung.

Denkt man sich die Walzenbeläge eines Fahrschalters, d. h. diejenigen der Hauptwalze, Umschaltwalze und Bremswalze (bei Nockenschaltern den Umfang der Nocken) geschwärzt und wie eine Druckerwalze in die Zeichenebene abgerollt, ferner die Fingerleisten entsprechend ihrer Lage eingezeichnet, so entsteht die sog. Fahrschalterabwicklung.

Abb. 150 zeigt den Ausschnitt aus einer Fahrschalterabwicklung für einen einfachen Walzenschalter, und zwar links für die Hauptwalze und rechts für die Umschaltwalze. Man erhält die für eine Schaltstellung gültigen Verbindungen, indem man die Fingerleisten in Deckung mit der Vertikalen unter der betreffenden Schaltstellung bringt. So wären beispielsweise auf der Stellung *1* der Hauptwalze die Punkte T mit R_1, *16* mit *9* untereinander verbunden; auf der Stellung *5* die Punkte T mit R_2, R_3, R_4, R_5 sowie *16* mit *9*, auf der Umschaltwalze bei Vorwärtsfahrt V: *5* mit H_2, A_2 mit *15*, F_1 mit H_1 und *19* mit A_1 usw. Das Ablesen der Verbindungen gemäß der gezeichneten Darstellungsart ist sehr einfach und wurde deshalb von verschiedenen Firmen auch für die Hauptwalzenabwicklung bei Nockenschaltern beibehalten, obwohl dort ja keine Kontaktfinger mit Walzenbelägen in Eingriff kommen.

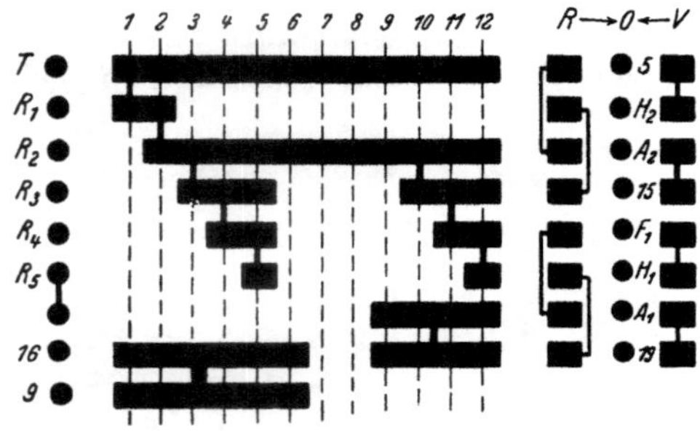

Abb. 150. Fahrschalterabwicklung eines Walzenschalters.

Eine andere Art der Darstellung für Nockenschalter, die gleichzeitig die Arbeitsweise erkennen läßt, ist in Abb. 151 gezeigt. Dabei bedeutet die schraffierte Fläche die Erhöhung der Nockenscheibe. Befindet sich die Rolle des Schaltelements auf der Nocke, so werden die beiden Kontakte *a* geöffnet; läuft die Rolle ab, so wird das Schaltelement geschlossen. Die Darstellung ist also gerade umgekehrt wie bei einem Walzenschalter, bei dem ein dicker Querbalken das Aufliegen eines Fingers bedeutet. Man muß also beim Lesen von Schaltbildern für Nockenschalter genau auf die Art der Darstellung achten.

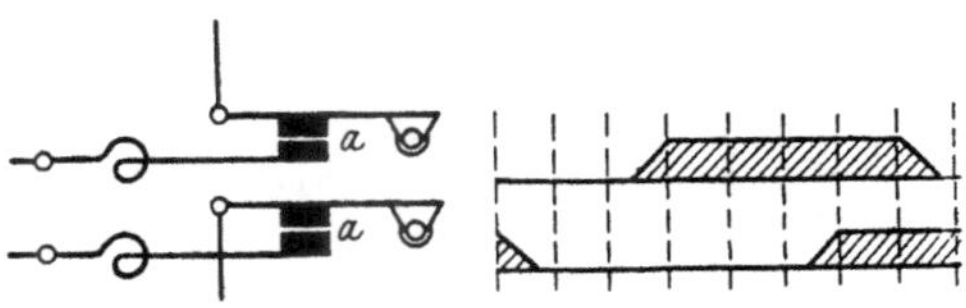

Abb. 151. Fahrschalterabwicklung des Nockenkontrollers.

Die Abb. 152 zeigt die vollständige Abwicklung eines modernen Nockenfahrschalters. Auf der linken Seite sind zunächst die Schaltelemente aufgezeichnet, dann folgt die Abwicklung der einzelnen Kurvenscheiben (rechts mit römischen Ziffern numeriert). Der rechte Teil der Abbildung zeigt die Abwicklung der Umschaltwalze und darunter diejenige der Bremswalze. Alle gleichnamigen Punkte des Schaltbildes sind untereinander verbunden. Über der Hauptwalze der Abwicklung sind die einzelnen Stellungen für „Fahren“ und „Bremsen“ markiert. Die mit Kreuz bezeichneten Stellungen sind Übergangsstellungen. Solche sind vorhanden zwischen Serie und Parallel und zwischen Null und der ersten Fahr- bzw. Bremsstufe. Die letzteren sind deshalb erforderlich, weil die Bremswalze umgesteuert werden muß. wozu ein Schaltwinkel erforderlich ist.

In den Abb. 153 sind für die Fahrschalterabwicklung der Abb. 152 die Auflösungen für die wichtigsten Schaltstellungen gegeben. Die stark ausgezogenen Linien bedeuten dabei diejenigen Verbindungen, die von der Umschaltwalze bzw. Bremswalze hergestellt werden. Die ersten beiden Abb. 153a und b geben die Serie- bzw. Parallel-

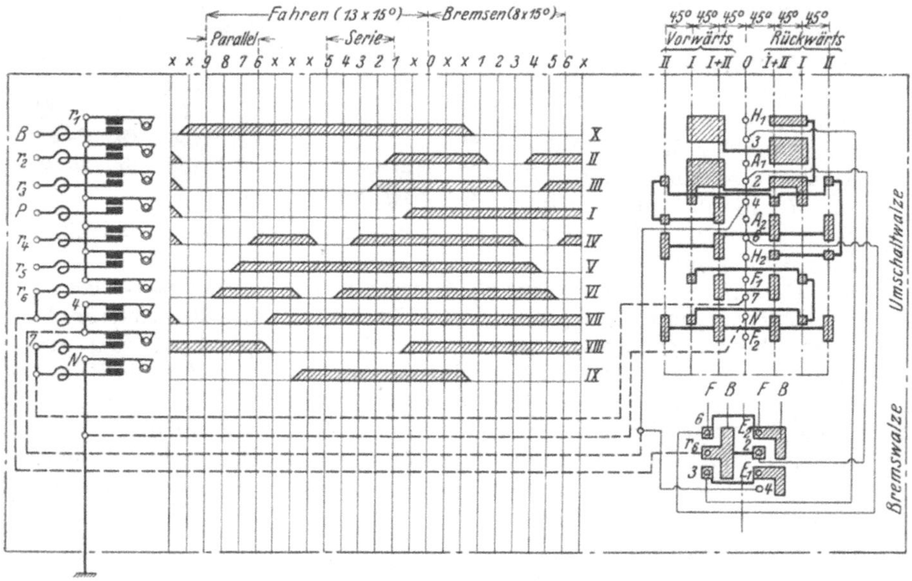

Abb. 152. Schaltbild eines Nockenkontrollers.

schaltung an. Da der Übergang zwischen diesen beiden Schaltungen nur von der Hauptwalze gemacht wird, bleiben die stark gezeichneten Verbindungen unverändert. Abb. 153c gibt die Bremsschaltung mit zwei Motoren; die Umschaltung der Anker und die Kreuzung der Felder wird durch die Bremswalze vorgenommen.

Die weiteren Auflösungen lassen sich leicht kontrollieren, wenn man folgende Überlegung anstellt:

Alle Schaltbilder für Fahren müssen (unabhängig von der Stellung der Umschaltwalze) alle Verbindungen entsprechend der Stellung F (= Fahren) der Bremswalze enthalten, also $6—E_2$; $R_6—2$, $3—E_1$; alle Schaltbilder für Bremsen müssen alle Verbindungen entsprechend der Stellung B der Bremswalze enthalten, also $R_6—6$, $R_6—3$, $E_2—2$, $E_1—4$. Diejenigen Verbindungen, die vorhanden sind, aber für die betreffende Schaltung nicht benötigt werden, sind gestrichelt gezeichnet (siehe z. B.

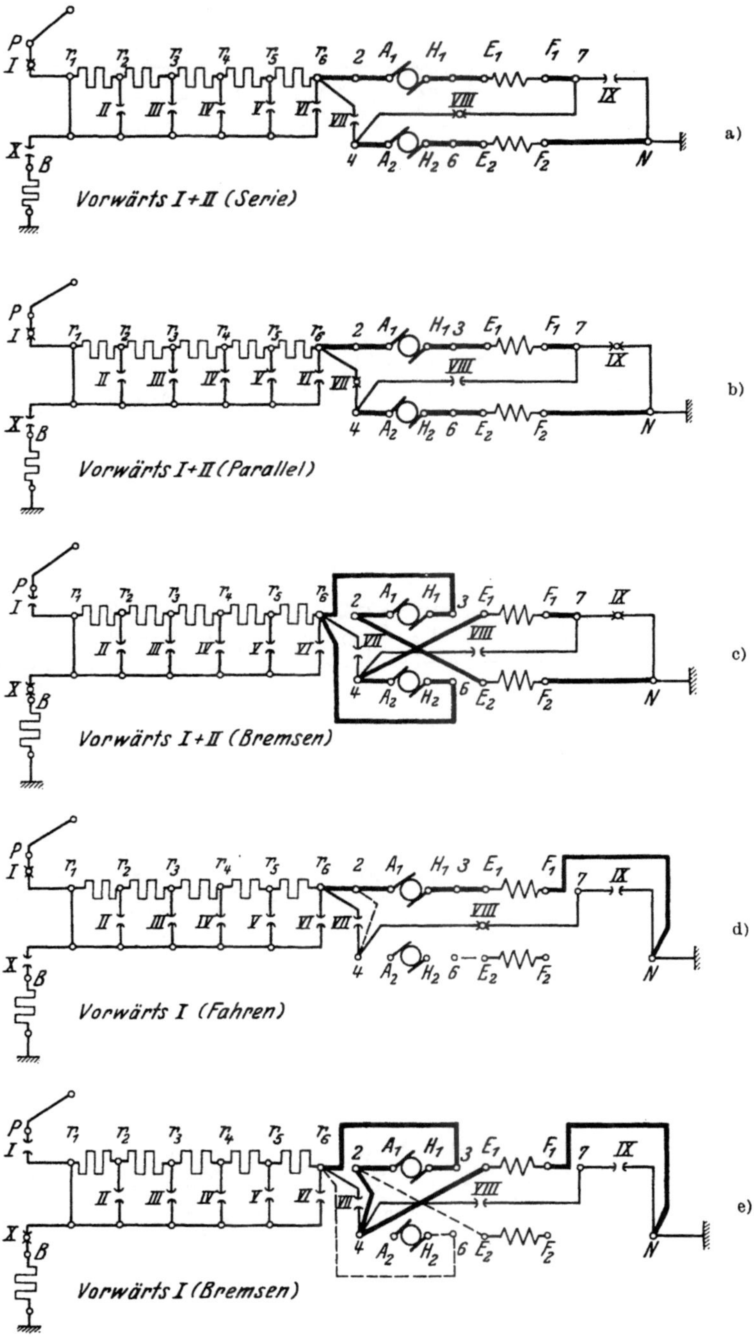

Abb. 153a bis e. Auflösung des Kontrollerschaltbildes.

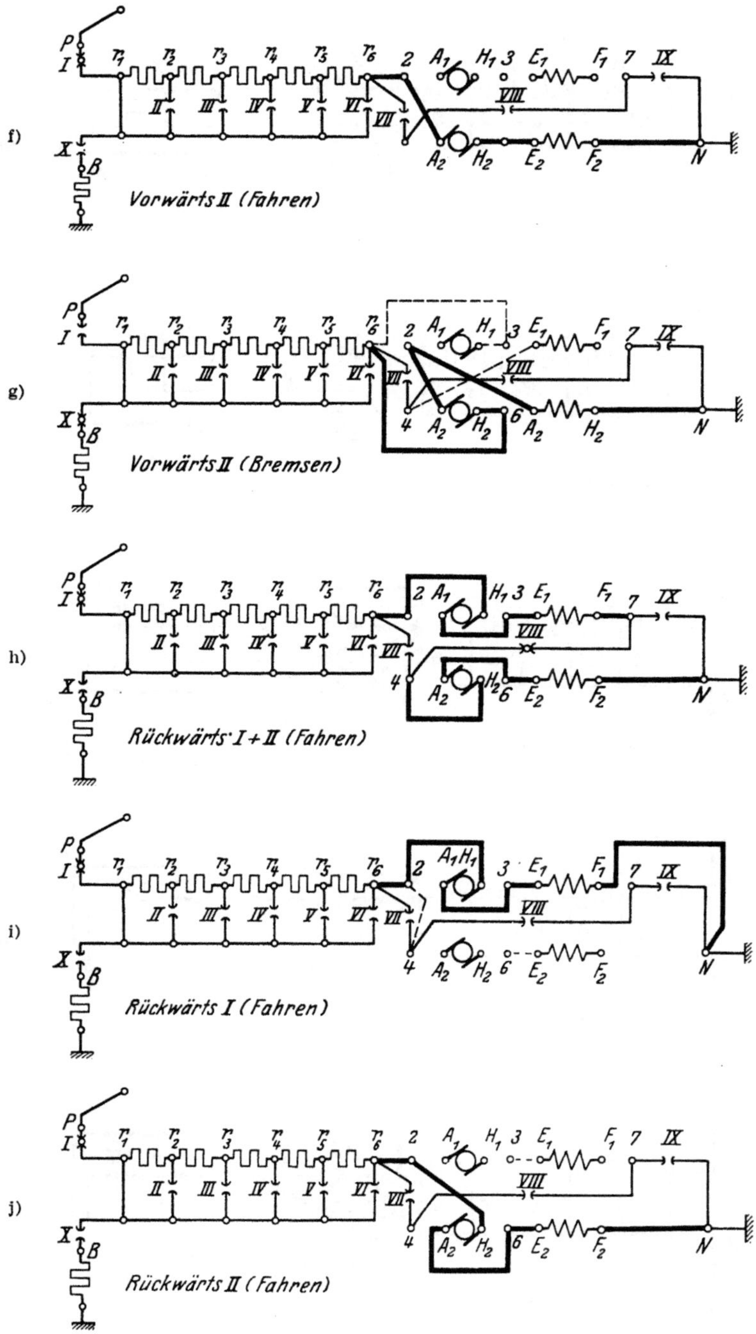

Abb. 153 f bis j. Auflösung des Kontrollerschaltbildes.

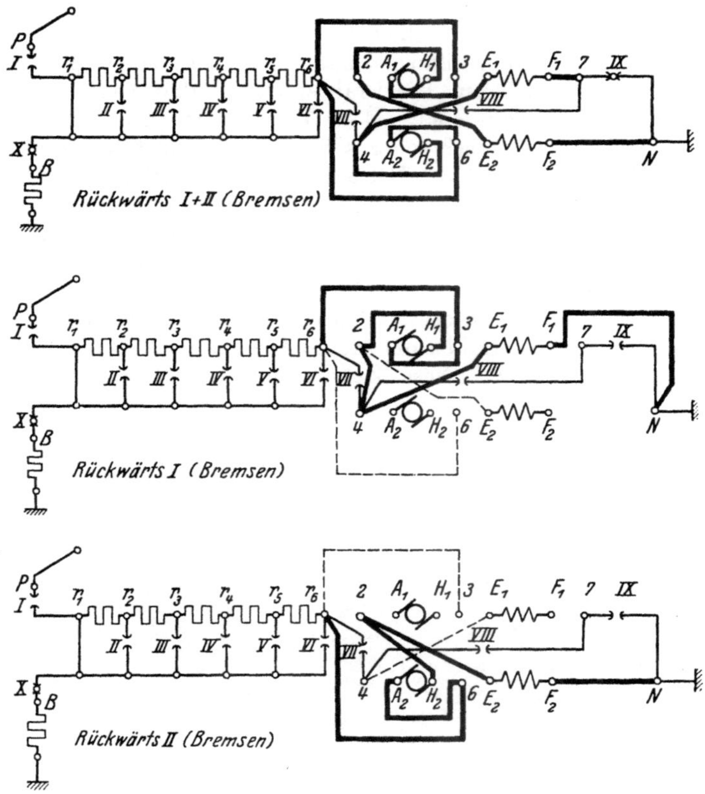

k)

l)

m)

Abb. 153k bis m. Auflösung des Kontrollerschaltbildes.

Abwicklung für Bremsen Abb. 153e). Der Zustand der Schaltelemente ist dadurch gekennzeichnet, daß bei geschlossenem Element zwischen den schematisch dargestellten Kontakten ein kleiner Kreis eingezeichnet ist. Für alle Fahrstellungen ist z. B. das Element *I*, das den Fahrschalter mit der Oberleitung verbindet, geschlossen, das Element *X* dagegen offen. In allen Bremsstellungen ist das Element *I* geöffnet, das Element *X* geschlossen. Von den übrigen Schaltelementen sind *VII*, *VIII* und *IX* diejenigen, die für die Serie- bzw. Parallelschaltung benötigt werden, alle anderen für die Widerstandsabstufung.

E. Anfahr- und Bremswiderstände.

Für die im Bahnbetrieb verwendeten Widerstände kommen entweder Draht- oder Gußwiderstände in Frage. Widerstände aus Band haben sich bis jetzt in Deutschland noch wenig eingeführt, es scheint jedoch, daß sie im Laufe der Zeit wegen ihrer guten Abkühlung mehr verwendet werden.

1. Drahtwiderstände.

Die gebräuchlichsten Widerstände bestehen aus Drahtspiralen, die meist auf eisernen Rahmen in fortlaufendem Zickzack, wie z. B. Abb. 154

zeigt, befestigt sind. Die Isolierung gegen den Rahmen erfolgt durch Porzellanisolatoren. Porzellan ist dafür geeignet, da es größere Temperaturen aushalten kann. Die Drahtspiralen haben meist eine Drahtstärke von etwa 3 bis 5 mm Φ. Über 5 mm zu gehen hat wenig Zweck, da die Spiralen mechanisch schon schwieriger herzustellen sind; außerdem ist, wie aus den weiteren Betrachtungen zu ersehen, die elektrische Ausnutzung der Spiralen nicht mehr so gut.

Man unterscheidet die Widerstandsmaterialien nach ihrem spezifischen Widerstand und kann zwei Gruppen bilden. Die eine Gruppe besitzt einen spezifischen Widerstand von ungefähr 0,5 Ohm, während die andere einen solchen von etwa 1 bis 1,15 Ohm hat. Die handelsübliche Bezeichnung der Materialien der ersten Gruppe ist WM 50, die der anderen Gruppe WM 100. Diese Zahlen geben den Widerstand eines

Abb. 154. Dachwiderstände (BEW).

Drahtes von 1 mm² Querschnitt für 100 m Länge an. Zu den Materialien WM 50 gehören z. B. Rheotan, Resistin und Konstantan; zur Gruppe WM 100 gehören die Widerstandsmaterialien, die aus Chromnickellegierungen bestehen.

Um einen allgemeinen Überblick zu geben, wie sich die spezifischen Widerstände der verschiedenen Metalle verhalten, ist dieser Zusammenhang in der Abb. 155 graphisch aufgetragen.

Ein im Bahnbetrieb sehr viel verwendetes Widerstandsmaterial ist das Resistin, welches aus Mangan und Kupfer besteht. Der spezifische Widerstand ist 0,5 und das spezifische Gewicht beträgt 8,3. Resistin hat einen sehr kleinen Temperaturkoeffizienten, der etwa die Größenordnung 0,000025 hat, der also für Bahnzwecke stets vernachlässigt werden kann. Die spezifische Wärme in $\frac{\text{Joule}}{\text{kg}\,^0\text{C}}$ beträgt etwa 0,42. Resistinspiralen dürfen mit 300° C belastet werden, ohne daß dabei das Material Schaden erleidet. Höhere Temperaturen sind nicht zulässig, da sich dann auf der Drahtoberfläche infolge Oxydation eine Zunderschicht bildet, die abblättert, sich erneuert, wieder abblättert usw. und dadurch den Drahtquerschnitt immer mehr und mehr schwächt.

Um einen ungefähren Anhaltspunkt zu geben, wie Resistinspiralen belastet werden können, ist in der Abb. 156a in Abhängigkeit vom Drahtdurchmesser der zulässige Dauerstrom aufgetragen. Dabei ist angenommen, daß der Draht 300^0 warm werde. Es sei bemerkt, daß der zulässige Strom nicht allein vom Drahtdurchmesser abhängig ist, sondern auch von der Art und Weise, wie die Spiralen angeordnet sind, ob deren Windungen sehr eng benachbart, ob der Abstand der einzelnen Spiralen groß ist u. dgl. Die angegebenen Werte beziehen sich auf Spiralen von Bahnwiderständen, bei denen der mittlere Spiralendurchmesser etwa 30 mm beträgt und die gestreckte Drahtlänge pro Spirale ca. 2 m ist. Die eingesetzte Länge der Spirale beträgt etwa 230 mm.

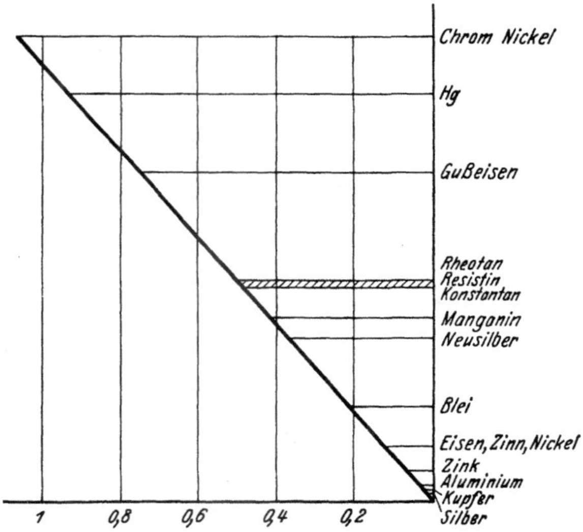

Abb. 155. Spezifische Widerstände in Ohm.

In der Abb. 156a ist außerdem die Kurve der pro Spirale vernichteten Watt aufgetragen. Da die Oberfläche der Drahtspirale proportional dem Drahtdurchmesser ist, ist also die Kurve der zulässigen Wattzahl eine Gerade, die durch den Nullpunkt geht. Außerdem ist in der Abbildung noch die Ohmzahl pro Spirale von 2 m Drahtlänge eingezeichnet.

Von weiterem Interesse ist das Gewicht pro Spirale (wieder von 2 m Länge) sowie die zulässige Wattzahl pro Kilogramm. Diese beiden Kurven zeigt die Abb. 156b. Ein Vergleich der Kurve der zulässigen Wattzahl mit der der Wattzahl pro Kilogramm ist für die Dimensionierung von Widerständen sehr wichtig. Man erkennt, daß mit größerem Drahtdurchmesser die pro Spirale vernichtete Wattzahl größer wird; andererseits ist die pro Kilogramm Spiralenmaterial vernichtete Wattzahl bei kleinerem Drahtdurchmesser größer als bei großen. Diese beiden Ergebnisse sind für die Dimensionierung von Widerständen eigentlich widersprechend. Man hat das Bestreben, auf gleichem Raum bei kleinstem Gewicht möglichst viel Watt zu vernichten. Diese Bedingung läßt sich aber, wie aus den beiden Kurven hervorgeht, nicht erfüllen. Man wird also die Dimensionierung je nach den wichtigsten gestellten Bedingungen vornehmen müssen.

Sehr oft liegt der Fall vor, daß man auf vorgeschriebenem Raum eine möglichst große Wattzahl vernichten muß. In einem solchen Falle wird man Spiralen mit großem Drahtdurchmesser wählen. Steht dagegen viel Raum zur Verfügung, so wird man mit Spiralen kleineren Drahtdurchmessers arbeiten. Man benötigt dann zwar mehr Spiralen, aber das Gesamtgewicht derselben ist kleiner, da gemäß der Kurve die zulässigen Watt pro Kilogramm groß sind. Das aktive Widerstandsmaterial wird also bei kleinem Drahtdurchmesser geringer sein.

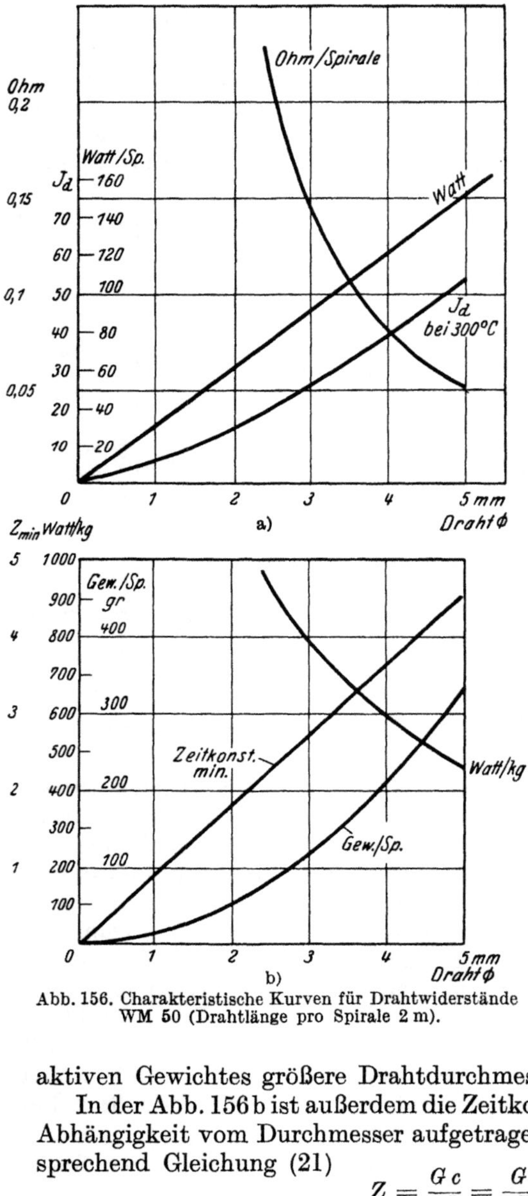

Abb. 156. Charakteristische Kurven für Drahtwiderstände WM 50 (Drahtlänge pro Spirale 2 m).

Es ist jedoch zu bedenken, daß eine beliebige Verkleinerung des Drahtdurchmessers wirtschaftlich nicht vorteilhaft ist, da der Herstellungspreis nicht nur proportional dem Gewicht, sondern auch mit der Zahl der herzustellenden Spiralen steigt. Außerdem wird, um viele Spiralen unterzubringen, eine größere Zahl von Befestigungsrahmen und sonstigen Konstruktionsteilen benötigt. Hieraus folgt, daß selbst, wenn beliebiger Raum für die Spiralen zur Verfügung steht, der zu wählende Drahtdurchmesser nicht beliebig klein sein darf, sondern daß das wirtschaftliche Optimum bei einer ganz bestimmten Drahtstärke liegt, die von Fall zu Fall festgestellt werden muß. In den meisten Fällen liegt jedoch bei Straßenbahnen, besonders wenn elektrische Bremsung vorhanden ist, der Fall vor, daß eben eine möglichst große Wattzahl auf beschränktem Raum vernichtet werden muß, so daß man also trotz des größeren aktiven Gewichtes größere Drahtdurchmesser verwenden muß.

In der Abb. 156b ist außerdem die Zeitkonstante der Drahtspiralen in Abhängigkeit vom Durchmesser aufgetragen. Die Zeitkonstante ist entsprechend Gleichung (21)

$$Z = \frac{G c}{\varrho F} = \frac{G c}{\left(\frac{W}{\vartheta}\right)}. \qquad (116)$$

Der Zähler bedeutet dabei die gesamte spezifische Wärme der Spirale, ist also gleich dem Gewicht der Spirale mal der spezifischen Wärme c. Da die abgegebene Leistung in Watt gerechnet wird, muß die spezifische Wärme in $\frac{\text{Joule}}{\text{kg}\,^0\text{C}}$ gemessen werden. Der Nenner ist der Wärmeabgabe-Koeffizient, also gleich der abgegebenen Wattzahl W geteilt durch die dabei erreichte Temperatur ϑ. Die spezifische Wärme beträgt in dieser Einheit bei den meisten Widerstandsmaterialien etwa 0,42. Da die abgegebene Wattzahl nicht proportional der Temperatur wächst, sondern stärker wegen der Strahlung, ergibt sich, daß die Zeitkonstante für Widerstandsdrähte eigentlich keine Konstante ist, sondern von der Temperatur abhängt. Für Berechnungen setzt man zweckmäßig die höchstzulässige Temperatur ein, bei Resistin also z. B. 300^0, und berechnet die für diese Temperatur geltende Zeitkonstante. Bei Erwärmungsrechnungen wird man dann mit dieser so ermittelten Zeitkonstanten auch bei Temperaturen rechnen, die nicht gerade mit 300^0 zusammenfallen. Die Genauigkeit des Verfahrens ist jedoch praktisch für alle Fälle genügend, da es sich doch nur um eine ungefähre Bestimmung der Abmessungen handeln kann und außerdem viele Faktoren eine Rolle spielen, z. B. unsachgemäßes Schalten, die bei der Rechnung sowieso nicht voll berücksichtigt werden können.

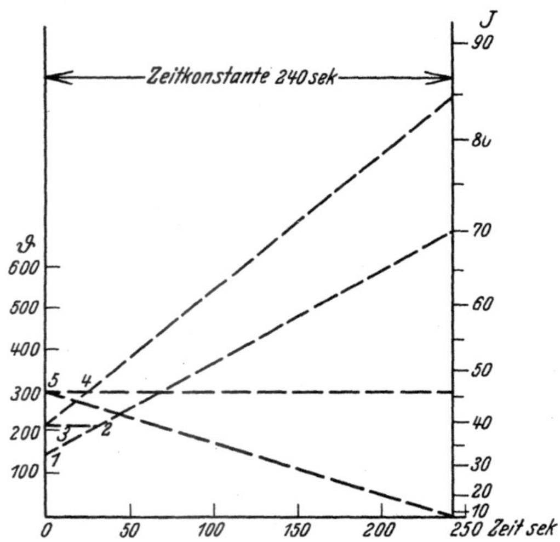

Abb. 157. Wärmebild für Drahtwiderstände.

In der Abb. 157 ist in einem Wärmebild die Ermittlung des Temperaturverhaltens eines Widerstandsdrahtes von 4,5 mm Φ dargestellt. Als Abszisse ist die Zeit in Sekunden und als Ordinate die Temperatur aufgetragen. Im Abstand der Zeitkonstanten, die für 300^0 zu 240 sec berechnet ist, wird eine Gerade errichtet. Aus der Kurve Abb. 156a kann man die bei 300^0 und einem Drahtdurchmesser von 4,5 mm zulässige Stromstärke 47 Amp. abgreifen. Durch quadratische Umrechnung bekommt man die Temperaturen für andere Stromwerte (s. S. 45). Diese Temperaturen sind auf der errichteten Geraden rechts abgetragen, wobei stets der Stromwert angegeben ist, bei dem diese Temperatur erreicht wird. Bei dem Verfahren der quadratischen Umrechnung ist angenommen, daß der Wärmeabgabe-Koeffizient unabhängig von der Temperatur ist, was jedoch nur innerhalb eines gewissen Temperaturbereiches zulässig ist. Unser Verfahren wird also nur streng sein, wenn die tatsächlich auftretenden Temperaturen in der Gegend von etwa 300^0 schwanken. Bei zu niederen Temperaturen wird das Verfahren zu günstige und bei zu hohen Temperaturen zu ungünstige Werte liefern. Da es jedoch darauf ankommt, daß die tatsächlichen Temperaturen den Betrag von etwa 300° nicht überschreiten sollen, werden die Ergebnisse bezüglich der Höchsttemperatur praktisch genügend genau sein, so daß es also keinen Wert hat, strengere Verfahren anzuwenden, die unter Berücksichtigung der Zuverlässigkeit der Unterlagen doch keine größere Genauigkeit bringen würden.

In dem Wärmebild ist angenommen, daß die Ausgangstemperatur im Punkt *1* 150° sei. Es sei jetzt eine Belastung von 70 Amp. während 32,5 sec vorhanden. Man zieht die Gerade vom Punkt *1* nach dem Stromwert 70 und bekommt im Punkt *2* bei der Zeit 32,5 sec eine Temperatur von 220°. Man projiziert den Punkt *2* auf die Ordinate und erhält den Punkt *3*. Ist jetzt während 25 sec die Belastung 85 Amp., so zieht man die Gerade von *3* nach *85* und bekommt bei der Abszisse 25 sec im Punkte *4* eine Temperatur von 300°. Die Projektion des Punktes *4* auf die Ordinate ergibt den Punkt *5*. Jetzt sei angenommen, daß der Draht sich bei der Belastung 0 während 50 sec abkühle. Man zieht die Gerade vom Punkte *5* nach dem Stromwert 0 und bekommt die nach 50 sec erreichte Temperatur von 235°.

Bei dem Verfahren hat man nur darauf zu achten, daß die einzelnen Zeitsabchnitte nicht größer als etwa ¼ der Zeitkonstanten sind. Sollten die Abschnitte größer sein, so sind sie in mehrere zu unterteilen. Bei dem Verfahren brauchen eigentlich keine Linien gezogen werden, sondern es genügt, wenn man ein Lineal in Richtung der zu ziehenden Linie hält und die Projektion der Punkte mit dem Bleistift vornimmt, was auf Millimeterpapier sehr leicht ausführbar ist.

Auf diese Weise kann man sehr rasch den Temperaturverlauf bei beliebiger Belastung feststellen. Falls wünschenswert, kann man auch den Temperaturverlauf in Abhängigkeit von der Zeit in einem besonderen Bild auftragen.

Außer Resistin und Rheotan führen sich in der letzten Zeit Widerstandsmaterialien aus Chromnickel ein. Diese besitzen eine Reihe wesentlicher Vorteile. Als Repräsentant solcher Materialien möge im folgenden das unter dem Namen „Cekas“ bekannte Material behandelt werden. Das spezifische Gewicht dieses Materials ist 8,25; der spezifische Widerstand ist von der Temperatur abhängig und hat folgende Werte:

Temperatur	Spez. Widerstand
20°	1,08
300°	1,15
500°	1,18

Dieses Material (zur Gruppe WM 100 gehörig) hat also einen mehr als doppelt so hohen spezifischen Widerstand als z. B. Resistin und Rheotan. Mit dem hohen spezifischen Widerstand ist jedoch allein noch nichts gewonnen. Wäre die zulässige Temperatur ebenfalls wie bei Resistin 300°, so könnte man pro Spirale nur die gleiche Wattzahl zulassen, wie bei Resistin, man hätte also keinerlei Gewinn in bezug auf aktives Materialgewicht. Das Cekasmaterial besitzt jedoch, wie auch andere Chromnickelmaterialien, die Eigenschaft, daß es bis zu 900° belastet werden kann, ohne daß es Schaden leidet. Im Bahnbetrieb wird man natürlich solche Werte nicht zulassen, da bei diesen Temperaturen schon helle Rotglut des Materials vorliegt. Immerhin dürfen, falls die Konstruktion darauf Rücksicht nimmt, daß keine gegen Wärme empfindlichen Teile unzulässig bestrahlt werden, 500° zugelassen werden. Da mit größerer Temperatur die Wärmeabgabe ganz wesentlich steigt, kann jetzt pro Spirale eine wesentliche größere Wattzahl zugelassen werden.

In der Abb. 158 sind die charakteristischen Werte für Cekasspiralen (WM 100) aufgetragen, wobei eine Temperatur von 500° angenommen

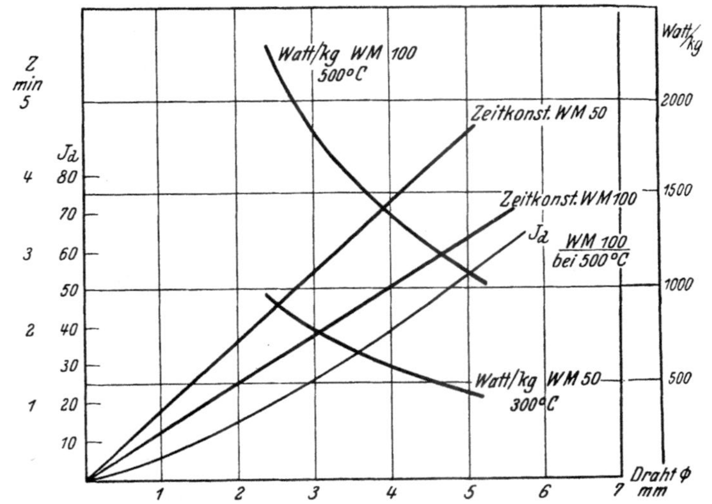

Abb. 158. Charakteristische Kurven für Drahtwiderstände (WM 100 und WM 50). (Drahtlänge pro Spirale 2 m.)

ist. Die Kurve der Ohmzahl pro Spirale ist nicht eingetragen, sie kann jedoch aus der Kurve der Abb. 156a, die für Resistin gilt, durch proportionale Umrechnung der spezifischen, also Multiplikation mit $\frac{1,18}{0,5} = 2,36$ (bei 500°), ermittelt werden. Zum Vergleich sind Zeitkonstante und vernichtete Watt/kg für WM 50-Material mit in die Abb. 158 aufgenommen.

Die Verwendung von „Cekas“- (Chromnickel-) Material bietet also dort große Vorteile, wo es sich um die Unterbringung großer Verluste auf beschränktem Raum handelt. Es ist jedoch zu beachten, daß dieses Widerstandsmaterial teuer ist.

2. Gußwiderstände.

Außer Drahtwiderständen werden auch öfter Gußwiderstände angewendet, die aus einzelnen Gußelementen zusammengesetzt sind. Einen solchen Widerstandskasten zeigt die Abb. 159. In den Abb. 160a und 160b sind die charakteristischen Kurven für Gußeisenelemente aufgetragen. Dabei sind Gußelemente zugrunde gelegt, deren Gesamtfläche gemäß Abb. 160b 150 × 250 mm ist. Bei Gußeisenwiderständen ist zu beachten, daß der spezifische Widerstand stark veränderlich ist; er beträgt in kaltem Zustande etwa 0,75 Ohm und steigt pro 100° um 10%. Das spezifische Gewicht beträgt 7,25 und die spezifische Wärme in $\frac{\text{Joule}}{\text{kg}\,{}^0\text{C}} = 0{,}54$.

Die zulässige Temperatur bei Gußeisenwiderständen beträgt etwa 300° C. Vergleicht man die zulässigen Watt pro kg bei Gußeisen, bei Resistin (WM 50) und Cekas (WM 100), so ergibt sich, daß die Watt pro kg bei Gußeisen am kleinsten sind; sie sind bei Resistin schon erheblich größer, jedoch am allergrößten bei Verwendung von Cekasmaterial. Es ist jedoch zu berücksichtigen, daß Gußeisenwiderstände sehr billig sind. Außerdem haben Gußeisenwiderstände den großen Vorteil, daß sie relativ wenig Raum benötigen, da man mit einem kleinen Abstand von etwa 16 mm zwischen zwei Gußelementen aus-

Abb. 159. Gußeisenwiderstände (BBC).

kommt. Auch besitzen Gußeisenwiderstände eine sehr große Zeitkonstante, sind also unempfindlicher gegen kurzzeitige Überlastungen. Man wird also überall dort Gußeisenwiderstände vorsehen, wenn es auf das Gewicht nicht ankommt und man auf beschränktem Raum große Verlustmengen vernichten will.

Aus diesen Gründen haben die Gußeisenwiderstände sich besonders bei Industrielokomotiven bewährt, bei denen das Gewicht der Gußelemente mit als Adhäsionsgewicht benutzt wird und bei denen sehr große Verlustmengen zu vernichten sind und auch der Preis für die Widerstände nicht zu hoch sein darf.

Die Berechnung der auftretenden Temperatur bei Gußeisenwiderständen erfolgt genau so wie bei Drahtwiderständen unter Zugrundelegung der aus den Abbildungen entnehmbaren charakteristischen Kurven.

3. Bemessung der Anfahr- und Bremswiderstände.

Zur Berechnung der Anfahr- und Bremswiderstände von Fahrzeugen sind folgende Angaben notwendig:

1. Zuggewichte,
   a) Fahrzeug allein, leer,
   b) Fahrzeug mit vollem Zug.

2. Triebraddurchmesser D.
3. Das Übersetzungsverhältnis $\ddot{u}$.
4. Art des Betriebes, z. B. ob Personenbeförderung oder ob Rangierbetrieb.
5. Ist die elektrische Bremse Gebrauchsbremse?

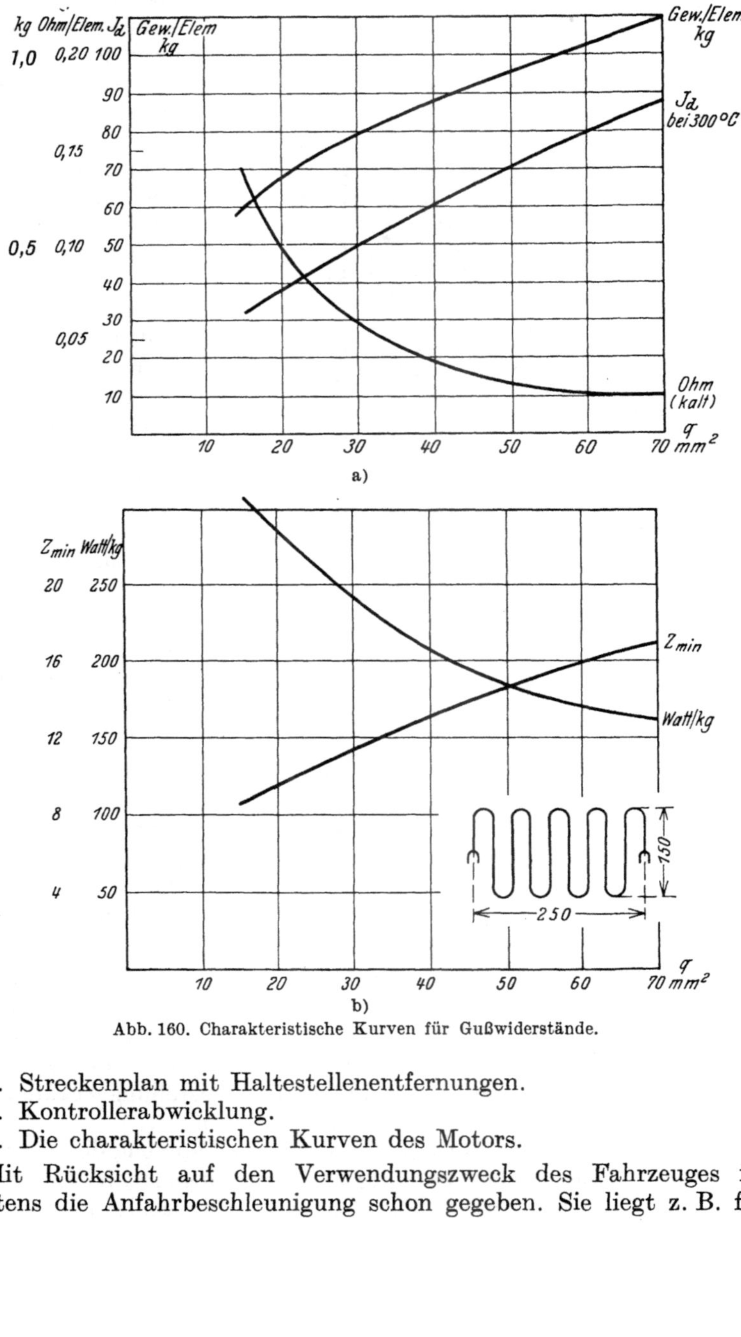

Abb. 160. Charakteristische Kurven für Gußwiderstände.

6. Streckenplan mit Haltestellenentfernungen.
7. Kontrollerabwicklung.
8. Die charakteristischen Kurven des Motors.

Mit Rücksicht auf den Verwendungszweck des Fahrzeuges ist meistens die Anfahrbeschleunigung schon gegeben. Sie liegt z. B. für

Straßenbahnen zwischen 0,5 und 0,7 m/sec² und bei Industriefahrzeugen etwa zwischen 0,1 bis 0,3 m/sec².

Meist geht man bei der Berechnung vom alleinfahrenden Fahrzeug aus. Man bestimmt dessen Masse zu $M = \frac{G}{g}(1 + \alpha)$. Dabei berücksichtigt α die rotierenden Massen und kann bei Straßenbahntriebwagen, wenn man eine genaue Berechnung vermeiden will, zu 0,1 in die Rechnung eingesetzt werden. Für das allein fahrende Fahrzeug läßt man die für die Fahrzeuggattung höchstzulässige Beschleunigung b zu und berechnet, welche Beschleunigungskraft P das Fahrzeug braucht. Diese ist $P = M\,b$. Die Zugkraft des Fahrzeuges muß jedoch noch den Fahrwiderstand W überwinden. Die Anfahrzugkraft ist also $Z = P + W$. Aus der Zugkraft ermittelt man das Motordrehmoment gemäß der Gleichung (77a).

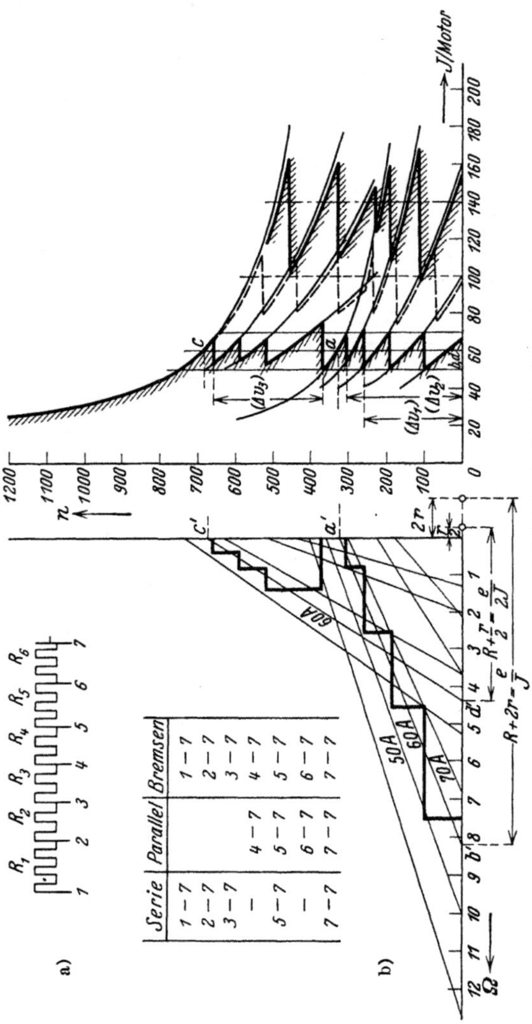

Abb. 161. Stufenweise Anfahrt in Reihen-Parallelschaltung.

Aus den charakteristischen Motorkurven (aus der Kurve $M_d = f(J)$) kann dann der für die Anfahrt erforderliche Strom abgelesen werden.

Um das Anfahrdiagramm für den so gefundenen Strom zu ermitteln, muß z. B. beim zweimotorigen Fahrzeug die Zahl der Anfahrstufen in der Serienstellung und in der Parallelstellung bekannt sein, man muß also die Kontrollerabwicklung kennen.

In der Abb. 161a ist für ein zweimotoriges Fahrzeug der Vorschaltwiderstand aufgezeichnet und dessen Anzapfungen mit *1* bis *7* bezeichnet. Die in der Serien-, Parallel- und Bremsschaltung eingeschalteten Widerstandsstufen sind aus der beistehenden Tabelle zu entnehmen.

Die Grundlagen zur Ermittlung der Anfahrkurven sind bereits beim einmotorigen Fahrzeug auf S. 17 näher beschrieben. In der Abb. 161b ist rechts zunächst die Drehzahlcharakteristik sowohl bei voller als auch bei halber Klemmenspannung aufgezeichnet. Links in der Abbildung ist ein Koordinatensystem aufgetragen, das als Ordinate ebenfalls n hat, als Abszisse dagegen den Vorschaltwiderstand R. Die halbe Klemmenspannung $\frac{e}{2}$ ist in der Reihenschaltung beider Motoren pro Motor vorhanden. Um die für einen bestimmten Stromwert, z. B. 60 Amp., gehörende Gerade $n = f(R)$ festzulegen, geht man von der Überlegung aus, daß beim Vorschaltwiderstand $R = 0$, n auf der Drehzahlcharakteristik für $\frac{e}{2}$ liegt (s. Punkt a und a'). Dies gibt einen Punkt der Geraden. Ist die Geschwindigkeit des Motors 0, so erhält man den Gesamtwiderstand (Vorschaltwiderstand und doppelten Motorwiderstand, da zwei Motoren in Reihe sind) zu

$$R + 2r = \frac{e}{J}. \tag{117}$$

Trägt man den so errechneten Vorschaltwiderstand R im linken System auf der Abszissenachse ab, so erhält man den zweiten Punkt b' der Geraden $n = f(R)$ für $J = 60$ Amp., die nun gezeichnet werden kann. Man wird für andere Stromwerte noch die entsprechenden Geraden zeichnen und kann dann unter Annahme geeigneter Widerstandsstufen, wie auf S. 19 gezeigt, für die Reihenschaltung die zum mittleren Stromwert $J = 60$ Amp. gehörende Anfahrkurve als Zickzacklinie aufzeichnen. Die Verlängerung der vertikalen Linien der Zickzacklinie bis zum Schnittpunkt mit der Abszissenachse liefert die Ohmwerte, die auf jeder Schaltstufe für Serienschaltung vorhanden sein müssen. Im vorliegenden Fall sind 5 Anfahrtsstufen in Serie vorhanden (bei der letzten ist $R = 0$), wodurch die Anfahrstromstärke zwischen 50 und 70 Amp. schwankt für $J_{mittel} = 60$ Amp.

In der Parallelschaltung ist die Lage der Geraden $n = f(R)$ eine andere, da der Vorschaltwiderstand vom doppelten Motorstrom durchflossen wird. Ist der Vorschaltwiderstand 0, so ist die Drehzahl gleich derjenigen der Charakteristik bei voller Klemmenspannung (Punkte c und c'). Ist die Drehzahl 0, so läßt sich der zu dem Stromwert $J = 60$ Amp. gehörenden Vorschaltwiderstand aus der Gleichung $e = R\,2J + Jr$ oder

$$R + \frac{r}{2} = \frac{e}{2J} \tag{118}$$

berechnen. Trägt man diesen Vorschaltwiderstand R im linken Koordinatensystem auf der Abszisse ab, so hat man den zweiten Punkt d' der Geraden $n = f(R)$ für $J = 60$ Amp. Berechnet man noch einige weitere Geraden, so kann auch die Anfahrkurve unter Annahme geeigneter Widerstände für die Parallelschaltung aufgezeichnet werden. Es ist auch hier eine Stufenlinie einzuzeichnen mit so viel vertikalen

Linien als Schaltstufen vorhanden sind, wobei die Vertikale $R = 0$ mitzuzählen ist (Im Beispiel also 4). Dabei wählt man meist die ersten Widerstandsstufen in der Parallelschaltung derart, daß eine möglichst stoßfreie Fortsetzung der Anfahrt stattfindet.

Gewöhnlich sind ein oder zwei Widerstandsanzapfungen der Serienschaltung auch in der Parallelschaltung zu benützen (in unserem Beispiel eine, und zwar die 2. Parallelstufe, was in Abb. 161 b links dadurch hervorgeht, daß die entsprechenden Vertikalen den gleichen Ohmwert auf der Abszisse ausschneiden). In solchen Fällen werden die Zacken der Anfahrkurven etwas verschieden groß, da ein und dieselbe Widerstandsstufe sowohl in der Serien- als auch in der Parallelstellung benutzt wird, man also in der Wahl der Widerstandsstufe nicht mehr frei ist.

Hat man die Anfahrkurve in solcher Weise für das allein fahrende Fahrzeug ermittelt, so ist zu kontrollieren, ob die Anfahrkurve auch bei größerem Strom brauchbar ist, wenn das Fahrzeug mit angehängtem Zuge fährt. Bei der Berechnung ist jetzt selbstverständlich die Masse und der Widerstand des ganzen Zuges in die Rechnung einzusetzen. In der Abb. 161 b ist außerdem bei gleichen Widerständen eine Anfahrkurve für 100 Amp. und auch für 140 Amp. mittleren Anfahrstrom eingezeichnet. Je nach der Größe der Belastung wird man, um eine angemessene Beschleunigung zu erreichen, z. B. mit $J = 100$ Amp. bzw. mit noch größerem Strom anfahren. Die Abb. 161 b zeigt, daß bei größeren Stromstärken eine bzw. zwei der ersten Widerstandsstufen überschaltet werden müssen, um auf den gewünschten Stromwert zu kommen. Weiter ist zu erkennen, daß die Stromschwankungen mit größer werdendem Strom anwachsen. Die zum Stromwert $J = 140$ Amp. gehörende Anfahrkurve ist schon reichlich schlecht und nur in Ausnahmefällen noch zulässig. Im allgemeinen wird man bei stark anwachsender Belastung mit der Beschleunigung heruntergehen.

Die schlimmsten Anfahrverhältnisse liegen bei einer Lokomotive vor, wenn sie einmal allein und dann mit schwerem Zug anfahren soll. In solchen Fällen bestimmt man zuerst die günstigsten Anfahrkurven bei Belastung. Um zu vermeiden, daß dann bei alleinfahrender Lokomotive eine zu große Beschleunigung auftritt, verwendet man noch ein oder zwei Vorstufen, die bei vollem Zug überschaltet werden, dem allein fahrenden Fahrzeug jedoch mit mäßiger Beschleunigung anzufahren gestatten.

Die Ermittlung der Bremskurven ist ebenfalls analog wie beim einmotorigen Fahrzeug. Da (Kreuzschaltung ist angenommen) zwei Motoren auf einen Widerstand arbeiten, gilt die Gleichung $E = Jr + J2R$ oder

$$R + \frac{r}{2} = \frac{E}{2J}. \qquad (119)$$

Die zu einer bestimmten Drehzahl, z. B. $n = 1000$ (entsprechend der höchsten Geschwindigkeit, aus der gebremst wird), gehörende EMK-Kurve läßt sich, wie auf S. 22 gezeigt, berechnen und ist in die Abb. 162a eingetragen. Trägt man auf der im Abstande $n = 1000$ im linken Koordinatensystem gezeichneten horizontalen Geraden von der Ordinatenachse aus den Wert $R = \frac{E}{2J} - \frac{r}{2}$ ab, so hat man einen Punkt der Geraden $n = f(R)$. Der andere Punkt der Geraden liegt auf der Abszisse, und zwar im Abstande $\frac{r}{2}$ rechts vom Ursprung (s. Abb. 162b).

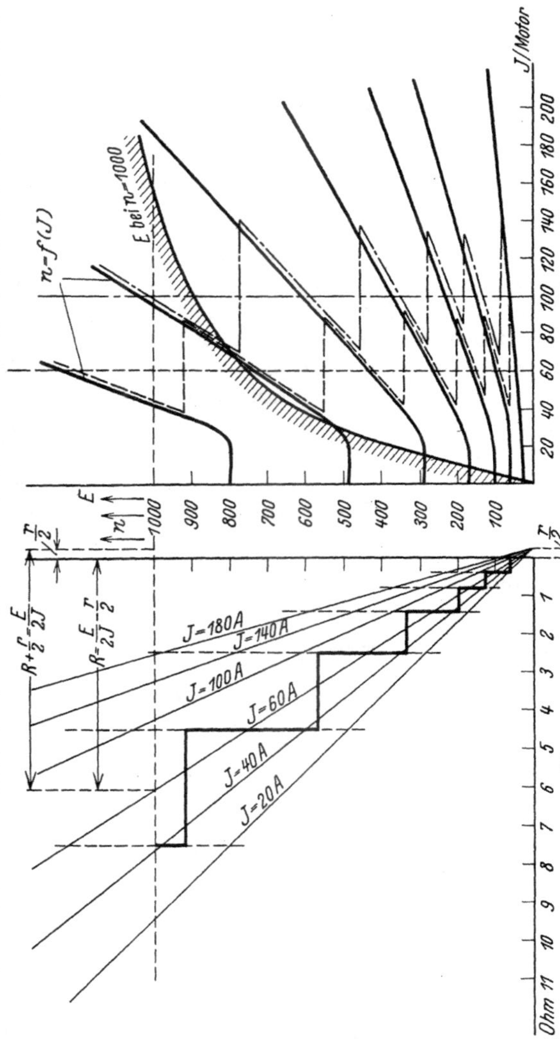

Abb. 162. Stufenweises Bremsen mit 2 Motoren.

Durch das Zeichnen verschiedener Geraden $n = f(R)$ können dann die für gegebene Vorschaltwiderstände geltenden Bremskurven aufgezeichnet werden. In der Abb. 162a sind die beiden Bremskurven für die mittleren Ströme $J = 60$ Amp. und $J = 100$ Amp. aufgetragen. Es sei betont, daß in vorliegendem Beispiel die beim Fahren vorhandenen Widerstandsanzapfungen der Abb. 161 auch beim Bremsen mit benutzt wurden.

Für die Umrechnung des M_d aus der Zugkraft gilt beim elektrischen Bremsen die Gleichung

$$M_d = \frac{D\,\eta\,Z}{2\,k\,\ddot{u}} \qquad (120)$$

(η steht hier wegen der Bremswirkung im Zähler!).

Nachdem so die Größe der **Widerstandsabstufung** ermittelt ist, müssen die Widerstände in ihren Abmessungen in bezug auf **Erwärmung** berechnet werden. Das Verfahren sei für den Fall des reinen Anfahrbetriebes erläutert. Dabei soll z. B. der Widerstand R_3 (Abb. 161 a) betrachtet werden. Dieser Widerstand ist während einer bestimmten Zeit eingeschaltet und vermag sich dann bis zur nächsten Anfahrt abzukühlen. Der Widerstand R_3 ist, wie aus dem Anfahrdiagramm der

Abb. 161 b zu erkennen, bis zur Geschwindigkeit Δv_1 eingeschaltet und vom Strom J durchflossen. Δv_1 ist in der Abb. 161 b in eine Klammer gesetzt, um anzudeuten, daß die Ordinate eigentlich die Drehzahl ist. Da man die Anfahrbeschleunigung b kennt, kann man die Einschaltdauer des Widerstandes nach der Gleichung $t = \frac{\Delta v_1}{b}$ berechnen. Man nimmt zunächst eine Drahtstärke für den Widerstand an und kontrolliert, da man Einschaltdauer und Abkühlungszeit kennt, nach dem Verfahren auf S. 177 die erreichte Temperatur.

Es sei weiter noch festgestellt, wie stark das Element R_6 belastet ist. In der Serienschaltung ist das Element R_6 während der Zeit $t = \frac{\Delta v_2}{b}$ und in der Parallelschaltung während der Zeit $\frac{\Delta v_3}{b}$ eingeschaltet. Dabei fließt im ersten Abschnitt nur der einfache Motorstrom durch das Widerstandselement, dann ist es einen Augenblick unbelastet und hat dann im zweiten Abschnitt den doppelten Motorstrom zu führen und kann sich dann bis zur nächsten Anfahrt abkühlen. Auch für diese Belastungsart kann die Erwärmung für irgendein gegebenes Widerstandselement nach dem Verfahren auf S. 177 berechnet werden. Sehr groß werden die Widerstände, wenn ein Wagen eine längere Steigung hinunterfährt und dabei elektrisch bremst. Die ganze Bremsarbeit muß dann in den Widerständen vernichtet werden.

F. Berechnung der Federaufhängung eines Tatzlagermotors.

Der Tatzlagermotor stützt sich mit seinen Achslagern auf die Radachse und ist auf der Gegenseite durch Federn aufgehängt. Es sei im folgenden die Federaufhängung berechnet.

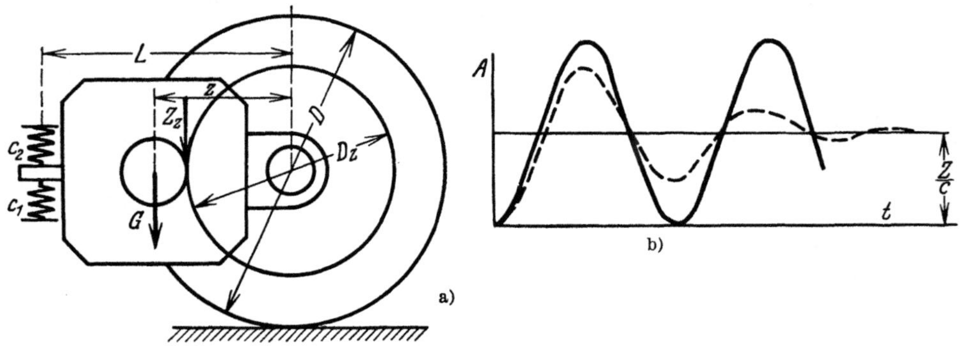

Abb. 163. Motorfederung.

Die schematische Darstellung der Motoraufhängung sowie die Bezeichnungen zeigt die Abb. 163a.

Bei der Berechnung geht man von der größten am Radumfang angreifenden Kraft Z aus. Bezieht man diese auf den Teilkreis D_z des großen Zahnrades, so ist diese Kraft

$$Z_z = Z \frac{D}{D_z}. \tag{121}$$

Bezieht man diese Kraft auf den Abstand L, den die Federung von der Wagenachse hat, so gilt für die auf die Federung bezogene Zugkraft Z_f

$$Z_f = Z \frac{D}{D_z} \frac{D_z}{2L}$$

oder

$$Z_f = \frac{Z D}{2L}. \tag{122}$$

Ebenso wie die Kraft muß auch das Motorgewicht auf den Abstand L bezogen werden. Der Einfachheit halber sei angenommen, der Schwerpunkt des Motors falle mit der Motorachse zusammen, so daß er von der Achsmitte den Abstand z hat. Man erhält das auf die Federachse bezogene Motorgewicht G_f aus dem tatsächlichen Motorgewicht G zu

$$G_f = G \frac{z}{L}. \tag{123}$$

Als Federung dienen normalerweise ein oder zwei Federpaare. Im vorliegenden Falle sei zunächst nur ein Federpaar vorhanden. Die Federkonstante der unteren Feder sei c_1 und die der oberen Feder c_2.

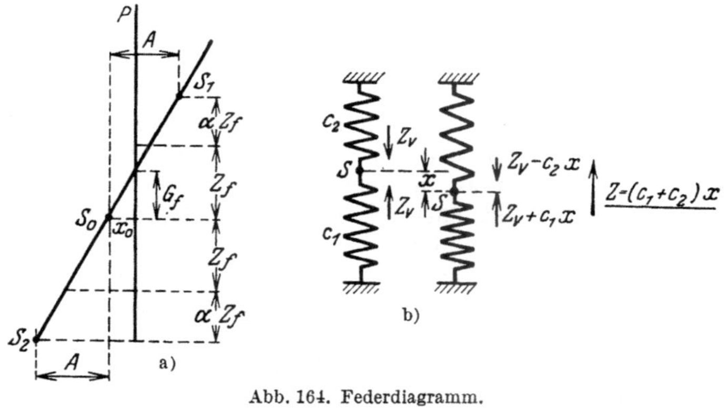

Abb. 164. Federdiagramm.

Beide Federn seien mit einer größeren Vorspannung eingesetzt. Wichtig ist die gemeinsame Federkonstante der beiden Federn. Zur Ableitung benutzt man die Abb. 164b. Hier sind zunächst beide Federn mit gleich großer Vorspannung eingesetzt. Diese besitzt die Größe Z_v. Es greife jetzt im Punkt S eine Kraft Z an, die die beiden Federn um den Betrag x nach unten bewegt.

Die obere Feder besitzt eine Druckkraft $Z_v - c_2 x$, da infolge der Verminderung der Vorspannung eine Verminderung der Kraft um $c_2 x$ eingetreten ist. Da die untere Feder eine Erhöhung der Vorspannung um $c_1 x$ erfährt, ist die von ihr ausgeübte Kraft $Z_v + c_1 x$. Die resultierende Kraft der Feder, die auf den Punkt S ausgeübt wird, ergibt sich also als Differenz zu $Z = (c_1 + c_2) x$. Aus dieser Gleichung folgt, daß die gemeinsame Federkonstante c, d. i. der Faktor, mit dem die Federung multipliziert werden muß, um die Kraft zu erhalten, gleich der Summe der einzelnen Federkonstanten, also

$$c = c_1 + c_2 \tag{124}$$

ist.

In der Abb. 164a ist als Ordinate die auf die Federung wirkende Kraft und horizontal der Federweg aufgetragen. Ist der Motor stromlos, so wirkt auf die beiden Federn nur das auf die Federachse reduzierte Motorgewicht G_f. Hierdurch werden die Federn sich um den Betrag x_0 durchbiegen (s. Punkt S_0 in der Abb. 164a). Da das Motorgewicht stets vorhanden ist, betrachtet man für die weiteren Überlegungen den Punkt S_0 als Nullage des Systems und rechnen die Bewegungen, die die Federung unter dem Einfluß von äußeren Kräften ausführt, von diesem Punkte aus.

Es sei jetzt angenommen, der Motor übe eine konstante Kraft Z bezogen auf den Radumfang aus. Die Richtung der Kraft sei so, daß der Motor dabei das Bestreben habe, in seinen Federn nach unten zu schwingen. Es ist jedoch eine aus der Dynamik bekannte Erscheinung, daß eine abgefederte Masse bei Einwirkung einer konstanten Kraft nicht unmittelbar ihre Endlage einnimmt, sondern Schwingungen um sie ausführt.

Es sei zunächst von Reibung abgesehen. Um die Endfederung (Ruhelage) $x_e = \frac{Z}{c}$, werden Schwingungen auftreten, die als max. Wert den Betrag $2x_e$ erreichen. In der Abb. 163b ist die Schwingung ausgezogen gezeichnet, die bei reibungslosem System um die Endlage pendelt. In Wirklichkeit wird unter dem Einfluß der Reibung die Schwingung abklingen und die Masse schließlich in die Endlage gelangen (s. Abb. 163b gestrichelte Kurve). Diese Erscheinung gilt auch für den Motor bei der Anfahrt, wenn er plötzlich beim Einschalten eine konstante Kraft entwickelt. Auch er wird über seine stationäre Endlage hinausschwingen und einen Ausschlag erreichen, der fast den doppelten Wert des Endausschlages hat.

Es sei angenommen, die maximale Federkraft beim Schwingen habe die Größe $Z_f(1+\alpha)$. Dabei ist Z_f die auf die Federachse bezogene Motorkraft und α ein Faktor, der stets kleiner als 1 ist und die Reibung berücksichtigt. Bei Reibung Null ist $\alpha = 1$. Im allgemeinen kann man bei Spiralfedern $\alpha = 0{,}7$ bis $0{,}8$ setzen. Die maximale Federkraft ist dann 1,7 bis 1,8 Z_f. Der Schwingungsausschlag, gemessen von der Nullage S_0 an, besitze dabei die Größe A (s. Abb. 164a). Wirkt die Motorkraft in umgekehrter Richtung, so erfährt der Motor, von S_0 aus gemessen, nach der anderen Seite den gleichen Schwingungsausschlag A. Es ist vorteilhaft, die Federvorspannung der beiden Federn so zu wählen, daß bei der größten Belastung, welche die Feder c_1 erfährt, die Feder c_2 gerade spannungslos wird. Genau so sei bei der größten Kraft, die in umgekehrter Richtung auf die Feder c_2 wirkt, die Feder c_1 spannungslos. Diese Zustände sind in der Abb. 164a durch die Punkte S_1 und S_2 gekennzeichnet. Denkt man sich, vom Punkte S_1 ausgehend, die Feder c_1 immer mehr und mehr belastet, so erhält man schließlich nach einem Federweg $2A$ im Punkte S_2 die maximale Federkraft der Feder c_1. Sie hat die Größe $Z_f(1+\alpha)+G_f$. Der erste Faktor kommt durch die Schwingungsbelastung, gemessen von S_0 an, zustande, während der zweite Faktor die Belastung durch das Motorgewicht enthält. Da unter dieser Kraft die Gesamtfederung der Feder c_1 den Betrag $2A$ hat, gilt die Beziehung

$$Z_f(1+\alpha)+G_f=c_1 2A$$

oder

$$c_1=\frac{(1+\alpha)Z_f+G_f}{2A}. \qquad \mathbf{(125a)}$$

Die entsprechende Beziehung für die Feder c_2 erhält man, indem man vom Punkte S_2 ausgeht, in welchem die Feder c_2 gerade spannungslos ist. Belastet man sie von hier aus immer mehr und mehr, so wird schließlich nach einem Ausschlag $2A$ im Punkte S_1 die maximale Beanspruchung erreicht sein. Diese ist $Z_f(1+\alpha)-G_f$. Da hier der Federweg $2A$ ist, gilt die Beziehung

$$c_2=\frac{(1+\alpha)Z_f-G_f}{2A}. \qquad \mathbf{(125b)}$$

Die beiden Gleichungen (125a) und (125b) gestatten die Berechnung der Federn. Bekannt ist das Motorgewicht G, also auch G_f, ferner die Kraft Z, also auch Z_f. Für den Schwingungsausschlag A muß man eine Annahme treffen. Man wählt ihn etwa 15 bis 20 mm. Oft ist man jedoch gezwungen, kleinere Werte zu nehmen, falls man das notwendige Federvolumen nicht unterbringt. Durch die Annahme von A können die Federkonstanten c_1 und c_2 berechnet werden.

Die gemeinsame Federkonstante $c=c_1+c_2$ ist damit ebenfalls bekannt und ermöglicht die Bestimmung des Schwingungsausschlages für eine beliebige Motorkraft Z_f, gemäß der Beziehung

$$A=\frac{Z_f(1+\alpha)}{c}. \qquad (126)$$

Hierbei müssen A und Z_f nicht unbedingt die maximalen auftretenden Werte bedeuten.

Es sei noch darauf hingewiesen, daß bei Anordnung von zwei Federpaaren pro Motor (auf jeder Motorseite ein Paar) für G das halbe Motorgewicht und für Z_f die halbe Maximalkraft in die Gleichungen einzusetzen sind. Die Gleichungen gelten allgemein, sofern man unter Z_f und G_f die auf ein Federpaar entfallenden Kräfte bzw. Gewichte versteht.

Für Bemessung der Spiralfedern gilt die aus der Festigkeitslehre bekannte Gleichung

$$Z\,r=\frac{\pi d^3}{16}k_d. \qquad \mathbf{(127)}$$

In dieser Gleichung bedeutet Z die Maximalkraft, r den mittleren Wicklungsradius der Feder, d* den Drahtdurchmesser und k_d die zulässige Schubspannung, die mit 4500 kg/cm² eingesetzt werden kann.

$$\left.\begin{aligned}&\text{Für die Feder } c_1 \text{ ist die maximale Kraft } Z_1=Z_f(1+\alpha)+G_f,\\&\text{Für die Feder } c_2 \text{ ist die maximale Kraft } Z_2=Z_f(1+\alpha)-G_f.\end{aligned}\right\} \qquad (128)$$

* r und d sind in cm einzusetzen.

Man beginnt die Berechnung etwa in folgender Weise: Man berechnet zunächst Z_1 und Z_2 nach obigen Gleichungen und nimmt k_d an. Da bei einem Motor die Größe der Federteller ungefähr festliegt, kann man die Größe r schätzen, da sie etwas kleiner als der Radius des Federtellers sein muß. Jetzt ergibt sich aus Gleichung (127) die erforderliche Drahtstärke d.

Es ist jetzt noch die Windungszahl der Federn zu bestimmen. Dabei benutzt man die aus der Mechanik bekannte Gleichung

$$n = \frac{d^4 G}{64\, r^3 c}. \tag{129}$$

In dieser Gleichung bedeutet n die Zahl der federnden Windungen und G den Gleitmodul, der zu $G = 850000$ angenommen werden kann. Für c ist, je nachdem man die Feder *1* oder *2* berechnen will, der Wert von c_1 bzw. c_2 nach Gleichung (125) einzusetzen, wodurch man die erforderliche Windungszahl n erhält. Die Federn sind dann dimensioniert und man hat nur dafür zu sorgen, daß zwischen den einzelnen Windungen ein solcher Abstand vorhanden ist, daß beim Arbeiten der Federn (max. Zusammenpressung $2A$) kein Aufsetzen der Gänge eintritt.

Es muß festgestellt werden, mit welcher Vorspannung die Federn einzusetzen sind. Die Summe der Vorspannungen beider Federn, als Strecke gemessen, hat stets die Größe $2A$. Ist die ungespannte Länge der Feder *1* gleich l_1, die der Feder *2* gleich l_2, so müssen beide Federn so eingesetzt werden, daß ihre eingesetzte Länge zusammen gleich $l_1 + l_2 - 2A$ ist.

G. Die Schienenbremse.

Die maximale Bremskraft ist bei der elektrischen Widerstandsbremse wie auch bei allen mechanischen Bremsen durch die Adhäsion zwischen Rad und Schiene gegeben. Die Bremskraft des Fahrzeuges kann durch gleichzeitiges Betätigen der Handbremse nicht gesteigert werden, da ja diese ebenfalls auf die Räder wirkt. Das gleichzeitige Betätigen der Hand- und der elektr. Bremse ist sogar gefährlich, da bei zu großer Bremskraft die Räder ins Gleiten kommen und durch die Bremsbacken dann blockiert werden können. (Elektrische Bremswirkung hört dann auf.) Der Wagen fährt dann, wie man sagt, auf den Rädern Schlitten, wobei der Reibungskoeffizient sehr klein ist. Kommt bei rein elektrischer Bremsung das Rad ins Gleiten, so dreht es sich dabei meist noch langsam, so daß man immerhin noch eine gute Bremswirkung hat, weil der Reibungskoeffizient zwischen Rad und Schiene genügend groß ist.

Die einzige Bremse, deren Bremskraft unabhängig von der Adhäsion ist, ist die Schienenbremse. Sie besteht aus Elektromagneten, die in geringem Abstand von der Schienenoberfläche federnd aufgehängt sind und sich bei Erregung fest auf die Schienenoberfläche pressen. Die hierdurch erzeugte Reibungskraft wird durch Mitnehmer auf den Wagen übertragen, der dadurch abgebremst wird. Die Schienenbremse wird meist durch den Bremsstrom der Motoren erregt. Abb. 165 zeigt eine Prinzipzeichnung der Schienenbremse, Abb. 166 eine Photographie einer solchen. In der Abb. 165 bedeutet *a* das Magnetjoch und *b* die Magnetspule, die rechteckig und langgestreckt sind. Die Schleifstücke *c* der Schienenbremse sind auswechselbar, da sie einem Verschleiß unterliegen. Es hat sich als zweckmäßig herausgestellt, je zwei gegenüberliegende Schienenbremsen durch eine oder zwei Spurstangen zu verbinden. Die Abb. 167 zeigt den Einbau der Schienenbremse. Die Aufhängung der Schienenbremse erfolgt durch Federn, die mittels Stellbolzen gelegentlich nachreguliert werden müssen, damit trotz Abnutzung der Radbandagen der Abstand der Schienenbremse von der Schiene annähernd konstant (ca. 10 mm) bleibt. Die Übertragung der Bremskraft auf das Fahrzeug erfolgt durch Mitnehmer, die zweckmäßig mit einer Bronzebüchse umgeben sind, um ein magnetisches Kleben der Schienenbremse zu vermeiden. In Kurven muß die Schienenbremse die Möglichkeit haben, auf der Schiene zu gleiten, obwohl der Wagen die Richtung der Sehne hat. Das bedingt, daß die Schienenbremsen in den Mitnehmern auch ein Spiel senkrecht zur Gleisachse haben.

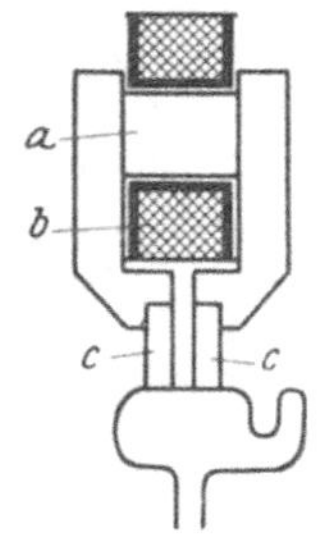

Abb. 165. Schnittzeichnung durch Schienenbremse.

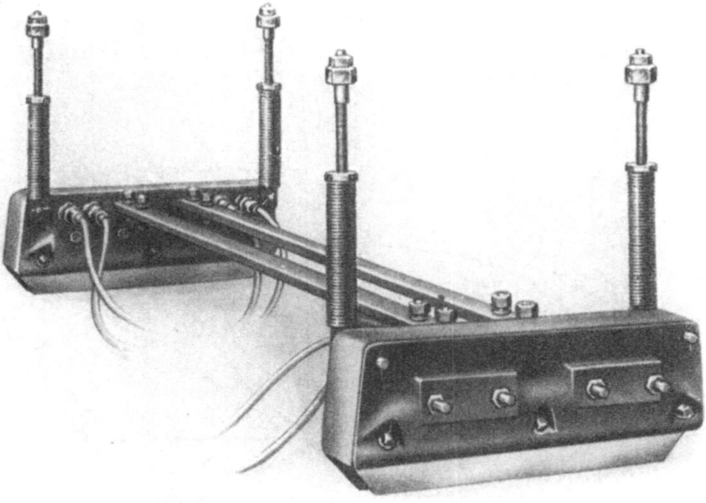
Abb. 166. Schienenbremse (Magnetbremsen AG).

Die Abb. 168a zeigt den Anpreßdruck P einer Schienenbremse in Abhängigkeit vom erregenden Strom J. Man erhält aus dieser Kurve die Bremskraft, indem man die Kraft P mit dem Reibungskoeffizienten μ multipliziert, also $Z = P\mu$. In der Abb. 168b ist für ein gegebenes Beispiel (zwei Motoren) die Bremskraft Z_{el} der reinen Widerstandsbremsung aufgezeichnet. Diese Kurve wird nach der Gleichung (117)

$$Z = \frac{2\,k\,\ddot{u}}{D\,\eta}\,M_d$$

aus der Kurve $M_d = f(J)$ erhalten. Die Kurve $M_d = f(J)$ hat beim Strom $J = 0$ schon einen kleinen Wert M_d wegen der Reibung als Generator. Außerdem ist die Kurve der Schienenbremse Z_{Sch} aufgezeichnet unter der Annahme, daß vier Schienenbremsen pro Trieb-

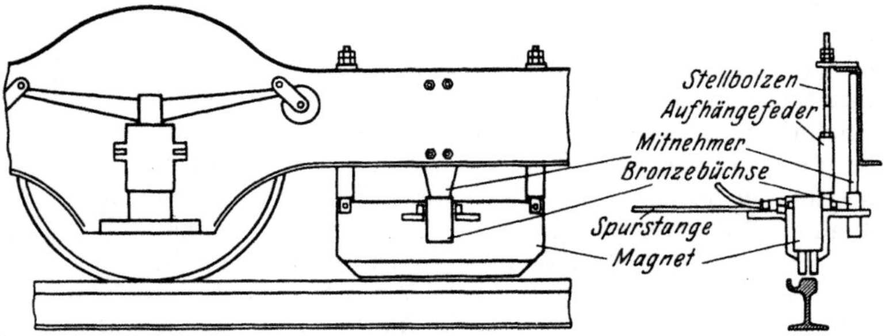

Abb. 167. Anbau der Schienenbremse.

fahrzeug vorhanden und je zwei parallel geschaltet sind und daß $\mu = 0{,}1$ ist. Die Summenkurve Z_{total} ergibt die insgesamt vorhandene Bremskraft. Es zeigt sich, daß durch Verwendung der Schienenbremse die maximal erzeugbare Bremskraft ganz erheblich gesteigert werden kann (und zwar unabhängig von der Adhäsion!).

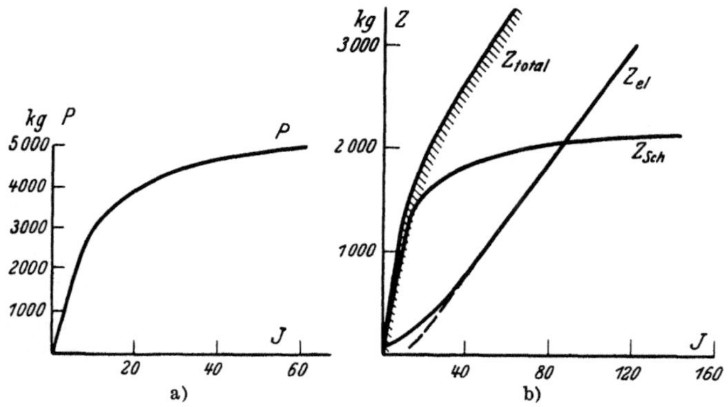

Abb. 168. Anpreßdruck und Bremskraft der Schienenbremse.

Ein weiterer großer Vorteil der Schienenbremse liegt in der Möglichkeit, mit schwächeren Motoren und schwächeren Bremswiderständen auszukommen. Betrachtet man an Hand der Abb. 168b eine konstante Zugkraft, z. B. $Z = 3000$ kg und vergleicht die Stromwerte, die bei reiner Widerstandsbremsung und bei Widerstandsbremsung mit Schienenbremse vorhanden sind, so wird im zweiten Falle nur etwa der halbe Bremsstrom benötigt. Das heißt aber, daß die Stromwärmeverluste im Motor und in den Widerständen beim Bremsen noch wesentlich stärker abnehmen. Man spart also bei der Verwendung der Schienenbremse ganz erheblich an Widerstandsmaterial und die Motoren werden beim Bremsen weniger beansprucht.

In der Abb. 169 ist das Schaltbild eines zweimotorigen Fahrzeuges dargestellt, welches mit zwei Schienenbremsen S ausgerüstet ist, wobei die Spulen parallel geschaltet sind (weitere Erklärung der Abb. 169, S. 195).

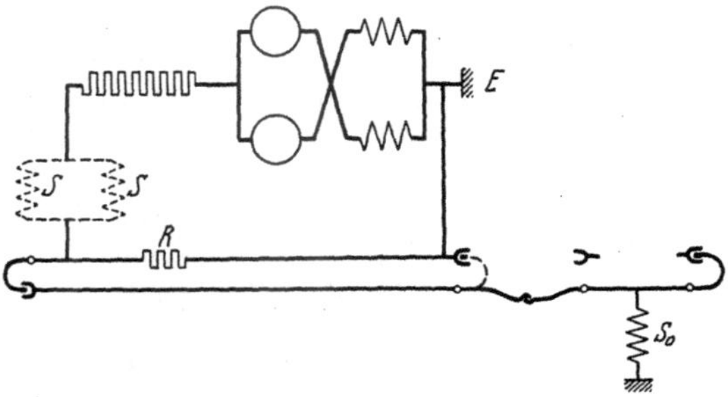

Abb. 169. Schaltung der Schienen- und Solenoidbremse.

Man führt oft die Bremsmagnete mit zwei Spulen aus. Die eine wird vom Bremsstrom der Motoren durchflossen und die andere (dünndrähtig, viele Windungen) wird von der Oberleitungsspannung gespeist. Gewöhnlich wird auf den ersten Bremsstufen nur der Motorstrom die Schienenbremsen durchfließen, während auf den letzten Bremsstufen die Oberleitungsspannung auf die zweite Spule geschaltet wird. Man erzielt dadurch den Vorteil, daß man den Wagen bei rein elektrischer Betätigung auch im Gefälle vollkommen zum Stillstand bringt, außerdem hat man noch eine Bremsmöglichkeit, wenn aus irgendeinem Grunde die Räder des Fahrzeuges blockiert sein sollten, der Motor also keinen Bremsstrom liefert.

Die Schienenbremse mit zwei Wicklungen erfordert sorgfältige Isolation, da beim Abschalten der Stromwicklung rasche Änderungen des Flusses auftreten, wodurch in der Frischstromspule, die sehr viele Windungen hat, transformatorisch große Spannungen induziert werden. Um die auftretende Überspannung klein zu halten, wird oft parallel zur Frischstromspule ein Dämpfungswiderstand gelegt. Die Schienenbremsen müssen konstruktiv sehr sorgfältig gegen das Eindringen von Schmutz und Feuchtigkeit, denen sie ja ganz besonders ausgesetzt sind, abgedichtet sein. Obwohl die Schienenbremsen an und für sich schon in geschlossener Bauart ausgeführt werden, empfiehlt es sich, die Spulen für sich nochmals in einen Metallmantel einzulöten. Große Sorgfalt ist außerdem den Kabelausführungen zu widmen.

Es besteht an und für sich die Möglichkeit, die Schienenbremse nicht nur im Triebwagen, sondern auch in Anhängewagen einzubauen. Hier ist jedoch meist die Bremswirkung nicht so groß, da der im Triebwagen vorhandene Anteil der elektrischen Widerstandsbremsung fehlt. Abgesehen von Spezialfällen (in besonders gebirgigen Strecken) wendet man deshalb hier meist die Solenoidbremse an, die auf das Bremsgestänge arbeitet und auch billiger als die Schienenbremse ist.

Die Schienenbremsen lassen sich auch durch elektrische Batterien betätigen, eine Schaltart, die z. B. bei der Rosinski-Bremse vorkommt.

Hier haben die Anhängewagen Schienenbremsen, deren Erregung von der Batterie aus erfolgen kann. Die Anhängewagen sind außerdem mit den Triebwagen durch zusätzliche Spezialkupplungen verbunden, die beim Reißen im Anhängewagen einen Kontakt schließen, der die Schienenbremsen zum Anlegen bringt, so daß die Gefahr vermieden ist, daß bei Zugtrennung der Anhängewagen den Berg hinunterrollt.

H. Die Solenoidbremse.

Um bei der elektrischen Widerstandsbremsung auch die Anhängewagen abbremsen zu können, wird hier meistens eine Solenoidbremse angewandt, die vom Bremsstrom des Motors durchflossen wird. Die Solenoidbremse besteht aus einem Magneten, den die Abb. 170 schematisch im Schnitt zeigt. Wird die Spule *a* erregt, so wird der Magnetkern *b* in das Innere gezogen und übt dabei eine Kraft aus, die auf das Bremsgestänge (am gleichen Gestänge greift auch die Handbremse an) übertragen wird und die Bremsbacken zum Anliegen bringt (s. Abb. 171). Die Abb. 172 zeigt eine Solenoidbremse der SSW. Die Solenoidbremse kann für wesentlich kleinere Zugkräfte bemessen sein als die Schienen-

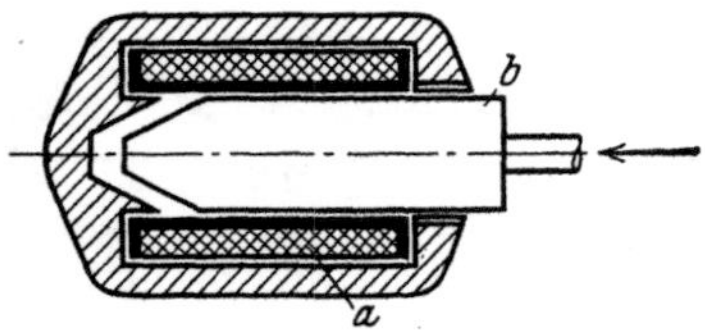

Abb. 170. Schnittzeichnung der Solenoidbremse.

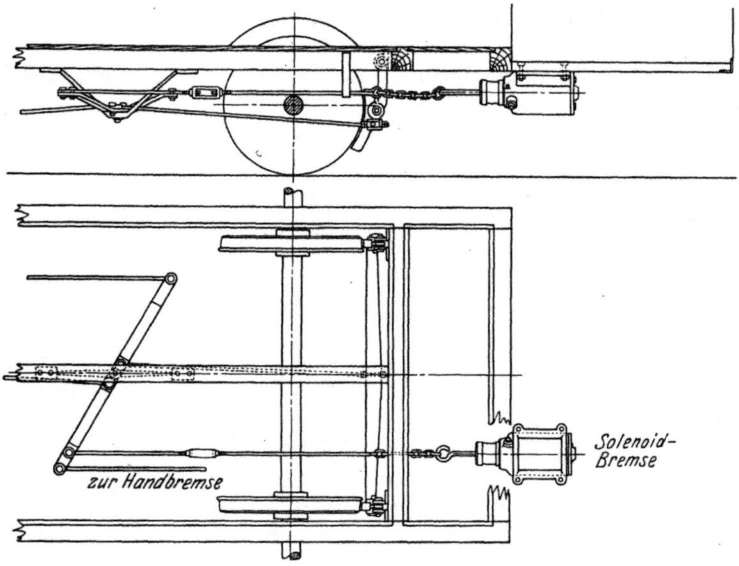

Abb. 171. Einbau der Selenoidbremse.

bremse, da zwischen Solenoid und Bremsbacken eine größere Übersetzung eingeschaltet ist.

In der Abb. 169 ist dargestellt, wie in einem Zug, bestehend aus einem Triebwagen (mit Schienenbremse) und einem Anhängewagen die

Solenoidbremse S_0 geschaltet ist. Die Verbindung zwischen Triebwagen und Anhängewagen erfolgt durch eine Bremskupplung (ausgezogen in der Zeichnung). Die im Anhänger befindliche Solenoidbremse wird dadurch parallel zu einem dauernd im Bremsstromkreis liegenden kleinen Widerstand R geschaltet. Dieser Widerstand R ist zweckmäßig, damit im Falle einer Unterbrechung in der Kupplung die Motoren sich über den Widerstand R noch selbst erregen können. Der Widerstand R ist etwa so groß wie derjenige der Solenoidbremse. Der durch das Solenoid fließende Strom ist dann etwa die Hälfte des Bremsstroms. Wird außerdem noch ein zweiter Anhängewagen parallel geschaltet, so ist der Strom pro Solenoidbremse jetzt kleiner geworden und beträgt ⅓ des Bremsstromes, hat also um 33% abgenommen. Fährt der Triebwagen allein, so wird das Kupplungskabel in die gestrichelte Lage gebracht, so daß der Widerstand R kurzgeschlossen ist, damit das Fahrzeug auch bei kleineren Geschwindigkeiten abgebremst werden kann. Auch für die Solenoidbremse gilt der Vorteil, daß bei gleicher Bremskraft die elektrische Widerstandsbremse in Verbindung mit der im Anhängewagen befindlichen Solenoidbremse weniger Strom benötigt, die Motoren also geschont werden und die Bremswiderstände kleiner sein können.

Abb. 172. Solenoidbremse (SSW).

Bei der Konstruktion der Solenoide strebt man nach einer möglichst großen Unabhängigkeit der Zugkraft von dem Magnethub. Man erreicht dann, daß auch bei Abnutzung der Bremsklötze und Bandagen noch ungefähr dieselbe Zugkraft vorhanden ist, obwohl der Magnet jetzt weiter durchzieht. Bei Berechnung der Bremswirkung geht man von den Zugkraftkurven des Magneten aus und bestimmt die zu gegebenen Strömen gehörenden Bremskräfte natürlich unter Berücksichtigung der Gestängeübersetzungen.

J. Getriebebremse.

Elektrische Triebfahrzeuge besitzen, abgesehen von etwa vorhandenen elektrischen Bremsmöglichkeiten (Widerstands-Schienen-Solenoidbremsen), mechanische Bremsen, die mittels eines Bremsgestänges (z. B. von Hand betätigte) auf die Bandagen der Räder arbeiten.

Anstatt die Triebräder unmittelbar abzubremsen, ist es auch möglich, die Motorwelle und damit über das Getriebe das Fahrzeug abzubremsen. In diesem Falle muß auf der verlängerten Motorwelle eine Bremsvorrichtung angeordnet werden, die man Getriebebremse nennt. Sie hat den Vorteil, daß infolge der zwischengeschalteten Übersetzung die Bremskraft und damit der Anpreßdruck der Bremsbacken sehr klein sein kann. Außerdem kommt man mit einem kleinen Bremshub aus und der Abstand der gelüfteten Backen kann erheblich geringer gehalten sein als bei Bremsschuhen am Triebrad, bei denen Rücksicht auf das Federspiel genommen werden muß. Man hat es außerdem in der Hand, die Bremsbacken mit einem Futter zu versehen, das einen wesentlich größeren Reibungskoeffizienten besitzt, als der des gußeisernen Bremsschuhes auf den Bandagen. Die Anwendung der Getriebebremse soll ferner die Abnutzung der Radbandagen vermeiden, da deren Ersatz teurer ist als der der abgenutzten Teile einer Getriebebremse, außerdem sind diese Teile leicht ersetzbar.

Getriebebremsen lassen sich konstruktiv als Außen- und Innenbackenbremsen ausbilden. Bei ersteren greifen die Bremsschuhe am äußeren Umfang einer Bremsscheibe an, bei letzteren sind sie im Innern einer Bremstrommel angeordnet.

Die Außenbackenbremsen haben den Vorteil, daß sämtliche Bremsbacken und Hebel leicht zugänglich sind; jedoch sind die Bestandteile der Bremse dem Schmutze mehr ausgesetzt. Bei der Innenbackenbremse ist die Zugänglichkeit der einzelnen Teile beim zusammengebauten Motor etwas erschwert, dagegen ist ein höherer Grad von Sicherheit gegen Verschmutzung vorhanden. Für beide Bremsarten gilt, daß die bei der Bremsarbeit erzeugte Wärme, die sehr beträchtlich sein kann, möglichst rasch abgeführt werden muß, damit keine unzulässige Temperatur entsteht. Die Schwierigkeit der Wärmeabfuhr bei Getriebebremsen, die in den meisten Fällen wegen der beschränkten Raumverhältnisse kleine Abmessungen haben müssen, geht am besten aus folgenden Überlegungen hervor:

Legt man einen Triebwagenzug von 30 t zugrunde, der von 30 km Geschwindigkeit abgebremst werden soll, so ist die zu vernichtende Arbeit rund 250 Cal. Da der Triebwagen im allgemeinen zwei Getriebebremsen hat, entfallen pro Bremse 125 Cal. Das ist ein beträchtlicher Wert, wenn man sich vergegenwärtigt, daß nur 11 Cal notwendig sind, um 1 kg Eisen auf 100^0 zu erwärmen, wenn von Wärmeabkühlung abgesehen wird. In vielen Fällen ist es nicht möglich, die Getriebebremse ausschließlich als Gebrauchsbremse zu benutzen, da die Wärmeabfuhr zu große Schwierigkeiten macht. Die Platzverhältnisse gestatten oft nicht hinreichende Kühlflächen für die Bremse vorzusehen. In vielen Fällen wird die Benutzung der Getriebebremse als ausschließliche Gebrauchsbremse nicht gefordert, weil die elektrische Bremse die Gebrauchsbremse ist, und die Getriebebremse nur zum Stillsetzen des Wagens dient.

Die Gefahr der hohen Temperatur bei einer Getriebebremse besteht einesteils in der Wärmeableitung nach dem Motor (zusätzliche Ankerlagererwärmung) und andererseits in einer Beeinflussung der Beschaffenheit der Beläge.

Bei der Konstruktion einer Getriebebremse ist darauf Rücksicht zu nehmen, daß die von dem Bremsgestänge auf die Bremsscheiben übertragene Kraft die Motorachse, bzw. deren Lager, nicht zusätzlich belasten, es sei denn, daß diese zusätzlichen Belastungen von vornherein ausreichend bei der Konstruktion des Motors berücksichtigt sind.

Im folgenden sei gezeigt, wie man die zusätzlichen Belastungen der Motorachse vermeiden kann, und zwar der Übersichtlichkeit halber an einer Außenbackenbremse. Die Abb. 173a zeigt einen Tatzlagermotor mit einer Bremsscheibe auf der Nichtzahnradseite. Die Bremsbacken sind an Hebeln gelagert, welche am Lagerschild befestigt sind. Die Kraft des Bremsgestänges greift in Richtung des eingezeichneten Pfeiles an. In der Abb. 173b ist die Bremse schematisch herausgezeichnet, wobei die Bremshebel bezeichnet sind. Die zu erfüllende Bedingung ist, daß der Druck der beiden Bremsbacken gleich groß sein muß, also N_1 muß gleich N_2 sein. Die vom Bremsgestänge herrührende Kraft sei mit P bezeichnet und greife an einem Hebel an, der an seinem unteren Ende zwei angelenkte Hebel a und b trägt.

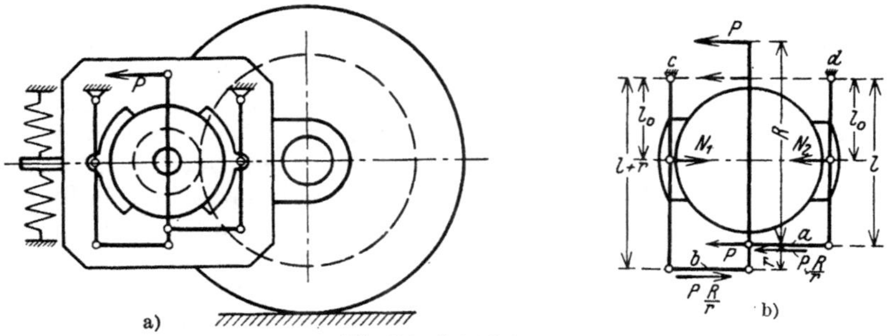

Abb. 173. Getriebebremse.

Man kann die Kraft P in eine im Abstande R am Hebel a angreifende Kraft P und in ein Kräftepaar PR zerlegt denken. Das Kräftepaar PR ist in zwei Kräfte zerlegbar, die in den beiden Hebeln a und b angreifen und die Größe $\frac{PR}{r}$ besitzen, da der Hebelabstand r ist. Die am unteren angelenkten Hebel b angreifende Kraft $\frac{PR}{r}$ erzeugt den Anpreßdruck $N_1 = \frac{PR}{r} \cdot \frac{l+r}{l_0}$ (die Bezeichnungen sind aus der Abb. 173b zu entnehmen). Am oberen angelenkten Hebel a wirkt die Kraft $\frac{PR}{r}$ sowie die Kraft P, deren Angriffspunkt ja hierher verlegt worden war. Die Summe beider Kräfte erzeugt einen Bremsdruck von der Größe $N_2 = \left(\frac{PR}{r} + P\right) \cdot \frac{l}{l_0}$. Um die Eingangsbedingungen zu erfüllen, setzt man $N_1 = N_2$ und bekommt nach einfacher Ausrechnung $R = l$. Dieses Ergebnis besagt, daß der Angriffspunkt der Kraft P in die Verbindungslinie der Aufhängepunkte c und d der Bremshebel fallen muß, damit die Achse der Bremsscheibe völlig entlastet ist.

Die obige Bedingung ist noch nicht genügend. Bei Drehung der Bremsscheibe wirken an den beiden Bremsbacken Reibungskräfte, von denen die eine den Anpreßdruck des einen Backens erniedrigt, die andere am anderen Backen den Anpreßdruck erhöht. Zur Vermeidung dieser Zusatzdrücke müssen die Punkte c und d horizontal so verschoben werden, daß die Reibungskräfte durch sie gehen.

Die übrigen Maße der Bremse spielen, sofern die grundsätzliche Konstruktion beibehalten wird, keinerlei Rolle. Genau so wie bei dem hier behandelten Beispiel läßt sich auch bei anderen Ausführungsarten meist durch geeignete Konstruktion die Motorachse entlasten.

Bei Getriebebremsen hat man gelegentlich beobachtet, daß beim Bremsen das Motorgehäuse in seiner Federung stark schwingt, so daß die Federanschläge in Wirksamkeit treten. Diese Erscheinung äußert sich in einem ratternden Geräusch, meist nur bei ganz kleiner Fahrgeschwindigkeit. Dieser Vorgang sei, da er mit der Getriebebremse zusammenhängt, kurz erläutert.

Es sei angenommen, die Fahrgeschwindigkeit sei klein und der Bremsbelag habe einen Reibungskoeffizienten, der nicht konstant, sondern von der Geschwindigkeit und auch von anderen Zufälligkeiten abhängig sei. Hierbei kann der Fall eintreten, daß die Bremsbacken den Motoranker plötzlich festhalten. Der ganze Motor ist dann gewissermaßen starr mit der Achse gekuppelt, und die Achse hat also das Bestreben, das Motorgehäuse im eigenen Drehsinne mitzunehmen. Dabei werden die Aufhängefedern belastet und ihre Kraft wird immer mehr anwachsen. Diese Kraft findet ihre Reaktion in der Reibungskraft zwischen Bremsbacken und Scheibe. Wird deren Reibungsgrenze überschritten, so wird die Bremsscheibe mit dem Motoranker durchrutschen und das Motorgehäuse wird infolge der Federkräfte zurückschwingen. Das Zurückschwingen ist um so stärker, je kleiner der jetzt vorhandene Reibungskoeffizient der Bewegung im Vergleich zu dem der Ruhe ist. Bei Umkehr der Schwingung wird für einen Augenblick die Ankerdrehung Null sein (Drehschwingung des Anker und Drehung desselben ergeben gerade Null), obwohl das Gehäuse schwingt. Jetzt werden die Bremsbacken mit dem größeren Reibungskoeffizient der Ruhe die Scheibe wieder festhalten. Das Motorgehäuse wird von der Radachse wieder mitgenommen, die Federn gespannt, und das Spiel beginnt von neuem.

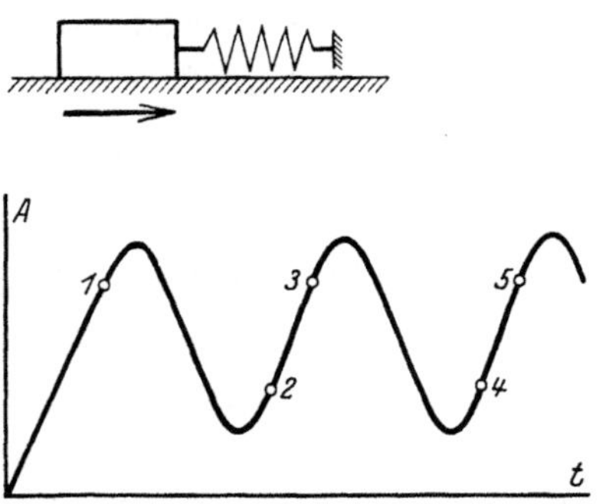

Abb. 174. Schwingungsausschlag bei Getriebebremsen.

Die Vorgänge lassen sich gut an einem Ersatzschema darstellen, wobei dieses (s. Abb. 174) aus einer Masse und einer Feder besteht, die einseitig festgespannt ist. Dabei ruht die Masse auf einer Unterlage, die im Sinne des Pfeiles mit der Geschwindigkeit v fortbewegt werde. Die Masse wird zunächst von der Unterlage wegen der Reibung mitgenommen. Schließlich wird im Punkte *1* der Abbildung die Federkraft so groß, daß der Reibungskoeffizient der Ruhe, da ja zwischen Masse und Unterlage keine Bewegung stattfindet, überschritten wird. Die Masse wird jetzt auf der Unterlage rutschen und eine kleinere Geschwindigkeit als diese annehmen und dabei zurück- und wieder vorschwingen. Dieses Schwingen ist möglich, wenn der Reibungskoeffizient der Bewegung kleiner ist als der der Ruhe. Beim Zurückschwingen hat die Masse im Punkte *2* wieder dieselbe Geschwindigkeit wie die Unterlage und wird von ihr jetzt wieder mitgenommen, da nunmehr der größere Reibungskoeffizient der Ruhe vorhanden ist. Dieser Zustand bleibt bis zum Punkte *3*, wo wieder Rutschen zwischen Masse und Unterlage eintritt, so daß sich der bereits geschilderte Vorgang wiederholt.

Solche Schwingungen treten nur dann auf, wenn der Reibungskoeffizient der Ruhe größer ist als der der Bewegung, da nur dann in dem Abschnitt *2, 3* eine Energiezufuhr in das schwingende System möglich ist.

Um bei der Verwendung einer Getriebebremse die oben geschilderten Motorschwingungen zu vermeiden, ist es notwendig, einen solchen Bremsbelag zu verwenden, dessen Reibungskoeffizient sowohl bei Ruhe als auch bei Bewegung gleich bleibt. Es scheiden Bremsbeläge aus, die die Eigenschaft haben, sich während des Anpressens gelegentlich festzusetzen.

K. Die Pieperbremse.

Für die Abbremsung von Fahrzeugen ergibt sich in manchen Fällen die Notwendigkeit außer oder an Stelle der bereits beschriebenen elektrischen Bremsen (reine Widerstands- und Kurzschlußbremse, Schienenbremsen und Solenoidbremsen) sowie der Handbremse eine weitere Bremse vorzusehen. Die Handbremse kann, da sie nur auf das Triebfahrzeug wirkt, in Fällen, wo mehrere Anhängewagen verwendet werden, nicht als ausreichende Bremse angesprochen werden. Die elektrische Bremse in Verbindung mit Solenoidbremsen ermöglicht wohl auch das Abbremsen der Anhängewagen, ist aber von dem einwandfreien Arbeiten der Motoren und des Fahrschalters abhängig. Als Nachteil bleibt bestehen, daß die Solenoidbremse nicht fein regelbar ist, in ihrer Bremskraft von der Zahl der Wagen abhängt und oft ruckhaft einsetzt.

Bei Bahnen mit schwierigen Geländeverhältnissen, also starken Gefällen und Zügen, die aus Triebwagen und mehreren Anhängewagen bestehen, verwendet man also gern eine Bremse, die völlig unabhängig vom Motorstrom ist. Eine solche Bremse ist die Luftdruckbremse. Da sie, mit Ausnahme des Antriebs der Luftpumpe, keine elektrischen Teile enthält (bei Achskompressoren sind überhaupt keine elektrischen Einrichtungen vorhanden), soll sie hier nicht näher behandelt werden.

Eine andere unabhängige Bremse ist die Pieperbremse, die ähnliche Bremsmöglichkeiten wie die Luftdruckbremse hat, bei der jedoch als Übertragungsmedium Drucköl verwendet wird und deren Steuerung elektrisch erfolgt. (Sie wird von der Compagnie Internationale des Freins Automatiques Lüttich und in Deutschland von der Knorrbremse A.-G. hergestellt.) Die prinzipielle Anordnung für ein Triebfahrzeug zeigt die Abb. 175. Die Hauptbestandteile sind: der Kraftspeicher *1*, in welchem sich ein Ölvolumen befindet (eingefüllt durch den Rohrstutzen *12*), über dessen Spiegel mittels einer Handpumpe (angeschlossen an Stutzen *2*) ein Druck erzeugt wird, der nur gelegent-

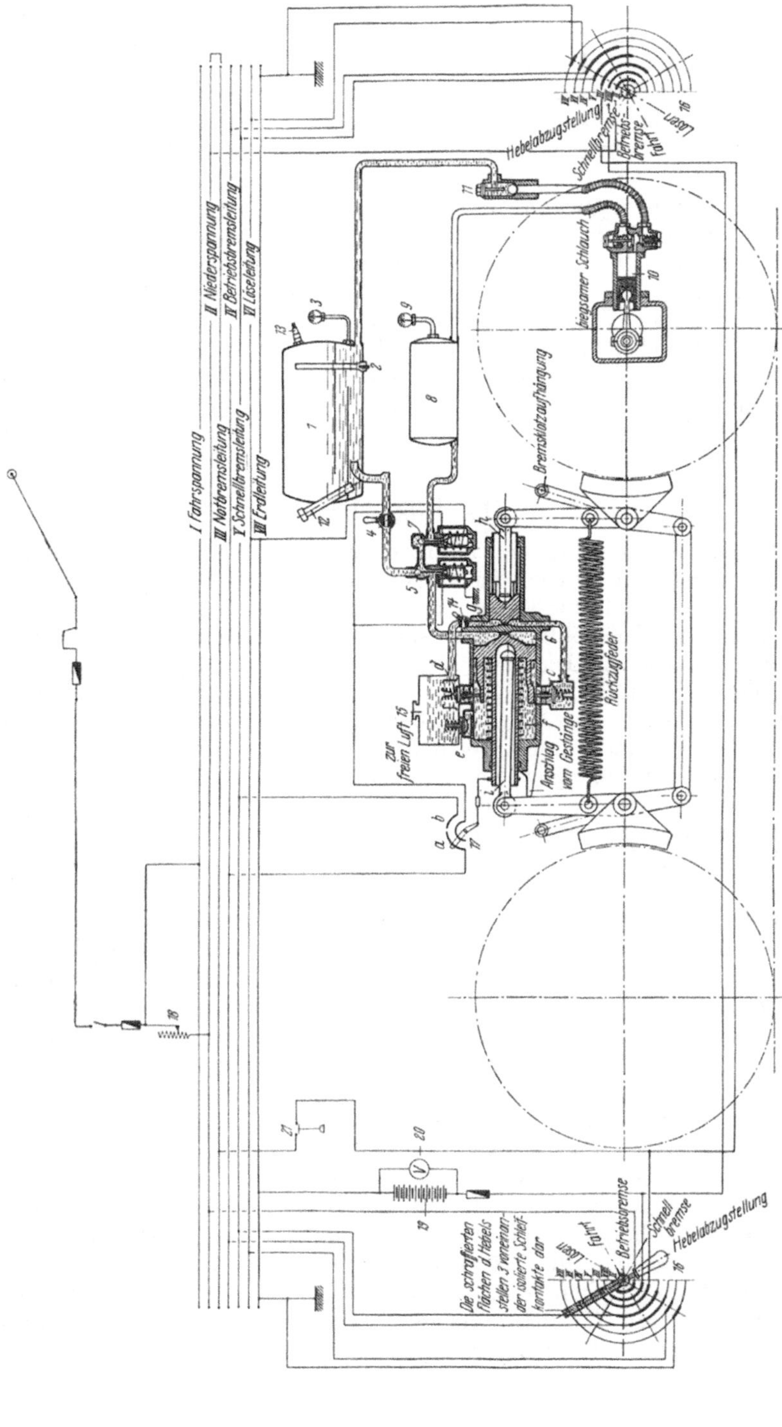

Abb. 175. Pieperbremse.

lich ergänzt zu werden braucht, da, abgesehen von Undichtigkeiten, kein Druckverlust auftreten kann. Der Kraftspeicher *1* steht in Verbindung mit zwei Ventilen *5* und *7*, die elektrisch gesteuert werden können. Vom Ventil *5* geht eine Rohrleitung nach dem Druckzylinderraum *6*. Vom Ventil *7* geht eine Rohrleitung nach einem Unterdruckbehälter *8*; dieser steht durch eine Rohr- und Schlauchleitung mit einer kleinen Ölpumpe *10* in Verbindung, die von der Achse angetrieben wird. Deren Ansaugventil ist verbunden mit dem Behälter *8*, und das Einpreßventil führt durch eine Rohrleitung über ein Rückschlagventil *11* zum Kraftspeicher *1*.

In den Führerständen befindet sich je ein Führerbremshebel, welcher drei voneinander isolierte Kontaktflächen trägt, durch die die elektrischen Leistungen je nach Stellung untereinander verbunden werden. Es ist außerdem eine Batterie *19* vorhanden, die über einen Vorschaltwiderstand in allen Betriebsstellungen mit der Fahrleitung in Verbindung steht und von ihr aus dauernd geladen wird. Die Batterie macht die Steuerung der Bremse von der Fahrleitungsspannung unabhängig.

Die verschiedenen Bedienungsvorgänge während des Betriebes sind folgende:

Bei „Fahrt“ steht der Führerhebel in der Stellung „Fahrt“ und es sind dabei die Leitungen *II* mit *VIII*, ferner Leitung *III* mit *IV* und *V* verbunden. Die Verbindung *II* und *VIII* ist die bereits erwähnte Verbindung der Batterie mit der Fahrdrahtspannung. Die Leitungen *II* und *III* sind durch eine Kupplung (rechts oben sichtbar) miteinander verbunden, so daß also die Leitung *III* ebenfalls an Spannung liegt, das gleiche gilt für die Leitungen *IV* und *V*, die durch den Führerbremshebel mit der Leitung *III* in Verbindung stehen. Von der Leitung *IV* besteht über den Hebelschalter *17a* eine Verbindung mit dem Ventil *5*, das erregt wird. Die Ventilkugel ist dadurch hochgehoben und sperrt das im Kraftspeicher *1* befindliche, unter Druck stehende Öl vom Bremszylinder *6* ab. Der Bremskolben befindet sich dadurch in seiner Ruhelage, die Bremsklötze sind durch die Rückzugfedern von den Bandagen abgehoben.

Geht der Führer auf die Stellung „Betriebsbremse“, so wird die Verbindung der Leitung *III* mit der Leitung *IV* unterbrochen (es besteht in dieser Stellung nur noch die Verbindung *III* mit *V*). Durch die Unterbrechung der Leitung *IV* verliert das Ventil *5* die Spannung und öffnet die Verbindung der Öldruckleitung des Hauptbehälters *1* zum Bremszylinder *6*. Das Öl strömt unter dem im Behälter *1* befindlichen Druck in den Bremszylinderraum *6* und schiebt den Kolben nach links. Gleichzeitig mit dieser Kolbenbewegung wird Öl, das sich im Raum *f* befunden hat, über das Ventil *c* in den Raum *g* gedrückt und preßt auf einen Hilfsbremskolben mit wesentlich kleinerem Durchmesser. Dieser Hilfsbremskolben legt gegenüber dem Hauptbremskolben einen Weg zurück, der im umgekehrten Verhältnis zur Größe der beiden Kolbenflächen steht. Mit anderen Worten, die mit dem Hilfskolben gekuppelte Stange *h* wird rasch nach außen gedrückt und bringt dadurch die Bremsklötze zum Anliegen. (Es ist also mit einfachen Mitteln erreicht, daß schon bei kleiner eingepreßter Ölmenge der Weg zwischen Bremsklotz und Bandage zurückgelegt wird.) Gleichzeitig bewegt sich der Hauptkolben nach links. Er trägt zwei Nocken, von denen der untere das Ventil *c* schließt, nachdem die Bremsklötze anliegen. Kurz darauf wird das Ventil *d* geöffnet, das den Behälterraum *f* mit einem Ausgleichsbehälter *15* verbindet. Da die Bremsklötze bereits anliegen, kann der volle Bremsdruck über die Stange *i* auf die Bremsklötze ausgeübt werden. Bei der Linksbewegung des Kolbens wird jedoch der Schalter *17* durch ein Gestänge mitbewegt; er verläßt im Verlauf der Bewegung den Kontaktbelag *a* und schließt den Kontaktbelag *b*; dadurch bekommt das Ventil *5* über die Leitung *V* wieder Spannung und die Ventilkugel sperrt den Bremszylinder vom Kraftspeicher ab. Durch diese Hubbegrenzung soll vermieden werden, daß ein vorgesehener Anpreßdruck überschritten wird. Der größte Hub bei einer Betriebsbremse (einstellbar) ist also durch das Umschalten des Schalters *17* von *a* auf *b* gegeben. Der Hub wird betriebsmäßig vom Führer durch entsprechende Hin- und Herbewegung des Bremsgriffes unterteilt, so daß eine beliebig regelbare Bremskraft ausgeübt wird.

Geht der Führer in die Stellung „Schnellbremse", so wird auch die Leitung *V* von der Oberleitungsspannung getrennt, d. h. die Spule des Ventils *5* bleibt auch ohne Spannung, wenn der Schalter *17* auf den Belag *b* übergeht, und der Bremszylinder wird bis in seine äußerste Lage vom Drucköl vorgetrieben, übt also die größtmögliche Bremskraft aus.

Geht der Führer in die Stellung „Lösen", so sind alle Leitungen *II* bis *VIII* miteinander verbunden. Das Ventil *5* ist also wieder erregt, schließt den Behälter vom Bremszylinder ab, außerdem ist noch das Ventil *7* erregt; dessen Kugel wird angehoben und gibt die Verbindung zum Unterdruckbehälter *8* frei. Im Behälter *8* herrscht deshalb ein Unterdruck, weil die Pumpe *10* während der Fahrt dauernd aus dem Behälter *8* ansaugt und nach dem Behälter *1* fördert. Sobald also das Ventil *7* öffnet, strömt das im Raum *6* befindliche Öl nach dem Behälter *8* und wird dann zurückgepumpt in den Behälter *1*. Der Hauptbremskolben und der Hilfskolben gehen durch ihre Rückzugsfedern wieder in ihre Löselage zurück.

Die elektrische Steuerung ist so eingerichtet, daß bei irgendeinem Versagen (Unterbrechung) stets die Bremsung eingeleitet wird (Ventil *5* hat Arbeitsstrom). Um das Fahrzeug bei Defekten der Führerschalter aus seiner gebremsten Lage lösen zu können, wird der Lösehahn *14* gedreht, der den Raum der Kammer *g* mit dem Ausgleichsbehälter *15* verbindet. Damit geht der kleine Kolben zurück und hebt die Bremsklötze ab. Das Ventil *e* ist dafür vorgesehen, um nach einem solchen Hilfslösevorgang beim nächsten richtigen Lösen infolge Unterdruck Öl in die Kammer *f* eintreten zu lassen, welches dann beim nächsten Bremsen wieder in die Kammer *g* zurücktransportiert wird.

Die Bremse besitzt den weiteren Vorteil, daß sie den Abstand der Bremsklötze von den Bandagen, unabhängig von der Abnützung, konstant hält. Dadurch wird ein Nachstellen von Hand unnötig und die Bremse spricht stets rasch an.

Der Vorgang bei der Nachstellung der Bremsklötze ist folgender: Es sei angenommen, die Bremsklötze haben bei der letzten Bremsung eine Abnützung erfahren. Bei Einleitung der nächsten Bremsung bewegt sich der Hauptbremskolben sowie der kleine Hilfsbremskolben, wie bereits beschrieben, bis das Ventil *c* am unteren Nocken abläuft, sich also schließt. Da infolge der Abnutzung der Bremsklötze noch kein Anliegen an den Bandagen stattfindet und bei der Linksbewegung des großen Kolbens das Öl im Zylinder *f* unter Druck gesetzt wird, öffnet sich das Ventil *c* gegen den Druck seiner Feder und läßt dabei in den Raum *g* so lange Öl strömen, bis die Bremsklötze anliegen und der Hilfskolben sich nicht mehr bewegt. Bei weiterer Bewegung des Hauptbremskolbens nach links steigt der Druck im Zylinderraum *f*, so daß sich das Ventil *d*, dessen Federspannung größer ist als die des Ventils *c*, öffnet und dem Öl Eintritt in den Ausgleichsbehälter schafft. Bei Weiterbewegung des Kolbens wird das Ventil *d* durch den oberen Nocken auch mechanisch angehoben.

Erfolgt nun das Lösen der Bremse, so wird zunächst das Ventil *d* geschlossen und kurz darauf das Ventil *c* geöffnet. Es vermag jetzt ein durch die Zylinderverhältnisse gegebenes Ölvolumen aus dem Raum *g* zurückfließen. Die zurückfließende Ölmenge ist jedoch kleiner, als in den Raum *g* hineingeschickt wurde, d. h. der kleine Hilfskolben wird nicht ganz in seine Ausgangsstellung zurückkehren. Er hat sich also der Bremsklotzabnützung angepaßt. Diese Anpassung erfolgt während des Weges zwischen dem Schließen des Ventils *c* (untere Nocken) und dem Öffnen des Ventils *d* (obere Nocken). Ist die Bremsklotzabnützung aus irgendeinem Anlaß größer, als dieser Differenz entspricht, so erfolgt die richtige Einstellung nach einigen Bremsungen.

Die Anhängewagenausrüstung entspricht fast völlig derjenigen des Triebwagens, es kommen nur die Führerhebel in Wegfall und die durchgehenden Leitungen sind miteinander zu kuppeln. Bei Zugtrennung wirkt die Bremse also automatisch.

Zusammengefaßt ergeben sich die Vorteile der Pieperbremse wie folgt:

Sie ist eine selbständige Bremse, die während des Betriebs unabhängig von der Fahrleitungsspannung ist und ein stufenweises Bremsen und Lösen eines Zuges mit Trieb- und Anhängewagen gestattet. Sie wirkt automatisch bei Zugtrennung und bei Unterbrechung der Steuerspannung. Sie arbeitet geräuschlos, da sie nur eine ganz kleine Achspumpe verwendet, die eine Ölpumpe ist, also nicht von außen ansaugt. Der im Kraftspeicher bei Inbetriebsetzung erzeugte Druck hält längere Zeit (mehrere Wochen) vor und wird nur gelegentlich ergänzt. Die Bremse arbeitet deshalb sehr wirtschaftlich. Durch Anordnung eines Hilfskolbens können die Bremsklötze in der Löselage einen reichlichen Abstand von den Bandagen haben, ohne daß zu ihrem Anbringen an die Bandagen ein großer Hub des Hauptzylinders notwendig ist. Die Behälter sind daher sehr klein, und zwar von der Größenordnung 45 L. für den Hauptbehälter und 10 L. für den Hilfsbehälter (bei Straßenbahnen). Der Abstand der Bremsklötze wird automatisch einreguliert. Das Auswechseln der Bremsklötze ist einfach.

L. Beleuchtung und Heizung.

1. Beleuchtung.

Die Beleuchtung eines Fahrzeuges ist von derjenigen stationärer Anlagen verschieden. Bei letzteren werden die Lampen alle parallel geschaltet, während bei Fahrzeugen deren Lampen von der Oberleitungsspannung gespeist werden, diese Schaltart bei Spannungen höher als 220 Volt nicht möglich ist, da betriebssichere Lampen über 260 Volt sich z. Z. noch nicht bauen lassen. Je größer die Lampenspannung, desto dünner wird bei gleicher Lampenleistung der Heizfaden. Da man aus mechanischen Gründen unter eine bestimmte Stärke des Heizfadens nicht gehen kann, ist bei den vorkommenden Lampenleistungen die obere Grenze für die Lampenspannung gegeben. Bei Fahrzeuglampen geht man deshalb nicht gerne über 220 Volt, besonders da die Erschütterung des Fahrzeuges auch auf den Heizfaden mechanisch einwirkt.

Man muß also eine Gruppe von Lampen hintereinander schalten (meist 5 bis 6). Die Reihenschaltung der Lampen erfordert einige Sicherheitsmaßnahmen. Lampen normaler Fabrikation weichen in ihrer Charakteristik innerhalb gewisser Grenzen voneinander ab. Legt man eine einzelne Lampe an eine konstante Spannung und nimmt an, daß ihr Widerstand etwas zu groß sei, so wird sie einen etwas kleineren Strom und damit kleinere Leistung aufnehmen. Da andererseits mit kleiner werdendem Strom der Widerstand der Lampe (er ist in kaltem Zustand nur ein Bruchteil des warmen) abnimmt, wird eine zu starke Leistungsverminderung vermieden. Bei zu kleinem Lampenwiderstand gilt entsprechendes, d. h. die Lampenleistung wird etwas steigen. Die Lampen haben also infolge ihres veränderlichen Widerstandes das Bestreben, Ungenauigkeiten der Charakteristik zu kompensieren.

Es sei eine größere Zahl von in Reihe geschalteten Lampen betrachtet und angenommen, eine Lampe besitze einen zu großen und alle anderen Lampen einen etwas zu kleinen Widerstand. Der durch sämtliche Lampen fließende Strom wird in erster Linie durch die Lampen mit dem zu kleinen Widerstande bedingt, d. h. der Strom wird etwas zu groß sein. Die eine Lampe mit dem großen Widerstand wird dabei eine viel zu große Leistung aufnehmen, da diese gleich $J^2 r$ und weil sowohl J als auch r größer geworden sind. Da Lampen gegenüber zu starker Leistungsaufnahme sehr empfindlich sind, wird diese Lampe in kürzester Zeit durchbrennen. Es ist deshalb bei Fahrzeuglampen erforderlich, daß ihre Charakteristiken möglichst genau übereinstimmen, die Lampen müssen also besonders bestellt und ausgesucht sein. (Bei Bestellung von Bahnlampen ist entweder ihre „Seriennummer" anzugeben oder eine Musterlampe einzuschicken.)

Da im Bahnbetrieb starke Spannungsschwankungen vorkommen, kann man vor die Lampen Eisenwiderstände schalten, die trotz Spannungsschwankungen ziemlich genau auf konstanten Strom regulieren. Diese Eisenwiderstände sind dabei je in einen Glaskolben mit Gasfüllung eingeschlossen und werden durch den Lampenstrom auf Rotglut erhitzt, wobei dann ihr Widerstand mit steigendem Strom sehr stark ansteigt. Da die heutigen Lampen in ihrer Qualität wesentlich besser geworden sind, verzichtet man heute, abgesehen von Ausnahmefällen, auf die Eisenwiderstände, und verwendet etwas überdimensionierte Lampen, so daß Spannungsschwankungen unschädlich sind.

2. Heizung.

Zur elektrischen Heizung eines Straßenbahnwagens im Winter bieten sich zwei Möglichkeiten:

Das Fahrzeug bekommt zwei Satz Anfahrwiderstände, von denen der eine (auf dem Dach des Fahrzeuges) nur im Sommer, der andere (im Wagen unterhalb der Sitzbänke) nur im Winter benutzt wird und dabei gleichzeitig heizt. Das Umschalten von den Sommer- auf die Winterwiderstände erfolgt durch eine besondere kleine Umschaltwalze. Diese Anordnung bietet den Vorteil, daß für die elektrische Heizung keine zusätzlichen Stromkosten entstehen. Sie läßt sich jedoch nur

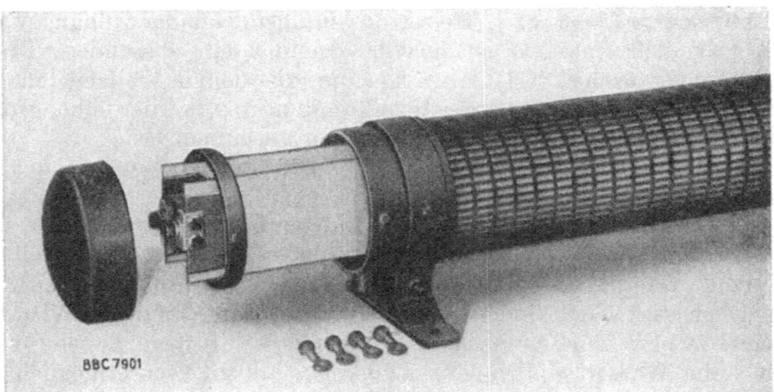

Abb. 176. Wagenheizkörper (BBC).

dort erfolgreich verwenden, wo dauernd angefahren und elektrisch gebremst wird, da nur dann genügend Wärme in den Anfahrwiderständen erzeugt wird, um die Temperatur im Raume zu erhöhen. Es ist außerdem nachteilig, daß die Temperatur im Wagen nicht beliebig regulierbar ist. Für Anhängewagen kommt diese Heizart überhaupt nicht in Frage.

Die zweite Art der elektrischen Heizung verwendet besondere, unmittelbar von der Oberleitungsspannung gespeiste Heizkörper. Die Heizkörper ordnet man im Wagen gerne in zwei durch je einen Schalter abtrennbare Gruppen (s. S. 145). In der Übergangszeit wird nur eine Gruppe, bei größerer Kälte beide Gruppen eingeschaltet. Die Leistung der Heizkörper beträgt normal 300 bis 1000 Watt. Der Einbau zu großer Heizkörper unter den Sitzbänken ist schlecht, da dann trotz Abschirmblechen die Sitzbänke zu heiß werden, so daß es die Fahrgäste belästigt. Aus dem gleichen Grunde soll der Abstand der Heizkörper von der Sitzfläche nicht zu klein sein. Die Abb. 176

zeigt einen Bahnheizkörper, bei dem die Heizscheiden etwas aus dem Gehäuse herausgezogen sind. Der eigentliche Heizwiderstand ist als Flachdraht über Glimmerstreifen gewickelt. Beidseitig des bewickelten Streifens werden zur Isolierung Glimmerbeilagen angebracht und das so entstandene Heizelement wird von einer Metallscheide umpreßt. Zwei bis drei solcher Metallscheiden sind dann von einem gemeinsamen Schutzgehäuse aus gelochtem Blech umgeben. Da an den Widerständen die volle Fahrdrahtspannung herrscht, muß unbedingte Gewähr gegeben sein, daß keinerlei spannungsführende Teile durch Stöcke und Schirme u. dgl. berührt werden können.

M. Die elektrischen Stromkupplungen.

Im elektrischen Bahnbetrieb müssen Fahrzeuge, die mechanisch gekuppelt sind, auch oft elektrisch miteinander verbunden werden. Dies erfolgt durch sogenannte Stromkupplungen. Solche hat man z. B. bei Straßenbahnen, wo der Triebwagen dem Anhängewagen durch eine Kupplung den Licht- bzw. Heizstrom zuführt. Hat der Anhängewagen eine Solenoidbremse, so ist hierfür ebenfalls eine besondere Bremskupplung vorzusehen. Triebfahrzeuge, die außerdem in Vielfachsteuerung fahren müssen, benötigen Vielfachkupplungen, da hier eine größere Zahl von Steuerleitungen miteinander zu verbinden ist.

Bei der Konstruktion von Kupplungen sollen möglichst folgende Richtlinien beachtet werden:

Spannungsführende Teile sind, um zufällige Berührungen auszuschließen, durch isolierende Vorsprünge bzw. geerdete Teile zu schützen. Da die Kupplungen außen an den Stirnwänden der Fahrzeuge befestigt sind, sind sie dem Straßenschmutz und der Witterung ausgesetzt. Sie müssen deshalb reichliche Kriechwege haben und es darf kein Wasser eindringen. Außerdem sollen, wenn möglich, die Kupplungen bei Zugtrennungen sich selbst entkuppeln, ohne daß die Kupplungskabel reißen. Es kommt nämlich gelegentlich im Bahnbetrieb vor, daß Fahrzeuge mechanisch entkuppelt werden, die elektrische Entkupplung jedoch vergessen wird. Werden die Fahrzeuge dann voneinander entfernt, so wirkt die elektrische Kupplung als mechanisches Zugorgan und wird reißen, es sei denn, daß sie sich selbst entkuppelt.

Es sei jedoch ausdrücklich darauf hingewiesen, daß die oben skizzierten Richtlinien sich nicht immer ohne größere Komplikationen bei der Konstruktion von Kupplungen durchführen lassen, so z. B. nicht bei Vielfachkupplungen.

Die Abb. 177 zeigt eine einpolige Kupplung, die bei Straßenbahnwagen für die Licht- bzw. Heizleitung benutzt wird. An jeder Stirnwand des Fahrzeuges ist eine Kupplungsdose angebracht, die durch einen Deckel, wenn nicht gekuppelt, nach außen abgeschlossen wird. Zur Kupplung dient ein Steckerkabel, welches an jedem Ende einen isolierten Stecker hat, der in die Kupplungsdose eingeführt wird und dort vermöge Reibung haftet. Der Deckel der Dose drückt dabei auf den Stecker und verhindert ebenfalls dessen Herausfallen. Oft ist der

Deckel auch mit besonderen Klauen versehen, die die Vorsprünge des Steckers umgreifen und das Herausgehen verhindern. Als Kontakte kommen bei solchen Kupplungen Stiftkontakte in Frage, die in federnde Kontakthülsen eingeschoben werden.

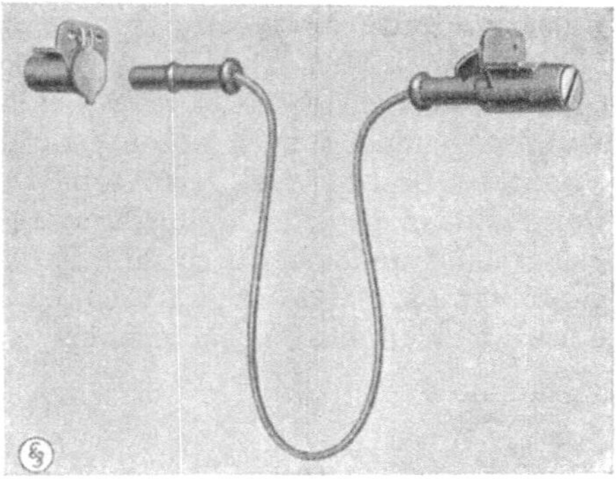

Abb. 177. Lichtkupplung (SSW).

Die Abb. 178 zeigt eine Bremskupplung (Solenoidbremse). An jeder Wagenstirnwand ist ein Kabel oder Drahtseil befestigt, welches an seinem freien Ende ein klauenförmiges Kontaktstück hat. In ungekuppeltem Zustande wird dieses Kontaktstück an einer kleinen Blinddose an der Wagenstirnwand eingeschoben und geerdet. Sollen zwei Wagen gekuppelt werden, so werden die beiden klauenförmigen Kontaktstücke bajonettartig ineinander gedreht. Die blanken Kontaktteile sind bei dieser Kupplung zulässig, da die an den Solenoidbremsen auftretenden Bremsspannungen nur klein sind; bei Stillstand ist überhaupt keine Spannung vorhanden. Bei Trennung der Wagen können sich die Kupplungen, ohne zu reißen, lösen.

Abb. 178. Bremskupplung (BEW).

Bei Wagen, die in Vielfachsteuerung verkehren, sind Vielfachkupplungen nötig, von denen die Abb. 179 eine Dose und einen Stecker darstellt. Der Kupplungsstecker, der mit *a* bezeichnet ist, besteht aus einem Gußgehäuse, in dessem Innern sich ein Isolierkörper befindet. In diesem Isolierkörper sind die in einem Kreis angeordneten Kontaktbolzen *c* verschiebbar gelagert, während sie durch Spiralfedern in ihre eine Endlage gepreßt werden. Mit den Kontaktbolzen *c* sind die einzelnen Kabel *d* fest verbunden. Die Kabel *d* sind sehr biegsam und in der Kupplung strahlenförmig angeordnet, so daß sie beim Kuppelvorgang, bei dem die Kontaktbolzen *c* etwas zurückgedrängt werden, leicht nachgeben können. Der Kuppelvorgang vollzieht sich so, daß der Stecker *a* in die Dose *e* von Hand eingeschoben wird; der Vorsprung *f*, bei dem man den Stecker aufsetzen kann, sichert ein rasches Einschieben. Ist der Stecker *a* in die Dose *e* eingeschoben, so wird der Kupplungshebel *g* nach unten gedrückt. Der Kupplungshebel *g* ist im Punkte *h* drehbar gelagert; sein Drehpunkt befindet sich in einem Stein *i*, der in einer Längsführung des Kupplungshebels beweglich gelagert ist und der durch eine Feder *j* fest gegen seine eine Endlage gepreßt wird. Bei der Abwärtsbewegung des Kupplungshebels *g* kommt eine am Kupplungshebel drehbar gelagerte Klinke *k* mit dem am

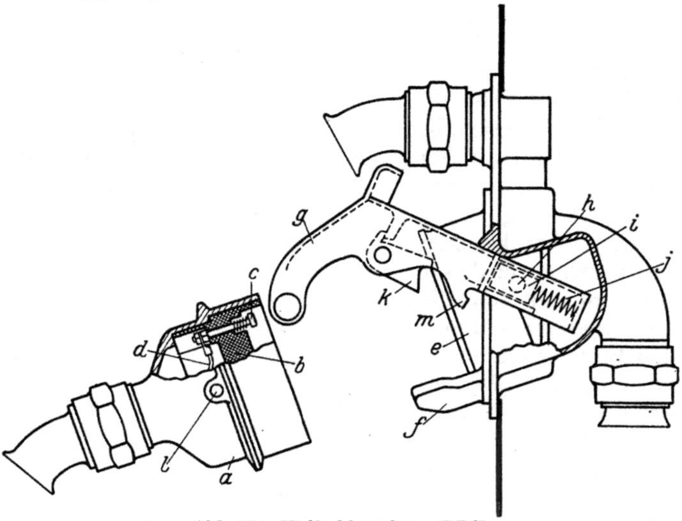

Abb. 179. Vielfachkupplung (BBC).

Stecker befindlichen Bolzen *l* in Eingriff, so daß durch den Kupplungshebel der Stecker fest in die Dose eingepreßt wird. Infolge der Beweglichkeit des Steines *i* im Kupplungshebel und der dort vorhandenen Federung erreicht man, daß der Stecker mit gleichbleibender Kraft in die Dose eingepreßt wird. Im gekuppelten Zustande ist es unmöglich, daß der Stecker sich von selbst aus der Dose entfernen kann, da die Klinke *k* in der Endlage schon jenseits der Totlage ist, in welcher eine Selbstlösung eintreten könnte und sich außerdem der Kupplungshebel *g* mit seiner Nase *m* gegen eine Wand abstützt.

Es sei noch erwähnt, daß das Innere der Kupplungsdose ähnlich beschaffen ist wie das des Steckers, nur sind dort die Kontakte nicht federnd, sondern fest in dem Isolierkörper eingeschraubt.

N. Optische Signaleinrichtungen.

Bei Straßen- und Überlandbahnen werden meist durch die Schaffner Glockensignale gegeben, um dem Führer mitzuteilen, daß die Wagen abfahrbereit sind. Da solche Signale, besonders bei geschlossenen Türen, oft schlecht gehört werden und weil auch leicht Mißverständnisse eintreten, sind verschiedentlich optische Signaleinrichtungen geschaffen worden, von denen einige Ausführungsbeispiele beschrieben werden sollen. Grundprinzip für alle optischen Signaleinrichtungen muß sein, daß das Abfahrtsignal im Führerstand erst erscheint, wenn alle Schaffner der Anhängewagen und der des Triebwagens ihre Abfahrtsbereitschaft gemeldet haben und daß das Haltesignal sofort erscheint, wenn irgendein Schaffner das Haltzeichen gibt.

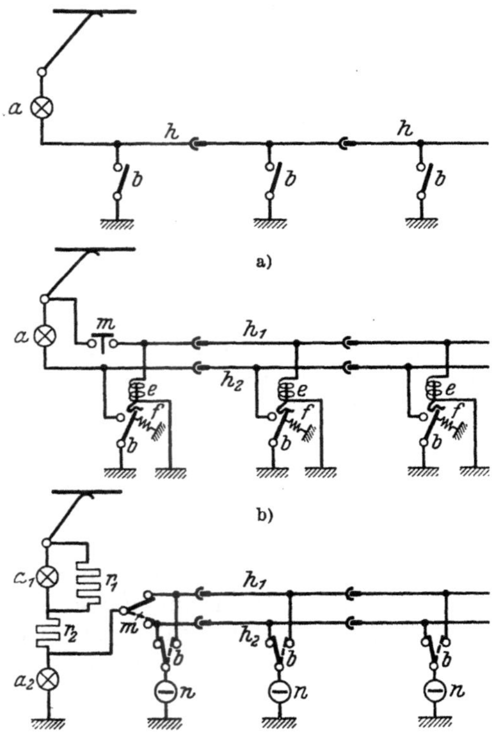

Abb. 180. Optische Signaleinrichtungen.

Bei dem System der Abb. 180a ist im Führerstand eine Signallampe *a*, die an eine durchgehende, den Triebwagen mit den Anhängewagen verbindende Leitung *h* angeschlossen ist. Im Trieb- und in den Anhängewagen sind die Schaffnerschalter *b*, die einseitig an Erde liegen. Sind alle Schalter *b* geöffnet, so ist die stromlose Lampe *a* dunkel, was gleichbedeutend mit dem Fahrtsignal ist. Wird irgendein Schalter *b* geschlossen, so leuchtet die Signallampe *a*, was für den Führer das Haltsignal bedeutet. Es besteht die Vorschrift, daß sämtliche Schaffner bei Ankunft an eine Haltestelle ihre Signalschalter *b* in die Haltstellung bringen, d. h. schließen. Wenn ein Schaffner abfahrbereit ist, öffnet er seinen Schalter *b*, d. h. er bringt ihn in die Fahrtstellung. Haben sämtliche Schaffner ihre Schalter geöffnet, dann erlöscht die Signallampe *a* und der Führer fährt ab. Nachteilig ist bei diesem System, daß die Schaffner auch vor jeder ständigen Haltestelle zunächst ihren Schalter *b* in die Haltstellung bringen müssen und weil ein Lampendefekt gleichbedeutend mit dem „Fahrt“-Signal ist.

Dieser Nachteil wird bei dem System der Abb. 180b (Prinzip des Systems Bölte) vermieden. Hier ist die Signallampe *a* ebenfalls an eine durchgehende Leitung h_2 angeschlossen. Die Schaffnerschalter *b* sind diesmal Schalter, welche je eine Druckfeder besitzen, die sie in die Haltestellung zu bringen suchen. In der „Fahrtstellung“ (Lampe dunkel) sind die Schalter b jedoch durch die geeignet ausgebildeten Anker der stromlosen Magnete e verklinkt. Kommt jetzt ein Wagen an eine Haltestelle, so besteht die Vorschrift, daß der Führer einen Schalter m niederdrückt, wodurch die Leitung h_1 und damit die Magnete e Spannung erhalten. Die anspringenden Magnete e lösen die Verklinkungen der Schalter b und diese gelangen durch die Federkräfte f in ihre Haltstellung. Die Schaffner müssen alle vor der Abfahrt das Fahrtsignal geben, während beim Anhalten das Haltsignal für den ganzen Zug durch den Führer gegeben wird. Die Verklinkung der Schalter b ist so ausgeführt, daß von den Schaffnern die Schalter b jederzeit in die Haltestellung gebracht werden können, falls aus irgendeinem Grunde gehalten werden soll.

Die Abb. 180c zeigt eine andere Schaltung (BBC), die ähnliches bezweckt, bei der jedoch die Verwendung von Magnetschaltern vermieden ist. Sowohl die Schaffnerschalter b als auch der Führerschalter m sind doppelpolige Schalter. Im Führerstand sind diesmal zwei Lampen a_1 und a_2 vorhanden, von denen die Lampe a_1 (zweckmäßig mit einem roten Licht) das Haltsignal, die Lampe a_2 (zweckmäßig mit einem grünen Licht) dagegen das Fahrtsignal gibt. Bei den vorhergehenden Schaltungen kann es vorkommen, daß an der Haltestelle die Lampe a durchbrennt, so daß der Führer glaubt, das Abfahrtsignal sei gegeben. Diese Mißverständnisse werden bei Verwendung von zwei Signallampen vermieden. Haben in der Abb. 180c der Führerschalter m sowie die Schaffnerschalter b die ausgezogene Lage inne, so fließt der Strom von der Oberleitung teils durch die Lampe a_1, teils durch den parallelgeschalteten Widerstand r_1 und der Gesamtstrom durch den Widerstand r_2 und die Lampe a_2 zur Erde. Der Parallelwiderstand r_1 und der Widerstand r_2 sind so bemessen, daß der die Lampe a_1 durchfließende Teilstrom nicht genügt, um sie hell zu erleuchten, während die Lampe a_2, die vom Summenstrom durchflossen ist, hell brennt. Wird irgendeiner der Schaffnerschalter b in die gestrichelte Lage gebracht, so ist die Lampe a_2 kurzgeschlossen und die an der Lampe a_1 liegende Spannung genügt jetzt, um sie hell brennen zu lassen. Betrachtet man den Fall der Fahrt, so befinden sich die Schaffnerschalter b und der Führerumstellschalter m in der ausgezogenen Lage und die Fahrtlampe a_2 brennt. Kommt das Fahrzeug an eine Haltestelle, so bringt der Führer seinen Führerumstellschalter m in die gestrichelte Lage. Dadurch werden jetzt sämtliche Schaffnerschalter stromdurchflossen und die Haltlampe a_1 brennt. Um den Schaffnern zu zeigen, welche Stellung die Schalter b haben, ist zwischen Schalter b und Erde ein elektromagnetisches Schauzeichen von kleinem Widerstand eingeschaltet, das im stromdurchflossenen Zustand die Haltstellung des Schalters anzeigt.

Sind die einzelnen Schaffner abfahrbereit, so bringen sie ihre Schalter b in die gestrichelte Lage (die Schaffnerschalter werden als Zugschalter ausgebildet). Befinden sich sämtliche Schalter b in der Fahrtstellung, so leuchtet die Fahrtlampe a_2 auf und der Führer setzt den Wagen in Fahrt.

O. Sondereinrichtungen bei Fahrzeugen, die auf Strecken verschiedener Spannung fahren.

Es gibt Überlandbahnen, die auf den Außenstrecken die doppelte Spannung wie im Stadtbezirk haben. Für die folgenden Ausführungen ist angenommen, die beiden Spannungen seien 1200/600 Volt. Die Auswirkung der verschiedenen Spannungen sei in bezug auf die Ausrüstung betrachtet.

1. Motoren.

Die Motoren sind für die Spannung von 1200 Volt bemessen. Will man keine Umschaltung der Motoren vornehmen — und das ist mit Rücksicht auf die damit verknüpften Komplikationen häufig der Fall — so ist auf der 600-Volt-Strecke die Geschwindigkeit etwas weniger als die Hälfte derjenigen bei 1200 Volt. Bei 50 km/h auf der Außenstrecke ergeben sich also etwa 23 km/h auf der Stadtstrecke. Obwohl im Stadtbezirk ein langsameres Fahren erwünscht ist, verwendet man hier doch gerne noch eine Shuntung, um die Geschwindigkeit etwas zu steigern. Auf der 1200-Volt-Strecke wird die Shuntung dann meist verriegelt.

Gleiches gilt auch für die Hilfsmotoren z. B. (bei Fahrzeugen mit Druckluftbremsung) für die Kompressormotoren. Da im Stadtbezirk der Luftbedarf wegen dem häufigen Bremsen meist ein größerer ist als auf den Außenstrecken, ist der langsamere Motorlauf bei 600 Volt sehr unerwünscht. Man shuntet deshalb den Motor bei 600 Volt so stark wie irgend möglich. Es empfiehlt sich außerdem, die Kompressoranlage mit Rücksicht auf diese Verhältnisse reichlich zu bemessen.

2. Die Beleuchtungsanlage.

Da bei den im Bahnbetrieb vorkommenden Gleichstromspannungen stets mehrere Lampen in Reihe geschaltet sind, wählt man ihre Zahl bei 1200 Volt geradzahlig. Bei 600 Volt werden hieraus zwei Gruppen zu je der Hälfte gebildet, die man parallel schaltet. Dadurch hat man sowohl bei 600 als auch bei 1200 Volt volle Lichtstärke. Um zu vermeiden, daß vor dem Übergang von 600 auf 1200 Volt die Umschaltung der Lampen vergessen wird, verwendet man halbautomatische oder vollautomatische Umschalter, die den Führer bzw. Schaffner entlasten.

a) Halbautomaten. Bei diesen wird beim Übergang von 600 auf 1200 Volt in dem stromlosen Zwischenstück die Schaltung automatisch in die 1200-Volt-Stellung (Reihenschaltung der Lampengruppen) gebracht. Gelangt das Fahrzeug dagegen von 1200 auf 600 Volt, so brennen die Lampen zunächst dunkel und der Führer muß von Hand die 600-Volt-Stellung herstellen.

Ein Ausführungsbeispiel zeigt die Abb. 181a. Es ist eine Schaltwalze vorhanden, die eine 600- und 1200-Volt-Stellung hat, in denen die Lampengruppen parallel oder in Reihe geschaltet sind. (Lampenschaltung in der Abbildung weggelassen.) Am vorderen Ende der

Schaltwalze befindet sich ein Handhebel a und eine Scheibe k. Diese hat zwei Aussparungen g und i, in welche die magnetisch betätigte Klinke d eingreifen kann. An der Schaltwalze ist die Feder h befestigt, welche die Schaltwalze in die 1200-Volt-Stellung zu ziehen sucht. Ist 1200 Volt vorhanden, so zieht der Magnet f seinen Anker gegen die Federkraft e an und verklinkt die Scheibe k. Der Hebel a kann also nicht mehr betätigt werden. Kommt das Fahrzeug auf die 600-Volt-Strecke, so fällt im stromlosen Zwischenstück der Anker des Magneten f zuerst ab. Der Vorschaltwiderstand b des Magneten f ist so bemessen, daß dieser bei 600 Volt nicht anzieht, die Scheibe k also unverklinkt bleibt. Die Schaltwalze kann jetzt von Hand in die 600-Volt-Stellung gebracht werden. Hier schließt der Kontakt c einen Teil des Vorschaltwiderstandes kurz, der Magnet f springt an und verklinkt die Scheibe k im Ausschnitt g. Beim Übergang auf 1200 Volt wird die Spule f zunächst stromlos, der Klinkenhebel d wird durch die Feder e aus der Nut g herausgezogen und durch die Federkraft h wird der Schalter in die 1200-Volt-Stellung gebracht, wo er durch den wiedererregten Magneten f in der Aussparung i verklinkt wird. Der Magnet f muß mit einer Dämpfungseinrichtung versehen sein, damit auf der 600-Volt-Strecke bei kurzzeitigem Bügelspringen die Schaltwalze nicht jedesmal in die 1200-Volt-Stellung gelangt und dann von Hand wieder umgeschaltet werden muß.

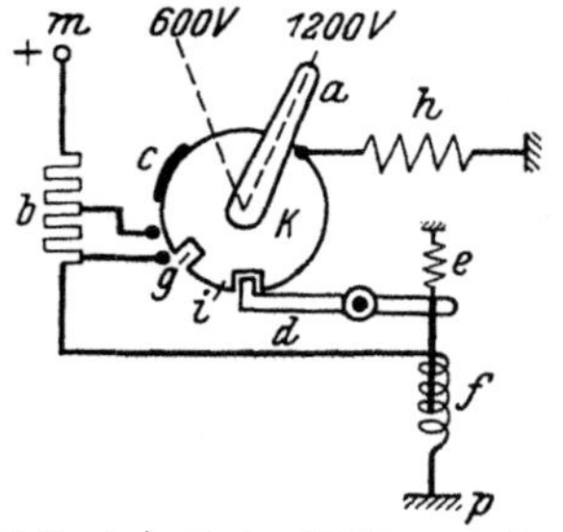

Abb. 181a. Halbautomatischer Lichtumschalter.

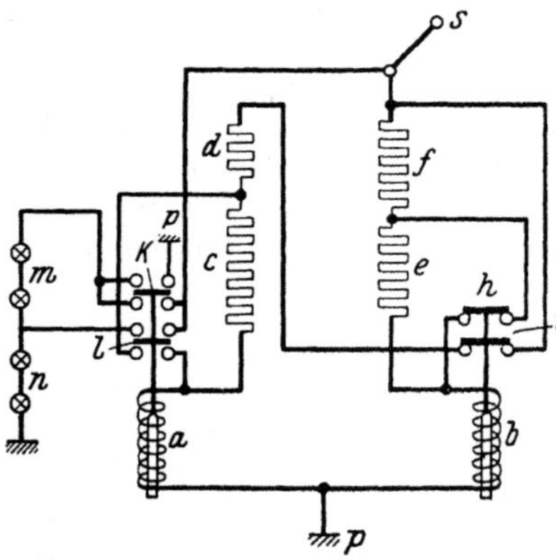

Abb. 181b. Vollautomatischer Lichtumschalter.

b) Die Vollautomaten. Die Abb. 181a zeigt ein Ausführungsbeispiel eines Vollautomaten, bei dem jede Handbetätigung in Wegfall kommt. Es sind zwei Magnetspulen a und b vorhanden, denen Widerstände vorgeschaltet sind. Die beiden Lampengruppen m und n sollen entsprechend der Fahrdrahtspannung geschaltet werden. Ist am Punkt s 600 Volt vorhanden, so springt der Magnet b nicht an, da seine Vorschaltwiderstände so groß gewählt sind, daß er erst bei 1200 Volt anziehen kann. Der Magnet a bekommt über den Ruhekontakt i des Magneten b Spannung, wobei zunächst nur der Widerstand d vorgeschaltet ist, da der Widerstand c durch den Ruhekontakt l kurzgeschlossen ist. Beim Anspringen schaltet der Magnet a, um unzulässige Erwärmung zu vermeiden, den Widerstand c vor. Bei 600 Volt und angezogenem Magneten a sind die Lampengruppen m und n parallel geschaltet.

Kommt das Fahrzeug an 1200 Volt, so springen zunächst beide Magnete *a* und *b* an; dem Magnet *a* wird jedoch durch den hochspringenden Ruhekontakt *i* des Magneten *b* die Zuleitung unterbrochen. In der abgefallenen Lage stellt der Magnet *a* die *Serienschaltung* der Lampengruppen *m* und *n* her. Der Kontakt *h* des Magneten *b* hat wie der Kontakt *e* den Zweck, dem angesprungenen Magneten einen zusätzlichen Widerstand vorzuschalten.

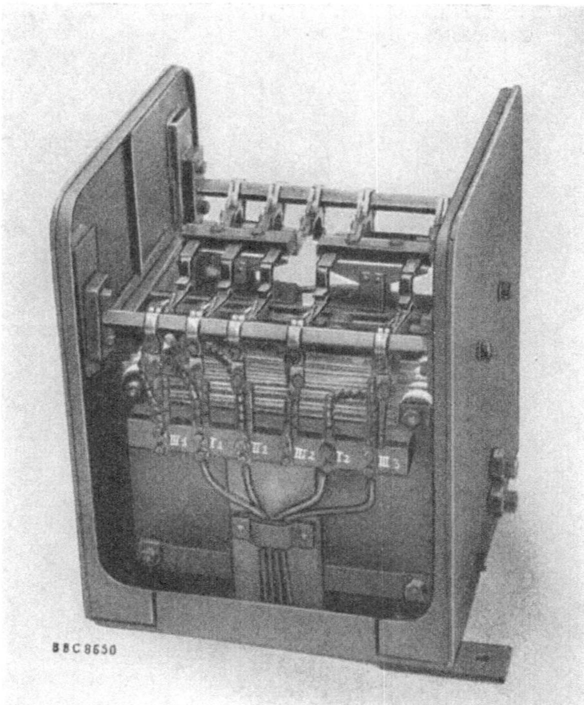

Abb. 182. Vollautomatischer Lichtumschalter (BBC).

Da beim Übergang auf die 1200-Volt-Strecke der Magnet *a* kurzzeitig mit anspringt, kommen, falls nicht geeignete Maßnahmen getroffen sind, die Lampengruppen *m* und *n* in der Parallelschaltung kurzzeitig an 1200 Volt, was nicht zulässig ist. Der Magnet *a* muß also beim Anspringen so stark *gedämpft* werden, daß der Magnet *b* ihn bereits abgeschaltet hat, ehe er sich nennenswert bewegt hat. Die Abb. 182 zeigt die Photographie eines solchen vollautomatischen Lichtumschalters. Mit solchen Umschaltern können auch Relais und sonstige Apparate entsprechend der jeweiligen Spannung umgeschaltet werden.

P. Kabelverlegung und Kleinmaterial.

Die Kabelverlegung wurde in den Anfängen des Fahrzeugbaues bei elektrischen Bahnen häufig sehr stiefmütterlich behandelt und man begnügte sich damit, die Kabel einfach dort unterzubringen, wo gerade Platz war. Der Bahnbetrieb erfordert jedoch infolge seiner Erschüt-

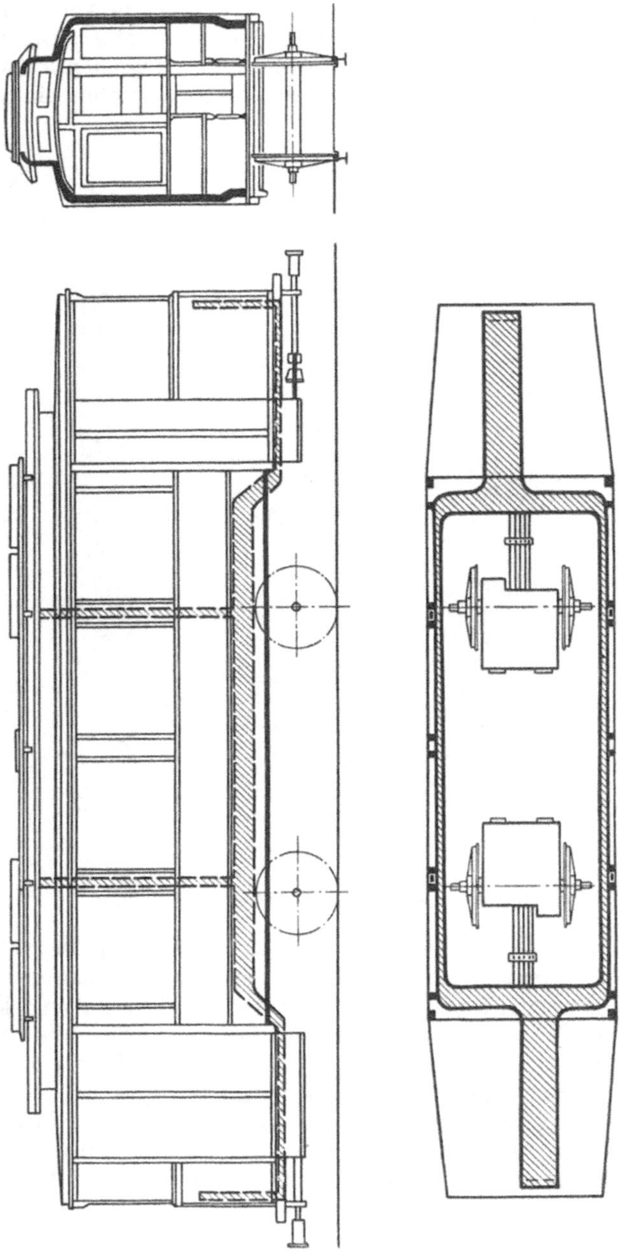

Abb. 183. Kabelverlegung in einem Triebwagen.

terungen eine gründliche Durchkonstruktion aller, auch scheinbar unwichtiger Teile, und so konnte es nicht ausbleiben, daß aus dieser

Gleichgültigkeit sehr viel Unannehmlichkeiten entstanden. Heute ist es jedem Betriebsmann geläufig, daß die Verlegung der Kabel große Aufmerksamkeit erfordert, und es setzt sich immer mehr die Erkenntnis durch, daß die Leitungsverlegung ebenso schon bei Anfertigung der Zeichnungen für ein neues Fahrzeug geklärt sein muß wie etwa der Einbau der Apparate. In einem fertigen mechanischen Teil lassen sich sonst nur kostspielige Zwangslösungen durchführen. Dies gilt insbesondere bei Lokomotiven, weil dort wegen der vorherrschenden Eisen- und Blechkonstruktion Durchbrüche für die Kabel beim fertigen Fahr-

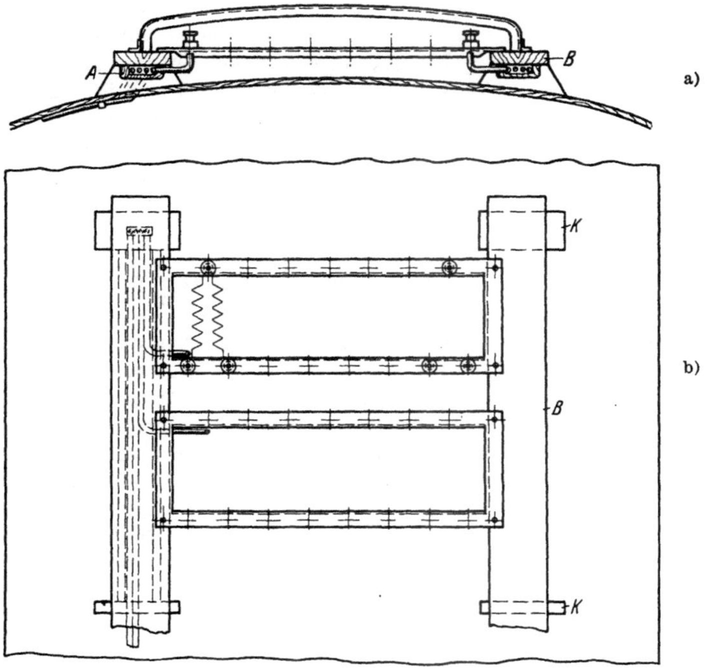

Abb. 184. Kabelverlegung auf dem Dache.

zeug nur mit Schwierigkeiten gemacht werden können. Die früher übliche „Kabelwurst", bei der alle Kabel zusammengebündelt verlegt wurden, ist heute fast allgemein einer Verlegung gewichen, bei der alle Kabel so voneinander getrennt sind, daß sie mühelos einzeln verfolgt werden können.

Zur näheren Erläuterung der hauptsächlichen Gesichtspunkte für die Kabelverlegung sei der Fall eines Fahrzeuges mit zwei Führerständen, etwa eines Straßenbahnwagens, betrachtet. Die grundsätzliche Verlegung zeigt Abb. 183, in der die schraffierten Flächen den Raum angeben, der normalerweise für die Verlegung benutzt wird. Man unterscheidet dabei Leitungen auf dem Dache, Leitungen im Wageninnern (Steigleitungen und Längsleitungen) und Leitungen unter dem Wagen.

1. Leitungen auf dem Dache.

Zu ihnen gehören die Verbindungsleitungen des Stromabnehmers zum Blitzableiter, zu den Automaten und die Anschlußkabel der Dachwiderstände. Damit die Leitungen nicht den Witterungseinflüssen ausgesetzt sind, müssen sie soweit als irgend möglich geschützt werden. Man verlegt sie deshalb meistens unter der Stromabnehmerbohle (s. Abb. 184). Diese Bohle *B* ruht auf Klötzen *K*. Zwischen den Klötzen werden die Kabel mit einer besonderen Abdeckung *A* versehen; in den Klötzen ruhen sie in einer Auskehlung. Einzelne Klötze dienen gleichzeitig dazu, die Kabel geschützt ins Wageninnere zu führen. Sie sind zu diesem Zwecke mit einer vertikalen Bohrung (Kabelkanal) versehen (in der Abb. 184a oben links). Während die Widerstandsanschlüsse geschützt in das Wageninnere eintreten, müssen die Leitungen zu den Automaten (über den Führerständen) und zum Blitzschutz frei über das Dach geführt werden. Hierzu verwendet man oft einen ausgekehlten Holzkanal, s. Abb. 185, der mit Blech abgedeckt ist.

Abb. 185. Kabelabdeckung.

2. Leitungen im Wageninnern.

Besondere Aufmerksamkeit erfordert der Übergang der Dachleitungen in das Wageninnere. Der „Dachdurchbruch" ist eine der empfindlichsten Stellen der gesamten Verlegung, weil bei nicht einwandfreier Ausführung leicht Wasser in das Wageninnere und die Kabelkanäle eindringen kann. Dies gilt insbesondere für die Leitungen oberhalb der Führerstände, da ja die Widerstandskabel, wie bereits erwähnt, gut geschützt eingeführt werden können. Bei Einzelleitungen verwendet man häufig sogenannte Pfeifen (s. Abb. 186), deren Krümmung das Eindringen von Wasser verhindern soll. Die Steigleitungen führen von oben kommend zunächst in dem Raum zwischen Dach und Blinddecke nach den Wagenseitenwänden und dort in Aussparungen der Fenster- oder Ecksäulen nach dem Wagenfußboden. Bei Verlegung in den Ecksäulen ist darauf zu achten, daß keine unzulässige Schwächung des Querschnittes durch den Kabelkanal eintritt. Am Boden angelangt, gehen die Steigleitungen in Längsleitungen über, die nach beiden Wagenstirnwänden führen, da es sich ja um Leitungen handelt, die zu beiden Fahrschaltern führen. Hinzu kommen noch Leitungen, die sowieso beide Fahrschalter miteinander verbinden. Die Aufteilung der heruntergeführten Steigleitungen in Längsleitungen erfordert große Sorgfalt. Man verwendet hier häufig noch Spleißung der Kabel, evtl. mit übergeschobener Spleißmuffe, oder aber besondere Klemmenverbindungen. Die Verlegung der Kabel ist dabei so, daß jedes einzeln verfolgt werden kann. Zu diesem Zwecke werden sie mit besonderen

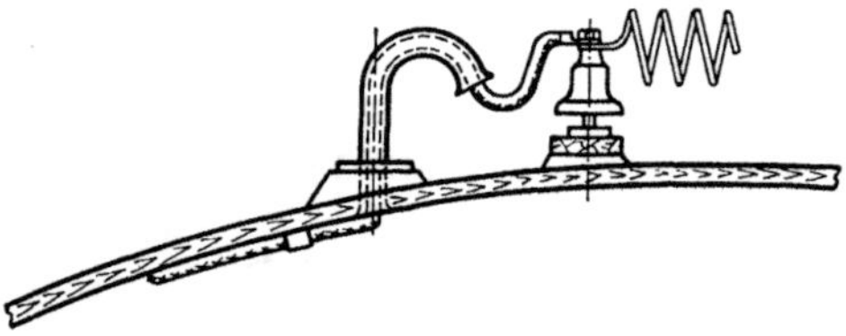

Abb. 186. Kabelpfeife.

Holzschellen befestigt. Je nach Leiterzahl verwendet man zweiteilige oder mehrteilige Holzschellen (s. Abb. 187a und 187b). Bei Straßenbahnen mit Quersitzen stört ein breiter Kabelkanal; man verwendet daher lieber hohe und schmale Kanäle. Abb. 188 zeigt eine solche Ausführung. Die Kanäle erhalten Holz- oder Blechverkleidung. Die Abb. 188 verdient auch wegen der an den Seitenwänden sichtbaren Klemmenleisten Interesse. Es handelt sich dabei um folgendes:

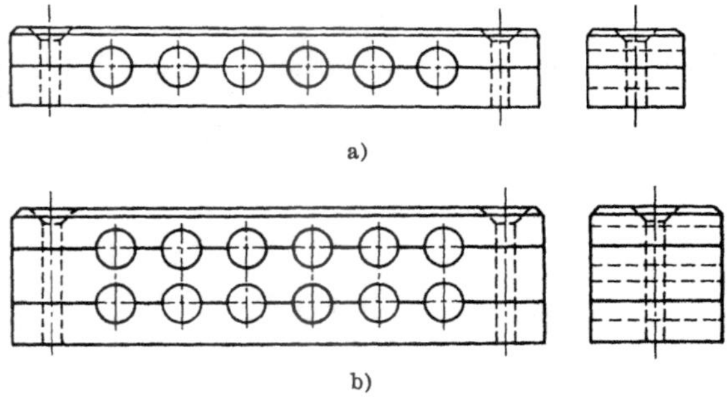

Abb. 187. Kabelschellen.

Sämtliche Kabel an der Seitenwand des abgebildeten Fahrzeuges sind auf einem Brett montiert und mit der übrigen Kabelverlegung durch Klemmleisten verbunden (jeweils vor den Ecken des Wagen-

Abb. 188. Kabelverlegung im Wagen.

inneren). Im Falle eines Zusammenstoßes können die gesamten Seitenkabel abgetrennt und das ganze Brett ersetzt werden. Alle Kabel erhalten an den markantesten Stellen sogenannte Kabelbezeichnungshülsen, die die Nummer des Kabels bzw. den Anschlußpunkt eingeschlagen haben.

3. Leitungen unter dem Wagen.

In den Wagenecken, unmittelbar vor den Wänden, die das Wageninnere von den Plattformen trennen, sind Durchbrüche durch den Wagenboden vorgesehen, durch die die Kabel aus dem Inneren austreten. Sie führen von hier aus unter den Plattformböden bis zur Stirnwand und gelangen durch einen weiteren Durchbruch unmittelbar neben oder vor dem Kontroller wieder in den Wagen (s. Abb. 189). Die Kabel unter dem Wagenfußboden müssen ebenfalls gegen Witterungseinflüsse geschützt werden; man bettet sie deshalb meistens in einen mit Ruberit ausgeschlagenen Kanal ein, der durch eine Blechabdeckung verschlossen ist.

Abb. 189. Kabelverlegung unter dem Wagenboden.

Zu den Leitungen unter dem Wagen gehören noch die Motoranschlußkabel. Diese müssen flexibel sein, da ja der Motor federt. Zum Schutze gegen Witterungseinflüsse verwendet man entweder Vollgummikabel oder andere Spezialkabel, oder man näht die Kabel in Fettgarleder ein. Als Verbindung der flexiblen Motorkabel mit den festverlegten Fahrzeugkabeln dient ein Kabelanschlußkasten[1]. Der Kabelanschlußkasten ist am Wagenfußboden angeschraubt und vollständig staub- und spritzwasserdicht gekapselt. Er kann aus Gußeisen oder aus ölgekochtem Holz sein. Da bei einem Fahrzeug mit zwei Führerständen die Motorkabel nach beiden Seiten weitergeführt werden müssen, sieht man bereits im Kabelanschlußkasten diese Verzweigung vor (durch Verwendung entsprechender Abzweigklemmen) und spart dadurch eine Kabelspleißung. (Kabelanschlußkasten siehe Abb. 189 oben.

[1] 1 Stück pro Motor.

Unterhalb des Kastens sind 4 Doppelkabel zu sehen, deren Enden in den Kasten zu liegen kommen. Es sind die Leitungen für einen Fahrmotor, die von beiden Führerständen kommen. Die Motorkabel selbst münden in die 4 Löcher die auf der Vorderseite des Anschlußkastens zu sehen sind.)

V. Ausführungsbeispiele.

A. Besondere Richtlinien für Fahrzeuge hoher Spannung.

Bei elektrischen Triebfahrzeugen versteht man unter normalen Betriebsspannungen solche bis einschließlich 750 Volt. Darüber hinausgehende Spannungen gelten als Hochspannung. Es sind Bahnbetriebe mit Spannungen bis 4000 Volt Gleichstrom ausgeführt worden.

Prinzipiell unterscheiden sich Fahrzeuge normaler und hoher Spannung weder in den Motoren, den Apparaten noch in der Schaltung. Bezüglich Bemessung dieser Teile sind jedoch erhebliche Unterschiede vorhanden.

Während man bei normalen Spannungen, bei mehreren Motoren pro Fahrzeug, diese, abgesehen von der Anfahrt, parallel schaltet, verwendet man bei Hochspannungsfahrzeugen meist zwei in Reihe geschaltete Motoren bzw. Gruppen von solchen. Die höchste Spannung, bis zu welcher man noch parallel geschaltete Motoren verwenden kann, liegt, von Ausnahmen abgesehen, bei etwa 1500 Volt. Oberhalb dieser Grenze ist man gezwungen, immer Gruppen von je zwei in Serie geschalteten Motoren zu verwenden. Der Grund dieser Maßnahmen ist der Kollektor. Da die äußeren Abmessungen eines Motors durch die Leistung und die Drehzahl gegeben sind, damit auch der Kollektordurchmesser, wird bei zu hoher Klemmenspannung die Segmentspannung zwischen zwei Kollektorlamellen zu groß. Um zulässige Werte nicht zu überschreiten, schaltet man je zwei Motoren in Reihe und erhält dadurch die halbe Klemmenspannung am Kollektor und kleinere Segmentspannungen. Die Motoren müssen in ihrer Isolierung gegen Eisen und in den Kriechwegen jedoch für die volle Fahrdrahtspannung bemessen sein.

Es sei erwähnt, daß Hochspannungsmotoren in ihren Abmessungen größer ausfallen als solche für normale Spannung, da wegen der stärkeren Isolation ein Teil des Nutenquerschnittes für Kupfer verloren geht.

Bei eigengelüfteten Motoren erfolgt die Luftansaugung mitunter nicht unter dem Wagen, sondern durch Kanäle, unter Zwischenschaltung von Faltenbälgen, aus jalousieähnlichen Öffnungen oberhalb des Wagens.

Im Gegensatz zu den Fahrmotoren, bei denen die hohe Spannung eine Reihenschaltung von Motoren notwendig macht, kann man die Hilfsmotoren (ebenfalls Hauptstrommotoren) unmittelbar an volle Spannung legen. Dies ist möglich, da die Betriebsweise der Hilfsmotoren viel stetiger ist als die der Fahrmotoren, deren Belastung sich dauernd ändert (Überlastungen) und bei denen auch oft Feldschwächung (Shuntung) angewandt wird, wodurch eine stärkere Verzerrung des Magnetfeldes und damit eine Erhöhung der maximalen Segmentspannung eintritt.

Die Hilfsmotoren dienen zum Antrieb des Kompressors, ev. Lüfters und der Gleichstrom-Niederspannungsmaschine (Lichtmaschine). Oft werden Kompressor und Lichtmaschine durch denselben Motor angetrieben. Die Beleuchtung der Fahrzeuge kann nicht mehr unmittelbar mit der Fahrdrahtspannung erfolgen, wenn sie mehr als 1200 Volt beträgt. Das kommt, weil die Zahl der in Reihe geschalteten Lampen zu groß wird und weil man die Fassungen der Lampen nicht für solch hohe Spannungen vernünftig bauen kann. Brennt nämlich eine Lampe durch, so liegt die volle Spannung an der betreffenden Lampenfassung. Aus diesen Gründen haben Fahrzeuge hoher Spannung eine besondere Lichtmaschine (Gleichstromgenerator), welche Gleichstrom niederer Spannung zur Speisung der Lampen erzeugt. Gelegentlich verwendet man auch einen Umformer, d. h. ein Aggregat, welches Motor und Generator vereinigt und das in einem Gehäuse zwei Wicklungen und zwei Kollektoren hat. Dadurch werden die Abmessungen der Gruppe kleiner. Selbstverständlich benutzt man die erzeugte Niederspannung auch, um Relais bzw. sonstige Nebeneinrichtungen zu steuern.

Abb. 190. Hochspannungskammer mit Höchststromschalter und Kontroller.

Große Schwierigkeiten bereiten bei höherer Spannung die Apparate. Sie werden sehr groß und sperrig, da reichliche Kriechwege, Luftabstände und Abstände von geerdeten Teilen vorzusehen sind. Besonders gilt dies für den Höchststromschalter, der bei größerer Leistung und hohen Spannungen in eine besondere Hochspannungskammer eingebaut wird (s. Abb. 190). Ihre Abmessungen müssen reichlich gehalten sein, damit bei schweren Abschaltungen der Lichtbogen nicht mit geerdeten Teilen in Berührung kommt. Außerdem soll die Apparatekammer mit einer Entlüftung versehen sein, um den Abzug der Lichtbogengase zu ermöglichen. Die Aufstellung des Höchststromschalters erfolgt zweckmäßig isoliert. Es sei erwähnt, daß bei großen Spannungen die Schwierigkeiten der Abschaltung mit einer höheren Potenz der Spannung anwachsen. Immerhin dürfte die Frage des Höchststromschalters als des schwierigsten Apparates heute bis zu Spannungen von 4000 Volt bei den vorkommenden Fahrzeugleistungen gelöst sein.

Bei Verwendung von Fahrschaltern wird dieser meist als Zentralkontroller ausgebildet, ist also nur einmal vorhanden. Sein Antrieb erfolgt entweder mechanisch oder servomotorisch (meist Luft). Zweckmäßig wird der Fahrschalter ebenfalls in der Apparatekammer eingebaut. Selbstverständlich kann auch eine Schützensteuerung angewendet werden. Für die Steuerspannung muß dabei eine besondere Niederspannung vorgesehen werden.

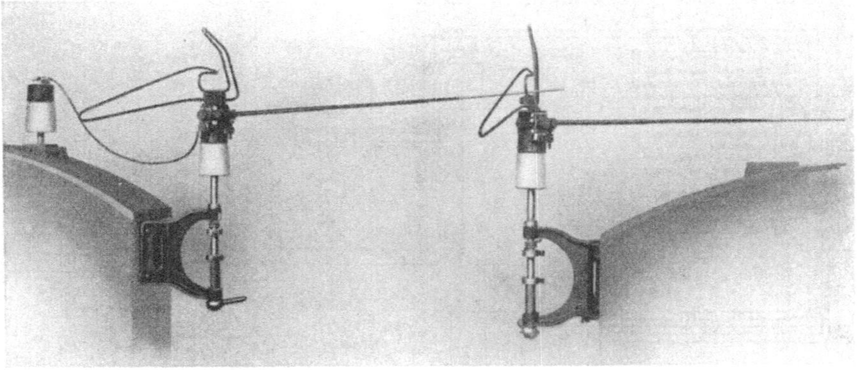

Abb. 191. Hochspannungs-Heizkupplung als Rutenkupplung.

Für die Zugheizung wird öfters die Fahrdrahtspannung verwendet, da sich Heizkörper für diese Spannung gegen Erde ausbilden lassen. Im übrigen sind immer mehrere Heizkörper in Reihe geschaltet. Die elektrische Heizkupplung der Fahrzeuge erfolgt mitunter durch Rutenkupplungen, die am Dach angebracht sind (s. Abb. 191). Sie sind dadurch vor der zufälligen Berührung geschützt, die Entkupplung geschieht selbständig und der entstehende Lichtbogen ist ungefährlich.

Mit Rücksicht auf die Gefährlichkeit der hohen Spannung für den Menschen muß Vorsorge getroffen werden, daß keine Berührung spannungführender Teile während des Betriebes möglich ist. So müssen z. B. Sicherungen in geschlossenen Kästen untergebracht sein, die ebenso wie die Apparatekammer verriegelt sind. (Verriegelung meistens durch das Führerbügelventil, das nur in der Stellung „Bügel nieder“ abgenommen werden kann.)

Im Preis stellt sich ein Fahrzeug für große Spannungen höher als ein solches für geringere Spannung, da die Motoren und die meisten Apparate teurer werden, ebenso das Zubehör. Die bei den Apparaten und den Zuleitungen zur Verwendung kommenden Kupferquerschnitte können wegen der kleineren Ströme zwar kleiner werden, die sonstigen Verteuerungen werden jedoch hierdurch nicht ausgeglichen. Der Vorteil der hohen Übertragungsspannungen liegt also nicht im Fahrzeug, sondern in der Verbilligung, die in der Fahrleitungsanlage und den Unterwerken eintritt.

B. Das einmotorige Fahrzeug.

Einmotorige Fahrzeuge werden hauptsächlich dort verwendet, wo nicht zu große Leistungen benötigt werden, also bei kleineren Industrielokomotiven, Verschiebelokomotiven, ferner bei Akkumulatorenfahrzeugen für Werkbahnen, Elektrokarren usw. Bei größeren Ver-

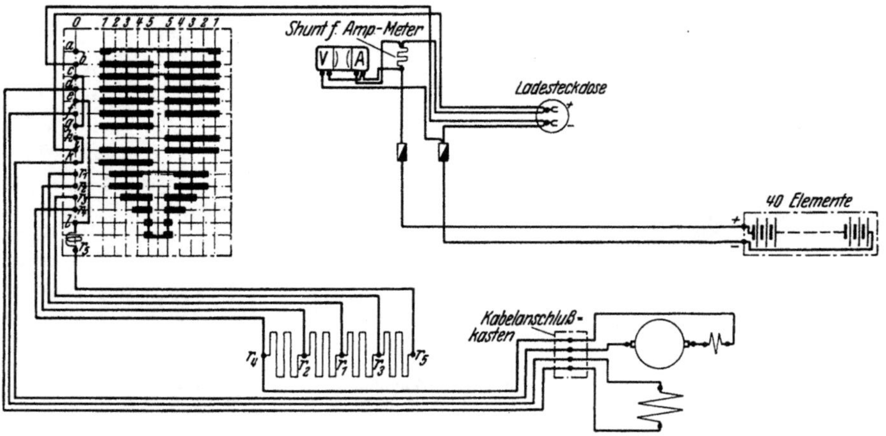

Abb. 192. Schaltbild eines einmotorigen Akkumulatorenfahrzeuges.

schiebelokomotiven mit einem Motor kuppelt man oft beide Achsen zur Erzielung eines höheren Adhäsionsgewichtes. Abb. 192 zeigt das Schaltbild für ein einmotoriges Fahrzeug mit Akkumulatorenbetrieb. Der im Schaltbild gezeichnete Fahrschalter enthält nur 5 Stellungen für Vorwärts- und 5 Stellungen für Rückwärtsfahrt. Bei derartig kleinen Fahrzeugen verzichtet man häufig darauf, sie elektrisch zu bremsen, weil sie infolge ihres geringen Gewichtes leicht mechanisch abgebremst werden können (mit Handspindelbremse oder Fußtrittbremse). Eine Ladesteckdose zum Anschließen der Ladespannung muß vorgesehen werden, außerdem ein Meßinstrument zur Überprüfung des Batteriezustandes. Da es sich bei dem beschriebenen Fahrzeug nur um geringe Entladeströme handelt, sind an Stelle der Höchststromschalter zwei Hauptsicherungen verwendet.

Es sei an dieser Stelle erwähnt, daß Akkumulatorenfahrzeuge ganz kleiner Leistung häufig ohne Vorschaltwiderstände angelassen werden.

Man geht dann so vor, daß man die Feldwicklung des Motors in zwei Hälften unterteilt, ebenso die Batterie. Bei der Anfahrt schaltet man auf der ersten Stellung beide Batteriehälften und die beiden Feldhälften parallel, auf der zweiten Stellung die Batteriehälften und Feldhälften in Serie und auf der dritten die Batteriehälften in Serie, die Feldhälften parallel. Die dadurch erzielten drei verschiedenen Fahrgeschwindigkeiten genügen für den Anfahrvorgang kleiner Fahrzeuge.

Abb. 193. Akkumulatoren-Plattformwagen (BBC).

Abb. 193 zeigt ein Akkumulatoren-Plattformfahrzeug mit einem Tatzlagermotor, das für den Transport größerer Werkstücke dient. Der Führerplatz ist vor der Plattform (Bremse als Fußtrittbremse), die Batterie unter der Plattform angeordnet. Der Bohlenbelag über der Batterie ist abnehmbar ausgebildet, damit die Batteriezellen beim Ladevorgang beobachtet werden können. An der Längsseite sind Ladesteckdose und Meßinstrument geschützt angebracht.

C. Straßenbahn-Fahrzeuge.

Der Straßenbahnwagen (Abb. 194) ist der wichtigste Vertreter der Gleichstromfahrzeuge mittlerer Leistung. Die häufigste Ausführung ist zweiachsig mit zwei Motoren. Der Antrieb erfolgt meistens mit einfachem Stirnradvorgelege (Tramantrieb). Die im Laufe der Zeit eingetretene Steigerung des Verkehrs brachte eine dauernde Steigerung der Motorleistungen mit sich; heute ist eine Leistung von 2×45 kW Stundenleistung und ca. 2×32 kW Dauerleistung pro Motorwagen schon fast normal bei einfachen Geländeverhältnissen. Die Steigerung der Motorleistung brachte die Notwendigkeit, den Bau von besonders leichten Motoren zu studieren. Unterstützt wird diese Forderung dadurch, daß mit Rücksicht auf die Fahrgäste möglichst kleine Triebraddurchmesser verwendet werden sollen (bequemer Einstieg). Da schnellaufende Motoren hohe Übersetzungen erfordern, die sich bei kleinen Triebraddurchmessern schlecht einbauen lassen, sind viele Lösungen von Doppelübersetzungsmotoren studiert worden.

Abb. 195 zeigt das vollständige Schaltbild eines ausgeführten Straßenbahnwagens. Die Motorenschaltung ist die normale Reihen-Parallelschaltung beim Anfahren, die Kreuzschaltung beim Bremsen.

(Der Fahrschalter ist eine ältere Konstruktion ohne besondere Bremswalze, sondern mit einer kombinierten Brems-Umschaltwalze.) Es sind zwei Satz Anfahr- und Bremswiderstände vorhanden, von denen der eine, als „Sommerwiderstand" bezeichnet, auf dem Wagendach, der andere, als „Winterwiderstand" bezeichnet, unter den Sitzbänken eingebaut ist. Mit einem Umschalter, der nur im stromlosen Zustand des Wagens umgeschaltet wird, kann man entweder den einen oder den anderen Widerstandssatz benützen.

Außer zweiachsigen zweimotorigen Straßenbahnwagen sind vierachsige viermotorige in Verwendung.

Vierachsige Wagen mit zwei Drehgestellen haben auch bei großer Kastenlänge den Vorteil guter Laufeigenschaften in Kurven und in der Geraden, während zweiachsige Wagen mit langem Wagenkasten (großem Fassungsvermögen) entweder zu große Überhänge oder zu großen Radstand haben, wodurch schlechte Kurvenläufigkeit bedingt ist.

Abb. 194. Straßenbahnwagen.

Sind bei einem Wagen mit zwei Drehgestellen nur zwei Motoren eingebaut (meistens in jedem Drehgestell einer), dann beträgt das Adhäsionsgewicht nur etwa das halbe Wagengewicht, wenn nicht Drehzapfenverschiebung oder sogenannte Maximumtrucks vorgesehen werden. In neuerer Zeit, wo mit Rücksicht auf die Erhöhung der Reisegeschwindigkeit große Anfahrbeschleunigungen, also große Anfahrzugkräfte gewählt werden, spielt dieser Verlust an Adhäsionsgewicht bereits eine entscheidende Rolle, denn er gestattet nicht die volle Ausnützung der Motoren.

In schwierigem Gelände und bei hoher Fahrgastziffer herrscht deshalb der viermotorige Wagen mit 2 Drehgestellen vor. Von den 4 Motoren sind immer je zwei parallel geschaltet oder je zwei in Reihe. Die beiden Gruppen werden wiederum Serie-parallel geschaltet. Auf Überlandbahnen ohne elektrische Bremse spielt die Art der Motorenschaltung keine so große Rolle, wie etwa bei Straßenbahnen, die elektrisch bremsen müssen. Im letzteren Falle ist die Bildung von 2 Gruppen in Reihe geschalteter Motoren unbedingt vorzuziehen. Die Wagenschaltung entspricht dann vollkommen derjenigen eines zweimotorigen Fahrzeuges,

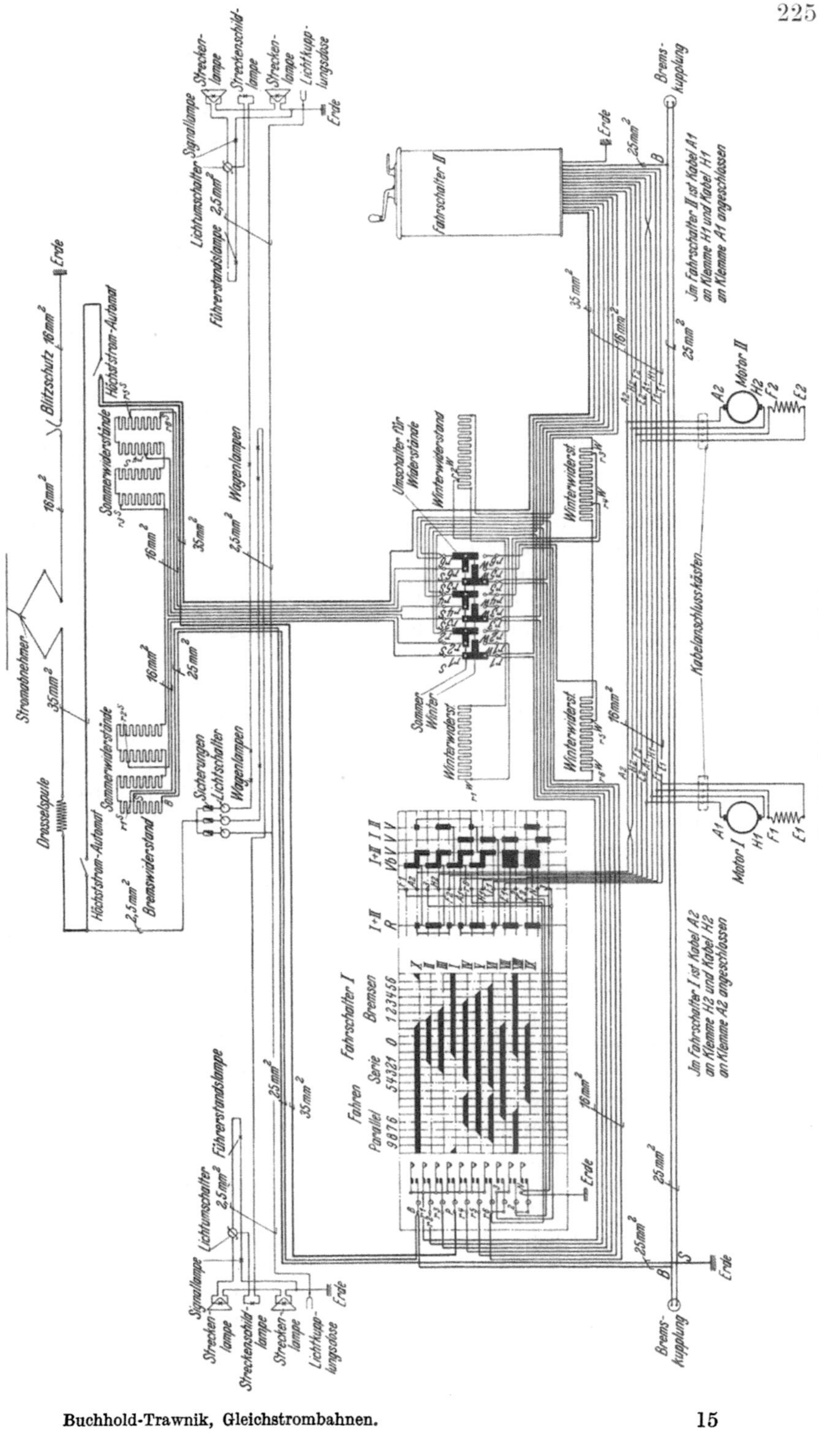

Abb. 195. Schaltbild eines Straßenbahnwagens.

ebenso kann als Bremsschaltung die normale Kreuzschaltung verwendet werden. (Das Bremsen mit vier parallel geschalteten Motoren ist dagegen viel weniger stabil, siehe Abschnitt elektrische Bremsung.) Außer der einfachen Schaltung hat die Motorgruppe von zwei in Serie geschalteten Motoren noch den großen Vorzug, daß die Klemmenspannung pro Maschine nur halb so groß wie die Fahrdrahtspannung ist. Die Motoren werden dadurch in bezug auf Lamellenspannung günstiger und sind betriebssicherer. Durch die Aufteilung der Gesamtleistung auf 4 Motoren können die Motoren kleiner gebaut werden, man kann also kleine Raddurchmesser anwenden.

Je weiter also die Entwicklung des Straßenbahnbetriebes in der Richtung einer Vergrößerung der Anfahrbeschleunigungen, also der Motorleistung und des Fassungsvermögens der Wagen geht, desto mehr wird der vierachsige Wagen mit 4 Motoren, jeder für die halbe Klemmenspannung, an Bedeutung gewinnen. Seine guten Laufeigenschaften und damit die Schonung von Bandagen und Gleisen in Krümmungen und auch in der Geraden (geringerer Achsdruck!) machen den Mehrpreis in der Anschaffung bezahlt.

Hand in Hand mit dieser Verbesserung des Gesamtfahrzeuges im Sinne einer harmonischen Lösung der gestellten Probleme gehen Verbesserungen, die eine schnellere Abwicklung des Fahrgastwechsels und eine wirtschaftliche Ausnützung des Fahrpersonals erstreben. Es sind bereits Wagen gebaut worden, die nur einen Führerstand haben, für Strecken mit Endschleifen, deren Sitzanordnung auf einen ganz genau vorgeschriebenen Fahrgastfluß eingerichtet ist und die trotz großen Fassungsvermögens von einem einzigen Schaffner bedient werden können. In Zeiten schwachen Verkehrs können selbst große Wagen sogar einmännig bedient werden. Automatische Türschließ- und Öffnungsvorrichtungen erleichtern die Wagenabfertigung. Die neuesten Bestrebungen gehen dahin, den Wagenführer sitzend anzuordnen und die Wagensteuerung durch Pedale vorzunehmen.

D. Personentriebwagen für Überlandbahnen.

Triebwagen für Überlandbahnen entsprechen in ihrem äußeren Aufbau vierachsigen Straßenbahnwagen und unterscheiden sich von ihnen meist nur durch die größere Fahrgeschwindigkeit und die höhere Spannung, die verwendet wird. Infolge der größeren Fahrgeschwindigkeit und auch weil meist eine größere Zahl von Anhängewagen zu fördern ist, verzichtet man oft auf die elektrische Bremse (wegen der hohen Fahrdrahtspannung treten auch beim normalen Bremsen hohe Spannungen auf) und verwendet Druckluft- oder gleichwertige Bremsen. Da Überlandbahnen auch oft im Stadtbezirk verkehren, sind Umschaltvorrichtungen vorzusehen, welche die Beleuchtung sowie sonstige Schaltänderungen in Abhängigkeit von der Spannung ausführen. Oft wird von Überlandbahnen Vielfachsteuerung gefordert, da häufig ein Spitzenverkehr vorhanden ist und man deshalb in verkehrsreichen Zeiten gerne mehrere Triebwagenzüge, durch einen Führer gesteuert, fahren läßt.

Die Abb. 196 zeigt die Photographie einer ausgeführten Überlandbahn und Abb. 197 das zugehörige vereinfachte Schaltbild. Die Fahrzeuge sind für 1200 Volt Spannung auf den Außenstrecken bestimmt, müssen jedoch auch im Stadtgebiet an 600 Volt fahren. Es ist stets ein Triebwagen mit einem Anhängewagen zu einer Einheit fest gekuppelt und sowohl an einem Ende des Triebwagens als auch am anderen Ende des Anhängewagens (Steuerwagen) befindet sich je ein Kontroller. Je zwei solcher Zugeinheiten können zu einem Vollzug gekuppelt werden und werden dann von einem Führer vom vorderen Wagen aus gesteuert. Die Schaltung entspricht der auf Seite 122 beschriebenen Zweiwagensteuerung. Da Druckluftbremse vorhanden ist, ist pro Zugeinheit

Abb. 196. Überlandbahn-Triebwagen (Waggonfabrik Fuchs und BBC).

je ein Kompressormotor mit Kompressor und Druckregler vorhanden. Da die Fahrzeuge auf Strecken verschiedener Spannung verkehren, ist eine besondere, durch Druckluft gesteuerte Umschaltwalze vorgesehen, auf der sämtliche Lichtstromkreise umgeschaltet und auch bei 1200 Volt die Shuntung für die Fahrmotoren und die Kompressormotoren unterbrochen wird. (Die Motoren werden beim Übergang von 1200 auf 600 Volt in ihrer Schaltung belassen und nur geshuntet.) Die Steuerung dieses Druckluftumschalters erfolgt durch einen Spannungsumschalter, der in seinem Aufbau genau der Abb. 181 b entspricht, nur wird durch den einen Magneten *a* ein kleines Druckluftventil gesteuert, durch welches beim Umschalten Druckluft dem Druckluftumschalter zugeführt wird. Da die Beleuchtung unmittelbar durch die Oberleitungsspannung erfolgt, müssen die Lampenfassungen entsprechend dieser hohen Spannung mit reichlichen Kriechwegen versehen sein.

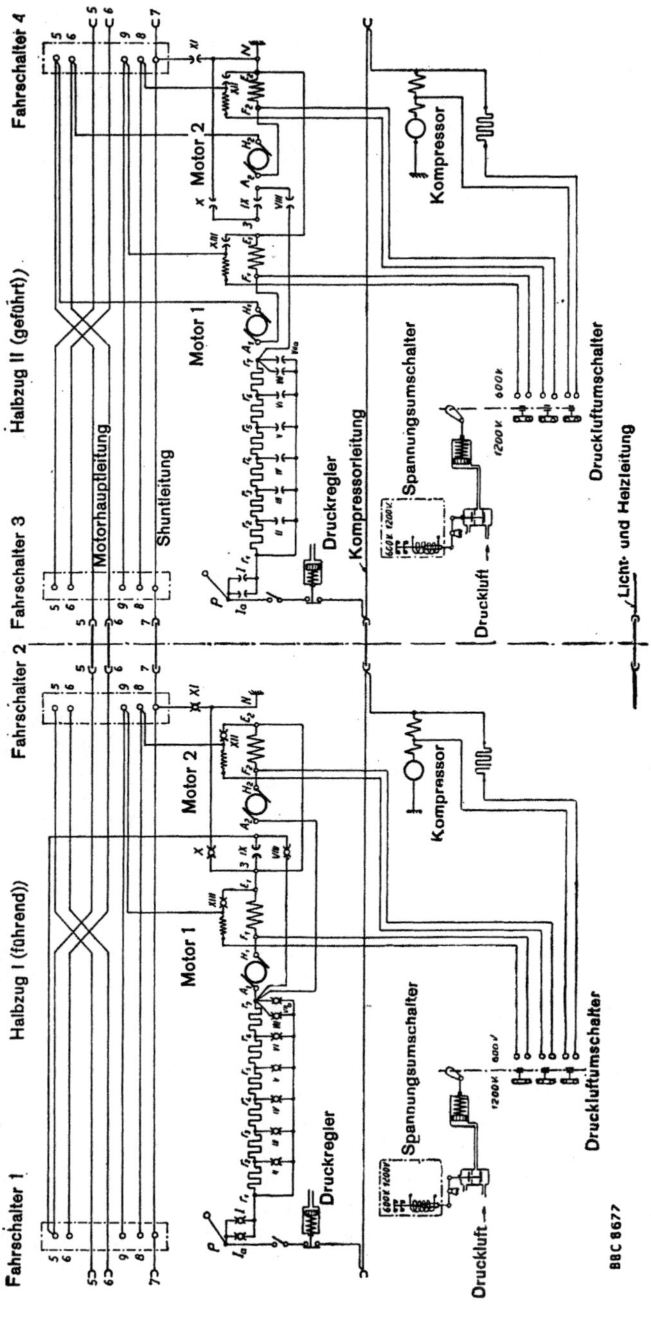

Abb. 197. Vereinfachtes Schaltbild für Zweiwagensteuerung (BBC).

Eine andere Schaltung einer Überlandbahn (1500 Volt) zeigt die Abb. 198. Bei dieser Bahn kommt elektrische Bremsung zur Verwendung und es ist durch geeignete Schaltung erreicht, daß die auftretenden Bremsspannungen nicht zu hoch werden. Die beiden Fahrmotoren, die für die halbe Fahrdrahtspannung gewickelt sind, sind beim Fahren dauernd in Reihe geschaltet. Beim elektrischen Bremsen dagegen werden die beiden Motoren parallel geschaltet und erzeugen, weil sie außerdem für 1500/2 Volt gewickelt sind, keine unzulässig großen Bremsspannungen.

Für die Speisung der Hilfsstromkreise hat man nur bei der Heizeinrichtung die Hochspannung unmittelbar verwendet, da Heizkörper gefahrlos für hohe Spannungen einwandfrei konstruiert werden können. Bei der Beleuchtungseinrichtung hat man dagegen die Hochspannung vermieden und eine niedrigere Spannung vorgesehen, die durch einen besonderen Umformer erzeugt wird. Die dem Umformer vorgeschaltete Hochspannungssicherung ist in einem Kasten eingebaut, der mechanisch verriegelt und nur bei ausgeschaltetem Umformerhauptschalter geöffnet werden kann.

Bemerkenswert ist ferner, daß man darauf verzichtet hat, zwei Höchststromautomaten vorzusehen, da derartige Apparate für Hochspannung groß und teuer sind. Damit der Triebwagen jedoch von beiden Plattformen aus ausgeschaltet werden kann, hat der Höchststromschalter eine Fernauslösespule, die über einen Handschalter im anderen Führerstande unter Spannung gesetzt werden kann. Die Fernauslösespule wirkt auf den Ausschaltmechanismus des Höchststromschalters und öffnet ihn, sowie der Handschalter eingelegt wird.

Besondere Einrichtungen sind in der Schaltung für die Sicherheit der elektrischen Bremse getroffen. Die Schienenbremsen des Motorwagens werden normalerweise vom Kurzschlußstrom der Motoren erregt. Auf der letzten Bremsstufe werden die Schienenbremsen jedoch zusätzlich noch mit Frischstrom gespeist. Der Frischstrom wird einer Batterie entnommen. Der gleichzeitig gezeichnete Anhängewagen enthält ebenfalls Schienenbremsen, die vom Kurzschlußstrom der Triebmotoren erregt werden. Tritt jedoch eine Zugtrennung ein, z. B. durch Reißen der Kupplung, so schließt sich dabei infolge besonderer Konstruktion der Kupplungen ein Hilfsstromkreis und die Schienenbremsen des Anhängewagens erhalten Frischstrom aus einer Batterie. Sowohl bei der Zugtrennung als auch bei der betriebsmäßigen Batteriestromerregung der Schienenbremsen auf der letzten Bremsstufe ertönen Alarmglocken. Der gute Zustand der Batterie kann bei jedem Kuppeln und Entkuppeln von Motor- und Beiwagen kontrolliert werden, weil bei diesem Vorgang die Alarmglocke ertönen muß. Die unbenutzten Kupplungsenden müssen zu Blinddosen an den Wagenstirnflächen geführt werden. (Hauptkupplungsleitung und Hilfskupplungsleitung berühren sich in der Kupplung, solange sie nicht eingesteckt werden.)

Die Beleuchtungseinrichtung ist im Schaltbild nicht mit eingezeichnet; da sie für 500 Volt Spannung vorgesehen ist, enthält sie prinzipiell keine Besonderheiten.

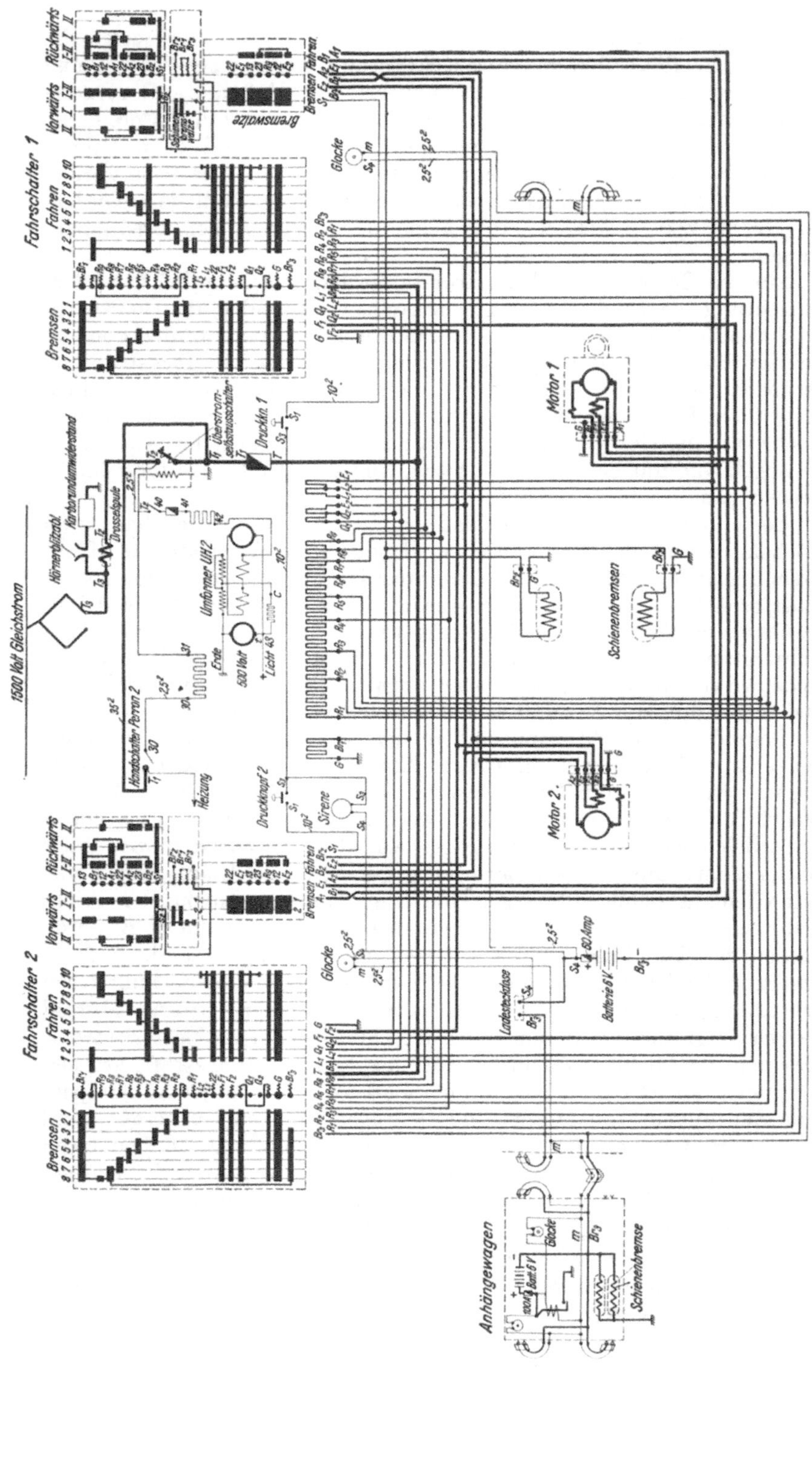

Abb. 198. Schaltbild eines Personentriebwagens (AEG).

E. Die Abraumlokomotive.

Die Abraumlokomotive gehört zur Gattung der Industrielokomotiven und findet im Braunkohlenbergbau Verwendung. Dieser Bergbau ist meist ein Abraumbetrieb, bei dem im Tagebau die Braunkohle durch Bagger gefördert wird. Die Förderung erfolgt in der Grubensohle, die wesentlich tiefer (ca. 50 m und mehr) als die Umgebung liegt. Die von den Baggern geförderte Braunkohle und der Abraum (Sand, Geröll usw.) muß aus der Grubensohle mittels Wagen den Bunkern bzw. den Kippen zugeführt werden. Die zu einem Zug vereinigten Wagen werden dabei von einer sogenannten Abraumlokomotive gezogen, die dabei beträchtliche Steigungen überwinden muß.

Als Eigenart des Betriebes kommt hinzu, daß die Gleisanlage in der Grubensohle je nach den Stellen, an denen gebaggert wird, verschoben wird. Hierbei werden die Schienen einschließlich der Schwellen sowie der Fahrleitungsanlage zusammen verschoben. Letztere ist dabei meist mit Anschnallmasten an den Schienen und Schwellen befestigt und hat eine Höhe von etwa 2,8 m. Diese Fahrleitung ist dabei nicht über Gleismitte, sondern seitlich angeordnet, so daß für deren Befahren besondere kleine Hilfsstromabnehmer zur Verwendung gelangen. Mitunter erfolgt das Befahren der transportablen Fahrleitung auch seitlich, so daß jetzt die kleinen Stromabnehmer um etwa 90^0 gekippt werden müssen. Die seitliche Fahrleitung ist erforderlich, damit beim Beladen der Wagen der Bagger nicht in die Fahrleitung gerät. Auf der sogenannten Abraumbahn, das ist die Gleisführung, die von Grubensohle nach den Bunkern und Kippen führt, ist die Fahrleitung dagegen fest über Gleismitte verlegt und die Stromabnahme erfolgt jetzt durch die Hauptstromabnehmer (meist Walzenstromabnehmer).

Da die Abraumlokomotive schwere Züge auf immerhin nennenswerten Steigungen befördern soll, muß sie mit sehr großer Dauerleistung (ca. 600 bis 800 PS) ausgeführt sein, wobei noch erschwerend hinzukommt, daß die normalisierte Spurweite für Abraumbahnen nur 900 mm beträgt. Die dazu erforderlichen Motoren (meist vier) werden zur Erzielung kleiner Abmessungen durch Ventilatoren fremd belüftet. Da der Abraumbetrieb ein schmutziger und staubiger Betrieb ist, werden gelegentlich vor die Lüfter Staubfilter eingeschaltet, um eine zu große Verschmutzung der Motoren zu verhindern.

Da mit dem Abraumbetrieb auch ein erheblicher Rangierbetrieb verbunden ist, müssen die Maschinen in ihren Stoßvorrichtungen, wie überhaupt im mechanischen Teil, sehr kräftig ausgebildet sein. Erschwerend kommt außerdem noch hinzu, daß die in der Grubensohle vorhandene Gleisanlage infolge gelegentlicher Verschiebung meist nicht die beste ist, die Lokomotive also Mißhandlungen durch schlechten Oberbau vertragen muß. Am besten ist, man bemißt die Maschine so, daß sie eine gelegentliche Entgleisung vertragen kann, ohne nennenswerten Schaden zu erleiden.

Die Abb. 199 zeigt die Photographie einer ausgeführten Abraumlokomotive, die Abb. 200 Schnittzeichnungen und Abb. 201 das Schaltungsschema. Der Führerstand befindet sich in der Mitte des Fahrzeuges, in der sich auch der Kontroller für die Motoren befindet. In den Vorbauten sind die Lüfter, die Gußeisenwiderstände, die Druckluftanlage u. dgl. eingebaut. Da in der Abraumsohle, wenn mit den kleinen Stromabnehmern gefahren wird, die großen Stromabnehmer heruntergezogen werden müssen, sind hierfür besondere Verklinkungen notwendig, die jedoch vom Führerstand aus leicht wieder lösbar sein müssen.

Abraumlokomotiven werden gelegentlich auch für elektrische Widerstandsbremsung ausgerüstet, um bei Talfahrt den leeren Zug elektrisch abzubremsen, so daß kein Verschleiß der Bremsbacken eintritt.

Abb. 199. Vierachsige Abraumlokomotive (BBC).

Wie das Schaltbild der Abb. 201 zeigt, sind je zwei Motoren dauernd in Reihe geschaltet, wobei jedoch der einzelne Motor für die volle Klemmenspannung (meist 1200 Volt) isoliert sein muß. Der Fahrschalter besitzt zwei Hauptwalzen, die Elemente mit Einzelblasung steuern, wobei jede Hauptwalze einer Motorgruppe zugeordnet ist. Die Unterteilung in zwei Hauptwalzen ist erforderlich, um die großen Leistungen beherrschen zu können. Zu jeder Motorgruppe gehört ein Satz Widerstände, die Abschaltung der Widerstände erfolgt ähnlich wie bei der Brückenschaltung auf Seite 113.

Soll elektrisch gebremst werden, so wird die Fahrkurbel in die 0-Stellung gebracht, dann wird die Ordnungswalze aus der Fahrtstellung in die Bremsstellung geführt und die Fahrkurbel genau wie beim Fahren wieder hochgeschaltet. Die Abb. 200 zeigt die zwei Hauptstromabnehmer und die vier Hilfsstromabnehmer, von denen je zwei auf jeder Lokomotivseite liegen.

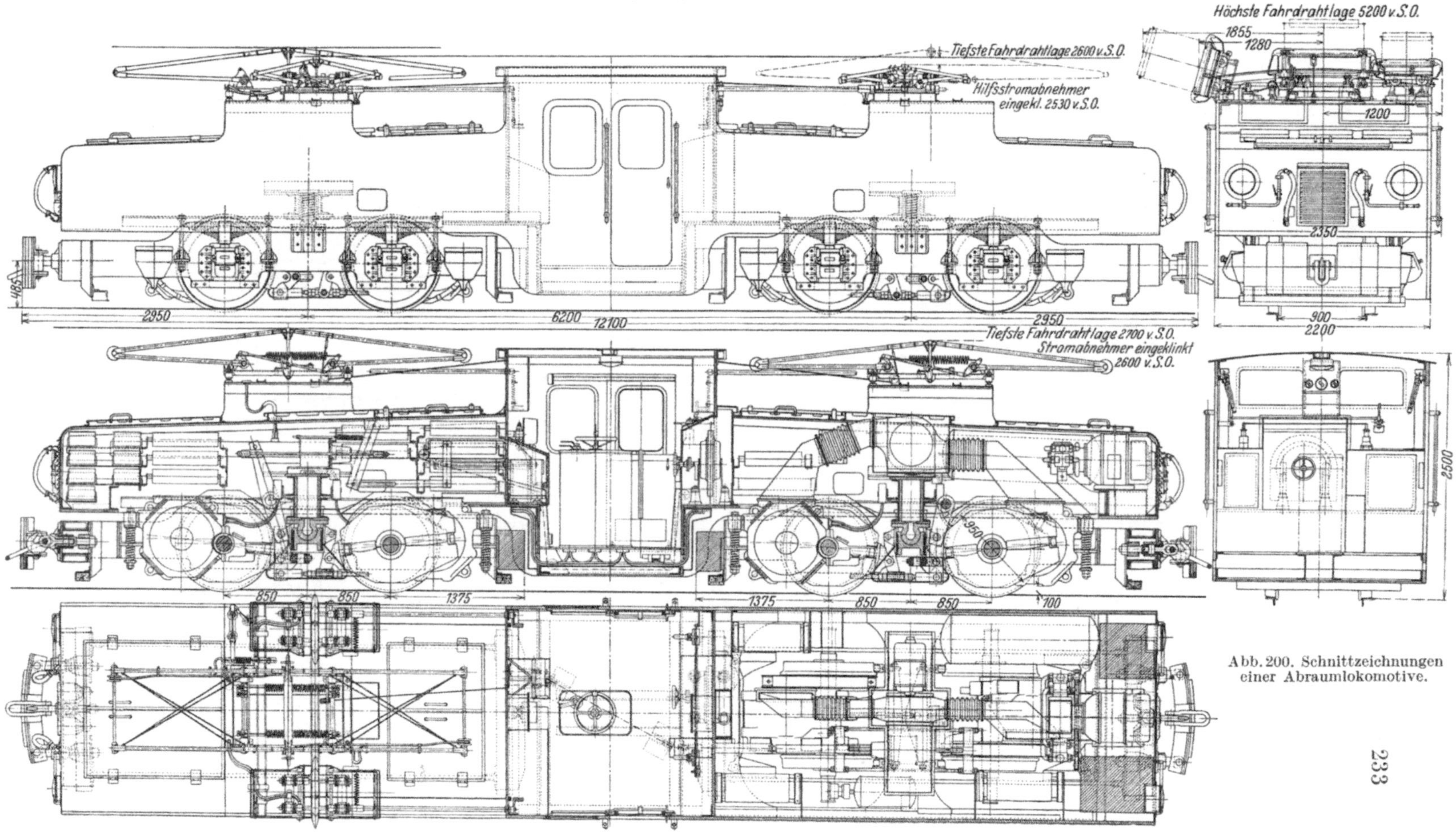

Abb. 200. Schnittzeichnungen einer Abraumlokomotive.

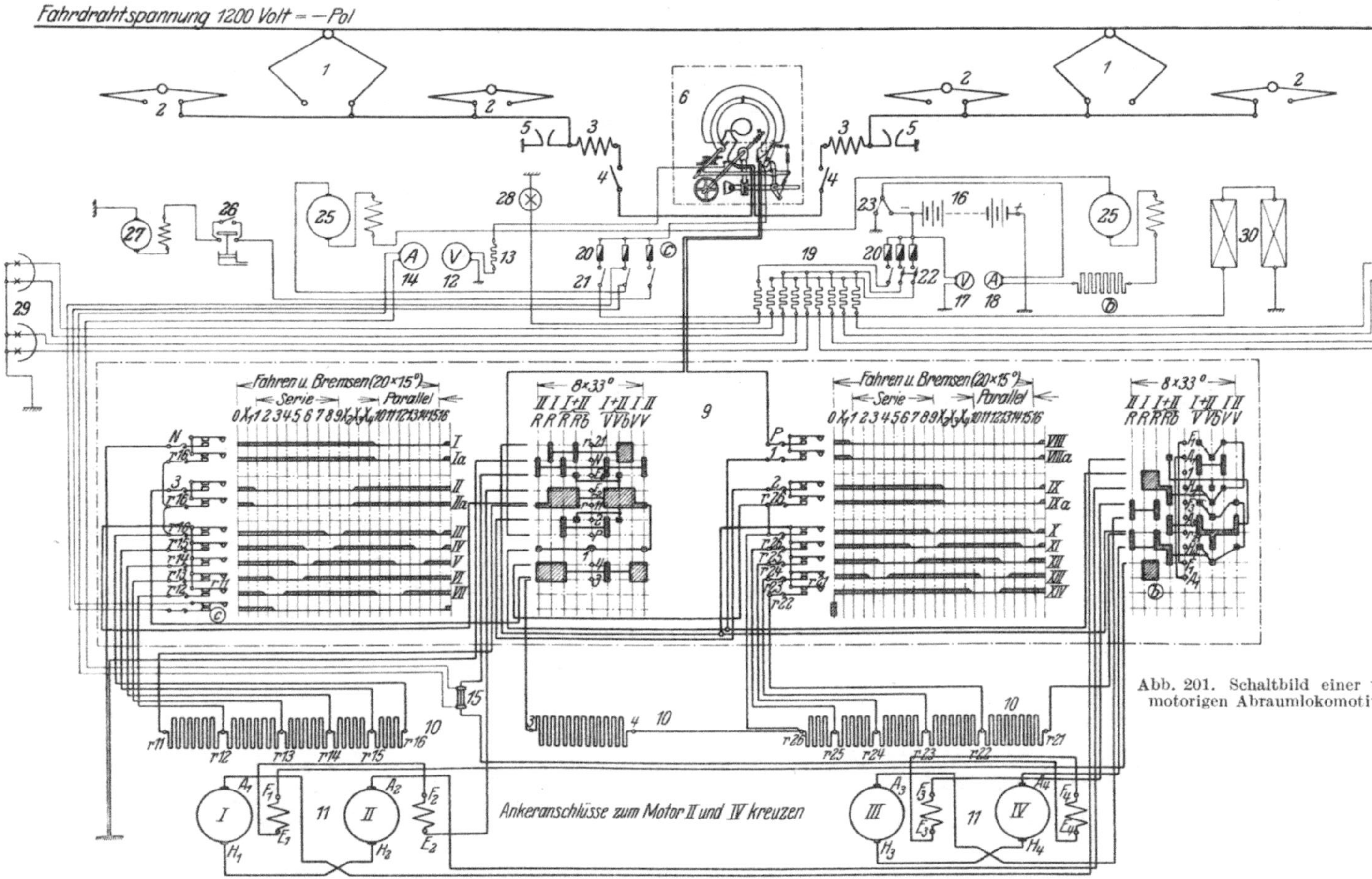

Abb. 201. Schaltbild einer viermotorigen Abraumlokomotive.

Der Wagenautomat wird wegen der größeren Leistung und Spannung zweckmäßig isoliert aufgestellt, um bei schweren Abschaltungen Überschläge nach den sonst geerdeten Polplatten und ähnlichen Teilen zu vermeiden.

Interessant ist bei der Schaltung die Anordnung der Beleuchtung. Diese erfolgt durch eine Batterie von 24 Volt. Diese Batterie erhält bei ihrer Ladung den Strom der Lüftermotoren, die mit dem einen Pol dann nicht unmittelbar an Erde, sondern der Batterie vorgeschaltet sind. Selbstverständlich muß die Lüfterstromstärke und die Lampenstromstärke einander einigermaßen entsprechen. Die Lüftermotoren werden unmittelbar an volle Spannung gelegt, wobei ein kleiner Dauerwiderstand vorgeschaltet ist, um die Stromstöße etwas zu mildern. Zum Schutze der Lampen gegen unzulässige Spannungsschwankungen sind Beruhigungswiderstände aus Eisen vorgeschaltet. Im sonstigen Aufbau unterscheidet sich die Abraumlokomotive kaum von einem anderen elektrischen Fahrzeug.

F. Zahnradlokomotiven.

Sollen elektrische Fahrzeuge Lasten auf Steigungen fördern, die so groß sind, daß die Adhäsion zwischen Rad und Schiene nicht ausreicht, so muß man zwischen den Schienen eine Zahnstange anbringen und die Lokomotive als Zahnradlokomotive ausbilden. Eine solche Lokomotive hat im Untergestell ein oder zwei Zahnräder, die mit den Motoren über ein Getriebe gekuppelt sind und die in die Zahnstange eingreifen.

Man unterscheidet zwischen reinen Zahnradlokomotiven, die nur auf Zahnstrecken, und solchen, die sowohl auf einer Zahnstrecke als auch auf einer Adhäsionsstrecke arbeiten. Die erstere Art ist die einfachere. Als Motoren kommen Hauptstrommotoren und auch Nebenschlußmotoren zur Verwendung. Letztere erlauben in einfacher Weise eine Nutzbremsung. Für höhere Spannungen dürften jedoch Reihenschlußmotoren wegen ihrer größeren Unempfindlichkeit vorzuziehen sein. Im übrigen entspricht die elektrische Ausrüstung derjenigen anderer Fahrzeuge. Nur ist den Bremseinrichtungen größte Sorgfalt zuzuwenden. Es ist gut, wenn beim Auslösen des Automaten bzw. beim Wegbleiben der Spannung eine mechanische Bremse anspricht; ebenfalls sind Bremsen vorzusehen, die bei zu großer Geschwindigkeit ansprechen (Zentrifugalbremse). Die Abnutzung der Bandagen darf bei Zahnradlokomotiven nicht zu groß werden, weil sonst das Zahnrad zu tief in die Zahnstange eindringen würde. Zwischen Zahnrad und Motor ist außerdem meist eine Rutschkupplung, die bei zu großen Belastungen (zusätzlichen Stößen u. dgl.) eine Überlastung der Zähne vermeiden soll.

Schwieriger liegen die Verhältnisse bei Fahrzeugen, die sowohl auf der Adhäsions- als auch auf der Zahnstrecke verkehren sollen. Man könnte die Zahnräder (für Zahnstange) mit den Triebrädern mechanisch kuppeln. Die Triebräder würden jedoch bei Abnutzung infolge des kleiner gewordenen Durchmessers rutschen, da die Fahrgeschwindigkeit durch die Trieb-Zahnräder bestimmt ist. Man muß also die Triebräder auf der Zahnstrecke mechanisch abkuppeln, so daß hier nur die Zahnräder arbeiten.

Es sei jetzt ein Ausführungsbeispiel gebracht, bei dem obige Schwierigkeit vermieden wird und bei dem zwei Hauptstrommotoren zur Verwendung gelangen, von denen der eine nur auf die Triebräder, der andere nur auf die Zahnräder arbeitet.

Der eine Motor arbeitet also nur auf der Adhäsionsstrecke, während auf der Zahnstrecke beide Motoren eingeschaltet sind. Schwierig ist nur das Einfahren in die Zahnstange, da dann der leerlaufende Zahnradmotor den Zahnrädern eine solche Geschwindigkeit geben muß, daß das Einfahren stoßfrei erfolgt.

Während auf der Adhäsionsstrecke zunächst nur der Adhäsionsmotor arbeitet, da seine Leistung für die hier vorkommende Steigung ausreicht, wird kurz vor dem Einfahren in die Zahnstrecke der Zahnradmotor hinzugeschaltet. Dabei bringt der Führer die Kontrollerwalze zunächst in die Nullstellung, betätigt eine Ordnungswalze und schaltet dann den Kontroller wieder hoch. Hierbei wird der noch unbelastete Zahnradmotor angelassen. Die Abb. 202 zeigt die Schaltung des Zahnrad- und des Adhäsionsmotors. Der Strom des Adhäsionsmotors M_a durchfließt das Feld des leerlaufenden Zahnradmotors M_z, der zunächst nur einen sehr kleinen Strom aufnimmt. Sind die Geschwindigkeitscharakteristiken beider Motoren etwa gleich, so hat der Zahnradmotor, da er gleiches Feld und auch gleiche Klemmenspannung wie der Adhäsionsmotor besitzt, praktisch gleiche Geschwindigkeit. Das Einfahren in die Zahnstange wird also stoßfrei erfolgen. Um den leerlaufenden Zahnradmotor jetzt zu belasten und um eine Überlastung des Adhäsionsmotors zu vermeiden, wird der Zahnradmotor noch geshuntet. Dadurch hat der Zahnradmotor das Bestreben, rascher zu laufen, er wird also zur Arbeitsabgabe herangezogen. Die Lastübernahme kann je nach der Stärke der Shuntung geregelt werden. Bei Talfahrt kann der Adhäsionsmotor abgeschaltet werden und nur der Zahnradmotor fährt an bzw. bremst elektrisch.

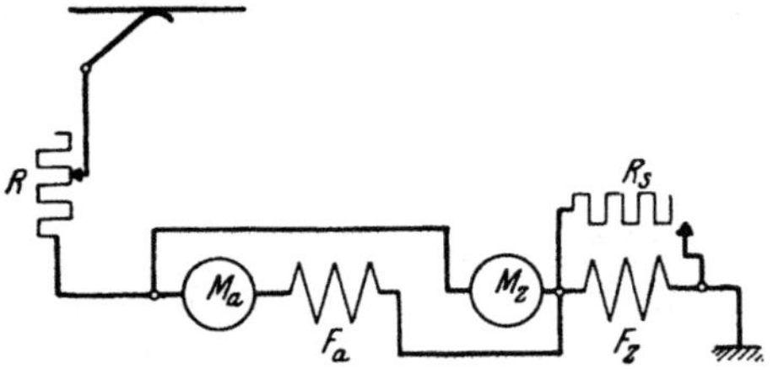

Abb. 202. Schaltbild einer Zahnradlokomotive für Adhäsions- und Zahnradbetrieb.

G. Der Oberleitungsomnibus (Trolley-Bus).

Der Oberleitungsomnibus, von dem die Abb. 203 ein Ausführungsbeispiel zeigt, ist ein elektrisch angetriebenes, lenkbares Straßenfahrzeug mit Gummibereifung, das im Auslande, besonders in England, immer mehr an Verbreitung gewinnt. Seine Einführung in Deutschland wird, nachdem die ersten Versuche schon vor ca. 30 Jahren gemacht wurden und nachdem bereits eine moderne Linie (Mettmann-Gruiten des RWE) besteht, jetzt nur noch eine Frage der Zeit sein, da sich gezeigt hat, daß die ursprünglich vorhandenen Unzulänglichkeiten durch die Fortschritte der Technik überwunden sind. Das Fahrzeug gleicht sehr einem Benzinomnibus, nur daß an die Stelle des Benzinmotors als Antriebsmotor der Elektromotor getreten ist. Schalttechnisch bringt der Oberleitungsomnibus gegenüber einem einmotorigen oder zweimotorigen Fahrzeug (neuere Trolleybusse haben auch zwei Motoren) nichts grundsätzlich Neues, der einzige Unterschied besteht darin, daß die Schienenrückleitung fehlt und daß an ihre Stelle ein zweiter Fahrdraht getreten ist. Entsprechend der zweipoligen Oberleitung besitzt das Fahrzeug zwei Stangenstromabnehmer, die wegen der Beweglichkeit des Fahrzeuges besondere Kontaktrollen, die im

Abb. 203. Elektr. Oberleitungsomnibus (Linie Mettmann—Gruiten). (Entwurf: RWE, A. G., Abtlg. Bahnen, Essen.)

Rollenkorb um eine vertikale Achse drehbar sind, haben müssen (Dickinsonrollen). Durch diese Anordnung ist ein Ausschwenken des Fahrzeuges bis zu 4,5 m seitlich von der Fahrdrahtlage möglich. Der Kontaktdruck der Rolle ist etwa 12 kg. Man kann erforderlichenfalls den Grad der Ausschwenkung dem Wagenführer kenntlich machen, indem man im Führerstande eine Skala mit Leuchtzeichen anbringt, die mit Kontaktbelägen in Verbindung stehen, die je nach Drehung der Stromabnehmerstange über einen Kontaktgeber Spannung bekommen. Das richtige Anliegen der Kontaktrolle kann durch Glimmlampen kontrolliert werden.

Der Stromverlauf geht also von der einen Fahrleitung über die Widerstände, den oder die Motoren zurück zum zweiten Stromabnehmer. In beiden Stromabnehmerleitungen sind Automaten einzubauen, damit das Fahrzeug zweipolig von der Fahrleitung abgetrennt werden kann.

Eine besondere Konstruktion muß der Fahrschalter erhalten, da ja der Wagenführer wie bei einem Automobil sitzt und das Steuerrad betätigen muß. Nur bei den ältesten Ausführungsformen findet man den Kontroller stehend neben dem Führersitz; die Bedienung mit Handkurbel ist dabei unbequem und zwingt den Fahrer, das Steuerrad nur mit einer Hand zu führen. Alle neueren Ausführungen haben deshalb liegenden Kontroller mit Fußbetätigung (evtl. als automatische Steuerung ausgebildet), oder Schützensteuerungen mit Betätigung der Meisterwalze durch ein Pedal.

Bei der Kontrollersteuerung mit Fußbetätigung liegt der Kontroller unter dem Führersitz und trägt auf der verlängerten Hauptwalzenwelle ein Klinkenrad. In dieses Klinkenrad greifen Festhalte- und Fortschaltklinke ein, die mit einem Pedal in Verbindung stehen, das bei jedesmaligem Niedertreten die Fahrschalter-Hauptwalze um eine Stellung weiterdreht. Der Fuß des Führers darf dabei das Pedal nicht verlassen. Nimmt er den Fuß vom Pedal weg, so schnellt der Kontroller vermittels einer Zugfeder in seine Nullage zurück. Die Umschaltwalze solcher Kontroller wird von Hand bedient und trägt einen besonders ausgeführten Griff, so daß ihre Einstellung ebenfalls bequem vom Führersitz aus vorgenommen werden kann. Da der Führer die richtige Lage nicht sehen kann, muß eine entsprechend eindeutige Markierung der Stellungen vorgesehen werden.

Für die Steuerung mit Meisterkontroller und Schützen gilt das gleiche, wie bei der direkten Kontrollersteuerung. Die Meisterwalze wird in gleicher Weise wie oben die Hauptwalze stufenweise weitergedreht. Es gibt auch Ausführungsformen, bei denen das Pedal stetig niedergedrückt wird, wo also zwischen den einzelnen Stellungen der Fuß nicht etwas angehoben zu werden braucht. Die Schützen sind in einem besonderen Schrank an der Rückseite des Führerstandes untergebracht.

Die automatische Steuerung (System BBC) hat liegenden Kontroller im Führerstand, Fortschaltung durch Klinkwerk, das elektrisch hochschaltet, sobald der Führer das Pedal niedertritt. Läßt der Führer das Pedal los, so geht der Kontroller ebenfalls sofort in die Nullstellung. Wird das Pedal nur ein Stück zurückgenommen, dann bleibt der Kontroller auf der Schaltstufe stehen, in der er sich gerade befindet.

Beim Niedertreten eines zweiten Pedals bzw. bei der Betätigung eines besonderen Hebels läuft der Fahrschalter automatisch in die Bremsstellungen.

Der Motor ist meistens ein hochtouriger Gleichstrom-Hauptstrommotor, der mit seiner Ankerachse in Richtung der Fahrzeugachse unter dem Führerstande am Fahrgestellrahmen befestigt ist und über eine Kardanwelle und Differential die Hinterachse antreibt. Werden zwei Motoren verwendet (nur bei sechsräderigen Fahrzeugen), so sitzen sie meistens nebeneinander in Fahrzeugmitte und jeder treibt eine der Hinterachsen an oder beide Motoren sind direkt in Wagenachse gekuppelt. Über die Antriebsfrage derartiger Fahrzeuge gehen die

Ansichten noch auseinander, der Antrieb mit einem Motor hat zweifellos den großen Vorteil geringen Gewichts, worauf bei solchen Fahrzeugen großer Wert gelegt werden muß, zwei Motoren gestatten jedoch eine wirtschaftlichere Anfahrt infolge der Serien-Parallelschaltung mit zwei wirtschaftlichen Geschwindigkeiten. Es ist aber kaum möglich, die beiden Motoren etwa mit dem gleichen Gewicht zu bauen, die ein Motor gleicher Leistung hätte. Man hat deshalb in England bereits Versuchsausführungen gebaut, die einen Doppelkollektormotor enthalten, der ebenfalls Serien-Parallelschaltung erlaubt. Doppelkollektormotoren sind jedoch in der Anschaffung teuer, und so wird der Schwerpunkt vorläufig wohl auf die einmotorige Ausrüstung fallen.

Eine interessante Lösung stellt außerdem die in England neuerdings verwendete Ausrüstung mit einem Compoundmotor[1] dar. Die Schaltung ist folgende: die Nebenschlußwicklung ist über einen Vorschaltwiderstand dauernd mit den zwei Polen der Oberleitung verbunden, also vollständig von der Serienwicklung getrennt. Die Serienwicklung hat Anfahrwiderstände vorgeschaltet. Im Moment des Anfahrens sind die Vorschaltwiderstände vor der Hauptstromwicklung eingeschaltet, diejenigen vor der Nebenschlußwicklung kurzgeschlossen. Der Motor hat also ein gutes Anzugsmoment. Die Anfahrwiderstände vor der Hauptstromwicklung werden dann stufenweise kurzgeschlossen. Am Ende dieses Vorganges hat das Fahrzeug eine wirtschaftliche Dauerstufe. Die Charakteristik der Fahrgeschwindigkeit ist natürlich etwas flacher als bei einem reinen Reihenschlußmotor. Soll die Fahrgeschwindigkeit weiter gesteigert werden, dann wird der Vorschaltwiderstand vor der Nebenschlußwicklung stufenweise vergrößert, das Nebenschlußfeld also geschwächt; jede Stufe ist dabei eine wirtschaftliche Schaltstellung. Mit zunehmender Schwächung des Nebenschlußfeldes nimmt die Fahrgeschwindigkeit dauernd zu; gleichzeitig wird die Geschwindigkeitscharakteristik sich immer mehr derjenigen eines Hauptstrommotors nähern. Die Schaltung hat außer der großen Zahl wirtschaftlicher Stellungen noch einen weiteren Vorteil: befindet sich das Fahrzeug in einem Gefälle und nimmt dadurch die Motordrehzahl zu, so steigt schließlich die Gegen-EMK ($E = c n \Phi$) so weit an, bis sie die Netzspannung übersteigt. Es tritt also, wegen der vom Hauptstrom unabhängigen Nebenschlußwicklung, dasselbe ein wie bei einem reinen Nebenschlußmotor, nämlich ein Übergehen auf Nutzbremsung ohne Schaltänderung. Die Nutzbremsung hat dabei den Vorteil, daß beispielsweise Gefällstrecken mit einer gleichbleibenden Geschwindigkeit sicher befahren werden können, ohne daß eine mechanische Bremse benutzt werden muß. Sie ist jedoch nicht bis zu kleinen Geschwindigkeiten möglich (s. S. 251).

Bei einem Oberleitungsomnibus ist die Bremsfrage von besonderer Wichtigkeit, da er keine ihm vorbehaltene Fahrbahn benutzt und deshalb wie jedes andere Fahrzeug seine Geschwindigkeit schnell ändern können muß. Aus diesem Grunde haben die meisten ausgeführten Oberleitungsomnibusse als Bremse eine Luftdruckbremse. Brauchbar sind noch

[1] S. auch Kap. Compoundmotor S. 246.

mechanische Bremsen nach einem Servo-System. Die elektrische Widerstandsbremse kann nicht als alleinige Bremse gelten, weil sie nicht hinreichend schnell anspricht bei plötzlichen Hindernissen und weil außerdem die im Straßenverkehr (z. B. bei Begegnungen oder Einbiegen in Kurven) notwendige rasche Variierung der Bremskraft fehlt. Erwünscht erscheint sie jedoch dort, wo Gefällstrecken zu befahren sind bzw. Bremsungen auf übersichtlichen und gefahrlosen Strecken vorgenommen werden können. Die Ersparnis an Bremsbelägen ist dabei ein nicht zu unterschätzender Faktor.

Hinsichtlich der Hilfsstromkreise unterscheidet sich der Oberleitungsomnibus vom Schienenfahrzeug. Die Beleuchtungseinrichtung wird man, soweit es sich um die Außenbeleuchtung handelt, zweckmäßigerweise nicht mit Oberleitungsstrom speisen, sondern ähnlich wie bei einem Auto mit Lichtmaschine und Batterie, wobei der Antrieb der Lichtmaschine von der Motorwelle aus erfolgen kann. Dadurch erhält man für alle Teile der Beleuchtungseinrichtung normale handelsübliche Automobilbestandteile und ist unabhängig von der Fahrdrahtspannung, was für ein Straßenfahrzeug wegen der Außenbeleuchtung wichtig ist. Bei wegbleibender Fahrdrahtspannung wäre sonst das Fahrzeug unbeleuchtet.

Eine gewisse Schwierigkeit besteht hinsichtlich der Fahrleitung bei der Einfahrt in die Wagenhalle. Als solche wird in den meisten Fällen die Wagenhalle der Straßenbahn dienen, da dort ja Werkstätte, Bedienungsgruben usw. vorhanden sind. Die beiden Fahrdrähte würden für die Einfahrt der Straßenbahn störend sein. Aus diesem Grunde erhalten die Oberleitungsomnibusse eine besondere Anschlußklemme am Wagenunterteil, an der ein Schleppkabel befestigt werden kann, an dessen Ende ein metallischer Körper, der in die Rille der Straßenbahnschiene paßt, befestigt ist. Der Omnibus kann infolgedessen nach Einziehen einer Kontaktstange auf die Straßenbahnfahrleitung übergehen und fährt nun dieser entlang mit dem Schleppkabel als Erdungspol in die Wagenhalle ein. In gleicher Weise kann man verfahren, wenn der Ausgangspunkt einer Strecke für Oberleitungsomnibusse an einer Straßenbahn liegt und nicht zu weit von der Wagenhalle entfernt ist.

Die Vorteile der Oberleitungsomnibusse gegenüber der Straßenbahn liegen in den geringeren Anschaffungskosten, da ja die Gleisanlage wegfällt, in seiner Geräuschlosigkeit und in seiner Freizügigkeit im Verkehr (Überholen von Fahrzeugen, Halten am Bürgersteig). Gegenüber dem Benzinomnibus bestehen die Vorteile in der Geräuschlosigkeit, in dem Fehlen der Auspuffgase, in der höheren Lebensdauer, in der besseren Anfahrbeschleunigung und in den geringeren Betriebskosten. Es sei jedoch erwähnt, daß für jedes der drei Verkehrsmittel ein wirtschaftliches Arbeitsgebiet vorhanden ist, dessen Grenzen auf Grund der Verkehrsdichte ermittelt werden müssen.

H. Diesel- und Benzin-elektrische Fahrzeuge.

Bei diesen Fahrzeugen wird die Energie durch einen Diesel- oder Benzinmotor erzeugt. Mit dem Wärmekraftmotor ist ein elektrischer

Nebenschlußgenerator G gekuppelt (Abb. 204), der auf die Antriebsmotoren M (Hauptstrommotoren) arbeitet. Betrachtet man den einfachsten Fall, daß die Drehzahl des Wärmekraftmotors konstant ist, so wird bei der Anfahrt das Feld F_G des Generators durch eine Batterie B über Feldwiderstände R_f nur schwach erregt, so daß die Motoren nur eine kleine Spannung erhalten. (Vorschaltwiderstände für die Motoren sind nicht vorhanden.) Mit größer werdender Geschwindigkeit wird die Erregung des Generators verstärkt und damit auch seine Spannung, die er den Motoren zuführt. Es ist also eine praktisch verlustfreie Regelung der Motordrehzahl vorhanden. Es gibt noch eine Reihe von Schaltvarianten sowie auch die Möglichkeit, mit veränderlicher Drehzahl des Wärmekraftmotors zu fahren, jedoch sei auf diese Spezialschaltungen nicht näher eingegangen.

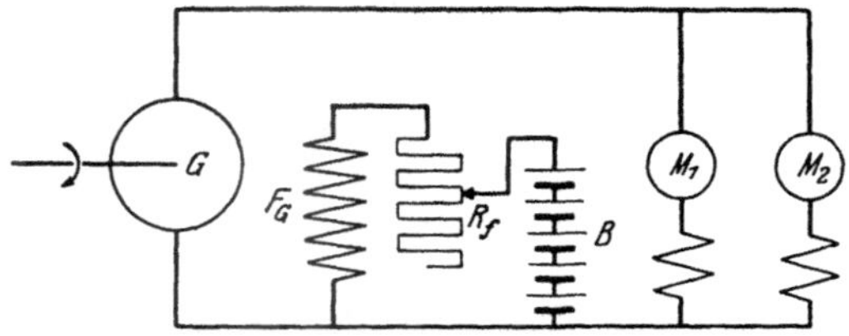

Abb. 204. Prinzipschaltung für Dieselelektr. Lokomotive.

Die oben geschilderte Schaltart bietet außerdem die Möglichkeit, bei vorhandener Batterie den Wärmekraftmotor elektrisch anzulassen. Hierbei arbeitet die Batterie auf den als Motor geschalteten Generator (die Motoren sind abgetrennt), der den Wärmekraftmotor auf eine solche Geschwindigkeit bringt, daß er zündet und dann von selbst hochläuft. Durch besondere Vorrichtungen wird dann der Generator von der Batterie abgeschaltet.

VI. Der Nebenschlußmotor.

Wenn auch der reine Nebenschlußmotor im Bahnbetrieb praktisch jegliche Bedeutung verloren hat, ist die Kenntnis seiner Eigenschaften für den Bahningenieur doch von Wichtigkeit, insbesondere im Hinblick auf das Verständnis von Compoundmotoren.

Die Abb. 205 zeigt die Schaltung des Nebenschlußmotors. Im Gegensatz zum Hauptstrommotor ist das Feld parallel zum Anker geschaltet, liegt also einschließlich seines Vorschaltwiderstandes dauernd an konstanter Spannung. Das Anlassen des Nebenschlußmotors erfolgt bei vollem Felde durch allmähliches Kurzschließen eines Vorschaltwiderstandes R_v im Ankerkreis.

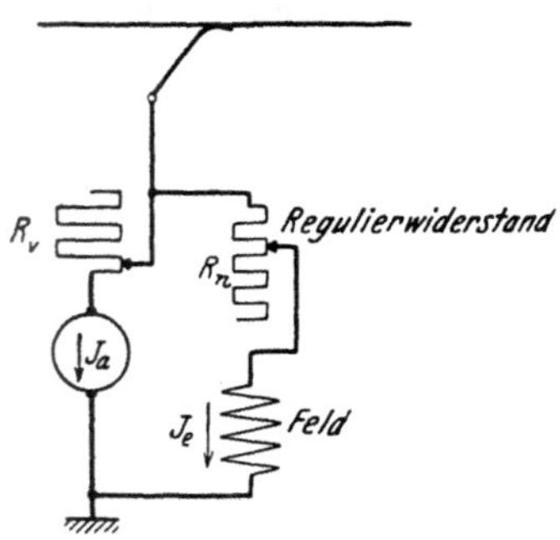

Abb. 205. Schaltung des Nebenschlußmotors.

Da das Feld des Nebenschlußmotors an konstanter Spannung liegt, ist also der Fluß konstant (Nebenschlußvorschaltwiderstand R_n zunächst konstant.) Führt man dem Motor eine konstante Klemmenspannung zu, und setzt man unter Vernachlässigung des inneren Spannungsabfalls zunächst die

Klemmenspannung e gleich der elektromotorischen Kraft E, so folgt aus der Gleichung $E = c\,n\,\Phi$, daß die Drehzahl n unabhängig von der Belastung konstant ist. In Wirklichkeit nimmt die Drehzahl mit zunehmendem Ankerstrom J_a etwas ab, entsprechend der EMK $E = e - J_a r$ (r = Widerstand des Motorankers). In der Abb. 206 sind die Motorkurven aufgezeichnet. Ist beim Strom $J_a = 0$ die Drehzahl des Motors n_0, so kann für irgendeinen beliebigen Strom J_a das zugehörige n nach der Gleichung (6) berechnet werden zu

$$n = \frac{e - J_a r}{e} \cdot n_0 \,. \tag{6a}$$

Da der Fluß konstant ist, ist also das vom Motor erzeugte Drehmoment proportional dem Strom. Es gilt also $M_d = k\,J_a\,\Phi$, wobei k

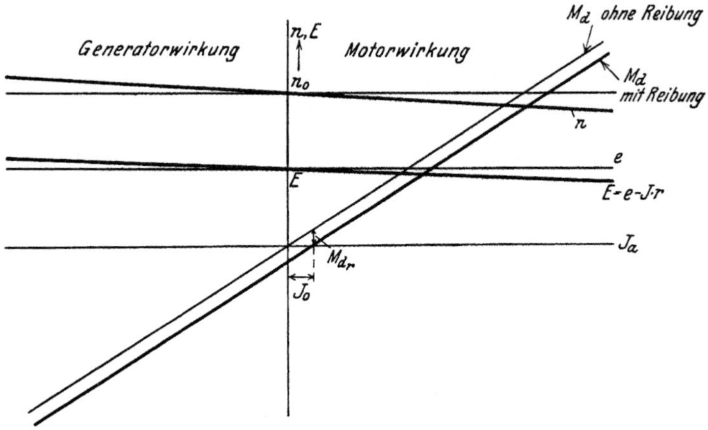

Abb. 206. Charakteristische Kurven des Nebenschlußmotors.

eine Konstante ist. Falls die Drehmomentkurve unbekannt ist, kann die Berechnung nach folgender Formel ausgeführt werden:

$$M_d = 0{,}973 \frac{E\,J_a}{n} = 0{,}973 \frac{(e - J_a\,r)\,J_a}{n} \text{ mkg}\,. \tag{5c}$$

In dieser Gleichung bedeutet $E\,J_a$ die auf den Rotor des Motors übertragene Leistung in Watt. (Die Kupferverluste im Anker sind dabei schon abgezogen.) Da die Drehzahlkurve und die Klemmenspannung und damit auch $E = e - J_a\,r$ bekannt ist, kann also für einen Punkt J_a das zugehörige Drehmoment berechnet werden. Verbindet man diesen so ermittelten Punkt mit dem Nullpunkt des Koordinatensystems, so hat man die Drehmomentkurve des Motors. Um das tatsächliche, nach außen abgegebene Drehmoment zu bekommen, muß von dem vorher ermittelten Drehmoment das Reibungsdrehmoment M_{d_r} abgezogen werden. Dieses Reibungsmoment umfaßt in der Hauptsache die Eisenverluste sowie die Ventilationsverluste. Es kann bei gegebener Erregung in erster Annäherung als konstant betrachtet werden, da trotz verschiedener Belastung sich die Drehzahl nur unwesentlich ändert. Falls nähere Unterlagen fehlen, rechnet man auch bei veränderlicher Drehzahl mit demselben M_{d_r}.

Bei Bestimmung der Drehzahlkurve $n = f(J_a)$ war angenommen, daß der Fluß Φ konstant ist. Dies trifft jedoch, streng genommen, nur im ungesättigten Teil des Motors zu. Es ist nämlich zu beachten, daß durch die Ankeramperewindungen das Feld so verzerrt wird, daß auf der einen Seite des Polschuhes eine Erhöhung der Kraftliniendichte, auf der anderen Seite dagegen eine Schwächung eintritt. Im ungesättigten Teil der Maschine ändert sich durch diese Feldschwächung der Fluß nicht. Bei Sättigung wird jedoch der Gesamtfluß etwas kleiner. Die Folge ist, daß die Drehzahlkurve $n = f(J_a)$ etwas höher liegen wird. Im folgenden soll jedoch der Einfluß der Ankerrückwirkung nicht berücksichtigt werden.

Der Nebenschlußmotor besitzt die wichtige Eigenschaft, daß bei Steigerung seiner Drehzahl über n_0 ohne Schaltänderung Nutzbremsung eintritt (s. linke Hälfte der Abb. 206), da hier der Strom J_a negativ wird, die Leistung also ihr Vorzeichen ändert. Oder, da in der Geichung $E = cn\Phi$ das Feld unabhängig vom Ankerstrom ist (Nebenschlußerregung), kann durch Steigerung von n die Größe E ohne weiteres größer als die Netzspannung e werden. Dieselbe Wirkung liefert die Steigerung des Faktors Φ, d. h. die Verstärkung der Erregung.

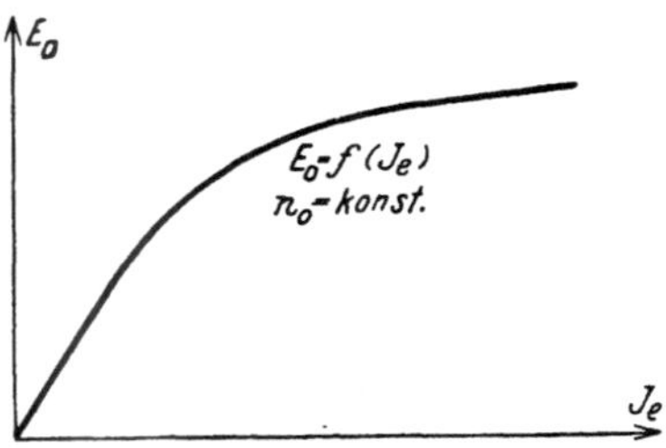

Abb. 207. Leerlauf-EMK E_0 des Nebenschlußmotors.

Um die Motorkennlinien bei beliebiger Erregung aufzeichnen zu können, ist die Kenntnis der Leerlauf-EMK-Kurve $E_0 = f(J_e)$ notwendig. Diese Kurve bekommt man, indem man verschiedene Erregerströme J_e einstellt, den Motoranker mit konstanter Drehzahl n_0 antreibt und die EMK E_0 des Ankers durch ein Voltmeter bestimmt. Die Kurve hat den in der Abb. 207 dargestellten Verlauf.

Soll für eine gegebene Erregerstromstärke J_e bei der Klemmenspannung e und dem Ankerstrom J_a die Drehzahl ermittelt werden, so berechnet man zunächst die EMK $E = e - J_a r$. Die gewünschte Drehzahl n ergibt sich dann aus der Beziehung $n = n_0 \frac{E}{E_0}$. Führt man die entsprechende Betrachtung für $J_a = 0$ durch, so hat man zwei Punkte der Drehzahlkurve, die dann durch eine Gerade miteinander verbunden werden können.

Wie bereits erwähnt, erfolgt das Anlassen des Nebenschlußmotors durch Einschalten von Widerständen in den Ankerstromkreis. Das Feld wird dabei voll erregt. Ist die Klemmenspannung e, der Vorschaltwiderstand R_v, und der Widerstand des Motorankers r, so ergibt sich die EMK zu $E = e - J_a(R_v + r)$, deren Kurve eine Gerade ist, welche für den Stromwert

$$J_a = \frac{e}{R_v + r}$$

die Abszisse schneidet. Die zugehörige Drehzahlkurve (s. Abb. 208b) ist ebenfalls eine Gerade, die bei gleichem Stromwert J_a die Abszisse schneidet. Die Kurven $n = f(J_a)$ sowie die Kurven $E = f(J_a)$ sind ähnliche Kurven, so daß es im allgemeinen genügt, nur die eine Art aufzuzeichnen. Will man die Anfahrkurve aufzeichnen, so muß man zunächst festlegen, wie groß die Stromschwankungen sein sollen. Die zugelassenen Stromschwankungen seien durch die beiden Geraden $I—I$ und $II—II$ begrenzt. Man zeichnet, wie aus der Abb. 208 zu ersehen, innerhalb dieser beiden Geraden eine Zickzacklinie, wobei die geneigten Geraden alle nach dem gleichen Punkte e bzw. n_0 führen.

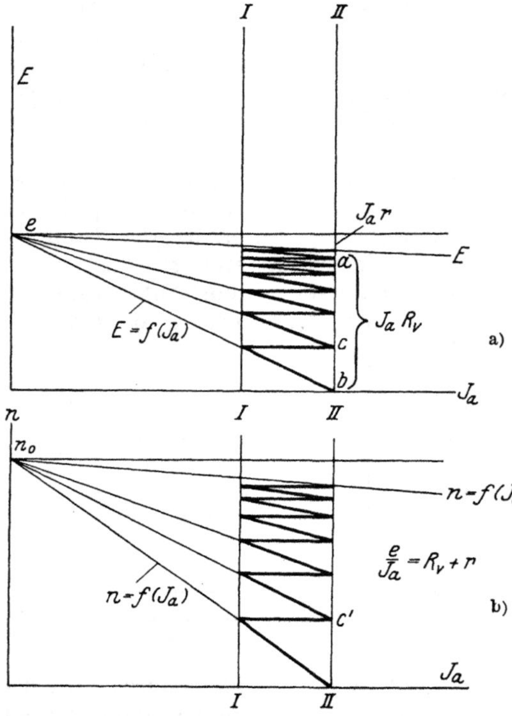

Abb. 208. Anlaßkurven des Nebenschlußmotors.

In der Abb. 208a ist der Abschnitt $ab = J_a R_v$. Die Strecke ac ist dagegen gleich $J_a R_v'$. Dabei ist R_v' ein anderer Vorschaltwiderstand, der zur Drehzahlgeraden $n_0 — c'$ gehört. R_v' kann also, wenn R_v bekannt ist, berechnet werden zu $R_v' = R_v \frac{\overline{ac}}{\overline{ab}}$.

R_v folgt aus $R_v + r = \frac{e}{J_a}$.

Ist beim Anfahren die Eigencharakteristik $n = f(J_a)$ erreicht, so ist eine weitere Erhöhung der Drehzahl in verlustfreier Weise durch Schwächung des Motorfeldes, also durch Vorschaltung von Widerstand in den Erregerstromkreis, möglich. Soll die weitere Anfahrt bei konstantem Drehmoment erfolgen, so muß der Ankerstrom entsprechend der größeren Drehzahl und dem schwächeren Felde anwachsen. Einer jeden Felderregung entspricht eine Kurve $n = f(J_a)$, die verschieden hoch liegen (Abb. 209).

Der Nebenschlußmotor gestattet, wie der Hauptstrommotor, eine Widerstandsbremsung. Nimmt man konstante Erregung an, so ist die erzeugte EMK proportional der Drehzahl. Arbeitet der Motor als Generator auf einen konstanten Widerstand R_v, so ist der erzeugte Strom proportional der EMK, also proportional der Drehzahl, d. h. die Bremskurven $n = f(J_a)$ des Nebenschlußmotors sind gerade Linien, die durch den Nullpunkt gehen. Die Neigung dieser Geraden ist proportional $R_v + r$. Wird die Erregung geändert, so wird die Lage der Geraden eine andere. In der Abb. 209 sind verschiedene solche Geraden bei konstanter Erregung, jedoch verschiedenem R_v, die für die Widerstandsbremsung gelten, aufgezeichnet. Außerdem sind einige Geraden $n = f(J_a)$ eingetragen, die einer Nutzbremsung entsprechen. Es sei

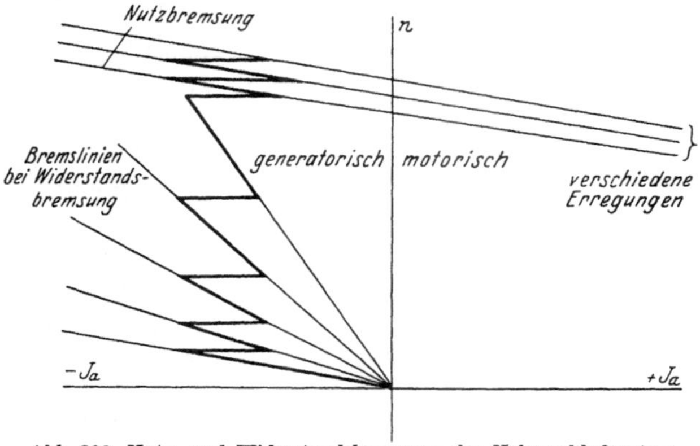

Abb. 209. Nutz- und Widerstandsbremsung des Nebenschlußmotors.

erwähnt, daß bei Nutzbremsung mitunter im Ankerkreis ein Widerstand eingeschaltet wird, um die Neigung der Geraden $n = f(J_a)$ etwas steiler zu halten. Man hat dann den Vorteil, daß die Stromschwankungen kleiner werden (s. S. 133).

Wird ein Fahrzeug aus größerer Geschwindigkeit abgebremst, so kann zuerst Nutzbremsung erfolgen, bei welcher das Feld des Motors mit kleiner werdender Geschwindigkeit verstärkt wird (Kurzschließen des Vorschaltwiderstandes vor der Erregerwicklung). Ist volle Feldstärke vorhanden, so muß jetzt Widerstandsbremsung angewandt werden, um auf kleinere Geschwindigkeiten zu kommen (s. Abb. 209).

Auf Grund der bis jetzt erläuterten Eigenschaften sei jetzt diskutiert, aus welchem Grunde der Nebenschlußmotor als Bahnmotor ungeeignet ist. Die Hauptgründe sind folgende:

1. Eine Parallelarbeit zweier Nebenschlußmotoren ist ohne weiteres nicht möglich. Das kommt daher, weil die Kurven $n = f(J_a)$ beim Nebenschlußmotor sehr flach verlaufen. Da zwei Motoren nie ganz gleich sind, folgt, daß die Kurven $n = f(J_a)$ ebenfalls etwas verschieden sein müssen. In der Abb. 210a sind zwei solcher Kurven $n = f(J_a)$ aufgezeichnet. Da infolge der Kupplung der Räder mit den Schienen beide Motoren gleiche Drehzahl haben, ergibt sich eine sehr stark ungleiche Stromaufnahme beider Motoren. Wie aus der Abb. 210a zu erkennen, nimmt der eine Motor den Strom J_1, der andere den Strom J_2 auf. Es besteht auch die Möglichkeit, daß die Raddurchmesser etwas verschieden sind, so daß, selbst bei Annahme gleicher Kennlinien, die Stromaufnahme stark verschieden ist. In der Abb. 210b ist vergleichsweise dargestellt, wie sich in dieser Beziehung der Hauptstrommotor verhält. Da die

Drehzahlkurven viel steiler liegen, ist die Differenz der Stromaufnahme beider Motoren wesentlich geringer.

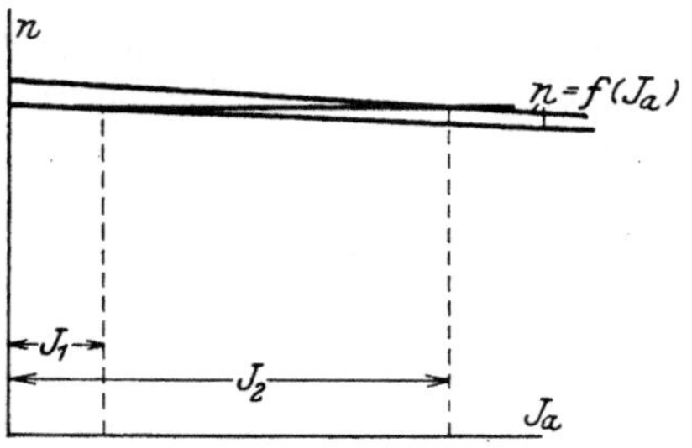

Abb. 210a. Parallelbetrieb beim Nebenschlußmotor.

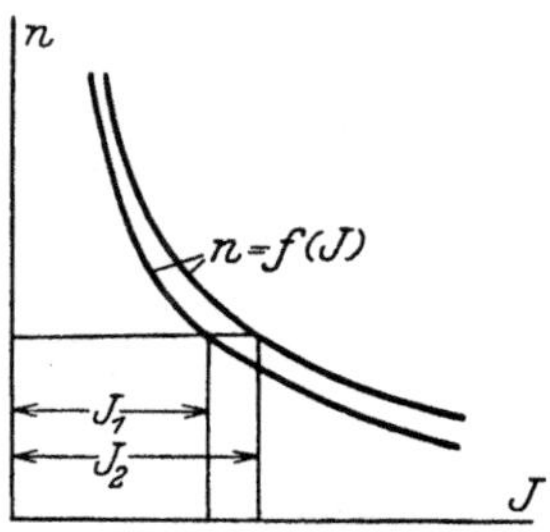

Abb. 210b. Parallelbetrieb beim Hauptstrommotor.

2. Der Nebenschlußmotor verursacht starke Belastungsschwankungen. Da bei gegebener Erregung die Drehzahlkurve nur wenig geneigt ist, nimmt der Strom und damit die Leistung unmittelbar entsprechend der auszuübenden Zugkraft zu, d. h. wenn das Fahrzeug auf eine Steigung gelangt, kann die Leistungsaufnahme ein Vielfaches der Normalen betragen. Der Hauptstrommotor verhält sich hier ebenfalls günstiger, da bei zunehmender Belastung seine Drehzahl stark abnimmt, die Leistungsaufnahme auf Steigungen also wesentlich schwächer anwächst als beim Nebenschlußmotor.

3. Der Nebenschlußmotor ist gegen plötzliche Spannungsschwankungen empfindlich. Nimmt die Spannung im Netz plötzlich infolge Entlastung zu, so braucht das Feld etwas Zeit, um seinen neuen Endwert zu erreichen, d. h. die im ersten Augenblick auftretende Spannungserhöhung Δe muß, da die EMK des Motors nicht plötzlich anwächst, durch einen entsprechenden Zusatzstrom im Motor ausgeglichen werden. Bei plötzlichen Spannungsschwankungen wird also der Motor starke Stromschwankungen erfahren, welche sich in ruckhaften Beschleunigungsstößen am Fahrzeug auswirken. Der Reihenschlußmotor verhält sich auch bei Spannungsschwankungen günstig, da bei einsetzender Stromvergrößerung auch sofort das Feld wächst, so daß die Stromschwankungen wesentlich kleiner sind.

Auf Grund der oben aufgezählten Nachteile hat sich der Nebenschlußmotor im Bahnbetrieb nicht durchzusetzen vermocht. Er findet heute nur noch in Spezialfällen Verwendung, z. B. bei Zahnradbahnen, bei denen Wert auf Nutzbremsung gelegt wird. Auch hier werden jedoch meist noch besondere Schaltmaßnahmen angewandt, um den Betrieb erträglich zu gestalten.

VII. Der Compoundmotor.

Obwohl der Nebenschlußmotor für den Bahnbetrieb im allgemeinen nicht brauchbar ist, besitzt er jedoch eine Eigenschaft, nämlich die Möglichkeit der Nutzbremsung, die man oft gerne ausnutzen möchte, ohne seine Nachteile in Kauf nehmen zu müssen. Die Lösung dieses

Problems ist der Compoundmotor. Dieser Motor besitzt sowohl eine Hauptstrom- als auch eine Nebenschlußwicklung (s. Abb. 211). Infolge dieser beiden Wicklungen vereinigt der Compoundmotor die Eigenschaften des Hauptstrom- und des Nebenschlußmotors.

Zur Beurteilung seiner charakteristischen Kurven sei von der Leerlaufkennlinie $E_0 = f$ (Erregung) ausgegangen, die bei konstanter Drehzahl n_0 (infolge äußeren Antriebes) und fremder Erregung der Hauptstrom- und Nebenschlußwicklung aufgenommen ist. Die Gesamterregung setzt sich aus der Nebenschluß- und der Hauptstromerregung zusammen. Ist der Hauptstrom J_a, die Windungszahl der Hauptstrom-

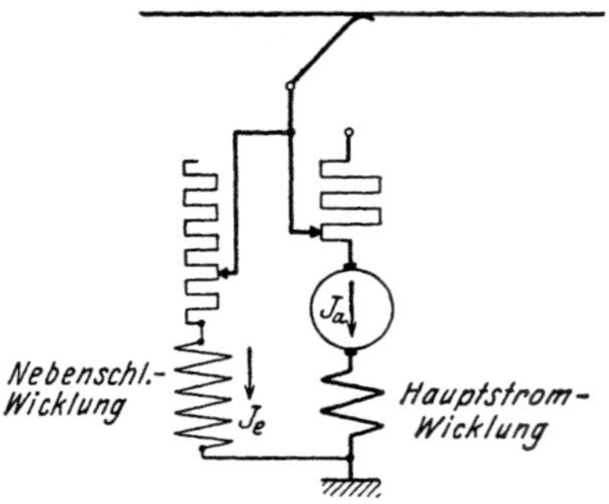

Abb. 211. Schema des Compoundmotors.

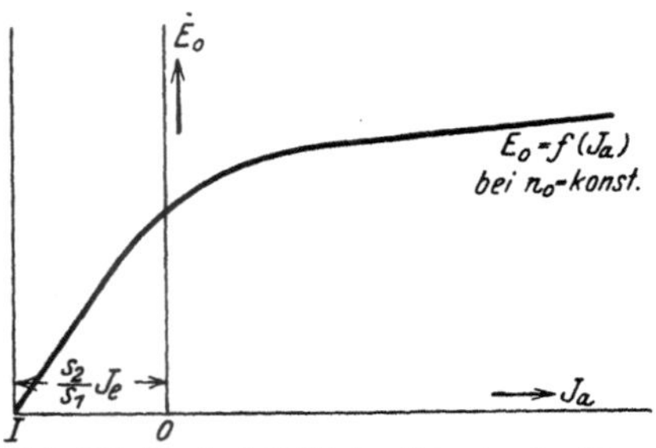

Abb. 212. Leerlauf-EMK des Compoundmotors.

spule s_1, der Strom in der Nebenschlußspule J_e und deren Windungszahl s_2, so sind die Gesamtamperewindungen

$$AW = s_1 J_a + s_2 J_e = s_1\left(J_a + J_e \frac{s_2}{s_1}\right). \tag{130}$$

In der Abb. 212 ist die Kurve $E_0 = f(J_a)$ bei $n_0 = \text{const}$ in Abhängigkeit von dem Hauptstrom J_a aufgetragen. Je nach Größe der Nebenschlußerregung J_e, die jedoch, um sie auf den gleichen Maßstab mit dem Strom J_a zu bringen, als $J_e \frac{s_2}{s_1}$ aufgetragen ist, verschiebt sich der Nullpunkt des Koordinatensystems für die Kurve $E_0 = f(J_a)$.

Für gegebene Klemmenspannung e, welche zunächst gleich der EMK gesetzt sei (Motorwiderstand $r = 0$), kann aus der Kurve $E_0 = f(J_a)$ die Kurve $n = f(J_a)$ wie folgt berechnet werden.

Für einen gegebenen Strom J_a ergibt sich das gesuchte n auf Grund der Beziehung $n = \frac{e}{E_0} n_0$.

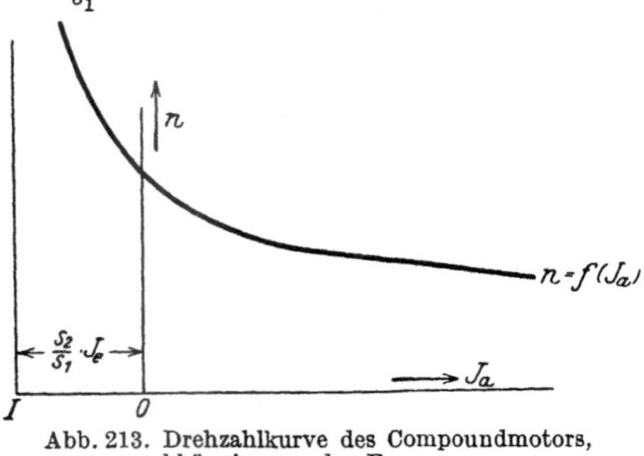

Abb. 213. Drehzahlkurve des Compoundmotors, abhängig von der Erregung.

Auch für die neue Kurve $n = f(J_a)$, die in der Abb. 213 dargestellt ist, gilt das Gesetz, daß je nach der Erregung J_e der Nebenschlußspule sich der Nullpunkt für das Koordinatensystem der Kurve $n = f(J_a)$

verschiebt. Da sich somit alle Drehzahlkurven $n = f(J_a)$ bei beliebigen Erregungen J_e aus der Kurve Abb. 213 herleiten lassen, ergibt sich für die praktische Ermittlung dieser Kurven ein einfaches Verfahren. Es sei z. B. zunächst die Kurve $n = f(J_a)$ aufgetragen, wenn die Nebenschlußerregung 0 ist. Wünscht man die Kurve $n = f(J_a)$ bei einer gegebenen Erregung J_e, so hat man die zuletzt ermittelte Kurve um den Betrag $J_e \frac{s_2}{s_1}$ nach links zu verschieben (s. Abb. 214). Bei einer größeren Zahl von Kurven ist es zweckmäßig, sich eine Schablone auszuschneiden, die man verschiebt und mit der man die Kurven zeichnen kann. Als Ausgangskurve muß nicht unbedingt die Kurve $n = f(J_a)$ bei $J_e = 0$ genommen werden. Nimmt man z. B. eine solche mit gegebener Nebenschlußerregung, so muß das Verschieben für Kurven anderer Erregung nur entsprechend der Differenz der Erregung erfolgen.

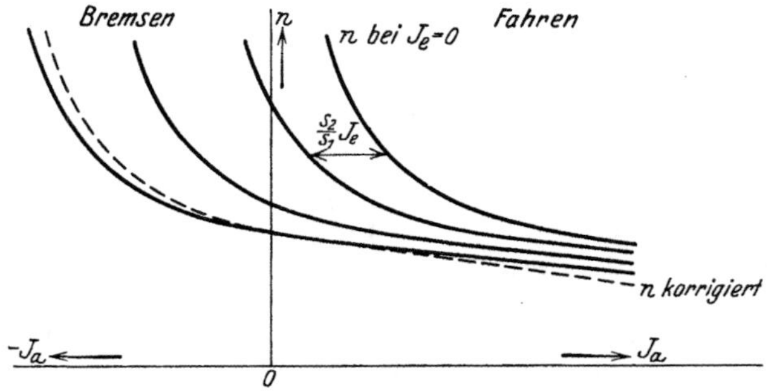

Abb. 214. Drehzahl des Compoundmotors bei verschiedener Erregung.

Das obengenannte Verfahren gilt streng nur unter der Annahme, daß der innere Widerstand der Maschine gleich 0, daß also $e = E$ ist. In Wirklichkeit ist jedoch $E = e - J_a r$, d. h. also, daß beim Motor die tatsächlichen Drehzahlkurven etwas tiefer liegen müssen. Man muß die in der Abb. 214 aufgezeichneten Kurven mit dem Faktor $\frac{e - J_a r}{e}$ multiplizieren, wobei dieser Faktor mit wachsendem Ankerstrom kleiner wird. Bei Nutzbremsung, d. h. bei negativem Ankerstrom, gilt der gleiche Faktor, wenn J_a negativ eingesetzt wird. In der Abb. 214 ist die Korrektur für eine Drehzahlkurve durchgeführt worden (gestrichelt).

Wie aus den Kurven der Abb. 214 zu ersehen, ist der Übergang vom Fahren auf Bremsen ein vollkommen stetiger; eine Schaltungsänderung tritt dabei nicht ein. Während beim motorischen Betrieb Ankerfeld und Erregerfeld gleichsinnig arbeiten, arbeitet beim generatorischen Betrieb das Ankerfeld dem Nebenschlußfeld entgegen (Gegencompoundwirkung). Diese Gegencompoundwirkung ist beim Nutzbremsen einesteils günstig, da bei Spannungsschwankungen das Auftreten von Stromstößen im Gegensatz zum Nebenschlußmotor stark gedämpft wird. Nimmt beim Nutzbremsen z. B. die Netzspannung ab, so will der Motor einen größeren Strom abgeben. Da der größer werdende Strom jedoch das Feld schwächt, wird die EMK kleiner, die Stromzunahme also gemildert. Die Gegencompoundierung macht also die Nutzbremsung etwas elastischer. Andererseits schwächt die Gegencompoundwirkung natürlich die Bremskraft, was insbesondere beim plötzlichen Übergang in ein stärkeres Gefälle den Führer sehr unsicher macht. Es muß außerdem noch auf eine weitere Eigenschaft der Gegencompoundierung hingewiesen werden, durch die unter Umständen ein Durchgehen des Motors bei der Nutzbremsung eintreten kann. In der Abb. 215 ist die Flußkurve Φ bei konstanter Erregung J_e aufgezeichnet. Der Nullpunkt des Koordinatensystems besitzt von dem Nullpunkt der Flußkurve den Abstand $\frac{s^2}{s_1} J_e$. Ströme, die vom Nullpunkt nach rechts gerichtet sind, entsprechen motorischem, Ströme, die nach links gerichtet sind, generatorischem Arbeiten. Nimmt der Nutzbremsstrom allmählich zu, so wächst auch das erzeugte Drehmoment. Da das Drehmoment proportional dem Fluß und dem Strom ist, ist es proportional dem Rechteck, dessen Höhe der Fluß und dessen Breite der Strom J_a ist. Aus der Abb. 215 ist zu ersehen, daß der Inhalt der Rechtecke allmählich zunimmt, ein Maximum erreicht und dann wieder abnimmt; d. h. also, daß, wenn die durch das Gefälle am Fahrzeug angreifende Kraft größer ist als dem maximalen Drehmoment entspricht, so wird bei weiterer Steigerung der Drehzahl und des Stromes wieder eine Abnahme des Drehmoments stattfinden, der Wagen also durchgehen. Dieses Durchgehen kann selbstverständlich sofort vermieden werden, wenn der Fahrer eine größere Erregung einstellt. Immerhin muß beim Entwurf der obige Gesichtspunkt beachtet werden. Um allen Schwierigkeiten der Gegencompoundwirkung zu begegnen, trifft man daher in der Schaltung meistens Vorkehrungen, um sie abzuschwächen oder ganz zu verhindern. Zu diesem Zwecke wird bei Nutzbremsung der Hauptstromwicklung ein Widerstand parallel geschaltet, oder sie wird ganz kurz geschlossen.

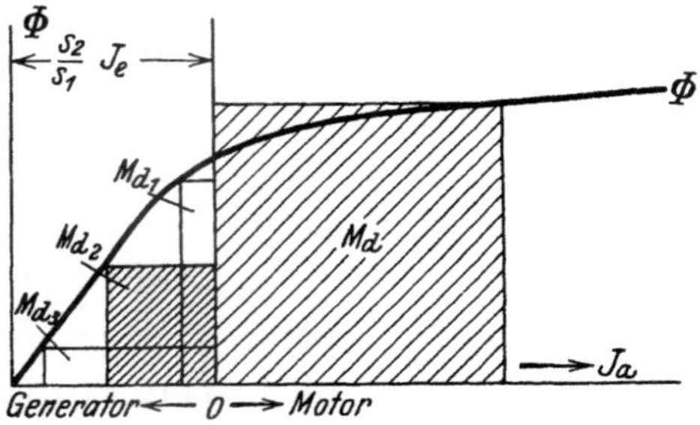

Abb. 215. Graphische Darstellung des Drehmomentes bei Nutzbremsung.

Die Kurve des Drehmoments beim Compoundmotor Abb. 216, die zwischen derjenigen des Nebenschlußmotors und derjenigen des Hauptstrommotors liegt, ermittelt man bei gegebener Drehzahlkurve $n = f(J_a)$ am besten aus der Beziehung

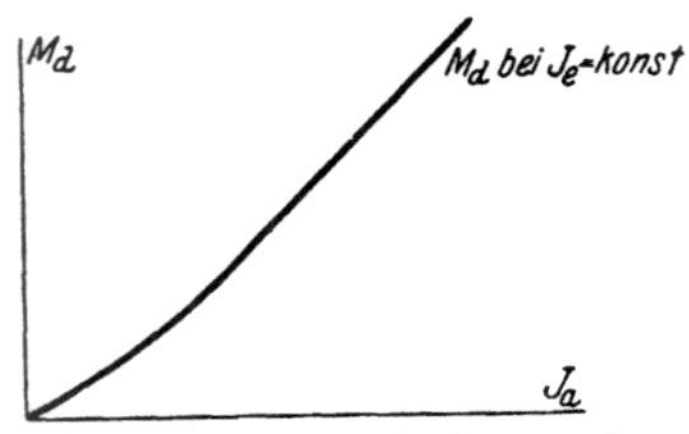

Abb. 216. Drehmoment des Compoundmotors bei konstanter Erregung.

$$M_d = 0{,}973 \frac{(e - J_a r) J_a}{n}. \qquad (5c)$$

Von diesem Drehmoment sind noch die Reibungsmomente abzuziehen, welche durch Ventilations-, Eisen- und Lagerverluste entstehen. Oft verzichtet man jedoch, besonders bei größeren Strömen, auf diese Korrektur.

Das Anlassen des Compoundmotors (s. Abb. 217, rechte Hälfte) erfolgt wie beim Nebenschlußmotor bei voll eingeschaltetem Nebenschlußfeld unter Vorschaltung von Widerständen im Ankerstromkreis, die allmählich kurzgeschlossen werden. Ist die Eigencharakteristik dann erreicht, so wird, um auf größere Geschwindigkeit zu kommen, das

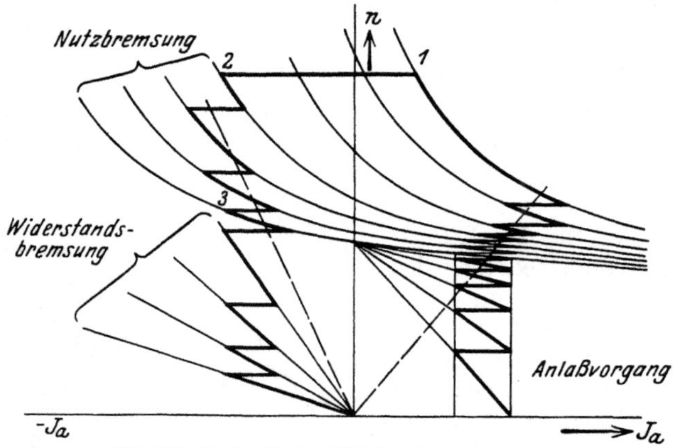

Abb. 217. Drehzahlschaubild des Compoundmotors.

Nebenschlußfeld allmählich geschwächt. Erfolgt die Anfahrt auch weiterhin mit konstantem Moment, so muß der Strom J_a mit wachsendem n zunehmen.

Die Bestimmung der Anfahrwiderstände kann, wie auf S. 17 beim Hauptstrommotor beschrieben, erfolgen, da bei dem dort geschilderten Verfahren über die Drehzahlcharakteristik keinerlei Voraussetzung gemacht wurde. Man kann jedoch auch in ähnlicher Form vorgehen wie beim Nebenschlußmotor, d. h. man zeichnet sich eine Reihe von Kurven $e - J_a(r + R_v)$. Die entsprechenden Drehzahlkurven erhält man, wenn man die Kurve $n = f(J_a)$, die für den Vorschaltwiderstand $R_v = 0$ gilt, im Verhältnis $\frac{e - J_a(r + R_v)}{e - J_a r}$ multipliziert. Da bei voll eingeschalteter Erregung die Drehzahlkurve praktisch eine gerade Linie ist, kann man für die Anfahrt das auf S. 244 gezeigte einfache Verfahren wie beim Nebenschlußmotor zur Bestimmung der Anfahrwiderstände anwenden.

Außer der Nutzbremsung gestattet der Compoundmotor auch die Widerstandsbremsung. Bei der Widerstandsbremsung ist jedoch ungünstig, daß der Ankerstrom das Feld schwächt. Besser ist hier die Widerstandsbremsung des Nebenschlußmotors, bei dem keine Feldschwächung eintritt und wo die Kurven $n = f(J_a)$ gerade Linien sind, die durch den Nullpunkt gehen. Da die hier vorhandene Eigenschaft, daß mit größer werdender Drehzahl der Strom wächst, recht günstig ist (beim Compoundmotor die Zunahme des Stromes jedoch schwächer wäre), schließt man meist bei der Widerstandsbremsung des Compoundmotors dessen Hauptstromspule kurz. Bei der Widerstandsbremsung verhält sich dann der Compoundmotor wie der reine Nebenschlußmotor. Die Kurven für die Widerstandsbremsung sind also gerade Linien (s. Abb. 217, linke Hälfte). Die Schaltung mit kurzgeschlossener Hauptstromwicklung hat den Nachteil, daß bei wegbleibender Fahrdrahtspannung keinerlei Bremswirkung mehr möglich ist. Zur Vermeidung dieser Nachteile kann bei der Widerstandsbremsung die Hauptstromspule umgepolt werden, so daß bei wegbleibender Fahrdrahtspannung durch sie allein schon Erregung möglich ist wie bei einem Hauptstrommotor.

Soll ein Compoundmotor, der sich in Fahrt befindet (Abb. 217, Zustandspunkt *1*), abgebremst werden, so wird zunächst nur das Nebenschlußfeld verstärkt, wodurch Nutzbremsung eintritt (z. B. Punkt *2*). Bei weiterer allmählicher Verstärkung des Feldes nimmt die Geschwindigkeit des Fahrzeuges immer mehr und mehr ab und erreicht schließlich die Eigencharakteristik bei vollem Feld im Punkte *3*. Um das Fahrzeug weiter auf kleinere Geschwindigkeit abzubremsen, muß jetzt Widerstandsbremsung angewandt werden (s. Abb. 217, links).

Um die Nutzbremsung bis auf möglichst kleine Geschwindigkeiten durchführen zu können, ist es notwendig, daß die Eigencharakteristik des Motors tief liegt.

Eine tiefliegende Charakteristik hat außerdem den weiteren Vorteil, daß man bei der Anfahrt nur wenig Energie in den Widerständen zu vernichten braucht.

Es sei zunächst untersucht, welchen Einfluß allgemein eine tiefliegende Charakteristik auf die Bemessung des Motors hat. Es sei dabei von einem Hauptstrommotor ausgegangen, dessen Charakteristik in

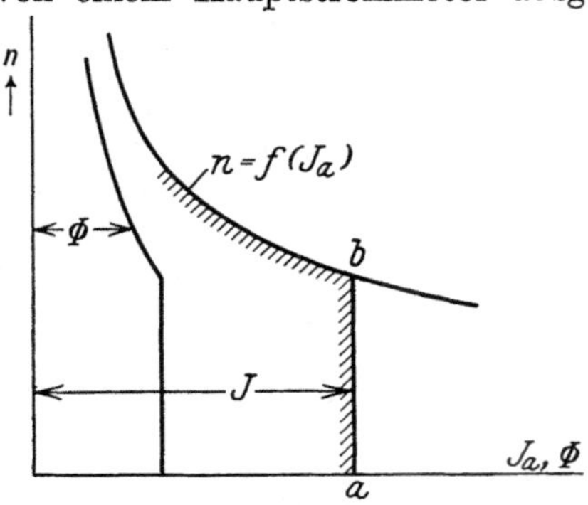

Abb. 218a. Anfahrdiagramm des Reihenschlußmotors[1].

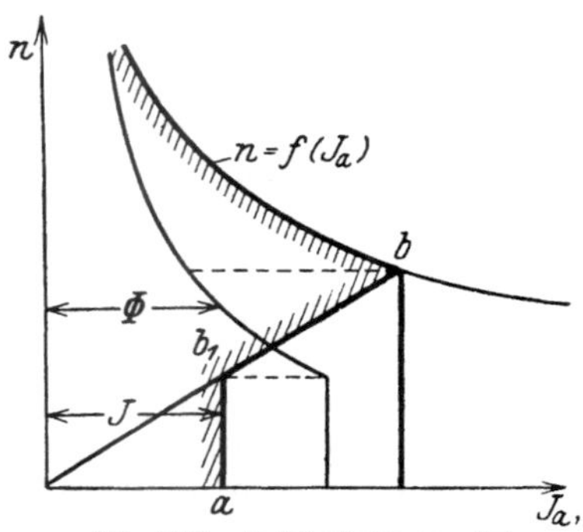

Abb. 218b. Anfahrdiagramm des Compoundmotors[1].

der Abb. 218a aufgezeichnet ist. Die Anfahrt erfolge mit dem Strom J, also mit konstantem Fluß und Drehmoment bis zum Punkte b, von hier aus steigt die Geschwindigkeit des Motors längs seiner Eigencharakteristik, wobei der Strom und der Fluß kleiner werden. Es sei jetzt untersucht, welche Maßnahmen getroffen werden müssen, um die Ge-

[1] Des besseren Vergleichs wegen hat die Drehzahlkurve in Abb. 218a und b vom Punkt gleichen Flusses aus (b) gleiche Form, was streng genommen nicht sein kann, weil die Sättigung der beiden Motoren verschieden ist.

schwindigkeit v_b, bei der die Vorschaltwiderstände abgeschaltet sind, tiefer zu legen. Es gilt für die Drehzahl $n = \frac{E}{c\Phi}$. Setzt man näherungsweise die Klemmenspannung gleich der EMK, so folgt, daß mit kleiner werdender Drehzahl der Fluß größer werden muß. Dies kann z. B. durch eine Zusatzwicklung, die an die Klemmenspannung gelegt wird, erreicht werden, also z. B. beim Compoundmotor. Wünscht man z. B., daß die Anfahrt mit Widerständen nur bis zur halben Geschwindigkeit v_b erfolgt, wie in der Abb. 218b, so heißt das, daß der Fluß dabei doppelten Wert besitzen muß, also daß der Motor annähernd doppelt so groß sein muß.

In der Abb. 218b ist dargestellt, wie der Stromverlauf bei der Anfahrt sein muß, wenn die Anfahrt mit konstantem Drehmoment erfolgen soll. Die Anfahrt mit Vorschaltwiderständen erfolgt längs der Kurve ab_1, mit konstantem Strom und konstantem Fluß. Von b_1 aus erfolgt die Regulierung durch Verkleinerung des Flusses bis b, wobei die Stromaufnahme des Motors proportional mit der Geschwindigkeit steigt. Im Punkte b ist dann schließlich gleiche Geschwindigkeit erreicht wie in der Abb. 218a. Vergleicht man die Stromaufnahme nach Abb. 218b mit derjenigen der Abb. 218a, so folgt, daß erstere kleiner ist, die Erwärmung während der Anfahrt also geringer wird. Das heißt, daß bei dem Motor mit verlustfreier Geschwindigkeitsregulierung die Ankerwicklung etwas schwächer gehalten sein kann, wenn sehr viel angefahren wird. Trotz dieses kleinen Gewinns muß der Motor jedoch immer noch stark überdimensioniert sein.

Da der Compoundmotor in seinen Eigenschaften zwischen dem Hauptstrom- und dem Nebenschlußmotor liegt, ist bei parallel geschalteten Motoren immer noch mit einer ungleichen Stromaufnahme zu rechnen. Um diesen Nachteil zu vermeiden, ist es zweckmäßig je zwei Compoundmotoren in Reihe zu schalten, wie es z. B. die Abb. 219a zeigt[1]. Aus schaltungstechnischen Gründen werden die beiden Motorfelder benachbart geschaltet, da dann die Fahrtwendung einfacher auszuführen ist. Soll mit dieser Anordnung auf Widerstandsbremsung gegangen werden, so können, wie die Abb. 219b zeigt, die Felder kurzgeschlossen werden.

Betrieblich sind zwischen dem Hauptstrom- und dem Compoundmotor erhebliche Unterschiede vorhanden. Beim Hauptstrommotor ist der Fahrbetrieb, z. B. bei Straßenbahnen, wie folgt:

Der Führer bringt den Wagen auf die Höchstgeschwindigkeit, schaltet in geeigneter Entfernung von der Haltestelle die Motoren ab (stromloser Auslauf) und bringt schließlich den Wagen durch Bremsen zum Stillstand. Beim Compoundmotor wird der Triebwagen in gleicher Weise auf Geschwindigkeit gebracht. Im Gegensatz zum Hauptstrommotor ist es jedoch nicht ohne weiteres möglich, stromlose Auslaufwege einzuschalten. Dreht nämlich der Führer die Fahrkurbel gegen die Nullstellung zurück, so überschaltet er zunächst Stellungen, in denen das Motorfeld gestärkt wird, d. h. es tritt eine Nutzbremsung ein und

[1] Schaltung von Bacquérisse (Straßenbahn Paris).

der Wagen kommt auf kleinere Geschwindigkeiten. Ein schnelles Zurückschalten ist außerdem gefährlich, da die Bremsströme sehr stark zunehmen und trotz der Erregung des Nebenschlußfeldes wegen der Gegencompoundierung eine starke Feldschwächung eintreten kann, durch die starke Feldverzerrungen und damit Überschläge eingeleitet werden können. Beim Compoundmotor ist jedoch die Notwendigkeit von Ausläufen nicht vorhanden, da der Führer die Geschwindigkeit des Fahrzeugs ja bequem regeln und bis auf niedere Geschwindigkeit mit Nutzbremsung arbeiten kann.

Die Eigenschaft des Compoundmotors, daß ohne besondere Hilfsmittel eine Abschaltung nicht möglich ist, ist bei elektrisch zu betätigen-

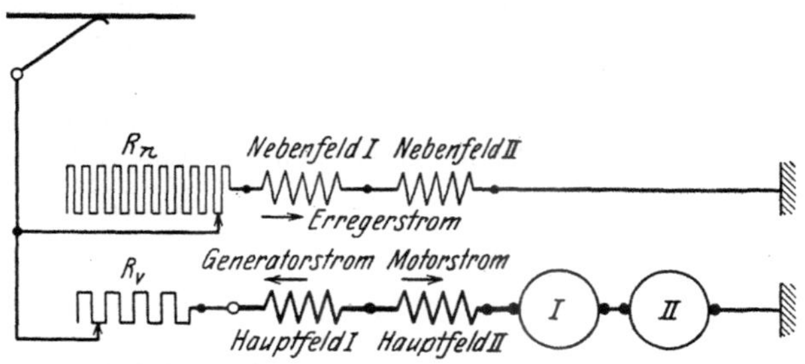

Abb. 219a. Prinzipschaltbild eines Fahrzeuges mit 2 Compoundmotoren für Fahren und Nutzbremsen.

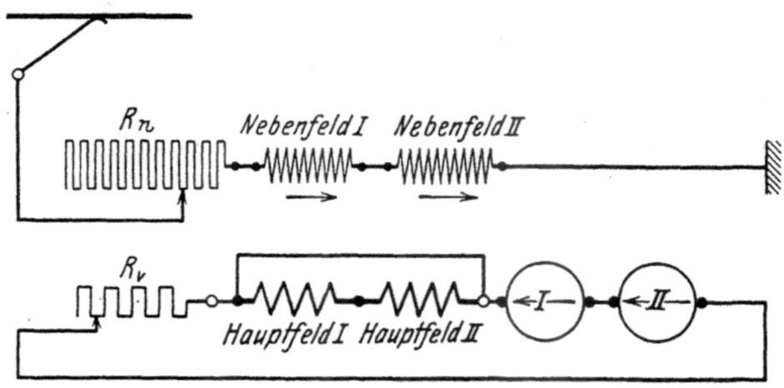

Abb. 219b. Prinzipschaltbild für Widerstandsbremsen.

den Weichen unangenehm. Diese Weichen werden ja bekanntlich umgestellt, wenn sie mit Strom durchfahren werden. Bei stromlosem Durchfahren, also mit Schwung, findet eine Umstellung nicht statt. Kommt ein Wagen mit Compoundmotor vor eine elektrische Weiche, so ist es für den Führer sehr schwierig, die Weiche im gewünschten Sinn umzustellen, da ein Durchfahren mit Strom leicht, ein Durchfahren ohne Strom jedoch nur sehr schwierig möglich ist, da ja der Führer nicht ohne weiteres ausschalten kann.

Weitere Schwierigkeiten treten auf, wenn die Polarität am Fahrdraht wechselt. Für den Hauptstrommotor ist dies belanglos. Beim Compoundmotor muß jedoch erreicht werden, daß er stromlos über den Streckentrenner gelangt und daß er dann langsam stufenweise hochgeschaltet wird.

Zusammenfassung. Der Compoundmotor hat den Vorteil, daß seine Geschwindigkeit bequem regelbar ist. Es ist ferner die Möglichkeit gegeben, ohne Schaltungsänderung auf Nutzbremsung überzugehen. Durch geeignete Bemessung des Motors kann man erreichen, daß die Eigencharakteristik bei vollem Felde sehr tief liegt, so daß also Nutzbremsung bis auf kleine Geschwindigkeit möglich ist. Die Anfahrt mit Widerständen ist in diesem Falle ebenfalls günstig, da schon bei kleiner Geschwindigkeit die Widerstände kurzgeschlossen, die in den Widerständen vernichteten Verluste also klein sind. Bei tiefliegender Eigencharakteristik muß jedoch der Motor überdimensioniert werden, wodurch er schwer und teuer wird. Der Compoundmotor gestattet ebenfalls die Widerstandsbremsung, so daß sein Abbremsen bis praktisch auf die Geschwindigkeit 0 möglich ist. Für manche Betriebsverhältnisse liegen jedoch beim Compoundmotor Schwierigkeiten vor. So ist ein Zurückgehen mit der Fahrkurbel (abgesehen von besonderen Hilfsmaßnahmen) nur mit gleichzeitigem Nutzbremsen, also mit Geschwindigkeitsverminderung möglich.

Zweiter Teil.

Fahrleitungen.

Einleitung.
Die verschiedenen Stromzuführungssysteme.

Da ein elektrisch betriebenes Fahrzeug einen bewegten Stromverbraucher darstellt, muß ihm die Energie, falls sie nicht auf dem Fahrzeug selbst zur Verfügung steht (Akkumulatoren oder Generatoren, die durch Verbrennungsmotoren angetrieben sind), längs seiner Fahrbahn zugeführt werden, außerdem ist eine Rückleitung zum Stromerzeuger notwendig. Für diesen geschlossenen Stromkreis sind verschiedene Ausführungsarten im Gebrauch.

In den Anfängen des elektrischen Bahnbetriebes (W. v. Siemens, Gewerbeausstellung 1879) verwendete man zunächst eine Stromschiene und eine Rückleitungsschiene, die isoliert und erhöht zwischen den Fahrschienen angeordnet waren. Da diese Anordnung auf Straßen

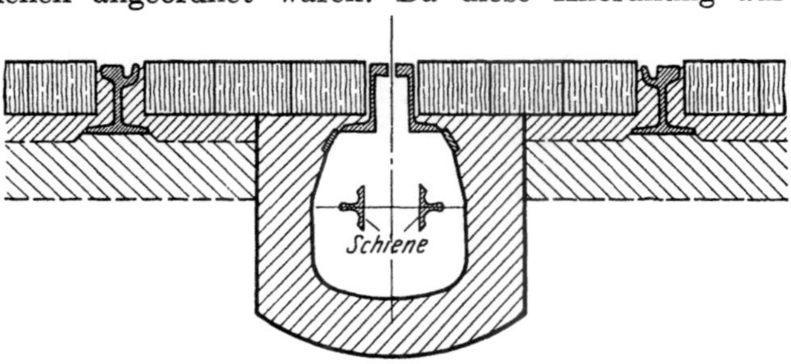

Abb. 220. Stromschiene zwischen den Gleisen (Straßenbahn Paris).

natürlich nicht brauchbar war, versuchte man es zuerst mit einer Art Oberleitung, die aus einem geschlitzten Rohr bestand, in dem ein Stromabnehmer lief. Diese Art der Oberleitung und auch die ersten Drahtoberleitungen waren wegen ihres Aussehens nicht beliebt und man ordnete zwischen den Schienen einen Kanal an, in dem die Zuführungsschiene isoliert eingebettet ist. Für die Rückleitung hat man bald die Fahrschienen verwendet, die durch leitende Übergangsstücke zu einem vollständigen Leiter ausgebildet wurden. Abb. 220 zeigt einen Schnitt durch einen Schlitzkanal. Die Stromschiene wird dabei von einem Stromabnehmer, der in den Kanal reicht, bestrichen. Die Unterhaltung einer eingebetteten Stromschiene ist jedoch kostspielig, da die Kanäle leicht verschmutzen, außerdem können Betriebsstörungen bei starken Regenfällen und Schnee auftreten. Immerhin wird diese Art der Stromzuführung heute noch verwendet, z. B. bei innerstädtischen Linien der Straßenbahnen in Paris und London.

Eine andere Form der Stromzuführung ist die durch eine dritte Schiene, die seitlich vom Gleis angebracht ist (s. Abb. 221). Ein gekrümmter Eisenträger, der auf der Schwelle angeschraubt ist, hält mittels eines Isolators (Glas oder Porzellan) die Stromschiene, die aus weichem Eisen mit guter Leitfähigkeit ist. Sie wird von einem Gleitschuh von unten bestrichen. Zum Schutz gegen Berührung hat die Schiene oben noch eine Holzverkleidung. Die seitlich verlegte dritte Schiene ist verhältnismäßig billig in der Anschaffung und Unterhaltung, denn sie vermeidet teuere Fahrleitungsmaste, beschränkt sich völlig

Abb. 221. Seitliche 3. Schiene.

auf den Bahnkörper, hat wegen des großen Querschnitts trotz der kleineren Leitfähigkeit des Eisens geringen Spannungsabfall und ist ziemlich unempfindlich gegen Temperatur- und Witterungseinflüsse. (Der geringere Anschaffungspreis ist allerdings nur dann vorhanden, wenn die betreffende Anlage keinen zu geringen Umfang hat, damit die Herstellung der Spezialschiene nicht zu teuer wird. Außerdem ist zu berücksichtigen, daß die Schiene einer erheblich größeren Zahl von Befestigungspunkten bedarf als eine Fahrleitung, was wieder verteuernd wirkt.) Die Fahrschienen sind durch Schienenverbinder oder durch Schweißung miteinander verbunden. Die Stromschiene ist entweder an den Enden verzinkt und durch verzinkte Laschen zusammengefügt oder man verwendet auch hier Schienenverbinder.

Die Verwendung der seitlichen dritten Schiene bleibt jedoch auf solche Linien beschränkt, wo ein eigener, dem Publikum nicht zugänglicher Bahnkörper zur Verfügung steht und wo die Gleisanlage nicht zu kompliziert ist. Die letztere Bedingung gilt deswegen, weil

Kreuzungen schwierig auszuführen sind und beispielsweise auf Rangierbahnhöfen kaum lösbare Verwicklungen mit sich brächten. Bei einfachen Kreuzungen wird die Stromschiene unterbrochen (ebenso bei Streckentrennungen). Sie erhält an der Unterbrechungsstelle einen Auslauf und Einlauf für den Stromabnehmer. Eine völlige Stromunterbrechung tritt dadurch meistens nicht ein, da die Züge mit mehreren

Abb. 222. Fahrleitung für Oberleitungsomnibusse.

Stromabnehmern ausgestattet sind; ist dies nicht der Fall, so müssen derartige Stellen mit Schwung befahren werden. Die Hauptanwendungsgebiete der dritten Schiene sind demgemäß Untergrundbahnen, Vorortbahnen und Stadtbahnen.

Anlagen mit dritter Stromschiene sind bis 1500 Volt gebaut worden. Es wurden auch schon Versuche mit höherer Spannung unternommen, ergaben jedoch keine befriedigenden Resultate wegen Auftreten von Überspannungen.

Die weitaus verbreitetste Form der Stromführung ist die Oberleitung. Sie bietet den Vorteil einer guten Isolationsmöglichkeit, des Wegfalls der Berührungsgefahr und den Vorteil der Unempfindlichkeit gegen Witterungseinflüsse. Sie erlaubt ferner die Anwendung höchster Spannungen (bei Wechselstrom werden bis 15000 Volt ausgeführt). Schwierigkeiten bei Kreuzungen, wie sie bei dritter Schiene vorliegen, kommen in Wegfall, da der Fahrdraht allen Gleisverlegungen entsprechend verlegt werden kann. Die Stromrückleitung erfolgt bei Schienenfahrzeugen stets durch die Schienen. Stehen solche nicht zur Verfügung, wie dies z. B. bei elektrischen Oberleitungsomnibussen der Fall ist, so muß auch die Rückleitung als Fahrleitung ausgebildet werden (Abb. 222. In der Mitte der Straße Straßenbahnfahrleitung, rechts und links Trolleybusleitungen).

Die Oberleitungen.

I. Allgemeine Gesichtspunkte.

A. Übersicht über die wichtigsten Ausführungsarten.

Die Ausführungsarten der Oberleitungen sind je nach dem Verwendungszweck so vielartig, daß es sich empfiehlt, zunächst die Grundtypen herauszuschälen.

Beim Bau einer Fahrleitung ist von Wichtigkeit, ob der Strom durch Rollenstromabnehmer oder durch Bügelstromabnehmer abgenommen wird. Bei Rollenstromabnehmern (mit Ausnahme von solchen, bei denen die Rollenachse schwenkbar angeordnet ist — Dickinsonrollen) muß der Fahrdraht möglichst genau in Gleismitte verlegt sein, damit kein Abspringen der Rolle eintritt. Das bedingt besonders in Kurven eine möglichst häufige Abspannung des Fahrdrahtes, damit er sich der Kurve der Gleismitte möglichst anpaßt. Abb. 223a zeigt schematisch den Fahrdrahtverlauf einer Fahrleitung für Rollenbetrieb von oben gesehen. Bei Bügelstromabnehmern muß der Fahrdraht dagegen eine Zickzackführung aufweisen, damit nicht immer nur ein Punkt des Schleifstückes mit dem Fahrdraht in Berührung kommt (Zerstörung des Schleifstückes), sondern die ganze Bügelbreite bestrichen wird. Abb. 223b zeigt den Grundriß einer Fahrdraht-

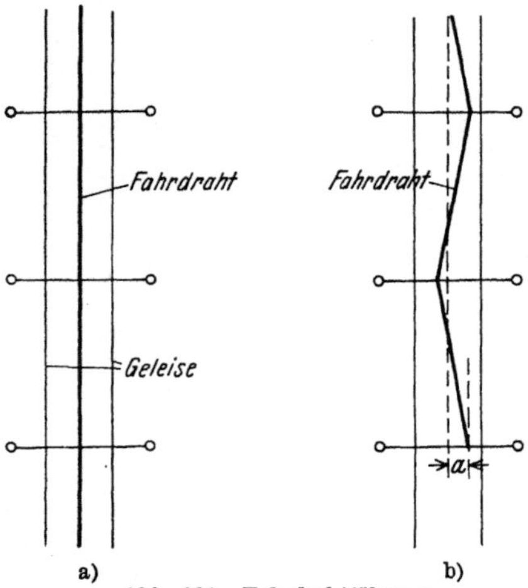

Abb. 223. Fahrdrahtführung.
a) bei Rollenbetrieb, b) bei Bügelbetrieb.

führung für Bügelbetrieb. Das Maß „a" der Abb. 223b wird als „Zickzackführung" bezeichnet. In Kurven ist die Zahl der Abspannungen

Abb. 224a. Straßenbahnaufhängung an Auslegern (BBC).

Abb. 224b. Straßenbahnaufhängung an Querdrähten (SSW).

erheblich geringer als bei Fahrleitungen für Rollenbetrieb, da der Fahrdraht ja ohne weiteres statt der Kurve ein Vieleck beschreiben kann.

Außer der grundsätzlichen Fahrdrahtverlegung je nach Stromabnehmerausführung unterscheidet man zwei Fahrleitungssysteme.

1. Die Einfach- oder Straßenbahnaufhängung,
2. Die Vielfach- oder Kettenaufhängung.

Die Straßenbahnaufhängung ist dadurch charakterisiert, daß der Fahrdraht an Querdrähten in Abständen von maximal 35 m aufgehängt ist. Die Querdrähte können entweder, wie in Abb. 224a gezeigt,

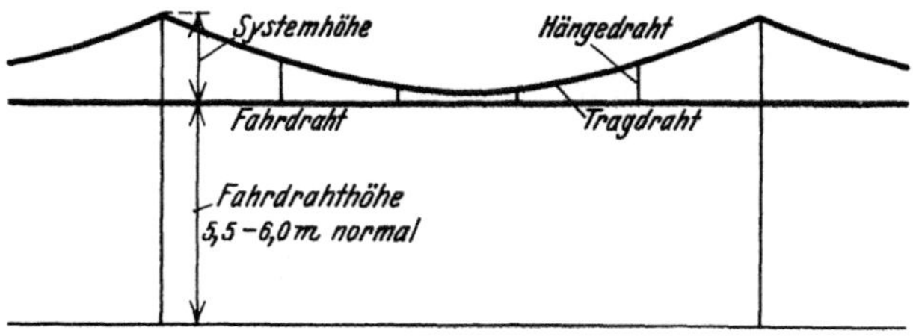

Abb. 225. Kettenfahrleitung schematisch.

in Auslegern oder, wie Abb. 224b zeigt, an Masten bzw. Wandrosetten befestigt sein.

Die Straßenbahnaufhängung kommt, wie bereits ihr Name sagt, vorwiegend bei Straßenbahnen zur Verwendung, bei denen keine zu großen Fahrgeschwindigkeiten vorkommen. Der Fahrdraht hängt zwischen seinen Befestigungspunkten an den Querdrähten in der Mitte der Spannweite etwas durch. Bei großen Fahrgeschwindigkeiten tritt dadurch leicht ein Abspringen des Bügels von der Fahrleitung und damit ein Funken ein. Der Durchhang ist außerdem sehr stark von der Temperatur abhängig.

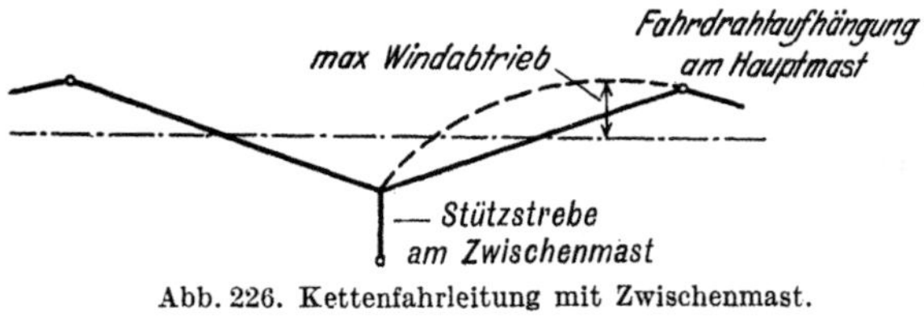

Abb. 226. Kettenfahrleitung mit Zwischenmast.

Für größere Fahrgeschwindigkeiten verwendet man deshalb die Kettenfahrleitung. Bei ihr wird der Fahrdraht an einem mit Durchhang verlegten Tragseil mittels Hängedrähten aufgehängt. Es gibt eine ganze Reihe von Kettenfahrleitungsausführungen, die sich im Prinzip darin unterscheiden, ob und wie die Zugspannung im Fahrdraht bzw. im Tragdraht reguliert wird. Abb. 225 zeigt schematisch die Längsansicht einer Kettenfahrleitung. Meist wird das Tragseil fest verlegt und der Fahrdraht durch Gewichte nachgespannt.

Bei der Kettenfahrleitung kann der Fahrdraht, wenigstens bei normaler Temperatur, praktisch horizontal verlegt werden, so daß die größten Fahrgeschwindigkeiten ohne schädliches Bügelspringen beherrscht werden können. Bei Temperaturschwankungen treten zwar auch Durchhangsänderungen auf, die jedoch in bezug auf Bügelspringen ganz wesentlich harmloser sind als bei Straßenbahnaufhängung. Die Spannweite kann außerdem erheblich größer gewählt werden, und zwar

Abb. 227. Kettenfahrleitung mit Querspannfeld (SSW).

Abb. 228. Kettenfahrleitung an Auslegern (AEG).

bis etwa 80 m. Sie wird meist nur durch den zulässigen Windabtrieb begrenzt. Will man noch größere Spannweiten anwenden, so muß man in der Mitte der Spannweite einen leichten Zwischenmast vorsehen, der Fahrdraht bzw. Tragseil mittels einer Stützstrebe gegen Windabtrieb abstützt. Günstig in bezug auf Windabtrieb und Temperaturverhalten ist die Anordnung, bei der der Zwischenmast Fahrdraht bzw. Tragseil zu sich heranzieht (s. Abb. 226). Zulässige Spannweiten sind dabei bis 140 m.

Mit Rücksicht auf den Windabtrieb gibt es noch spezielle Kettenfahrleitungen, sogenannte „windschiefe Kettenfahrleitungen", die sich durch besonders große Windsteifigkeit auszeichnen.

Je nach Befestigungsart von Fahrdraht und Tragseil an den Stützpunkten unterscheidet man Kettenfahrleitungen mit Querspannfeld (Abb. 227) oder mit Auslegern (Abb. 228). Die Lage des Fahrdrahtes wird bei dieser Ausführung durch sogenannte „Stützstreben" fixiert.

B. Bedingungen, denen eine einwandfreie Oberleitung genügen muß.

Unabhängig von den im vorstehenden Kapitel erwähnten Ausführungsarten gelten verschiedene Gesichtspunkte, denen alle Oberleitungen genügen müssen. Diese sind:

a) Die Fahrleitung muß im Leiterquerschnitt so ausreichend bemessen sein, daß bei einem gegebenem Betriebsprogramm kein unzulässiger Spannungsabfall auftritt. Man läßt maximal 20 bis 25% Spannungsabfall zu, in Ausnahmefällen (außergewöhnliche Spitzen) 30%.

b) Die Fahrleitung muß mit Rücksicht auf Temperaturschwankungen so bemessen sein, daß bei abnehmender Temperatur keine unzulässig hohen (Bruchgefahr) und bei zunehmender Temperatur keine zu kleinen Zugspannungen (Schlappwerden des Fahrdrahtes) auftreten. Ferner dürfen die bei Temperaturschwankungen auftretenden Durchhangsänderungen nicht zu groß werden, damit eine einwandfreie Stromabnahme auch bei höherer Fahrgeschwindigkeit ohne Bügelspringen möglich ist.

c) Die Fahrleitung muß so verlegt sein, daß keinerlei Stromabnehmerentgleisungen eintreten können, d. h. sie muß sowohl in der Geraden als in der Kurve so verlegt sein, daß auch unter Berücksichtigung eines Windabtriebes der Fahrdraht nie aus dem Bügelbereich gelangt.

Diese Eigenschaften der Fahrleitungen seien nunmehr ausführlicher behandelt.

II. Bemessung der Fahrleitungen mit Rücksicht auf den Spannungsabfall.

Befindet sich ein Fahrzeug auf der Strecke und nimmt dabei einen Strom J auf, so wird infolge des Spannungsabfalles in der Fahrleitung und in der Schienenrückleitung an den Fahrmotoren eine kleinere

Klemmenspannung vorhanden sein als am Speisepunkt. Der Spannungsabfall in der Fahrleitung bewirkt eine Geschwindigkeitsverringerung der Motoren. Ferner sind auf vielen Fahrzeugen Relais, Magnete und dergleichen Apparate vorhanden, die nur innerhalb eines bestimmten Spannungsbereiches einwandfrei arbeiten. Wenn nicht besondere Rücksicht auf Spezialeinrichtungen u. dgl. zu nehmen ist, bemißt man die Fahrleitung so, daß an der ungünstigsten Stelle, wenn ein Fahrzeug gerade anfährt, der Spannungsabfall nicht größer als 20 bis 25% ist.

Der Spannungsabfall Δe besitzt, wenn die Speisespannung mit e_0, der Widerstand für Hin- und Rückleitung mit R und der Strom mit J bezeichnet ist, die Größe

$$\Delta e = J R \,. \tag{131}$$

Im allgemeinen interessiert nicht der absolute Spannungsabfall Δe, sondern der relative ε (oft in Prozenten ausgedrückt), der sich zu

$$\varepsilon = \frac{\Delta e}{e_0} = \frac{J R}{e_0} \tag{132}$$

ergibt. Multipliziert man Zähler und Nenner mit der Spannung e_0, so kann man, wenn man mit $N = J e_0$ die zugeführte Leistung bezeichnet,

für

$$\varepsilon = \frac{J R e_0}{e_0^2}$$

auch schreiben

$$\varepsilon = \frac{N R}{e_0^2} \,. \tag{133}$$

Diese Gleichung zeigt, daß bei konstant zugeführter Leistung der relative Spannungsabfall umgekehrt proportional dem Quadrat der Fahrleitungsspannung ist. Läßt man andererseits den relativen Spannungsabfall konstant und erhöht die Fahrdrahtspannung, so kann der Widerstand proportional dem Quadrat der Spannung vergrößert, d. h. der Querschnitt quadratisch verkleinert werden. Mit anderen Worten, je höher die Fahrdrahtspannung ist, desto geringer kann bei gleicher zugeführter Leistung der Kupferquerschnitt gewählt werden und desto billiger wird meist die Fahrleitung. Man ist deshalb bestrebt, die Übertragungsspannung so hoch zu wählen als es die Verhältnisse irgend zulassen.

Im Stadtbezirk geht man allerdings meist nicht über 600 Volt, was aber darauf zurückzuführen ist, daß hier der Spannungsabfall durch entsprechend zahlreiche Speisepunkte und Vermaschung des Netzes ohnedies niedrig gehalten werden kann. Außerdem wird bei noch höherer Spannung ein Mehraufwand von Isolation notwendig (Porzellanisolierung gegenüber Preßisolation) und Masten und Wandrosetten müssen geerdet werden. Wo es sich um freie Überlandstrecken handelt, wird die Fahrdrahtspannung erheblich gesteigert, bei Gleichstrom bis zu 3000 Volt, vereinzelt sogar 4000 Volt (Wechselstrom 15000 Volt). Eine beliebige Erhöhung der Fahrdrahtspannung ist jedoch begrenzt durch Schwierigkeiten im Bau der Motoren und der Schaltapparate, bzw. es werden die

Fahrzeugausrüstungen teurer als die Ersparnisse an Leitungsmaterial ausmachen.

Der Spannungsabfall sei nun für die Hinleitung und die Rückleitung (Schienen) untersucht.

A. Die einseitig gespeiste Strecke.

Es sei zunächst der einfache Fall betrachtet, daß am Anfang der Fahrleitung die Spannung e_0 aufgedrückt wird und daß am Ende ein Fahrzeug den Strom J entnimmt (siehe Abbild. 229a). Der gesamte Spannungsabfall Δe ist gleich dem Spannungsabfall Δe_h für die Hinleitung plus dem Spannungsabfall Δe_r für die Rückleitung. Es gilt also

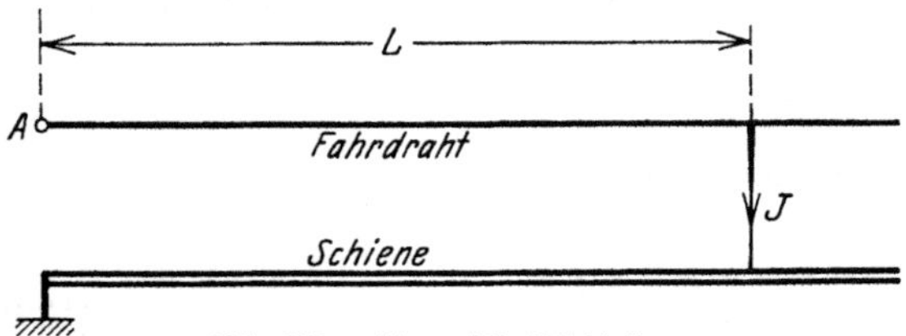

Abb. 229a. Strom-Hin-Rückleitung.

$$\Delta e = \Delta e_h + \Delta e_r. \quad (134)$$

Für den Spannungsabfall Δe_h der Hinleitung gilt nach dem Ohmschen Gesetz

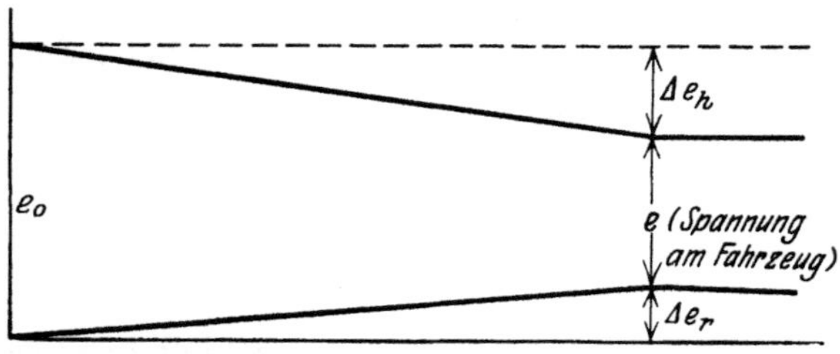

Abb. 229b. Spannungsverteilung in Hin- und Rückleitung.

$$\Delta e_h = J R_h , \quad (135)$$

wobei R_h der Widerstand der Leitung in Ohm ist. Ist nur ein Fahrdraht vorhanden, so ist, wenn dessen Querschnitt q (in mm²), die Leitfähigkeit $\varkappa$ (bezogen auf 1 m Länge und 1 mm² Querschnitt) und die Leitungslänge l (in m) ist,

$$R_h = \frac{l}{\varkappa q} \text{ Ohm}. \quad (136)$$

Bei zwei parallel geschalteten Fahrdrähten, wie sie oft zur Verminderung des Spannungsabfalles vorkommen, ist der Gesamtwiderstand natürlich nur halb so groß entsprechend dem doppelten Querschnitt. Es sei erwähnt, daß bei Kettenfahrleitungen das Tragseil ebenfalls Strom führt. Bei der Feststellung des gemeinsamen Widerstandes von Tragseil und Fahrdraht muß darauf geachtet werden, daß das Tragseil (meist Bronzeseil) eine andere Leitfähigkeit hat als der Fahrdraht, falls nicht Cu-Seil verwendet wird. Die Leitfähigkeit des Bronzeseils ist ca. 60% derjenigen des Kupfers. (Bei Seilen hoher Festigkeit infolge der Zusätze niedriger.) Für die Rückleitung gilt

$$\Delta e_r = J R_r . \quad (137)$$

R_r ist dabei der Gleiswiderstand. Ist der Querschnitt einer Schiene q_s, so gilt, unter Berücksichtigung, daß zwei Schienen parallel geschaltet sind,

$$R_r = \frac{l}{2 q_s \varkappa}. \tag{138a}$$

Multipliziert man Zähler und Nenner mit dem spezifischen Gewicht der Schiene γ, so ergibt sich

$$R_r = \frac{l \gamma}{2 q_s \varkappa \gamma}. \tag{138b}$$

Da $q_s \gamma$ (q_s in mm²) numerisch gleich dem Gewicht von 1 m Schiene in Gramm ist, kann man schreiben $q_s \gamma = 1000\, G$, wobei G das Gewicht von 1 m Schiene in kg ist. Gleichung (138b) geht dann über in

$$R_r = \frac{l \gamma}{2 \varkappa \, 1000\, G}.$$

Da γ für Eisen 7,8 und $\varkappa$ für Eisen 8,0 ist, gilt annähernd

$$\boldsymbol{R_r = \frac{l}{2000\, G}}. \tag{139}$$

Diese Gleichung für den Gleiswiderstand gilt unter der Voraussetzung, daß keine zusätzlichen Widerstände an den Übergangsstellen (Schienenstöße) vorhanden sind, also nur für geschweißte Schienen, und daß die Parallelschaltung der beiden Schienen vollkommen ist. Bei elektrischen Bahnen müssen zur einwandfreien Stromrückleitung die einzelnen Schienen entweder miteinander verschweißt oder durch Schienenverbinder leitend verbunden sein. Schienenverbinder bestehen meist aus kräftigen Kupferlitzen, die mit geeigneten Anschlußstücken an die Schiene befestigt werden. Der Widerstand der Schienenverbinder ist nicht vernachlässigbar klein im Vergleich zu dem der Schiene. Er ist jedoch sehr abhängig von der Art der Ausführung, so daß seine genaue Vorausbestimmung wohl im allgemeinen umständlich ist. Man pflegt deshalb, um sicher zu gehen, wenn Schienenverbinder zur Anwendung kommen, meist mit dem doppelten Wert des reinen Gleiswiderstandes zu rechnen, also mit

$$\boldsymbol{R_r = \frac{l}{1000\, G}}. \tag{140}$$

Der Widerstand pro m Gleis unter Berücksichtigung der Schienenübergangswiderstände ist also gleich $\frac{1}{1000}$ mal dem reziproken Schienengewicht in kg pro m; für die ganze Strecke l-mal so groß.

In der Abb. 229b ist der Spannungsverlauf für die Hin- und Rückleitung graphisch dargestellt. Die dem Fahrzeug zur Verfügung stehende Spannung ist in der Abb. 229b mit e bezeichnet. Sie ist

$$e = e_0 - \Delta e. \tag{141}$$

Im allgemeinen sind auf einer Fahrleitungsstrecke nicht nur eine, sondern mehrere Stromabnahmen, deren Einfluß auf den Spannungsabfall jetzt berechnet werden soll. Bei graphischen Darstellungen über die Stromabnahme pflegt man meist nur die Hinleitung aufzuzeichnen

(s. Abb. 230); für die Rückleitung gilt dann genau ein entsprechendes Bild. Der Spannungsabfall im Punkte a sei Δe_h, er berechnet sich unter Beachtung der eingezeichneten Längen und unter der Annahme, daß A

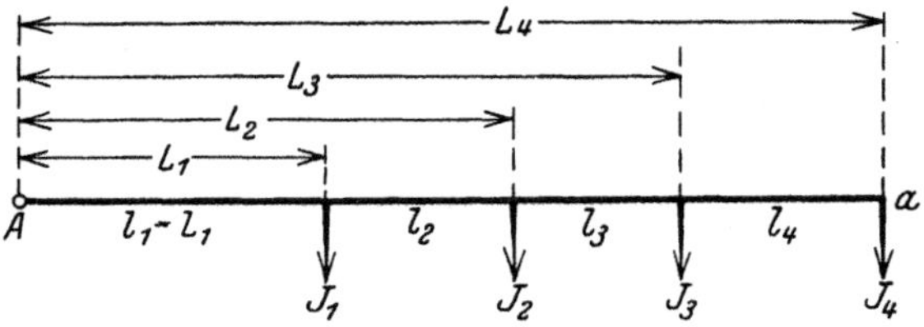

Abb. 230. Belastungsbild mit verschiedenen Einzellasten.

der Speisepunkt ist und daß die Teillängen die Widerstände r_1, r_2, r_3 haben:

$$\Delta e_h = (J_1 + J_2 + J_3 + J_4)\, r_1 + (J_2 + J_3 + J_4)\, r_2 + (J_3 + J_4)\, r_3 + J_4 r_4\,. \qquad (142)$$

Die Gleichung stellt die Summe der Spannungsabfälle auf den einzelnen Teilstrecken dar, wobei jeweils der auf der betreffenden Länge fließende Gesamtstrom eingesetzt ist. Nach kleiner Umformung geht Gleichung (142) über in

$$\Delta e_h = J_1 r_1 + J_2 (r_1 + r_2) + J_3 (r_1 + r_2 + r_3) + J_4 (r_1 + r_2 + r_3 + r_4)\,. \qquad (143)$$

Berücksichtigt man, daß

$$r_1 = R_1\,,$$
$$r_1 + r_2 = R_2\,,$$
$$r_1 + r_2 + r_3 = R_3\,,$$
$$r_1 + r_2 + r_3 + r_4 = R_4\,,$$

so folgt [die Widerstände R_1, R_2, R_3, R_4 gelten für die Abstände L_1, L_2, L_3, L_4 (s. Abb. 230) vom Speisepunkt]

$$\Delta e_h = J_1 R_1 + J_2 R_2 + J_3 R_3 + J_4 R_4\,,$$

die man auch abgekürzt allgemein schreiben kann, wenn n Stromabnahmen vorhanden sind,

$$\boldsymbol{\Delta e_h = J_1 R_1 + J_2 R_2 + \cdots + J_n R_n} \quad \text{oder} \quad \Delta e_h = \sum_1^n J R\,. \qquad (144)$$

Diese Gleichung besagt, daß der Spannungsabfall proportional ist der Summe der Strommomente, wobei man unter Strommoment Strom mal Widerstand vom Speisepunkt aus versteht. Man kann sich für die Abb. 230 also auch ein Ersatzbild vorstellen, bei dem nur ein Strom fließt, der am Ende der Leitung angreift und den gleichen Spannungsabfall hat wie die verteilten Lasten (siehe Abb. 231). Dieser ideelle Strom sei mit J_i bezeichnet, er ergibt sich,

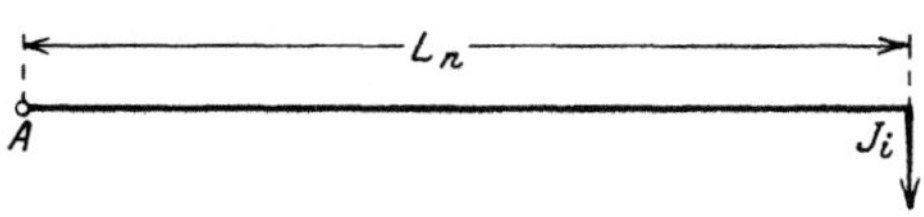

Abb. 231. Ersatzstrombelastung an Stelle von Einzellasten.

wenn der Gesamtwiderstand mit R_n bezeichnet ist, zu

$$J_i = \frac{J_1 R_1 + J_2 R_2 + \cdots + J_n R_n}{R_n} \quad \text{oder} \quad J_i = \frac{\sum_1^n J R}{R_n}. \tag{145}$$

Die Bildung von Strommomenten bietet den Vorteil, daß man bei komplizierteren Belastungsnetzen verteilte Stromlasten zusammenfassen kann.

Ist auf einer Strecke konstanter Querschnitt vorhanden, so kann man, wenn man $R_1 = \frac{L_1}{\varkappa q}$, $R_2 = \frac{L_2}{\varkappa q}$ usw. setzt, auch schreiben

$$\boldsymbol{\Delta e_h = \frac{1}{\varkappa q}[J_1 L_1 + J_2 L_2 + \cdots + J_n L_n] = \frac{1}{\varkappa q}\sum_1^n J L} \tag{146}$$

und für Gleichung (145)

$$J_i = \frac{J_1 L_1 + J_2 L_2 + \cdots + J_n L_n}{L_n} = \frac{\sum_1^n J L}{L_n}. \tag{147}$$

Die Werte für L geben die Abstände der Belastungen vom Speisepunkt A an.

Für den Spannungsabfall Δe_r der Rückleitung gelten natürlich ganz entsprechende Formeln

$$\Delta e_r = J_1 R_1 + J_2 R_2 + \cdots + J_n R_n,$$

wobei R_1, R_2 usw. die jeweiligen Schienenwiderstände vom Speisepunkt aus gerechnet darstellen. Bei Annahme konstanten Schienenquerschnittes, was meist der Fall ist, gilt für geschweißte Schienen

$$\boldsymbol{\Delta e_r = \frac{1}{2000\, G}(J_1 L_1 + J_2 L_2 + \cdots + J_n L_n).} \tag{148}$$

Bei Verwendung von Schienenverbindern gilt näherungsweise

$$\boldsymbol{\Delta e_r = \frac{1}{1000\, G}(J_1 L_1 + J_2 L_2 + \cdots + J_n L_n).} \tag{149}$$

Ein Beispiel zeige die Anwendung der Formeln.

Gegeben seien mit der Abb. 232a die Streckenabschnitte sowie die Strombelastungen eines Fahrdrahtes von 80 mm² Cu-Querschnitt, der von einem Punkte A aus gespeist wird und dessen Leitfähigkeit $\varkappa = 57$ ist. Das Schienengewicht sei mit 44 kg/lfd. m einzusetzen.

Gesucht ist der auftretende Spannungsabfall am Ende der Strecke.

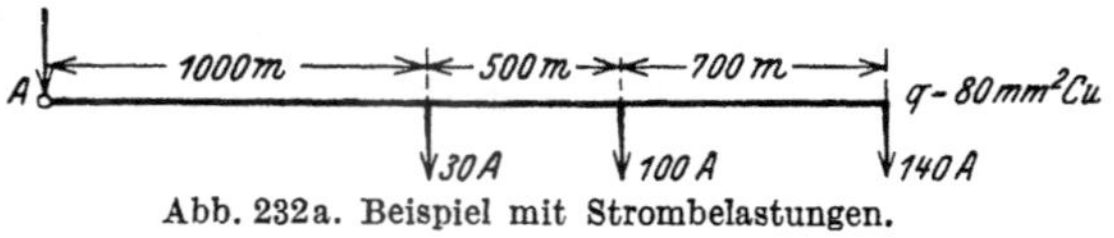

Abb. 232a. Beispiel mit Strombelastungen.

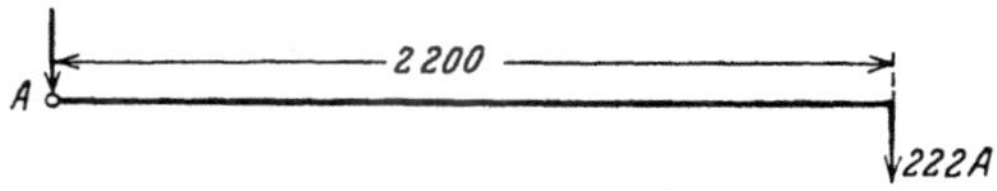

Abb. 232b. Ersatzbild für Abb. 232a.

Man bildet zunächst die Summe der Strommomente, und zwar, da der Querschnitt konstant ist, zweckmäßig $\sum J L$, also:

$$\sum_1^3 J L = 30 \cdot 1000 + 100 \cdot 1500 + 140 \cdot 2200 = 488\,000.$$

Der Spannungsabfall Δe_h für die Hinleitung ist dann

$$\Delta e_h = \frac{\sum_1^3 J L}{\varkappa q} = \frac{488000}{57 \cdot 80} = 107 \text{ Volt}.$$

Man kann die drei Stromlasten nach Gleichung (147) auch ersetzt denken durch eine einzige Stromlast, die am Ende der Strecke angreift, und kommt dadurch zum gleichen Ergebnis. Ihr Betrag ergibt sich zu $\frac{488000}{2220} = 220$ Amp. (s. Abb. 232b).

Für die **Rückleitung** ergibt sich unter Berücksichtigung von Schienenverbindern nach Gleichung (149)

$$\Delta e_r = \frac{1}{1000\,G} (J_1 L_1 + J_2 L_2 + \cdots + J_n L_n).$$

Da das Schienengewicht pro laufenden Meter mit 44 kg gegeben ist, so ergibt sich

$$\Delta e_r = \frac{488000}{1000 \cdot 44} = 11,1 \text{ Volt}.$$

Dieses Ergebnis läßt erkennen, daß der Spannungsabfall in den Schienen im Vergleich zum Spannungsabfall im Fahrdraht klein ist. Man kann also oft, besonders bei überschlägigen Rechnungen, den Spannungsabfall in den Schienen vernachlässigen.

Immerhin ist in sehr vielen Fällen die Berechnung des Spannungsabfalls in der Schienenrückleitung sehr wesentlich, da seine Größe maßgebend ist für abirrende (vagabundierende) Ströme, die an Rohrleitungen Korrosionserscheinungen hervorrufen. Es gibt eine Reihe von Vorschriften, die für den maximalen zulässigen Spannungsabfall in der Erdrückleitung Werte vorschreiben (Größenordnung 7 Volt).

In dem obigen Beispiel wäre demnach der Spannungsabfall in der Schienenrückleitung zu groß. Er könnte beispielsweise durch geschweißte Schienen erheblich herabgedrückt werden auf ca. 5,5 Volt. Der Gesamtspannungsabfall ist also für das Beispiel

$$\Delta e = \Delta e_h + \Delta e_r = 107 + 11 = 118 \text{ Volt}.$$

Unter Zugrundelegung einer Fahrdrahtspannung von 600 Volt ergibt sich daraus ein prozentualer Spannungsabfall von 19,7%, also ein zulässiger Wert.

Die Gleichung (146) gestattet nicht nur bei gegebenen Fahrleitungsverhältnissen die Berechnung des Spannungsabfalles, sondern umgeformt auch die Berechnung des zu verwendenden Leitungsquerschnitts, wenn der zulässige Spannungsabfall gegeben ist:

$$q = \frac{\sum_1^n J L}{\Delta e_h \cdot \varkappa}. \tag{146a}$$

Diese Problemstellung liegt immer bei Projektierung von Neubaustrecken vor. Der sich bei der Berechnung ergebende Querschnitt wird dann meist auf den benachbarten größeren Normalquerschnitt abgerundet. Folgende Querschnitte für Cu-Fahrleitungen gelten als Normalquerschnitte nach DIN VDE 3141

$$65, \quad 80 \quad 100, \quad 120 \text{ mm}^2.$$

Die Gleichungen (144) und (146) ermöglichen auch Systeme zu berechnen, wie sie z. B. in der Abb. 233 dargestellt sind. Es sind eine Reihe von Fahrleitungsabschnitten vorhanden, von denen jeder durch eine besondere Speiseleitung gespeist wird. Solche Systeme kommen vor, wenn man die einzelnen Fahrleitungsabschnitte nicht miteinander elektrisch verbinden will, um die Auswirkung von Störungen kleinzuhalten. Man führt ihnen deshalb die Spannung durch Speisekabel zu. Einen jeden solchen Fahrleitungsabschnitt kann man für sich betrachten und kann dann die Berechnung, etwa für den 3. Abschnitt, folgendermaßen anstellen: Man bildet z. B. die Strommomente für den linken Zweig zu $\sum J_a L$ und für den rechten Zweig zu $\sum J_b L$. Der Spannungsabfall von A nach a ist dann

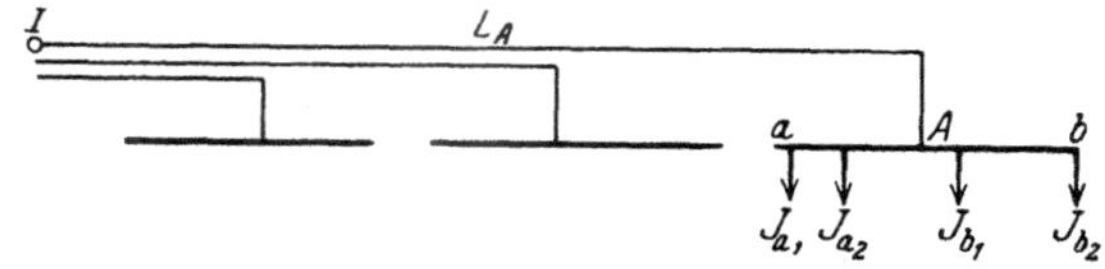

Abb. 233. Einzeln gespeiste Fahrleitungsabschnitte.

$$\Delta e_a = \frac{\Sigma J_a L}{\varkappa q}$$

und von A nach b

$$\Delta e_b = \frac{\Sigma J_b L}{\varkappa q}.$$

In der Zuleitung von I nach A tritt ebenfalls ein Spannungsabfall $\Delta e_A = \frac{(\Sigma J_a + \Sigma J_b) L_A}{\varkappa q_A}$ ein, wobei L_A die Länge und q_A der Querschnitt der Zuleitung zum Punkte A ist.

Der gesamte Spannungsabfall für die Hinleitung ist also Δe_A plus Δe_a bzw. Δe_b. Hinzu kommt natürlich noch der Spannungsabfall in der Schienenrückleitung.

Die Bildung der Strommomente gibt auch die Möglichkeit, Leitungssysteme nach Abb. 234 zu berechnen. Will man z. B. den Spannungsabfall im Punkt *3* bestimmen, so berechnet man den Spannungsabfall auf der Strecke $\overline{23}$, dann denjenigen für die Strecke $\overline{12}$, und den Spannungsabfall für die Strecke $\overline{A1}$. Der Spannungsabfall im Punkte *3* ergibt sich dann aus der Summe dieser Spannungsabfälle. Bei der Berechnung muß nur darauf geachtet werden, daß die an den einzelnen Punkten abfließenden Ströme als Strombelastung berücksichtigt werden. So muß bei Bildung der Strommomente für die Strecke $\overline{A1}$, außer den an und für sich vorhandenen Stromabnahmen, im Punkte *1* noch ein Strom angenommen werden, der gleich ist der Summe der im Punkte *1* wegfließenden Ströme. Die Berechnung der Leiterquerschnitte bei gegebenen Spannungsabfällen erfolgt unter Benutzung der entsprechenden Formeln in analoger Weise.

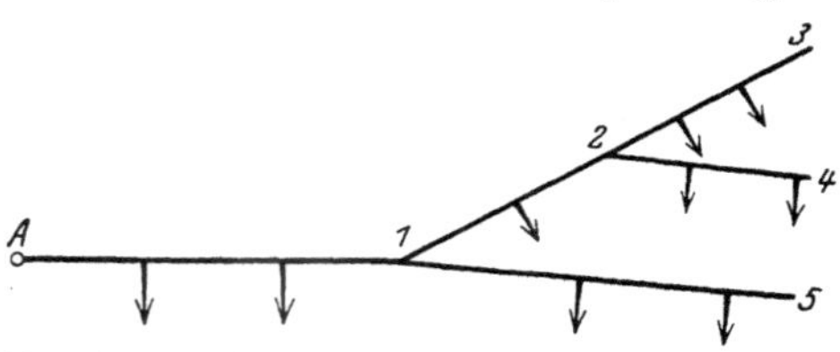

Abb. 234. Einseitig gespeister Leiter mit Abzweigungen.

B. Die zweiseitig gespeiste Strecke.

Während bisher nur einseitig gespeiste Fahrleitungssysteme betrachtet wurden, sei jetzt die Betrachtung auf beidseitig gespeiste ausgedehnt. Die Abb. 235 zeigt zwei Speisepunkte A und B, welche durch eine Fahrleitung miteinander verbunden sind. Es sind vier Belastungsströme als Abnahmen eingezeichnet. Nimmt man an, daß die beiden Punkte A und B gleiche Spannung haben, so wird es sicher auf der Strecke eine Strombelastung geben, welcher der Strom teils von links, teils von rechts zufließt. Es sei angenommen, daß der Strom J_2 sich auf diese Weise aus den Strömen J_2' und J_2'' zusammensetzt. Da der Spannungsabfall im Punkte 2 vom Speisepunkt A genau so groß sein muß wie der vom Speisepunkt B, muß die Summe der Strommomente für den Abschnitt $\overline{A\,2}$ genau so groß sein wie die für den Abschnitt $\overline{B\,2}$. Es gilt also unter Benutzung der in der Abb. 235 eingetragenen Bezeichnungen

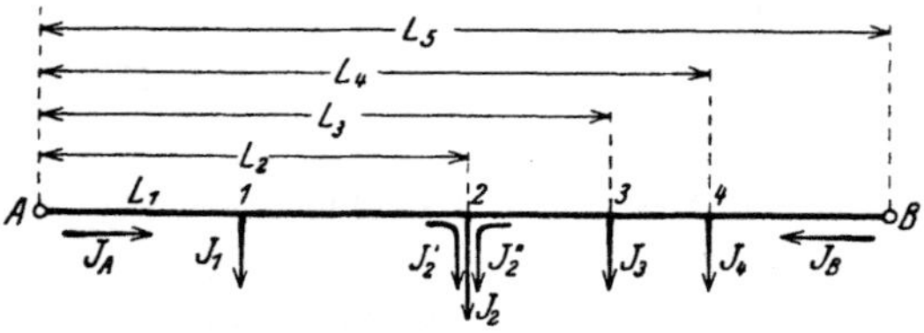

Abb. 235. Zweiseitig gespeiste Leitung.

$$R_1 J_1 + R_2 J_2' = (R_5 - R_2)\, J_2'' + (R_5 - R_3)\, J_3 + (R_5 - R_4)\, J_4. \tag{150}$$

Berücksichtigt man, daß

$$J_2' + J_2'' = J_2, \tag{151}$$

so folgt

$$R_1 J_1 + R_2 J_2 + R_3 J_3 + R_4 J_4 = R_5 (J_2'' + J_3 + J_4). \tag{152}$$

Bezeichnet man den vom Punkte A der Fahrleitung zufließenden Strom mit J_A und den vom Punkte B zufließenden mit J_B, so gilt unter Beachtung, daß z. B. $J_B = J_2'' + J_3 + J_4$ ist:

$$J_1 R_1 + J_2 R_2 + J_3 R_3 + J_4 R_4 = J_B\, R_5$$

oder allgemein

$$\boldsymbol{J_B R_{total} = J_1 R_1 + J_2 R_2 + \cdots + J_n R_n}\,, \tag{153a}$$

$$J_B R_{total} = \sum_1^n J R,$$

wobei R_{total} der Widerstand zwischen den zwei Speisepunkten ist. Diese Gleichung besagt, daß die Summe der Strommomente, bezogen auf den Speisepunkt A, gleich ist dem im Punkte B wegfließenden Strom J_B mal dem Gesamtwiderstand. Entsprechendes gilt natürlich auch für den Strom J_A (die Bildung der Strommomente hat für den Punkt B zu erfolgen). Bei konstantem Querschnitt kann die Gleichung auch umgeformt werden in

$$J_B L_{total} = \sum_1^n J L. \tag{153b}$$

Ist der Strom J_B durch Momentenbildung ermittelt, so kann auch der

Strom J_A ermittelt werden als Differenz nach

$$J_A = \sum_1^n J - J_B. \tag{154}$$

Da man die zufließenden Ströme J_A und J_B berechnen kann und man die einzelnen Strombelastungen kennt, kann man durch einfache Rechnung feststellen, an welcher Belastungsstelle der Strom von beiden Speisepunkten zufließt, wo also der maximale Spannungsabfall vorhanden ist. Um diesen Spannungsabfall zu berechnen, kann man dann je nach Belieben vom Punkte A oder B ausgehen, indem man die Strommomente für den Punkt maximalen Spannungsabfalles ermittelt und in die Formel für die einseitig gespeiste Strecke einsetzt.

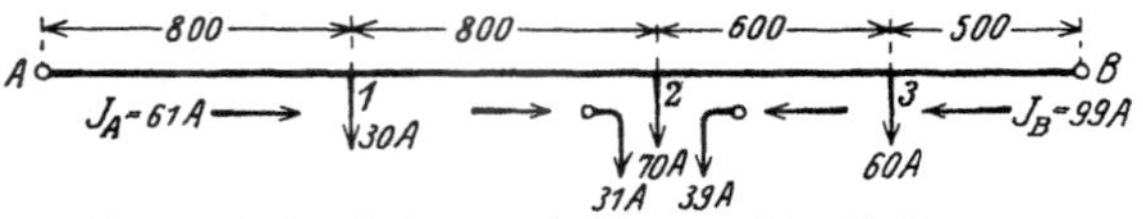

Abb. 236. Beispiel einer zweiseitig gespeisten Leitung.

Ein **Beispiel** zeige die Anwendung. Gegeben sei eine Fahrleitung nach Abb. 236, die in den Punkten A und B mit 120 Volt gespeist werde. Die Stromabnahmen in den Punkten *1*, *2* und *3* und ihre Entfernungen sind in der Abbildung eingetragen. Der zugelassene Spannungsabfall soll 20% nicht überschreiten. Das Schienengewicht betrage 44 kg pro lfd. m. Gesucht ist der notwendige Fahrdrahtquerschnitt.

Für konstanten Querschnitt, der hier zweckmäßig ist, gilt nach Gleichung (153b) für den Strom J_B

$$J_B = \frac{30 \cdot 800 + 70 \cdot 1600 + 60 \cdot 2200}{2700} = 99 \text{ Amp.}$$

Vom Speisepunkt B fließen also 99 Amp. nach links. Vom Speisepunkt A fließen demnach $(30 + 70 + 60) - 99 = 61$ Amp. nach rechts. Da im Punkte *3* 60 Amp. abgenommen werden, fließen von *3* nach *2* nur $99 - 60 = 39$ Amp. Da 70 Amp. im Punkte *2* abgenommen werden, von rechts jedoch nur 39 Amp. zufließen, müssen die restlichen 31 Amp. von links kommen. Der Punkt *2* hat demnach den größten Spannungsabfall. Man bildet deshalb die Summe der Strommomente vom Punkt A bis *2*.

$$\sum_1^2 JL = 30 \cdot 800 + 31 \cdot 1600 = 73600.$$

Da das Schienengewicht festliegt (die Schienen mögen an der Stoßstelle Verbinder haben), berechnet man zunächst den Abfall in den Schienen

$$\Delta e_r = \frac{\sum_1^2 JL}{1000\,G} = \frac{73600}{44000} = 1{,}675 \text{ Volt.}$$

Da der Spannungsabfall 20%, also $0{,}2 \cdot 120 = 24$ Volt betragen darf, ergibt sich für die Fahrleitung

$$24 - 1{,}67 = 22{,}3 \text{ Volt als zulässigen Spannungsabfall.}$$

Nun kann der Fahrdrahtquerschnitt nach Gleichung (146a) berechnet werden

$$q = \frac{\sum\limits_1^2 J L}{\Delta e_h \varkappa} = \frac{73600}{57 \cdot 22{,}3} = 58 \text{ mm}^2 .$$

Man wird in diesem Falle 80 mm² verlegen und hat damit noch eine Reserve.

Die Berechnung der zweiseitig gespeisten Strecke ist auch möglich, wenn beide Speisepunkte verschiedene Spannung haben. Hat der Punkt B eine um den Betrag Δe_{BA} größere Spannung als A, so fließt außer den nach Gl. (153) ermittelten Strömen J_A und J_B von B nach A ein Zusatzstrom $J_Z = \frac{\Delta e_{BA}}{R_{total}}$, der sich diesen Strömen überlagert. Aus den dann tatsächlich von A und B wegfließenden Strömen $J'_B = J_B + J_Z$ und $J'_A = J_A - J_Z$ kann dann vermittels der Stromabnahmen wie oben geschildert der Punkt maximalen Spannungsabfalls gefunden werden.

Die Gleichung (153) ermöglicht die Berechnung für Ringnetze mit einem bzw. mehreren Speisepunkten (s. Abb. 237 u. 238). Man wendet

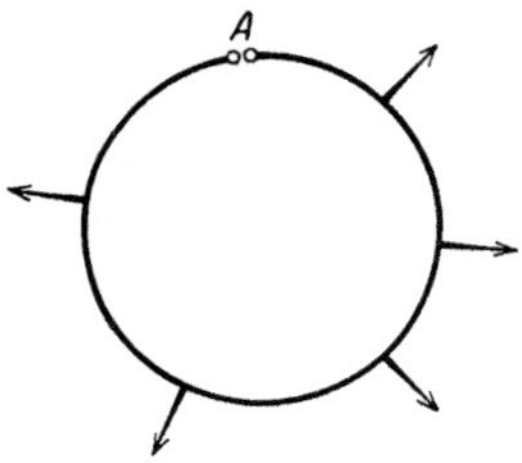

Abb. 237. Leiterring einfach gespeist und geschnitten.

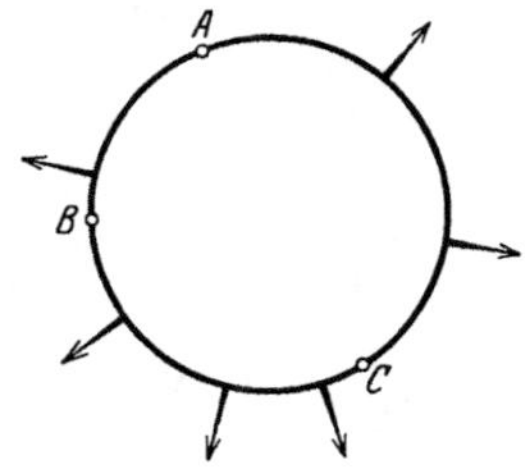

Abb. 238. Leiterring mehrfach gespeist.

zwischen je zwei Speisepunkten die Gleichung (153) an und kann jeweils den vorhandenen Spannungsabfall berechnen. Bei einem Netz gemäß Abb. 237 denkt man sich den Speisepunkt aufgeschnitten und das System ausgebreitet, so daß man wieder einen zweiseitig gespeisten Leiter hat.

Hat man ein Netz von der Form nach Abb. 239, so führt man dieses System zunächst auf ein System zurück nach Abb. 235 und wendet auf dieses ebenfalls die Gleichung der zweiseitig gespeisten Leitung an.

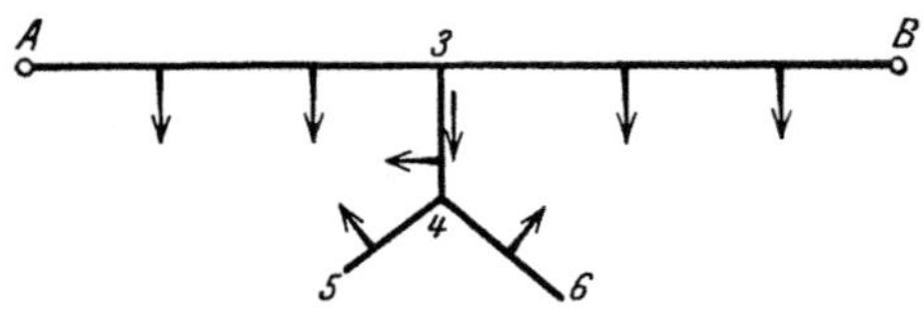

Abb. 239. Zweiseitig gespeiste Leitung mit Abzweigungen.

Mit den bis jetzt gegebenen Rechnungsgrundlagen lassen sich die meisten normalen Leitungsrechnungen durchführen. Die Berechnung komplizierter Netze, insbesondere vermaschter Netze, bereitet jedoch größere Schwierigkeiten und erfordert einen erheblichen Zeitaufwand. Es kann deshalb im Rahmen dieses Buches auf die dabei zu verwendenden Spezialverfahren nicht näher eingegangen werden.

III. Das Temperaturverhalten der Fahrleitungen.

A. Physikalische Grundlagen.

Da eine Fahrleitung Temperaturschwankungen ausgesetzt ist, wird sich der Fahrdraht, bei Kettenfahrleitungen auch das Tragseil, bei zunehmender Temperatur ausdehnen, bei abnehmender zusammenziehen. Da sich jedoch im allgemeinen diese Teile nicht beliebig ausdehnen oder zusammenziehen können (z. B. bei fester Verlegung), werden gleichzeitig mit den Temperaturänderungen Zugspannungsänderungen auftreten. Bei der Dimensionierung einer Fahrleitung muß darauf geachtet werden, daß diese Zugspannungen nicht unzulässig hoch werden.

Es sei zunächst ein Draht von der Länge l, der keine Zugspannung habe, also z. B. frei auf dem Boden liege, angenommen. Ist die Ausgangstemperatur ϑ_0 und die erreichte Temperatur ϑ, so wird der Draht, wenn man den Ausdehnungskoeffizienten mit α bezeichnet, eine Längenänderung Δl erhalten vom Betrage

$$\Delta l = l\,\alpha(\vartheta - \vartheta_0)\,. \tag{155}$$

Um zu zeigen, von welcher Größenordnung diese Längenänderungen sind, sei der folgende Fall ausgewertet:

Ein Kupferdraht von 1 km $= 1000 \cdot 100$ cm Länge erfahre eine Temperaturerhöhung von 30^0. Der Ausdehnungskoeffizient für Kupferdraht ist $\alpha = 17 \cdot 10^{-6}$. Die Längenänderung ist also

$$\Delta l = 1000 \cdot 100 \cdot 17 \cdot 10^{-6} \cdot 30 = 51 \text{ cm}.$$

Längenänderungen eines Drahtes können außer durch Temperaturschwankungen auch durch Änderungen der Zugspannung eintreten. Ist die Ausgangszugspannung S_0 und die erreichte Zugspannung S, der Querschnitt in $\text{cm}^2 = q$, der Elastizitätsmodul E in kg/cm^2, so gilt für die elastische Längenänderung

$$\Delta l = l\,\frac{S - S_0}{q E}\,. \tag{156}$$

Ein Beispiel zeige, welche Längenänderungen in Frage kommen können. Es sei wieder ein Kupferdraht von der Länge von $1000 \cdot 100$ cm (1 km) betrachtet, der eine Vorspannung von $S_0 = 600$ kg habe, dessen Querschnitt $q = 1\,\text{cm}^2$ und dessen Elastizitätsmodul $E = 1{,}3 \cdot 10^6\,\text{kg/cm}^2$ sei. Die Zugspannung werde nun auf $S = 1000$ kg erhöht. Bei konstant bleibender Temperatur ergibt sich dadurch eine Drahtverlängerung von

$$\Delta l = \frac{1000 \cdot 100 \cdot (1000 - 600)}{1 \cdot 1{,}3 \cdot 10^6} = 31 \text{ cm}\,.$$

Es sei jetzt der Fall betrachtet, daß ein Draht sowohl Temperatur- als auch Zugspannungsänderungen erfahre. Er sei bei der Ausgangstemperatur ϑ_0 mit der Zugspannung S_0 fest eingespannt. Gefragt wird nach der Zugspannungsänderung $S - S_0$, die vorhanden ist, wenn z. B. die Temperatur um den Betrag $\vartheta_0 - \vartheta$ abnimmt. Infolge der Temperaturabnahme hat der Draht das Bestreben, sich zusammenzuziehen. Infolge der festen Einspannung kann er nicht nachgeben, sondern wird eine erhöhte Zugspannung annehmen. Man kann sich den Vorgang so vorstellen, daß bei zunächst konstanter Zugspannung S_0

sich der Draht zusammenzieht und daß dann bei konstanter Temperatur ϑ die Zugspannung so lange erhöht werde, bis der Draht die alte Länge l zwischen den Fixpunkten wieder erreicht hat. Es muß also die thermische Längenänderung gleich der elastischen sein. Durch Gleichsetzung der beiden Gleichungen (155) und (156) ergibt sich

$$l\,\alpha(\vartheta_0 - \vartheta) = l\,\frac{S - S_0}{q E}$$

oder $$\vartheta - \vartheta_0 = \frac{S - S_0}{q E \alpha} \quad \text{oder} \quad S - S_0 = q\,E\,\alpha(\vartheta - \vartheta_0). \tag{157}$$

In dieser Gleichung kommt die Länge des betrachteten Fahrdrahtes nicht vor. Die Gleichung gilt auch, wenn die Temperatur zunimmt.

Beispiel. Ein gerade verlegter Draht sei an seinen beiden Enden fest eingespannt, und die Temperatur falle von $\vartheta_0 = +10^0$ auf $\vartheta = -20^0$. Der Cu-Querschnitt sei $q = 1\ \text{cm}^2$, der Elastizitätsmodul $E = 1{,}3 \cdot 10^6$ und der Ausdehnungskoeffizient $\alpha = 17 \cdot 10^{-6}$. Die Zugspannung bei $\vartheta_0 = +10^0$, mit der der Draht verlegt ist, sei $S_0 = 600$ kg. Gesucht ist die Zugspannung S bei -20^0. Durch Einsetzen der Werte in Gleichung (157) ergibt sich

$$S - S_0 = 1 \cdot 1{,}3 \cdot 10^6 \cdot 17 \cdot 10^{-6} \cdot 30 = 665\ \text{kg}.$$

Da die vorhandene Zugspannung $S_0 = 600$ kg war, herrscht bei -20^0 also eine Zugspannung von $600 + 665 = 1265$ kg. In erster Annäherung gibt dieser Wert ein Bild von der Größe der auftretenden Zugspannung bei einer normalen Straßenbahnfahrleitung, die z. B. bei $+10^0$ mit 600 kg Spannung verlegt ist. Ganz exakt ist die Berechnung nicht, weil angenommen wurde, daß der Draht vollkommen gerade ist, während er in Wirklichkeit zwischen den einzelnen Aufhängepunkten kleine Durchhänge besitzt, die etwas ausgleichend wirken. Die Abweichungen sind jedoch bei tieferen Temperaturen nicht sehr groß. Bei Temperaturzunahmen müssen jedoch unbedingt genauere Formeln angewendet werden, die im folgenden abgeleitet werden.

B. Das Temperaturverhalten der Straßenbahnleitung.

Bei der normalen Fahrdrahtverlegung der Straßenbahnen hängt der Fahrdraht zwischen zwei Aufhängepunkten vermöge seines Gewichtes je nach seiner Zugspannung mehr oder weniger durch, und es sei zunächst der Verlauf dieser Kurve bestimmt. In der Abb. 240 ist der Verlauf des Fahrdrahtes in einem Felde von der Spannweite $L = 2l$ aufgezeichnet. In der Abb. 241 sind zwei benachbarte Kurvenelemente ds herausgezeichnet, die im Punkt A aneinanderstoßen. Wir betrachten A als Mitte eines neuen Bogenelements von der Abszissenlänge dx (s. Abb. 241). Auf A

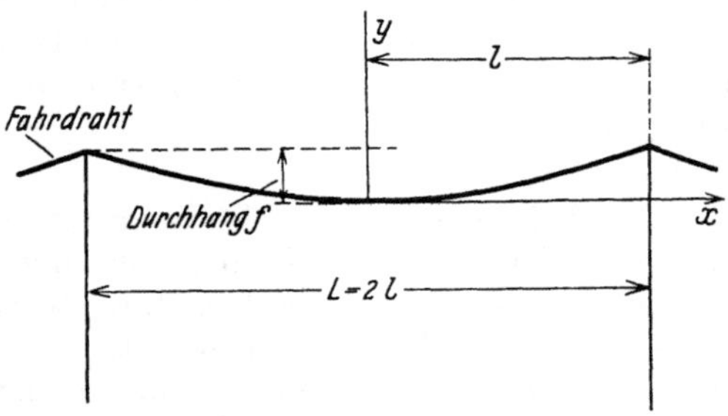

Abb. 240. Durchhang des Fahrdrahtes.

entfällt dann das Fahrdrahtgewicht $G\,dx$, wobei G das Gewicht pro Längeneinheit ist. (Streng genommen müßte es heißen $G\,ds$, jedoch ist in 1. Annäherung $ds = dx$, da die Kurven praktisch sehr flach verlaufen.) Die beiden im Punkt A angreifenden Zugspannungen S_1 und S_2, die in Richtung der Tangenten liegen, müssen eine Resultierende ergeben, welche $G\,dx$ gerade aufhebt (da ja Gleichgewicht herrschen soll).

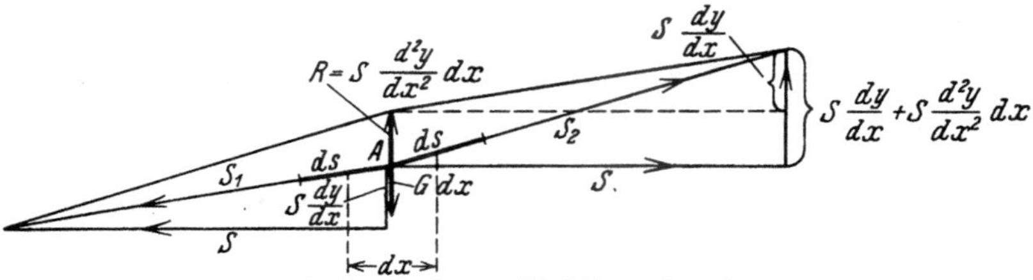

Abb. 241. Kräfte am Fahrleitungselement.

Da die Resultierende von S_1 und S_2 also vertikal liegen muß, folgt (s. Abb. 241), daß die Horizontalkomponenten gleich und konstant sein müssen. Die Vertikalkomponente von S_1 ist $S\,\frac{dy}{dx}$, diejenige von S_2 (da die Abszisse um dx zugenommen hat)

$$S\,\frac{dy}{dx} + d\left(S\,\frac{dy}{dx}\right) = S\,\frac{dy}{dx} + S\,\frac{d^2y}{dx^2}\,dx\,.$$

Wie aus der Abbildung zu ersehen, ist die Resultierende der Spannungen S_1 und S_2 gleich der Differenz

$$\left(S\,\frac{dy}{dx} + S\,\frac{d^2y}{dx^2}\,dx\right) - S\,\frac{dy}{dx} = S\,\frac{d^2y}{dx^2}\cdot dx\,. \tag{158}$$

Da diese Größe jedoch gleich $G\,dx$ sein muß, gilt also die Gleichung

$$S\,\frac{d^2y}{dx^2}\,dx = G\,dx\,,$$

die umgeformt

$$S\,\frac{d^2y}{dx^2} = G \tag{159}$$

ergibt. Die 1. Integration dieser Gleichung ergibt

$$S\,\frac{dy}{dx} = G\,x + c\,.$$

Unter Berücksichtigung, daß für $x = 0$ die Steigung ebenfalls null ist, ergibt sich die Integrationskonstante $c = 0$. Integriert man die Gleichung noch einmal, so ergibt sich

$$S\,y = \tfrac{1}{2}Gx^2 + c_1\,.$$

Legt man das Koordinatensystem so, daß sein Nullpunkt im Scheitel der Kurve liegt (s. Abb. 240), so ergibt sich die Konstante c_1 ebenfalls zu Null. Man erhält also für den Verlauf des hängenden Fahrdrahtes die Gleichung

$$\boldsymbol{y = \frac{1}{2}\,\frac{G}{S}\,x^2,} \tag{160}$$

welches die Gleichung einer Parabel ist. Oft interessiert die Größe des Durchhanges f (s. Abb. 240). Man erhält den Durchhang, wenn man x gleich der halben Spannweite l setzt, also

$$f = \frac{1}{2}\frac{G}{S} l^2. \qquad (161\,a)$$

Es sei darauf hingewissen, daß die im Fahrdraht vorhandene Zugspannung etwas größer als die Horizontalkomponente S ist, und zwar $\frac{S}{\cos\alpha}$, wobei α der Neigungswinkel der Kurve ist. Da jedoch α stets ein kleiner Winkel ist ($\cos\alpha \sim 1$), wird praktisch die Zugspannung gleich S gesetzt.

Oft ist es praktisch, mit der ganzen Spannweite $L = 2\,l$ zu rechnen, in diesem Falle geht die Gleichung über in

$$f = \frac{1}{8}\frac{G}{S} L^2. \qquad (161\,b)$$

Ein Beispiel zeige die Anwendung. Ein Kupfer-Fahrdraht habe den Querschnitt $q = 1\ \text{cm}^2$ und die Spannweit $2\,l = L = 35$ m und die Zugspannung $S = 600$ kg. Gefragt ist nach dem größten Durchhang. Das Fahrdrahtgewicht beträgt, da $q = 1\ \text{cm}^2$ und das spez. Gew. 8,9 ist, $G = 0{,}89$ kg/m. Bei Anwendung der Gleichung (161) sind sämtliche Größen entweder auf cm oder auf m zu beziehen. Setzt man die oben genannten Werte des Beispiels in die Gleichung (161 b) ein, so ergibt sich

$$f = \frac{1}{8}\frac{0{,}89}{600}\cdot 35^2 = 0{,}228\ \text{m}.$$

Das Ergebnis zeigt also, daß die Durchhänge bei der Straßenbahnfahrleitung ziemlich beträchtlich sind. Bei kleineren Zugspannungen, die im Sommer sehr oft vorkommen (besonders wenn der Fahrdraht nicht hinreichend nachreguliert wird), ist der Durchhang noch erheblich größer.

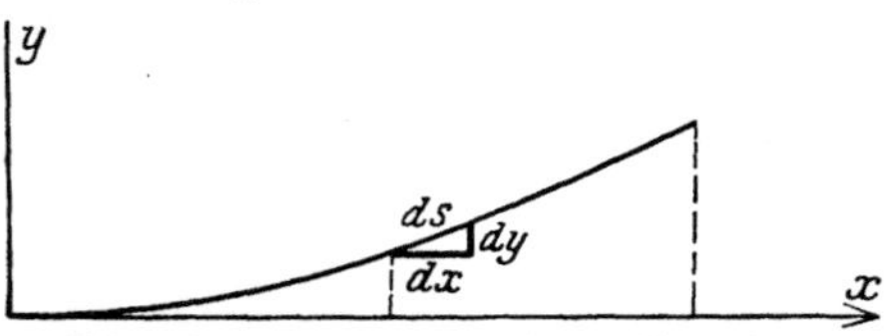

Abb. 242. Bestimmung der Parallelbogenlänge.

Für die weiteren Betrachtungen ist die tatsächliche Länge der Fahrdrahtparabel von Interesse, die jetzt abgeleitet wird. Wie aus der Abb. 242 zu ersehen, gilt, wenn man den pythagoreischen Lehrsatz für ein Kurvenelement anwendet, die Beziehung $ds^2 = dx^2 + dy^2$ oder umgeformt

$$ds = \sqrt{1 + \left(\frac{dy}{dx}\right)^2}\, dx. \qquad (162)$$

Zunächst sei die Steigung $\frac{dy}{dx}$ der Kurve $y = \frac{1}{2}\frac{G}{S}x^2$ berechnet. Durch Differenzierung bekommt man

$$\frac{dy}{dx} = \frac{G}{S}x \qquad (163)$$

und in Gleichung (162) eingesetzt

$$ds = \sqrt{1 + \left(\frac{Gx}{S}\right)^2}\, dx. \qquad (164)$$

Da $\left(\frac{G}{S}x\right)^2$ ein kleiner Bruch ist, weil die Steigung der Parabel $\frac{G}{S}x$ in praktischen Fällen sehr flach, also klein ist, kann man von folgender Gleichung Gebrauch machen, in der ε ein kleiner Bruch ist:

$$\sqrt{1+\varepsilon} = 1 + \frac{\varepsilon}{2}. \qquad (165)$$

Wendet man diese Gleichung auf Gleichung (164) an, so ergibt sich

$$ds = \left[1 + \frac{1}{2}\left(\frac{G}{S}x\right)^2\right] dx. \qquad (166)$$

Die Bogenlänge s für die halbe Parabellänge ist also

$$s = \int_0^l \left[1 + \frac{1}{2}\left(\frac{G}{S}x\right)^2\right] dx.$$

Diese Gleichung ergibt integriert

$$s = l + \frac{1}{6}\left(\frac{G}{S}\right)^2 l^3. \qquad (167)$$

Die gesamte Bogenlänge zwischen den Aufhängepunkten ist dann $2s$.

Beispiel. Wie groß ist die Bogenlänge eines Fahrdrahtes von 1 cm² Querschnitt, 35 m Spannweite, 600 kg Zugspannung und einem Gewicht von 0,89 kg/m? Durch Einsetzen dieser Werte in Gleichung (167) ergibt sich die halbe Bogenlänge zu

$$s = 17{,}5 + \frac{1}{6}\left(\frac{0{,}89}{600}\right)^2 \cdot 17{,}5^3 = 17{,}50196\ \text{m}.$$

Die ganze Bogenlänge ist also $2s = 35{,}00392$ m, also nur ca. 3,9 mm länger als die Aufhängepunktsentfernung.

In den folgenden Betrachtungen sei von der halben Bogenlänge s_0 ausgegangen, die bei der Normaltemperatur ϑ_0 vorhanden ist. Das Gewicht des Fahrdrahtes sei G_0 und die Zugspannung S_0. Die Bogenlänge ist dann

$$s_0 = l + \frac{1}{6}\left(\frac{G_0}{S_0}\right)^2 l^3. \qquad (167\text{a})$$

Bei einer anderen Temperatur ϑ wird eine andere Zugspannung S herrschen, wobei das Gewicht für den laufenden Meter z. B. infolge Eislast anders sein kann und jetzt mit G bezeichnet sein möge. Die neue Bogenlänge ist dann

$$s = l + \frac{1}{6}\left(\frac{G}{S}\right)^2 l^3. \qquad (167\text{b})$$

Nimmt man an, daß steigende Temperatur vorhanden ist, und daß $s > s_0$ ist, so wird die Vergrößerung der Bogenlänge gleich sein müssen der thermischen Verlängerung (bei konstanter Zugspannung S_0) vermindert um die elastische Längenänderung (da ja angenommen ist, daß die Temperatur zunimmt, die Zugspannung also geringer wird). Es gilt also

$$s - s_0 = \frac{1}{6}\left[\left(\frac{G}{S}\right)^2 l^3 - \left(\frac{G_0}{S_0}\right)^2 l^3\right] = s_0\alpha(\vartheta - \vartheta_0) - s_0\frac{S_0 - S}{qE}. \qquad (168)$$

Da, wie man im letzten Beispiel gesehen hat, s_0 praktisch gleich l ist, kann man die Gleichung (168) auch schreiben

$$\frac{l^2}{6}\left[\left(\frac{G}{S}\right)^2 - \left(\frac{G_0}{S_0}\right)^2\right] = \alpha(\vartheta - \vartheta_0) + \frac{S - S_0}{qE}. \qquad (169)$$

Diese Gleichung stellt die **Zustandsgleichung** für eine Straßenbahnfahrleitung dar. Führt man $\frac{L}{2}$ an Stelle von l ein (L = ganze Spannweite), so kann man auch schreiben

$$\vartheta - \vartheta_0 = -\frac{S - S_0}{\alpha q E} + \frac{L^2}{24\alpha}\left[\left(\frac{G}{S}\right)^2 - \left(\frac{G_0}{S_0}\right)^2\right]. \qquad (170)$$

Nimmt man an, daß die Materialkonstanten E, α, q und das Gewicht pro laufenden Meter G bzw. G_0 bekannt sind, sowie die Fahrdrahtspannung S_0 bei ϑ_0, so läßt sich für eine beliebige Temperatur ϑ die Fahrdrahtspannung S und damit der Durchhang f berechnen. Allerdings führt die Berechnung von S zu einer Gleichung dritten Grades. Praktisch geht man deshalb meist so vor, daß man $\vartheta - \vartheta_0$ ausrechnet, indem man verschiedene Werte von S annimmt. Hat man einige zugehörige Werte berechnet, so kann man die Kurve S als Funktion der Temperatur ϑ auftragen und hat dann für jede beliebige Temperatur die zugehörige Zugspannung. Der Rechnungsgang sei nachstehend an einem Beispiel gezeigt.

Eine Fahrleitung habe folgende gegebene Bestimmungsstücke:
$L = 35$ m (Spannweite),
$q = 1\ \text{cm}^2$,
$E = 1{,}3 \cdot 10^6$,
$\alpha = 17 \cdot 10^{-6}$,
$G = G_0 = 0{,}89$ kg/m,
$S_0 = 600$ kg (bei $\vartheta_0 = +10^0$ herrschende Zugspannung im Fahrdraht).

(Es sei erwähnt, daß es in Gleichung (170) erlaubt ist, im zweiten Glied G in kg/m und l in m einzusetzen, während im ersten Glied q und E auf das Zentimetersystem bezogen sind.) Diese Werte, in Gleichung (170) eingesetzt, ergeben

$$\vartheta - \vartheta_0 = -\frac{S - 600}{17 \cdot 10^{-6} \cdot 1 \cdot 1{,}3 \cdot 10^6} + \frac{35^2}{24 \cdot 17 \cdot 10^{-6}}\left[\left(\frac{0{,}89}{S}\right)^2 - \left(\frac{0{,}89}{600}\right)^2\right]$$

oder vereinfacht

$$\vartheta - \vartheta_0 = -\frac{S - 600}{22{,}1} + 3\left[\left(\frac{890}{S}\right)^2 - 2{,}2\right].$$

Setzt man in diese Gleichung nacheinander für S verschiedene Werte ein, so kann man das zugehörige $\vartheta - \vartheta_0$ berechnen. Z. B. ergibt sich für $S = 1000$: $\vartheta - \vartheta_0 = -18{,}1 - 3 \cdot 1{,}41 = -22{,}3^0$ C. Da $\vartheta_0 = +10^0$ ist, ist also $\vartheta = -12{,}33^0$. In der Abb. 243 ist mit der Temperatur ϑ als Abszisse die Zugspannung S als Ordinate aufgetragen, und zwar für die Ausgangszugspannung von $S_0 = 600$ kg bei $+10^0$ (Kurve a_1). Die zugehörigen Durchhänge des Fahrdrahtes lassen sich gemäß Gleichung (161 b) für verschiedene Zugspannungen berechnen und sind in der Abb. 243 ebenfalls aufgetragen (Kurve a_2). Die beiden Kurven geben ein deutliches Bild über das Verhalten der Fahrleitung. In unseren Breiten muß meist ein Temperaturbereich von -20^0 bis $+40^0$ in Betracht gezogen werden. Bei -20^0 ist eine Zugspannung von 1150 kg vorhanden. Dieser Wert dürfte noch als zulässig angesehen werden. Über 1200 kg/cm² wird man jedoch nicht gern gehen. Die Reichsbahn läßt bei ihren Fahrleitungen sogar nur 1000 kg/cm² zu, gültig für den unabgenützten Fahrdraht. In diesem Wert ist bereits eine Sicherheit vorhanden, daß bei abgenutztem Fahrdraht die spezifischen Beanspruchungen höher sind. Die Zugfestigkeit des Kupferfahrdrahtes liegt bei wesentlich größerer Beanspruchung, bei 3600 kg/cm².

Bei $+40^0$ ist eine Zugspannung von 320 kg (Kurve a_1) und ein Durchhang von 43 cm (Kurve a_2) vorhanden. Für einen einwandfreien Betrieb ist die Zugspannung zu klein und der Durchhang zu groß.

Es empfiehlt sich deshalb, im Frühjahr den Fahrdraht derart nachzuregulieren, daß er bei der Normaltemperatur von $+10^0$ von vornherein eine erhöhte Zugspannung S_0 bekommt, z. B. $+1000$ kg. Berechnet man für den Wert von $S_0 = 1000$ kg die neuen Kurven für die Zugspannung und den Durchhang, so haben diese einen Verlauf, der durch die Kurven b_1 und b_2 dargestellt ist. Man hat jetzt bei $+40^0$ eine Zugspannung von 500 kg und einen Durchhang von 27 cm, also Werte, die noch brauchbar sind. Im Herbst, also vor Eintritt der Frostperiode, muß die Fahrleitungsspannung wieder herabreguliert werden, auf

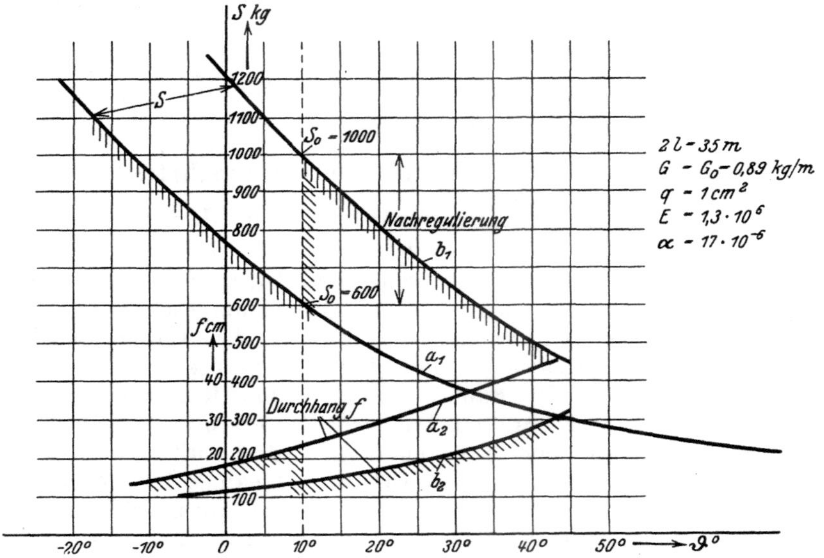

Abb. 243. Fahrdrahtspannung und Durchhang in Abhängigkeit von der Temperatur.

etwa $+600$ kg bei $+10^0$. Geschieht dies nicht, so würde gemäß Kurve b_1 ein unzulässig starker Zugspannungsanstieg erfolgen. Bei ideal regulierter Fahrleitung gilt also die schraffierte Kurve, die bei $+10^0$ einen Sprung macht.

Es sei erwähnt, daß man die Rechnung auch in umgekehrter Reihenfolge ausführen kann, indem man z. B. die höchstzulässige Zugspannung S bei -20^0 annimmt und daraus berechnet, mit welcher Spannung S_0 die Fahrleitung, z. B. bei $+10^0$, verlegt werden muß.

In dem vorstehenden Beispiel ist $G = G_0$ gesetzt worden, d. h. es wurde keine Eislast vorausgesetzt. Wenn auch bei normalen Straßenbahnfahrleitungen der Einfluß der Eislast gering ist, muß sie jedoch bei Gebirgsstrecken mit rauhem Klima unbedingt berücksichtigt werden. (Das System der Straßenbahnaufhängung kommt gelegentlich bei gebirgigen Strecken deshalb zur Anwendung, weil sich dort die Vielfachaufhängung wegen der durch die Kurven bedingten kleinen Spannweiten nicht lohnt.) Da erfahrungsgemäß die stärksten Eislasten in unseren Breiten bei etwa -5^0 vorhanden sind, wird meist nur vorgeschrieben, daß bei -5^0 und Eislast keine zu große Zugspannung auftreten soll.

Für das vorstehende Beispiel ergibt sich die nachstehende Kontrolle: Die Eislast sei mit 0,618 kg/m nach Reichsbahnvorschriften für 100 mm² Fahrdraht (Eislast pro m $0{,}18 \sqrt{d}$, Drahtdurchmesser d in mm) angenommen.

Es ist also $G = G_0 + 0{,}618 = 0{,}89 + 0{,}618 = 1{,}508$ kg/m. In Gleichung (170) eingesetzt, ergibt sich

$$\vartheta - \vartheta_0 = -\frac{S-600}{22{,}1} + 3\left[\left(\frac{1508}{S}\right)^2 - 2{,}2\right].$$

Durch Probieren erhält man sehr rasch für $\vartheta = -5^0$, $S = 950$ kg, einen Wert, der zulässig ist. Der Durchhang ist dabei

$$f = \frac{1}{8}\frac{1{,}508}{950}\cdot 35^2 = 0{,}243 \text{ m}.$$

C. Das Temperaturverhalten der Kettenfahrleitungen.

1. Einfluß des Temperaturverhaltens auf das System der Kettenfahrleitung.

Da der Fahrdraht bei der Straßenbahnfahrleitung erhebliche Durchhänge besitzt, eignet sie sich nicht für höhere Fahrgeschwindigkeiten. Bei schneller Fahrt wird nämlich der Bügel an den Aufhängepunkten des Fahrdrahtes springen, da dort der Fahrdraht einen Knick aufweist. Hierdurch werden Funken und in ungünstigen Fällen Stromunterbrechungen hervorgerufen. Für hohe Fahrgeschwindigkeiten wendet man deshalb ein anderes System der Fahrdrahtaufhängung, die sogenannte Ketten- oder Vielfachaufhängung an (s. Abb. 244a bis d). Der Fahrdraht ist dabei mit Hängedrähten an einem mit größerem Durchhang verlegten Tragseil bzw. -Draht aufgehängt. Bei einer Kettenfahrleitung ist es theoretisch möglich, wenigstens bei einer bestimmten Temperatur den Fahrdraht horizontal zu führen, da das Fahrdrahtgewicht von dem Tragseil aufgenommen wird. Theoretisch müßte hierbei der Hängedrahtabstand sehr klein sein. Praktisch genügt es jedoch, diesen Abstand etwa 10 bis 13 m zu wählen.

Für den Abstand der Hängedrähte sind folgende Gesichtspunkte maßgebend: Zwischen zwei Hängedrähten stellt der Fahrdraht eine Art Straßenbahnaufhängung mit kleiner Spannweite dar und wird also einen kleinen Durchhang in der Mitte aufweisen. Ein Beispiel zeige die dabei vorkommenden Größen. Gegeben sei ein Fahrdraht von 100 mm² Kupfer, der eine Zugspannung von 1000 kg aufweist; der Abstand zweier Hängedrähte sei 12 m. Nach Gleichung (161 b) ergibt sich somit ein Durchhang $f = \frac{1}{8}\frac{0{,}89}{1000}\cdot 12^2 = 0{,}016$ m, also gleich 1,6 cm. Dieser kleine Durchhang ist für das Befahren der Fahrleitung noch belanglos. Es ist also zwecklos, den Abstand der Hängedrähte zu verkleinern, da technisch kein nennenswerter Gewinn erzielt wird, die Fahrleitung dagegen nur teurer wird. Eine wesentliche Vergrößerung des Hängedrahtabstandes ist andererseits auch nicht ratsam, da der Durchhang rasch zunimmt, weil er quadratisch mit der Aufhängepunktentfernung wächst.

Aus den obigen Erwägungen geht hervor, daß bei einer Kettenfahrleitung wegen der Hängedrähte die Größe der Spannweite für eine genau horizontale Lage des Fahrdrahtes zunächst belanglos ist. Praktisch wird die Spannweite jedoch durch einen anderen Faktor, nämlich den Windabtrieb, begrenzt. Gebräuchliche Spannweiten (in der Geraden) bei Kettenfahrleitungen liegen zwischen 65 und 80 m, gegenüber 30 bis 35 m bei gewöhnlicher Straßenbahnaufhängung.

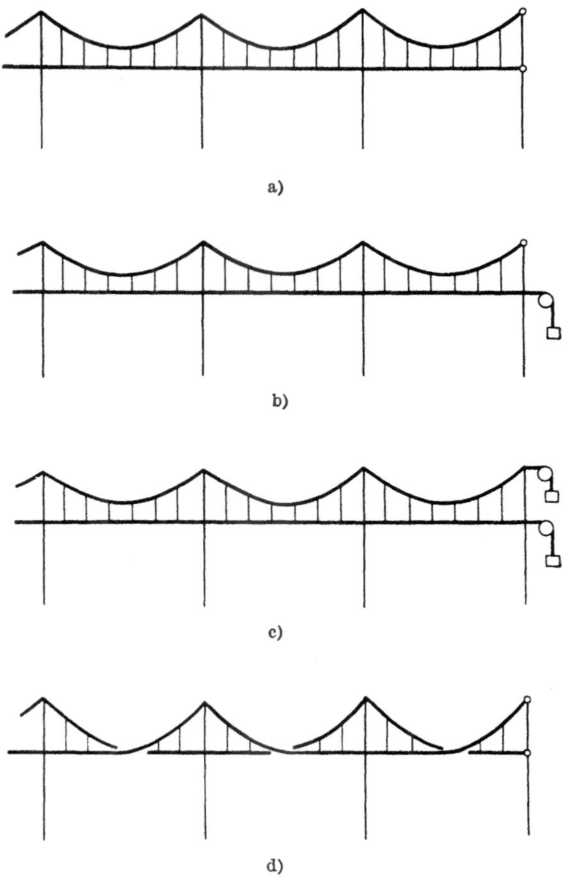

Abb. 244a bis d. Systeme von Kettenfahrleitungen.

Wenn eine Kettenfahrleitung auch bei einer bestimmten Temperatur mit horizontal verlegtem Fahrdraht ausgeführt werden kann, so wird im allgemeinen bei Temperaturschwankungen der Fahrdraht als Ganzes betrachtet, einen Durchhang erfahren. Maßgebend für seine Größe ist das verwendete System der Kettenfahrleitung. Es seien deshalb zunächst einige Systeme von Kettenfahrleitungen beschrieben.

a) Kettenfahrleitung mit fest verlegtem Tragseil und fest verlegtem Fahrdraht. Bei diesem System sind Tragseil und Fahrdraht am Anfang und Ende der Fahrleitung bzw. Fahrleitungsabschnitte fest verankert (s. Abb. 244a). Da bei Temperaturschwankungen im Fahrdraht infolge seiner festen Verlegung große Zugspannungsänderungen auftreten, muß bei einer solchen Fahrleitung der Fahrdraht im Frühjahr und Herbst durch Personal mit Hilfe eingebauter Nachspannvorrichtungen einreguliert werden, genau wie bei der Straßenbahnaufhängung. Dies ist zwar eine Unannehmlichkeit, jedoch ist diese Fahrleitung unter den Kettenfahrleitungen die billigste.

b) Kettenfahrleitung mit fest verlegtem Tragseil und durch Gewichte nachgespanntem Fahrdraht. Bei dieser Fahrleitung wird das Tragseil fest verlegt, d. h. am Ende der Fahrleitungsabschnitte verankert, während der Fahrdraht abschnittsweise durch Gewichte über Rollen bzw. Hebel selbsttätig nachgespannt wird (s. Abb. 244b und 245a und b). Die Gewichtsnachspannung bewirkt, daß der Fahrdraht stets konstante Zugspannung besitzt. Die Fahrleitung bedarf also im Betrieb keinerlei Regulierungsarbeit.

Abb. 245a. Kettenfahrleitung mit Gewichtsnachspannung durch Rolle und Verankerung des Tragseiles (BBC).

Am Tragseil treten zwar bei Temperaturänderungen Zugspannungsänderungen auf, jedoch lassen sich diese innerhalb erträglicher Grenzen halten, da sich ja der Durchhang des Tragseiles bei Temperaturschwankungen ändert und dabei auf die Zugspannung ausgleichend wirkt. (Im Gegensatz zu einem geradlinig verlegten fest eingespannten Fahrdraht.) Die Kettenfahrleitung mit nachgespanntem Fahrdraht hat außerdem den weiteren Vorteil, daß der Windabtrieb sowie der gute Bügellauf unabhängig von der Temperatur ist, während bei der Kettenfahrleitung mit fest verlegtem Fahrdraht im Sommer wegen der dann kleineren Zugspannung des Fahrdrahtes Windabtrieb und Befahrbarkeit ungünstiger werden. Die Kettenfahrleitung mit Gewichtsnachspannung wird am häufigsten angewendet. Die Nachspannung des Fahrdrahtes erfolgt in Abständen von etwa 1500 m. In der Mitte eines solchen Abschnitts sind Fahrdraht und Tragseil miteinander durch zwei V-förmig angeordnete Seile verankert und im Abstand von je 750 m von dieser Verankerung sind die Nachspanngewichte, die an

Rollen bzw. Hebeln angreifen, angebracht. Bei Temperaturschwankungen wandert der Fahrdraht längs der Gleisachse und sämtliche Befestigungspunkte des Fahrdrahtes müssen deshalb so ausgebildet sein, daß sie dieser Bewegung folgen können. Die Stützstreben müssen

Abb. 245b. Kettenfahrleitung mit Gewichtsnachspannung durch Hebel (SSW).

also gelenkig sein. Die Bewegungen des Fahrdrahtes sind in der Nähe der Nachspanngewichte am größten und betragen bei Kupfer und einer Temperaturschwankung von 30^0 38 cm bei einem Abstand der Nachspannungen von 1500 m. Da das Tragseil fest verlegt ist, der Fahrdraht sich jedoch in Gleisrichtung bewegt, stellen sich die Hängedrähte schief, und zwar um so mehr, je kürzer sie sind. In der Nähe der Nachspannmaste werden deshalb die kurzen Hängedrähte durch dreieckartige Gleitaufhängungen (s. Abb. 246) ersetzt, die eine Verschiebung des Fahrdrahtes relativ zum Tragseil gestatten. Bei längeren Hängedrähten ist die Schiefstellung geringer. Die Reichsbahn läßt eine Schiefstellung bis zu 23,5° zu (entsprechend $\sin\alpha = 0{,}4$).

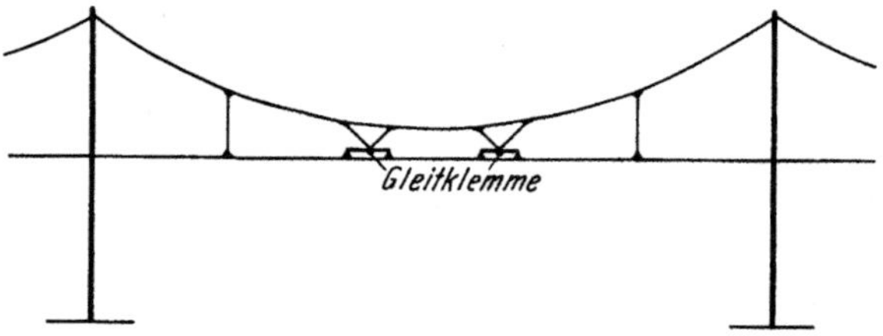

Abb. 246. Fahrdraht- und Tragseil-Gleitverbindung (BBC).

c) Kettenfahrleitungen mit durch Gewichte nachgespanntem Fahrdraht und Tragseil. Abb. 244c zeigt ein solches System. Eine solche Fahrleitung hat zunächst theoretisch bei sämtlichen Temperaturen gleiche und horizontale Fahrdrahthöhe. Praktisch ist diese Fahrleitung jedoch teuer, da sowohl der Fahrdraht als auch das Tragseil an den Stützpunkten beweglich montiert sein müssen, um die Seitenverschiebung in Gleisrichtung zu ermöglichen. Erschwerend kommt außerdem hinzu, daß bei Eislast die Fahrleitung sehr große Durchhangsänderungen erfährt, da die Zugspannung des Tragseiles ja konstant ist. Es wird also nicht wie bei der Fahrleitung mit festem Tragseil ein zu starkes Durchsacken verhindert. Aus den obengenannten Gründen werden solche Fahrleitungen in Deutschland kaum mehr ausgeführt.

d) Selbsttätig regulierende Kettenfahrleitungen ohne Nachspannung. Es lassen sich auch Fahrleitungssysteme angeben, bei denen auf zusätzliche Nachspannvorrichtungen verzichtet werden kann und die trotzdem bei Temperaturschwankungen keine unzulässig hohen Zugspannungsänderungen aufweisen. Bei solchen Systemen wird, wie aus Abb. 244d zu erkennen, abschnittsweise der Fahrdraht in das Tragseil übergeleitet. Bei Temperaturschwankungen, bei denen sich Fahrdraht und Tragseil zusammenziehen bzw. ausdehnen, wirkt der Durchhang des Tragseils wie eine Art Elastizität und verhindert, da das Tragseil mit dem Fahrdraht verbunden ist, unzulässige Spannungsschwankungen im System. Bei einer solchen Fahrleitung haben Fahrdraht und Tragseil gleiche Zugspannung. Die Durchhangsänderungen sind dabei jedoch größer als bei Kettenfahrleitungen mit fest verlegtem Tragseil und nachgespanntem Fahrdraht. Durch den Wegfall der Nachspannvorrichtung tritt jedoch eine Verbilligung ein. Um bei der Überführung des Fahrdrahtes in das Tragseil Stoßstellen zu vermeiden, wird man für das Tragseil ebenfalls Fahrdraht verwenden. Aus dieser Eigenschaft ergibt sich, daß bei einer solchen Fahrleitung ein großer Kupferquerschnitt zur Verfügung steht (Fahrdraht + Tragseil), so daß diese Fahrleitung dort Vorteile bringt, wo für die Stromleitung ein großer Querschnitt erforderlich ist.

2. Berechnung des Temperaturverhaltens von Kettenfahrleitungen.

Es sei eine Kettenfahrleitung betrachtet, deren Aufriß in Abb. 247a dargestellt ist. Für die Rechnung sei angenommen, die Zahl der Hängedrähte sei unendlich groß. (In der Abb. 247 sind die Hängedrähte weggelassen.) Die Kettenfahrleitung sei so verlegt, daß bei der Temperatur ϑ_0 (in unseren Gegenden meist $\vartheta_0 = +10^0$) der Fahrdraht genau horizontal liegt. Der Durchhang des Tragseils bei der Temperatur ϑ_0 ist f_0. Das Tragseil besitzt die Form einer Parabel und sein Durchhang kann nach der Formel

$$f_0 = \frac{1}{2}\,\frac{G_1+G_2}{S_0}\,l^2 = \frac{1}{2}\,\frac{G_0}{S_0}\,l^2 = \frac{1}{8}\,\frac{G_0}{S_0}\,L^2 \qquad (171)$$

berechnet werden. Dabei ist G_1 das Tragseil- und G_2 das Fahrdrahtgewicht und

$$G_0 = G_1 + G_2$$

das Kettengewicht, alles auf die Längeneinheit bezogen. In G_1 ist ein Zuschlag für Klemmen und Hängedrähte enthalten. S_0 ist die Spannung des Tragseils bei ϑ_0. [Die Spannung im Fahrdraht spielt keine Rolle, sofern er horizontal verlegt ist; durchhängender Fahrdraht trägt jedoch einen Teil seines Gewichtes selbst, so daß in der Gleichung (171) für den Durchhang für G_2 bzw. G_0 ein kleineres Gewicht einzusetzen wäre.]

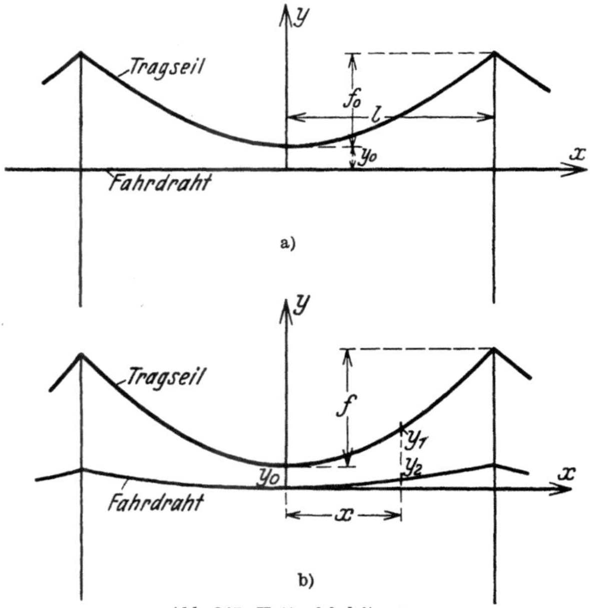

Abb. 247. Kettenfahrleitung.
a) bei Normaltemperatur, b) bei erhöhter Temperatur.

Die Gleichung für die Kurve des Tragseils hat entsprechend der Gleichung (160) die Form

$$y = \frac{1}{2}\,\frac{G_0}{S_0}\,x^2 + y_0\,. \qquad (172)$$

Dabei ist angenommen, daß die Abszissenachse mit dem Fahrdraht zusammenfällt und y_0 der kürzeste Abstand zwischen Fahrdraht und Tragseil ist.

Bei einer anderen Temperatur ϑ, z. B. bei erhöhter, hat die Kettenfahrleitung den in Abb. 247b dargestellten Verlauf. Man legt das neue Koordinatensystem so, daß der Ursprung am tiefsten Punkt des Fahrdrahtes liegt. Auch bei dieser Temperatur kann angenommen werden, daß die Länge der Hängedrähte praktisch dieselbe bleibt. (Im Winter ist bei tiefen Temperaturen diese Bedingung an den Masten nicht streng erfüllt, da hier der Fahrdraht das Bestreben hat, die Stützstrebe anzuheben.) Bezeichnet man die Ordinaten des Tragseils mit y_1 und die des Fahrdrahts mit y_2, so gilt also

$$y_1 - y_2 = \frac{1}{2}\frac{G_0}{S_0}x^2 + y_0. \tag{173}$$

Im Abstande x sei die Gleichgewichtsbedingung mathematisch abgeleitet. Ist die Spannung des Tragseils jetzt S_1 und die des Fahrdrahts S_2, so greift an einem Tragseilelement dx infolge der Krümmung eine Vertikalkomponente $S_1 \frac{d^2 y_1}{dx^2} dx$ und im Fahrdraht eine solche von $S_2 \frac{d^2 y_2}{dx^2} dx$ an (entsprechend den Überlegungen auf S. 275). Die Summe dieser beiden Vertikalkomponenten muß gleich sein dem Fahrdraht- und Tragseilgewicht $G_1' dx + G_2' dx$, welches auf die Strecke dx entfällt. G_1' bzw. G_2' sind die Tragseil- bzw. Fahrdrahtgewichte bei der Temperatur ϑ. Im allgemeinen ist $G_1' = G_1$ und $G_2' = G_2$; nur wenn Eislast vorhanden, ist $G_1' > G_1$ und $G_2' > G_2$.

$$G_1' + G_2' = G$$

ist also das auf die Längeneinheit bezogene Kettengewicht bei der Temperatur ϑ. Es gilt also

$$S_1 \frac{d^2 y_1}{dx^2} + S_2 \frac{d^2 y_2}{dx^2} = G_1' + G_2' = G. \tag{174}$$

Die Gleichung (174) ergibt integriert

$$S_1 \frac{dy_1}{dx} + S_2 \frac{dy_2}{dx} = Gx + c_1.$$

Die Integrationskonstante c_1 ist jedoch 0, da für $x = 0$ die Steigung des Fahrdrahts und des Tragseils gleich 0 ist. Eine weitere Integration ergibt

$$S_1 y_1 + S_2 y_2 = \tfrac{1}{2} G x^2 + c_2. \tag{175}$$

Setzt man $x = 0$, so ist gemäß Abb. 247b $y_2 = 0$ und $y_1 = y_0$, so daß sich die Integrationskonstante c_2 zu $S_1 y_0 = c_2$ errechnet. In Gleichung (175) eingesetzt ergibt sich

$$S_1 y_1 + S_2 y_2 = \tfrac{1}{2} G x^2 + S_1 y_0. \tag{176}$$

Gleichung (173) kann, wenn man beide Seiten mit S_2 multipliziert, auch geschrieben werden

$$S_2 y_1 - S_2 y_2 = \frac{1}{2}\frac{G_0 S_2}{S_0}x^2 + S_2 y_0. \tag{177}$$

Addiert man die Gleichung (176) zu Gleichung (177), so ergibt sich

$$y_1(S_1 + S_2) = \frac{1}{2} G x^2 + \frac{1}{2}\frac{G_0 S_2}{S_0}x^2 + y_0 S_1 + y_0 S_2$$

oder umgeformt

$$y_1 = \frac{1}{2} \frac{\left[\frac{\left(G + G_0 \frac{S_2}{S_0}\right) S_1}{S_1 + S_2}\right] x^2}{S_1} + y_0 . \tag{178}$$

Diese Gleichung ist von gleicher Form wie die Gleichung (172). Der Klammerausdruck entspricht dem Gewicht, welches das Tragseil zu tragen hat. Dieses Gewicht ist bei durchhängendem Fahrdraht kleiner als das Fahrdraht- plus Tragseilgewicht, da der Fahrdraht einen Teil seines Gewichtes selbst trägt. Bezeichnet man das auf das Tragseil entfallende Gewicht als das reduzierte Gewicht G_r, so gilt hierfür

$$\boldsymbol{G_r = \frac{\left(G + G_0 \frac{S_2}{S_0}\right) S_1}{S_1 + S_2}} . \tag{179}$$

Für $S_1 = S_0$ und $G_1' = G_1$ bzw. $G_2' = G_2$, also $G = G_0$, geht das reduzierte Gewicht in das tatsächliche Fahrdraht- und Tragseilgewicht über. Die Gleichung (178) kann vereinfacht geschrieben werden

$$y_1 = \frac{1}{2} \frac{G_r}{S_1} x^2 + y_0 . \tag{180}$$

Es sei jetzt zunächst die halbe Bogenlänge des Tragseils bei der Temperatur ϑ_0 berechnet. Entsprechend der Gleichung (167) gilt hier sinngemäß $s_0 = l + \frac{1}{6}\left(\frac{G_0}{S_0}\right)^2 l^3$. Bei der Temperatur ϑ, den Spannungen S_1 und S_2 und dem reduzierten Gewicht G_r gilt für die halbe Bogenlänge s

$$s = l + \frac{1}{6}\left(\frac{G_r}{S_1}\right)^2 l^3. \tag{181}$$

Nimmt man an, daß steigende Temperatur vorhanden ist und daß s größer als s_0 ist, so wird die Vergrößerung der Bogenlänge des Tragseils gleich sein müssen der thermischen Verlängerung (bei konstanter Zugspannung S_0), vermindert um die elastische Längenänderung. Es gilt also

$$s - s_0 = \frac{1}{6}\left[\left(\frac{G_r}{S_1}\right)^2 - \left(\frac{G_0}{S_0}\right)^2\right] l^3 = s_0 \left[\alpha_1(\vartheta - \vartheta_0) - \frac{S_0 - S_1}{q_1 S_1}\right], \tag{182}$$

wobei q_1 der Querschnitt des Tragseils bzw. -drahts und α_1 und E_1 sein Ausdehnungs- und Elastizitätsmodul sind.

Da s_0 praktisch gleich l ist, ergibt sich, sofern man für G_r die Werte nach Gleichung (179) einsetzt und nach $\vartheta - \vartheta_0$ auflöst:

$$\boldsymbol{\vartheta - \vartheta_0 = \frac{(G_0 l)^2}{6\alpha_1}\left[\left(\frac{\frac{S_2}{S_0} + \frac{G}{G_0}}{S_1 + S_2}\right)^2 - \frac{1}{S_0^2}\right] - \frac{S_1 - S_0}{q_1 \alpha_1 E_1}} . \tag{183}$$

Für den Durchhang bei der Temperatur ϑ gilt $f = \frac{1}{2}\frac{G_r}{S_1} l^2$ oder unter Benutzung der Werte nach Gleichung (179) für G_r

$$f = \frac{1}{2} \frac{G + G_0 \frac{S_2}{S_0}}{S_1 + S_2} l^2 . \tag{184}$$

Es interessiert besonders die Änderung des Durchhanges auf Normaltemperatur ϑ bezogen, also

$$\Delta f = f - f_0 . \tag{185}$$

Da

$$f_0 = \frac{1}{2} \frac{G_0}{S_0} l^2 ,$$

ergibt sich für Δf

$$\Delta f = \frac{1}{2} l^2 \left[\frac{G + G_0 \frac{S_2}{S_0}}{S_1 + S_2} - \frac{G_0}{S_0} \right]$$

oder nach einiger Umformung

$$\Delta f = \frac{1}{2} \frac{G_0 l^2}{S_0} \left(\frac{\frac{G}{G_0} S_0 - S_1}{S_1 + S_2} \right)$$

oder

$$\Delta f = f_0 \frac{\frac{G}{G_0} S_0 - S_1}{S_1 + S_2} . \tag{186}$$

Die obigen Zustandsgleichungen für das Temperaturverhalten der Kettenfahrleitungen seien nun diskutiert, und zwar zunächst für den Fall, daß das Tragseil fest verlegt und der Fahrdraht nachgespannt ist, und dann für den Fall, daß Tragseil und Fahrdraht beide fest verlegt sind.

a) Tragseil fest verlegt und Fahrdraht nachgespannt. Bei nachgespanntem Fahrdraht ist die Zugspannung des Fahrdrahts S_2 bekannt und konstant. Sie ergibt sich, indem man den gewünschten Leiterquerschnitt mit der zulässigen spezifischen Beanspruchung multipliziert, welche meist mit 10 kg/mm² eingesetzt wird. Ferner ist das Kettengewicht pro laufenden Meter $G_0 = G_1 + G_2$ und auch das entsprechende Gewicht mit Eislast G bekannt. Die Größe der Spannweite ist ebenfalls gegeben (ihre Größe ergibt sich im allgemeinen, wie später gezeigt wird, mit Rücksicht auf den Windabtrieb). Mit Rücksicht auf die Leitfähigkeit ist der Querschnitt des Kupferfahrdrahts bekannt bzw. man wählt von vornherein einen normalen handelsüblichen Querschnitt. Auch für das Tragseil stehen nur wenige handelsübliche Querschnitte zur Verfügung, z. B. verwendet die Reichsbahn nur 50-mm²-Tragseil. Die Aufgabenstellung liegt meist so, daß gefragt wird, welchen Durchhang f_0 das Tragseil bei normaler Temperatur haben muß, ohne daß bei Temperaturschwankungen seine Zugspannung unzulässig groß wird. Ferner interessiert die Größe Δf der Durchhangsänderungen. Für unsere Breiten wird meist vorgeschrieben, daß das Verhalten der Kettenfahrleitungen innerhalb des Temperaturbereiches -20^0 bis $+40^0$ einwandfrei sein soll. Ferner soll das Verhalten bei -5^0 und Eislast geprüft werden. Die Eislast richtet sich nach der Gegend. Die Reichsbahn schreibt als zusätzliche Eislast in kg/m $0{,}18\sqrt{d}$ vor (d = Durchmesser in mm). Bei Kettenfahrleitungen ist fast immer die ungünstigste Tragseilspannung sowie auch die größte Durchhangsänderung bei -5^0 und Eislast vorhanden. Die tiefste Temperatur $\vartheta = -20^0$ ergibt im allgemeinen günstigere Werte. Die größtzulässige Tragseilspannung S_1 ist von vornherein durch das zur Verwendung kommende Tragseil gegeben und beträgt bei Bronzetragseil von 50 mm² Querschnitt 1300 bis 1400 kg (Zugfestigkeit der Bronze 65 bis 70 kg/mm²).

Nimmt man z. B. an, daß bei $\vartheta = -5^0$ und Eislast die Tragseilspannung S_1 gerade 1300 kg erreichen soll, so läßt sich nach Gleichung (183) berechnen, mit welcher Spannung S_0 das Tragseil bei $\vartheta_0 = 10^0$ verlegt sein muß. Dabei ist noch die Kenntnis verschiedener Größen notwendig, die nachstehend mit Zahlenwerten eines Beispiels angegeben sind.

$G_0 = G_1 + G_2 = 0{,}5 + 0{,}9 = 1{,}4$ kg/m (Kettengewicht ohne Eis),
$G = G_1' + G_2' = 2{,}65$ kg/m (Kettengewicht mit Eis),
$L = 2\,l = 73$ m (Mastentfernung),
$\vartheta_0 = +10^0$,
$S_1 = 1300$ kg bei -5^0 und Eislast,
$S_2 = 1000$ kg,
$q_1 = 0{,}5$ cm² (Bronzetragseil),
$q_2 = 1$ cm² Cu,
$\alpha_1 = 18 \cdot 10^{-6}$,
$E_1 = 1{,}2 \cdot 10^6$.

Setzt man obige Werte in die Gleichung (183) ein, so ergibt sich

$$-5 - 10 = \frac{(1{,}4 \cdot 36{,}5)^2}{6 \cdot 18 \cdot 10^{-6}} \left[\left(\frac{\frac{1000}{S_0} + \frac{2{,}65}{1{,}4}}{1300 + 1000} \right)^2 - \left(\frac{1}{S_0} \right)^2 \right] - \frac{1300 - S_0}{0{,}5 \cdot 18 \cdot 10^{-6} \cdot 1{,}2 \cdot 10^6},$$

aus der man S_0, die Tragseilspannung bei $\vartheta_0 = +10^0$, berechnen kann. Am besten ermittelt man S_0 aus dieser Gleichung durch Probieren, indem man verschiedene Werte von S_0 probeweise einsetzt. In unserem Falle ergibt sich $S_0 = 970$ kg. Es kann jetzt sofort der Durchhang nach Gleichung

$$f_0 = \frac{1}{8} \frac{G_0}{S_0} L^2$$

berechnet werden, der sich zu

$$f_0 = \frac{1}{8} \frac{1{,}4}{970} \cdot 73^2 = 0{,}96 \text{ m}$$

ergibt. Wählt man den kürzesten Hängedrahtabstand y_0 zu 0,3 m, so ergibt sich als „Systemhöhe" $H = 0{,}3 + 0{,}96 = y_0 + f_0 = 1{,}26$ m.

Nachdem die Tragseilspannung bei $+10^0$ ermittelt ist, seien die übrigen Spannungen S_1 berechnet, die das Tragseil bei anderen Temperaturen, jedoch ohne Eislast, annimmt. In Gleichung (183) setzt man für S_0 den konstanten Wert $S_0 = 970$ kg ein und versucht S zu berechnen, indem man verschiedene Temperaturen annimmt. G wird dabei gleich $G_0 = 1{,}4$ kg/m eingesetzt. Am einfachsten rechnet man, indem man verschiedene Werte von S annimmt und die zugehörige Temperatur ϑ berechnet. Man kann dann die Kurve $S = f(\vartheta)$ aufzeichnen. Unter Berücksichtigung des oben Gesagten ergibt sich für die Zustandsgleichung (ohne Eislast) für das Beispiel

$$\vartheta - 10 = \frac{(1{,}4 \cdot 36{,}5)^2}{6 \cdot 18 \cdot 10^{-6}} \left[\left(\frac{\frac{1000}{970} + 1}{S_1 + 1000} \right)^2 - \left(\frac{1}{970} \right)^2 \right] - \frac{S_1 - 970}{0{,}5 \cdot 18 \cdot 10^{-6} \cdot 1{,}2 \cdot 10^6}\,.$$

Die Anwendung dieser Gleichung ergibt die Kurve Abb. 248. Mit dieser Kurve kann man nachträglich kontrollieren, ob die Annahme stimmt, daß die größte Zugspannung bei Eislast und -5^0 vorhanden ist. Es interessiert jetzt noch die Durchhangsänderung des Tragseils bzw. des Fahrdrahts. Zu ihrer Ermittlung benützt man die Gleichung (186)

$$\Delta f = f_0 \frac{\frac{G}{G_0} S_0 - S_1}{S_1 + S_2}\,.$$

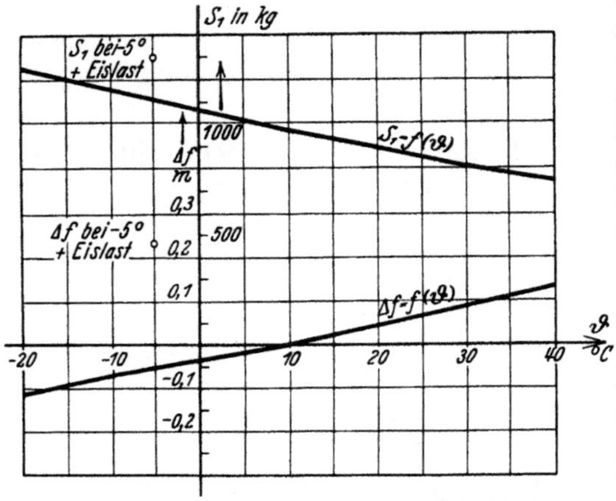

Abb. 248. Zugspannung und Durchhang einer Kettenfahrleitung in Abhängigkeit von der Temperatur (Spannweite 73 m).

Für die Durchhangsänderung ohne Eislast ergibt sich z. B. durch Einsetzen der Werte

$$\Delta f = 0{,}96 \frac{970 - S_1}{S_1 + 1000}\,.$$

In dieser Formel ist für eine bestimmte Temperatur die jeweilige Spannung S_1 nach Abb. 248 einzusetzen und es kann dann die Durchhangsänderung Δf berechnet werden (s. Kurve Δf in Abb. 248). Diese Kurve zeigt, daß bei niederen Temperaturen Δf negativ ist, der Fahrdraht also in der Mitte der Spannweite sich nach oben bewegt.

b) Kettenfahrleitungen mit fest verlegtem Fahrdraht und Tragseil (Fahrleitung für Handnachspannung). Während bei Kettenfahrleitungen mit selbsttätig nachgespanntem Fahrdraht die Spannung S_2 bei allen Temperaturen konstant war, ist dies jetzt nicht mehr der Fall. Die Berechnung der Kettenfahrleitung ist jedoch auch hier annähernd möglich. Es sei zunächst das Verhalten der Fahrleitung im Winter näher erläutert. Die größte Zugspannung im Fahrdraht ist sicher bei der tiefsten Temperatur, also bei -20^0, vorhanden. Da die Durchhangsänderung des Fahrdrahts im Vergleich zur Spannweite nicht sehr groß ist, kann man den Fahrdraht näherungsweise als gerade verlegten, fest eingespannten Draht betrachten, der bei -20^0 eine Zugspannung $S_{2\,\max}$ hat (z. B. 12 kg/mm²). Bei $+10^0$ nimmt die Fahrdrahtspannung entsprechend Gleichung (154) um den Betrag

$$\Delta S_2 = (\vartheta_0 - \vartheta)\, q_2\, \alpha_2\, E_2 = 30\, q_2\, \alpha_2\, E_2$$

ab. Die Spannung des Fahrdrahts bei $+10^0$ kann also berechnet werden. Geht man nun von der Fahrdrahtspannung bei $+10^0$ aus, so kann auch S_2 für jede beliebige Temperatur berechnet werden. Da in der allgemeinen Zustandsgleichung S_2 nun als bekannt vorauszusetzen ist, können die Tragseilspannungen sowie die Durchhangsänderungen für beliebige Temperaturen berechnet werden. Um im Sommer nicht auf zu kleine Werte für die Fahrdrahtspannung zu kommen, ist es notwendig, im Frühjahr eine Nachregulierung des Fahrdrahts vorzusehen, indem bei $+10^0$ der Fahrdraht mit erhöhter Spannung verlegt wird. Es sei bemerkt, daß für den Sommer die Berechnung der Spannung im Fahrdraht etwas zu kleine Werte liefert. Infolge des Durchhanges zwischen den einzelnen Hängedrähten ist die Fahrdrahtspannung tatsächlich etwas höher.

D. Der Einfluß des Temperaturverhaltens auf den Stromabnehmerlauf.

Eine Fahrleitung ist dann am günstigsten für eine einwandfreie Stromabnahme des Bügels, wenn sie vollkommen horizontal verläuft. Praktisch besitzen sowohl die Straßenbahnaufhängung als auch die Kettenfahrleitung wegen der Temperaturschwankungen keinen genauen horizontalen Verlauf, sondern der Fahrdraht hängt parabelförmig durch (wie gezeigt ist). Die gefährlichsten Stellen für den Bügellauf sind die Knicke des Fahrdrahts an den Aufhängepunkten an den Masten. Je größer der Knick ist, d. h. je mehr die Fahrleitung durchhängt, um so schlechter arbeitet der Bügel. Ein Maß für den Knick ist die Tangente, die man im Stützpunkt an die Fahrdrahtparabel legen kann (s. Abb. 249). Da sowohl bei der Straßenbahnaufhängung als auch bei der Kettenfahrleitung der Verlauf des Fahrdrahts parabelförmig ist, kann man, wenn man den Durchhang des Fahrdrahts mit Δf bezeichnet, die Kurve des Fahrdrahts durch die Gleichung

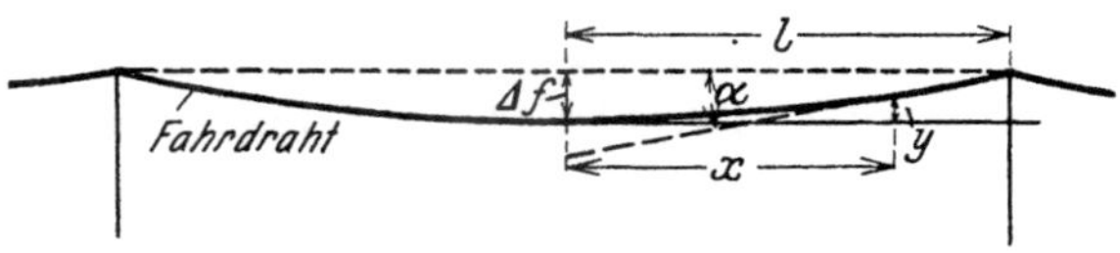

Abb. 249. „Knickwinkel" von Fahrleitungen.

$$y = \Delta f \frac{x^2}{l^2} \tag{187}$$

ersetzen. Dabei ist angenommen, daß das Koordinatensystem im Scheitel der Parabel liegt. Die Steigung der Kurve im Knickpunkt erhält man durch Differenzierung und indem man $x = l$ setzt zu

$$\frac{dy}{dx} = \frac{2x}{l^2} \Delta f = \frac{2 \Delta f}{l}.$$

Führt man die Spannweite $L = 2l$ ein, so ergibt sich für die Steigung im Knickpunkt der Wert

$$\frac{dy}{dx} = \frac{4 \Delta f}{L}. \tag{188}$$

Da die Steigung klein ist, kann man für $\frac{dy}{dx}$ mit größter Annäherung den

Winkel α im Bogenmaß einsetzen und erhält also für den Knickwinkel

$$\alpha = \frac{4\,\Delta f}{L}\,. \tag{189}$$

Diese Größe ist sehr wichtig, da sie gestattet, verschiedene Fahrleitungssysteme miteinander in bezug auf ruhigen Bügellauf zu vergleichen. Dieser Vergleich sei für die Straßenbahnaufhängung und eine Kettenfahrleitung durchgeführt. Als Straßenbahnfahrleitung sei eine Fahrleitung von 100 mm² Kupfer und 35 m Spannweite zugrunde gelegt. In dem Beispiel auf S. 279 ist gezeigt worden (s. Abb. 243 Kurve b_2), daß diese Fahrleitung trotz Regulierung bei 40° einen Durchhang von 0,27 m besitzt. Der Knickwinkel ist also

$$\alpha = \frac{4 \cdot 0{,}273}{35} = 3{,}12 \cdot 10^{-2}\,.$$

Es sei jetzt als Vergleich eine Kettenfahrleitung von 73 m Spannweite betrachtet, deren charakteristische Größen in Abhängigkeit von der Temperatur in Abb. 248 dargestellt sind. Bei + 40° ist hier ein Durchhang Δf des Fahrdrahts von 14 cm vorhanden. Der Knickwinkel ist hier also

$$\alpha = \frac{4 \cdot 0{,}14}{73} = 0{,}767 \cdot 10^{-2}\,.$$

Ein Vergleich des Knickwinkels bei der Straßenbahnaufhängung und der betrachteten Kettenfahrleitung ergibt also, daß die Straßenbahnaufhängung trotz kleinerer Spannweite einen viermal so großen Knickwinkel besitzt, d. h. also, daß sie wesentlich ungünstiger ist.

Es sei erwähnt, daß der Vergleich der Knickwinkel bei zwei verschiedenen Fahrleitungen nur korrekt ist, wenn beide Fahrleitungen in der Konstruktion der Aufhängestützpunkte gleichartig ausgebildet sind. Es ist möglich, daß eine Fahrleitung mit einem größeren Knickwinkel trotzdem gut arbeitet, wenn die Aufhängepunkte weich ausgebildet sind.

IV. Der Einfluß des Windabtriebes und der Kurven auf die Fahrleitung.

A. Der Windabtrieb auf der geraden Strecke.

1. Normale Fahrleitungen.

Bei Fahrleitungen, die für Bügelbetrieb bestimmt sind, muß der Fahrdraht im Zickzack verlegt sein, damit die Schleifstücke sich gleichmäßig abnutzen. Die Zickzackführung kann so ausgebildet werden, daß an jedem Stützpunkt die Richtung des Fahrdrahts sich ändert (siehe Abb. 250a) oder sie kann auch so durchgeführt werden, daß erst nach mehreren Spannweiten eine Winkeländerung des Fahrdrahts eintritt (s. Abb. 250b). Auf jeden Fall darf die Zickzackführung nur so groß sein, daß der Fahrdraht sich immer innerhalb des Bereiches des Schleifstückes befindet. Den Wechsel des Zickzacks nach jeder Spannweite führt man meist bei Kettenfahrleitungen aus, während die andere Art oft bei Straßenbahnaufhängung angewendet wird.

Bei Fahrleitungen ist zu beachten, daß der Fahrdraht bei Seitenwind aus der Gleismitte abgetrieben wird. Der Windabtrieb, gemessen von Gleismitte aus, darf jedoch die Bügelbreite nicht überschreiten, um Bügelentgleisung zu vermeiden. Das zulässige Maß des Windabtriebes von Gleismitte aus wählt man etwas kleiner als die halbe Bügelbreite. Es sei mit r bezeichnet. Die Reichsbahn schreibt vor, daß bei ihren Fahrleitungen bei Berechnung des Windabtriebes eine Windgeschwindigkeit von 31 m/sec zugrunde gelegt werden soll. Die Windkraft in kg pro m Draht ist bei dieser Geschwindigkeit und rundem Rillendraht 0,07 × Durchmesser (Durchmesser in mm). Hierzu kommen bei Kettenfahrleitungen kleine Zuschläge für Klemmen bzw. Hängedrähte. Die Größe des Windabtriebes u sei im folgenden berechnet.

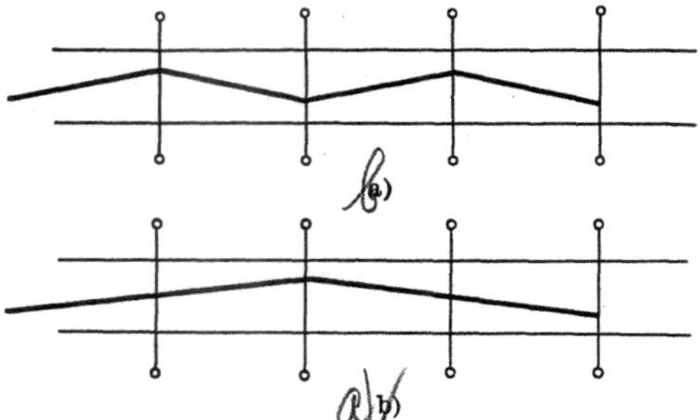

Abb. 250. Zickzackwechsel.
a) über mehrere Spannweiten, b) nach jeder Spannweite.

Es sei ein Fahrdraht von der Spannweite $2l$ im Grundriß betrachtet (s. Abb. 251), der durch Seitenwind senkrecht zu seiner Längsachse belastet ist. Der gleichmäßig verteilte Winddruck auf den Fahrdraht pro Längeneinheit ist W_2 und die Zugspannung ist S_2*. Es sei die Gleichgewichtsbedingung an der Stelle x abgeleitet.

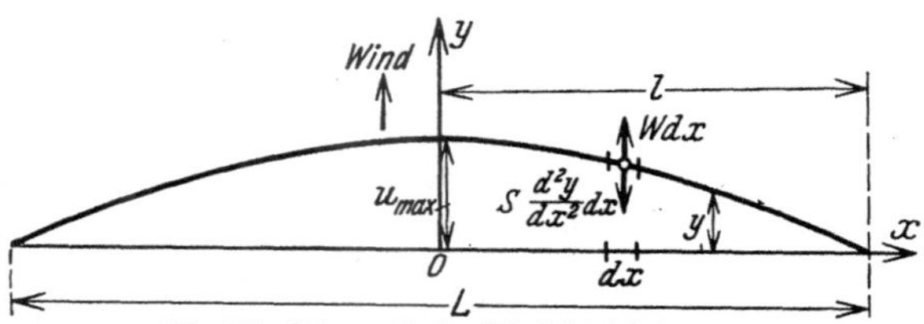

Abb. 251. Schematische Windabtriebskurve.

Betrachtet man ein kleines Drahtelement von der Länge dx, so greift an ihm die Windkraft $W_2\,dx$ an. Diese Kraft findet ihr Gleichgewicht durch eine gleich große entgegengesetzt gerichtete Kraft, welche durch die Krümmung des Fahrdrahts hervorgerufen wird. Diese Kraftkomponente ist, wie bereits auf S. 275 abgeleitet, jedoch unter Berücksichtigung des Vorzeichens:

$$-S_2\frac{d^2y}{dx^2}\,dx.$$

Es gilt also die Gleichung

$$-S_2\frac{d^2y}{dx^2}=W_2 \quad \text{oder} \quad S_2\frac{d^2y}{dx^2}=-W_2. \tag{190}$$

Integriert ergibt sich

$$S_2\frac{dy}{dx}=-W_2x+c_1,$$

wobei die Integrationskonstante $c_1=0$ ist, da für $x=0$: $\frac{dy}{dx}=0$

* In der Abb. 251 ist der Allgemeinheit halber W und S gesetzt, da sie sich nicht nur auf Fahrdraht, sondern auch auf Tragseil bezieht.

ist. Eine weitere Integration liefert

$$S_2 y = -\frac{W_2}{2} x^2 + c_2. \tag{191}$$

Die Integrationskonstante c_2 findet man aus der Bedingung, daß für $x = l$, $y = 0$ sein muß. Es ist also

$$c_2 = \frac{W_2}{2} l^2.$$

Setzt man diesen Wert in Gleichung (191) ein, so ergibt sich

$$y = \frac{W_2}{2 S_2} (l^2 - x^2). \tag{192}$$

Dies ist die Gleichung einer Parabel, deren Scheitel bei $x = 0$ liegt und von der x-Achse den Abstand

$$\boldsymbol{u = \frac{1}{2} \frac{W_2}{S_2} l^2 = \frac{1}{8} \frac{W_2}{S_2} L^2} \tag{193}$$

besitzt.

Die oben abgeleiteten Gleichungen gelten streng genommen nur für einen horizontal verlegten Draht, dessen Zugspannung S_2 sich auch bei Wind nicht ändert, was bei nachgespanntem Fahrdraht streng zutrifft. Mit genügender Genauigkeit kann diese Formel auch für die Straßenbahnaufhängung angewendet werden. Bei Windabtrieb wird zwar hier die Zugspannung im Fahrdraht etwas zunehmen, jedoch nicht erheblich.

Bei Kettenfahrleitungen können die Formeln in erster Annäherung für den Windabtrieb des Fahrdrahtes und auch des Tragseils angewendet werden. Es ist hier jedoch zu beachten, daß Fahrdraht und Tragseil, jedes für sich betrachtet, einen verschiedenen Windabtrieb haben werden. Die Folge ist, daß beide sich gegenseitig wegen der Verbindung durch die Hängedrähte etwas beeinflussen. Die Beeinflussung ist um so geringer, je länger die Hängedrähte sind. Nimmt man beispielsweise an, daß das Tragseil einen geringeren Abtrieb hat als der Fahrdraht, so gibt die Formel für den Fahrdraht zu ungünstige Werte. Da die rechnerische Ermittlung der gegenseitigen Beeinflussung zwischen Fahrdraht und Drahtseil sehr schwierig ist, rechnet man im allgemeinen so, als ob der Fahrdraht vollkommen frei beweglich wäre. Um sicher zu gehen, kann man noch ausrechnen, wie groß der Windabtrieb des Tragseils für sich betrachtet ist, und dann schätzen, ob eine nennenswerte Beeinflussung vorhanden sein wird.

Beispiel. Es sei eine Kettenfahrleitung betrachtet, deren Windabtrieb bei $+10^0$ ermittelt werden soll. Gegeben sind folgende Größen: Fahrdrahtquerschnitt 100 mm², Winddruck auf Fahrdraht 0,9 kg/m, Tragseilquerschnitt 50 mm², Winddruck auf Tragseil 0,7 kg/m, Spannweite $2\,l = L = 73$ m, Fahrdrahtspannung $S_2 = 1000$ kg, Tragseilspannung bei $+10^0$ (s. Abb. 248) 970 kg. Es sei zunächst angenommen, der Fahrdraht falle mit Gleismitte zusammen, es sei also keine Zickzackführung vorhanden. Der Windabtrieb für den Fahrdraht ergibt sich also zu

$$u_2 = \frac{1}{8} \cdot \frac{0{,}9}{1000} \cdot 73^2 = 0{,}6\ \text{m}\,,$$

der Windabtrieb für das Tragseil zu

$$u_1 = \frac{1}{8} \cdot \frac{0,7}{970} \cdot 73^2 = 0,48 \text{ m}.$$

Der Windabtrieb für das Tragseil ist also etwas kleiner als der des Fahrdrahts. In Wirklichkeit wird also der Fahrdraht etwas weniger stark und das Tragseil etwas stärker abgeweht, als es sich nach der Rechnung ergibt. Da jedoch die zwischen Fahrdraht und Tragseil geschalteten Hängedrähte in ihrer Wirkungsweise weichen Federn in bezug auf Horizontalverschiebung gleich zu setzen sind, werden die tatsächlichen Abweichungen von diesen Werten nicht groß sein. Ein weiterer Anhaltspunkt für die Beurteilung der Genauigkeit der Rechnung ergibt sich, wenn man annimmt, daß Fahrdraht und Tragseil in bezug auf Horizontalverschiebung starr miteinander verbunden wären. In die Gleichung des Windabtriebes muß dann für die Windkräfte $W_1 + W_2$ und für die Zugspannungen $S_1 + S_2$ eingesetzt werden. Auf unser Beispiel angewendet ergibt sich

$$u = \frac{1}{8} \frac{0,7 + 0,9}{970 + 1000} \cdot 73^2 = 0,54 \text{ m}.$$

Dieser Wert liegt etwa in der Mitte zwischen dem Wert für den Windabtrieb des Fahrdrahts und dem des Tragseils. Der tatsächliche Windabtrieb des Fahrdrahts wird also zwischen 0,54 und 0,6 m liegen; er wird sich dem Wert 0,6 um so mehr nähern, je länger die Hängedrähte sind.

Bis jetzt wurde der Fall betrachtet, daß Fahrdraht und Tragseil in Gleismitte verlaufen, also keine Zickzackführung aufweisen. Es sei nun der Fall mit symmetrischer Zickzackführung behandelt. In Abb. 252 sind die Verhältnisse dargestellt und die Lage des Fahrdrahts mit und

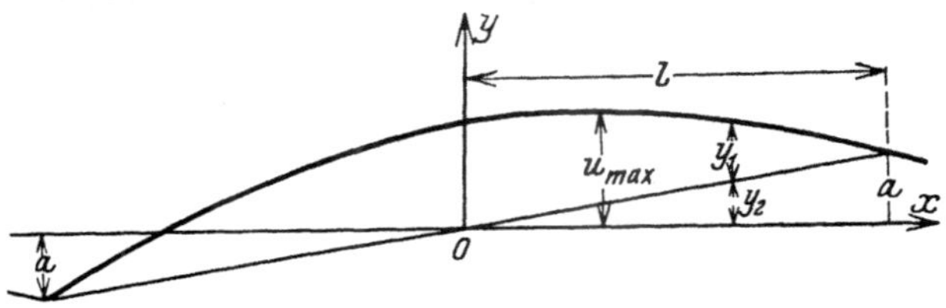

Abb. 252. Windabtrieb bei Zickzackführung.

ohne Windabtrieb aufgezeichnet. Die Zickzackführung des Fahrdrahts sei a. Die maximale Abweichung des Fahrdrahts von Gleismitte bei Wind ist jetzt nicht mehr in der Mitte der Spannweite, sondern etwas außerhalb vorhanden, und diese Größe, die mit $u_{\max}$ bezeichnet ist, sei jetzt berechnet. Der absolute Windabtrieb y_1, gemessen von der Ruhelage des Fahrdrahts, ist auch im vorliegenden Fall, wie leicht nachzuweisen, genau der gleiche wie in Abb. 251. Für ihn gilt

$$y_1 = \frac{1}{2} \frac{W_2}{S_2} (l^2 - x^2). \tag{192}$$

Die Gleichung des Fahrdrahts, bezogen auf ein Koordinatensystem, dessen Abszisse mit der Gleisachse zusammenfällt, ist

$$y_2 = \frac{a}{l} x. \tag{194}$$

Die Abweichung des Fahrdrahts von Gleismitte ist also

$$u = y_1 + y_2$$

oder

$$u = \frac{1}{2} \frac{W_2}{S_2} (l^2 - x^2) + \frac{a}{l} x . \tag{195}$$

Es interessiert die maximale Abweichung des Fahrdrahts von Gleismitte. Zu ihrer Bestimmung wird der Differentialquotient gebildet und gleich Null gesetzt. Er ergibt sich

$$\frac{du}{dx} = - \frac{W_2}{S_2} x + \frac{a}{l} . \tag{196}$$

Hieraus folgt, daß das Maximum an der Stelle

$$x = \frac{a}{l} \frac{S_2}{W_2} \tag{197}$$

vorhanden ist. Setzt man Gleichung (197) in Gleichung (195) ein, so ergibt sich nach kleiner Umformung

$$u_{max} = \frac{1}{2} \left(\frac{W_2}{S_2} l^2 + \frac{a^2}{l^2} \frac{S_2}{W_2} \right) . \tag{198}$$

In dieser Gleichung bedeutet das erste Glied den Windabtrieb, der ohne Zickzackführung vorhanden ist, und das zweite Glied gibt den Einfluß der Zickzackführung an.

Beispiel. Es sei festgestellt, wie groß der Einfluß einer Zickzackführung von 0,6 m ist bei den Verhältnissen des Beispiels auf S. 294. Der Windabtrieb ohne Berücksichtigung der Zickzackführung war dort zu 0,6 m festgestellt. Für das Zusatzglied der Gleichung (198) ergibt sich

$$\frac{a^2}{l^2} \frac{S_2}{W_2} = \left(\frac{0,6}{36,5} \right)^2 \frac{1000}{0,9} = 0.15 \text{ m}.$$

Der Gesamtwindabtrieb ist also

$$u_{max} = 0,6 + 0,15 = 0,75 \text{ m} .$$

Der Windabtrieb ist also durch die Zickzackführung um 15 cm, d. h. um 25% größer geworden. Der Einfluß der Zickzackführung wird allerdings etwas geringer, wenn das Maß a der Zickzackführung kleiner ist. Immerhin zeigt das Beispiel, daß sich die Zickzackführung für die Abweichung des Fahrdrahts aus Gleismitte bei Wind ungünstig auswirkt.

Die Gleichung (198) gestattet die Berechnung des Windabtriebes bei gegebener Fahrleitung. Meist ist die Aufgabenstellung jedoch eine andere, d. h. der zulässige Windabtrieb ist gegeben, und gefragt ist, wie groß kann die Spannweite einer Kettenfahrleitung gewählt werden, ohne daß der maximale Windabtrieb überschritten wird? Die Vergrößerung der Spannweite wird angestrebt, weil die Fahrleitung dadurch billiger wird (Ersparnis an Isolatoren und Masten). Rechnet man die Gleichung (198) nach l um, so ergibt sich hierfür

$$l_{max} = \sqrt{\frac{S_2}{W_2} \left(u_{max} + \sqrt{u_{max}^2 - a^2} \right)} . \tag{199}$$

Der zulässige Windabtrieb sei z. B. für eine Überlandbahn mit Rücksicht auf die Bügelbreite mit $u_{max} = 0,6$ m bei einer Zickzackführung von $a = 0,4$ m gegeben. Es komme Fahrdraht von 100 mm² zur Verwendung, der mit $S_2 = 1000$ kg verlegt ist. Gefragt ist nach der maximal zulässigen Spannweite $2\,l_{max}$ (Mastentfernung). Als Windkraft sei die bei 31 m Windgeschwindigkeit pro Sekunde gültige, nämlich 0,9 kg/m, eingesetzt. Es ergibt sich für die größte zulässige Spannweite

$$2\,l_{\max} = 2\sqrt{\frac{1000}{0{,}9}}\left(0{,}6 + \sqrt{0{,}6^2 - 0{,}4^2}\right) = 68\,\mathrm{m}\,,$$

d. h. es ist mit Rücksicht auf den Windabtrieb nur eine maximale Spannweite von 68 m zulässig.

Gelegentlich tritt der Fall ein, daß die Zickzackführung innerhalb einer Spannweite nicht symmetrisch zur Gleismitte ist, z. B. dort, wo sie sich über mehrere Spannweiten erstreckt. Ein solcher Fall ist in Abb. 253 dargestellt. Um die maximale Abweichung des Fahrdrahts aus Gleismitte bei Wind zu berechnen, wird dieser Fall auf den zuerst behandelten mit symmetrischer Zickzackführung zurückgeführt. Man

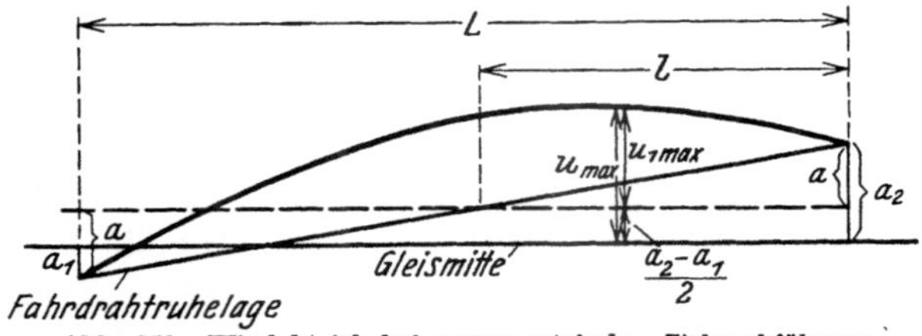

Abb. 253. Windabtrieb bei unsymmetrischer Zickzackführung.

denke sich eine Hilfsgerade (in der Abb. 253 gestrichelt gezogen), welche die normale Fahrdrahtlage in der Mitte der Spannweite trifft. Bezogen auf diese neue Gerade hat der Fahrdraht eine symmetrische Zickzackführung. Diese Zickzackführung a läßt sich aus den beiden tatsächlichen Mittenabweichungen a_1 und a_2 zu

$$a = \frac{a_1 + a_2}{2}$$

berechnen. Für die maximale Abweichung des Fahrdrahts, bezogen auf diese Hilfsgerade, gilt Gleichung (198), wenn dort $a = \frac{a_1 + a_2}{2}$ eingesetzt wird. Um die tatsächliche Abweichung des Fahrdrahts von der Gleismitte zu bestimmen, muß zu dem eben ermittelten Wert noch der Betrag zugezählt werden, um den die Hilfsgerade von der Gleismitte verschoben ist (s. Abb. 253). Dieser Betrag ist

$$a_2 - \frac{a_1 + a_2}{2} = \frac{a_2 - a_1}{2}\,.$$

Man bekommt also bei unsymmetrischer Zickzackführung für die maximale Abweichung des Fahrdrahts aus Gleismitte

$$u_{\max} = \frac{1}{2}\,\frac{W_2}{S_2}\,l^2 + \left(\frac{a_1 + a_2}{2\,l}\right)^2 \frac{S_2}{W_2} + \frac{a_2 - a_1}{2}\,. \tag{200}$$

2. Windschiefe Kettenfahrleitungen.

In den bisherigen Betrachtungen wurden nur Kettenfahrleitungen erwähnt, bei denen die Hängedrähte vertikal liegen, d. h. also, Fahrdraht und Tragseil decken sich im Grundriß und werden gleichsinnig im Zickzack geführt. Die Spannweite solcher Fahrleitungen ist, wie gezeigt, nicht durch das Temperaturverhalten, sondern durch den Windabtrieb begrenzt. Es wurde außerdem gezeigt, daß die Zickzackführung den Windabtrieb ungünstig beeinflußt (s. S. 296). Es liegt nun nahe, daß in der Praxis nach Lösungen gesucht wurde, den ungünstigen Einfluß der Zickzackführung auf den Windabtrieb zu kompensieren. Die Lösung dieses Problems sind die windschiefen Kettenfahrleitungen.

Man versteht unter einer windschiefen Kettenfahrleitung eine Fahrleitung, bei der die Hängedrähte zur Vertikalen geneigt stehen, also mit dem begrenzenden Fahrdraht und Tragseil eine windschiefe Fläche bilden. Fahrdraht und Tragseil sind dabei an den Masten durch Ausleger und Stützstreben gegeneinander verspannt (siehe Abb. 254). Es sei zunächst festgestellt, welche Gesetze in bezug auf den Windabtrieb für solche Fahrleitungen gelten.

Abb. 254. Windschiefe Kettenfahrleitung mit Ausleger (BBC).

Um auf das Windverhalten windschiefer Kettenfahrleitungen zu kommen, empfiehlt es sich, zunächst einige Hilfsbetrachtungen anzustellen. In Abb. 255a ist ein mit der Spannung S verlegter Draht dargestellt, den man sich gewichtslos denke. Wirkt auf diesen Draht eine Windkraft W, so erfährt er einen Windabtrieb, wobei sich die Krümmung der Windabtriebskurve so einstellt, daß an jeder Stelle die durch die Krümmung und die Drahtspannung hervorgerufenen Kräfte gleich den Windkräften sind. Unter der Annahme, daß die Spannung des Drahtes sich nicht ändert, ergibt sich, daß die Windabtriebskurve eine Parabel ist und daß der maximale Windabtrieb $\frac{1}{8}\frac{W}{S}L^2$ ($L =$ Spannweite) ist.

In Abb. 255b sind zwei parallele Drähte dargestellt, die beide in der Papierebene liegen mögen, ebenfalls gewichtslos gedacht und mit den Spannungen S_1 und S_2 belastet sind. Beide Drähte seien durch unendlich viel gewichtslose starre Drähte verbunden. An dem einen Draht greift die Windkraft W_1 und am anderen W_2 an. Offenbar verhält sich das Gebilde so, als ob nur ein Draht vorhanden wäre, der die Spannung $S_1 + S_2$ hat und an dem die Windkraft $W_1 + W_2$ angreift. Der Windabtrieb wird demnach $\frac{1}{8}\frac{W_1 + W_2}{S_1 + S_2}L^2$. Die starren Verbindungsdrähte, welche in der Ruhelage nicht beansprucht sind, werden bei Wind im allgemeinen Kräfte zu übertragen haben, da beide Drähte, für sich betrachtet, das Bestreben haben, einen verschieden großen Windabtrieb zu erfahren. Nur wenn $\frac{W_1}{S_1} = \frac{W_2}{S_2}$ ist, werden die Verbindungsdrähte bei Wind spannungslos sein, da dann beide, auch ohne Verbindungsdrähte, gleich weit abgeweht werden.

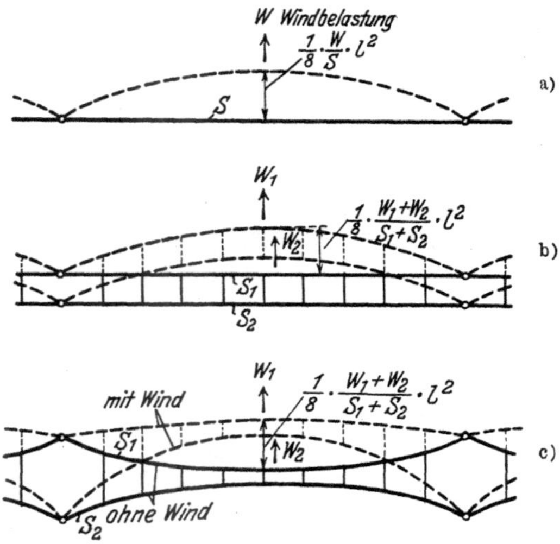

Abb. 255 a bis c. Einfach- und Doppeldrahtanordnungen.

Während bei dem Einfachdraht nach Abb. 255a der Wind den Draht so einstellt, daß an jeder Stelle die Krümmungskraft gleich der Windkraft ist, geschieht die Einstellung der Doppeldrahtanordnung nach Abb. 255b so, daß an jeder Stelle die Summe der Krümmungskräfte gleich der Summe der Windkräfte beider Drähte ist.

Die Abb. 255c zeigt zwei gewichtslose Drähte, ebenfalls in der Papierebene liegend, welche gegeneinander durch unendlich viele starre gewichtslose Drähte verspannt sind. An jeder Stelle bilden sich die Krümmungen so aus, daß die durch sie erzeugten Kräfte an Ort und Stelle im Verbindungsdraht aufgehoben werden. Wenn also kein Wind vorhanden ist, so ist an jeder Stelle die Summe der Krümmungskräfte gleich Null. Während bei der Anordnung nach Abb. 255b die Verbindungsdrähte in der Ruhelage spannungslos waren, haben also jetzt diese Verbindungsdrähte Kräfte zu übertragen.

Greifen an den Drähten die Windkräfte W_1 und W_2 an, so werden beide Drähte eine Lage einnehmen, die in der Abb. 255c gestrichelt eingezeichnet ist. Man erhält diese gestrichelten Kurven, wenn man die Windabtriebskurven der Anordnung Abb. 255b zu den dick ausgezogenen Kurven der Abb. 255c addiert. Durch diese Addition wird die Summe der Krümmungskräfte der abgetriebenen Drähte (Abb. 255c) gleich derjenigen der Anordnung Abb. 255b, da ja die Summe der ursprünglichen Krümmungskräfte der Anordnung Abb. 255c Null war. Da die verbleibenden Krümmungskräfte durch die Windkräfte kompensiert werden, ist die Berechtigung des Verfahrens damit erwiesen.

Es gilt also das allgemeine Gesetz, daß man bei einer beliebig verspannten Doppeldrahtanordnung die Windabtriebskurven erhält, wenn man zur Ruhelage der Drähte den relativen Windabtrieb als Parabel mit dem Maximum $u = \frac{1}{8}\,\frac{W_1 + W_2}{S_1 + S_2}\,L^2$ addiert.

Ein besonders wichtiger Fall liegt vor, wenn $\frac{W_1}{S_1} = \frac{W_2}{S_2}$ ist. Es war gefunden, daß, wenn diese Bedingung erfüllt ist, bei der unverspannten Doppeldrahtanordnung (Abb. 255b) die Verbindungsdrähte nicht beansprucht werden. Im vorliegenden Falle, wo die Verhältnisse entsprechend liegen, werden die Verbindungsdrähte ihre ursprünglich vorhandene Spannung nicht ändern. Es wird noch gezeigt, daß diese Erkenntnis bei den tatsächlichen windschiefen Kettenfahrleitungen von großer Wichtigkeit ist.

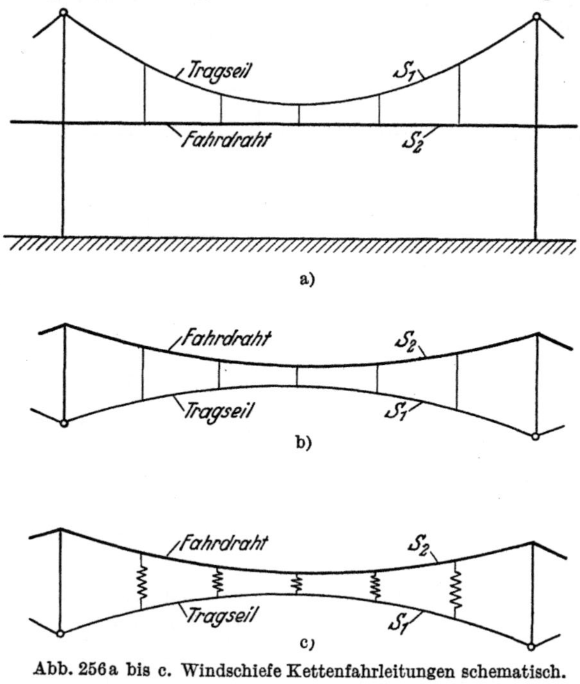

Abb. 256a bis c. Windschiefe Kettenfahrleitungen schematisch.

In Abb. 256a und 256b ist der Aufriß und Grundriß einer tatsächlichen windschiefen Kettenfahrleitung aufgezeichnet; an den Masten sind Fahrdraht und Tragseil (Fahrdraht dick, Tragseil dünn gezeichnet) gegeneinander verspannt und im Feld miteinander durch schiefstehende Hängedrähte verbunden (siehe Abbild. 264). Betrachtet man den Grundriß und versucht, das zuletzt Gefundene anzuwenden, so dürfen jetzt die Verbindungsdrähte nicht mehr als starr im Grundriß genommen werden, weil die Hängedrähte im Raum schief liegen. Man kann jedoch ein Ersatzschema (Abb. 256c) aufzeichnen, indem die Verbindungsdrähte durch Federn ersetzt sind. Diese Federn sind um so weicher, je senkrechter die Hängedrähte sind. Steht eine windschiefe Kettenfahrleitung unter Wind, so werden im allgemeinen Fahrdraht und Tragseil verschieden abgeweht, da ja im Grundriß die Verbindungsdrähte als elastisch aufzufassen sind. Ist jedoch $\frac{W_1}{S_1} = \frac{W_2}{S_2}$, so ist die Beanspruchung der Verbindungsdrähte in der Ruhelage und auch bei Wind dieselbe, d. h. die federnden Verbindungsdrähte werden sich nicht verlängern und nicht verkürzen. In diesem Falle also werden Fahrdraht und Tragseil gleich weit abgeweht. Dabei ist allerdings vorausgesetzt, daß Fahrdraht und Tragseilspannung sich bei Wind nicht ändern.

Es gilt also das Gesetz:

Ist S_1 und S_2 konstant und $\frac{W_1}{S_1} = \frac{W_2}{S_2}$, so werden Fahrdraht und Tragseil gleich weit abgeweht, und man erhält die Fahrdrahtlage bei Wind, wenn man den relativen Windabtrieb zur Ruhelage des Fahrdrahts als Parabel addiert. Der relative Windabtrieb ist dabei unabhängig von der speziellen Systemlage und hat die Form einer Parabel mit ihrem Maximum

$$u = \frac{1}{2} \frac{W_1 + W_2}{S_1 + S_2} l^2 = \frac{1}{8} \frac{W_1 + W_2}{S_1 + S_2} L^2. \tag{201}$$

Es fragt sich nun, ob diese Gesetze für die Praxis irgendwelchen Wert haben, da doch bestimmte Voraussetzungen nötig waren. Die erste Voraussetzung, daß S_1 und S_2 bei Wind sich nicht ändern sollen, ist in den meisten Fällen mit genügender Genauigkeit der Fall. Die Fahrdrahtspannung S_2 bleibt sowieso konstant, sofern eine Nachspannvorrichtung vorhanden ist. Die Tragseilspannung wird sich allerdings bei Wind etwas ändern, in den meisten Fällen jedoch unwesentlich. Die andere Bedingung $\frac{W_1}{S_1} = \frac{W_2}{S_2}$ wird im allgemeinen nicht erfüllt sein. Es zeigte sich bei Versuchen jedoch glücklicherweise, daß selbst größere Abweichungen von dieser Bedingung zulässig sind, ohne daß das oben angegebene Gesetz dadurch wesentlich beeinflußt wird. (Es sind um so größere Abweichungen zulässig, je schiefer die Hängedrähte stehen.) Es scheint hier ein ähnlicher Fall vorzuliegen wie bei vielen technischen Extremen, bei denen die Maxima und Minima meist so flach verlaufen, daß größere Abweichungen von den theoretischen Bedingungen zulässig sind, ohne daß eine wesentliche Änderung der in Frage kommenden Funktion eintritt.

Bei den meisten praktischen Verhältnissen ist die Bedingung $\frac{W_1}{S_1} = \frac{W_2}{S_2}$ wenigstens annähernd erfüllt. Um ein praktisches Beispiel zu nennen, ist bei einer ausgeführten Kettenfahrleitung bei $+10^0$ die Tragseilspannung $S_1 = 970$ kg, die Fahrdrahtspannung $S_2 = 1000$ kg, $W_1 = 0{,}7$ kg und $W_2 = 0{,}9$ kg. In diesem Fall ist

$$\frac{W_1}{S_1} = \frac{0{,}7}{970} = 7{,}22 \cdot 10^{-4}; \qquad \frac{W_2}{S_2} = 9 \cdot 10^{-4}.$$

Auch bei diesen Abweichungen gilt das Gesetz noch sehr genau.

Es sind durch obige Betrachtungen auf jeden Fall die Grundlagen gewonnen, um windschiefe Kettenfahrleitungen hinsichtlich ihres Windabtriebes beurteilen zu können, und es sollen zunächst einige Beispiele gebracht werden. In Abb. 257a und 257b sind zwei windschiefe Kettenfahrleitungen im Grundriß gezeichnet. Der Aufriß ist in beiden Fällen entsprechend Abb. 256a. Die Zickzackführung des Fahrdrahtes sowie sämtliche anderen Bestimmungsstücke, wie Fahrdraht- und Tragseilspannung und Durchhang, mögen in beiden Fällen gleich sein.

Wie gezeigt, ist der relative Windabtrieb in beiden Fällen wenigstens annäherungsweise gleich. Um die Lage des Fahrdrahtes bei Wind zu erhalten, ist in beiden Fällen der gleiche relative Windabtrieb zur Ruhelage des Fahrdrahtes zu addieren; es ergeben sich dann die gestrichelten Kurven. Man sieht sofort, daß die maximale Abweichung des Fahrdrahtes bei Wind aus der Gleismitte im ersten Falle bedeutend größer ist als im zweiten. Man kann also ohne weiteres urteilen, daß die Kette mit gleichsinniger Zickzackführung von Fahrdraht und Tragseil (Abb. 257a) ein schlechtes Windverhalten hat und die mit entgegengesetzter (Abb. 257b) ein gutes.

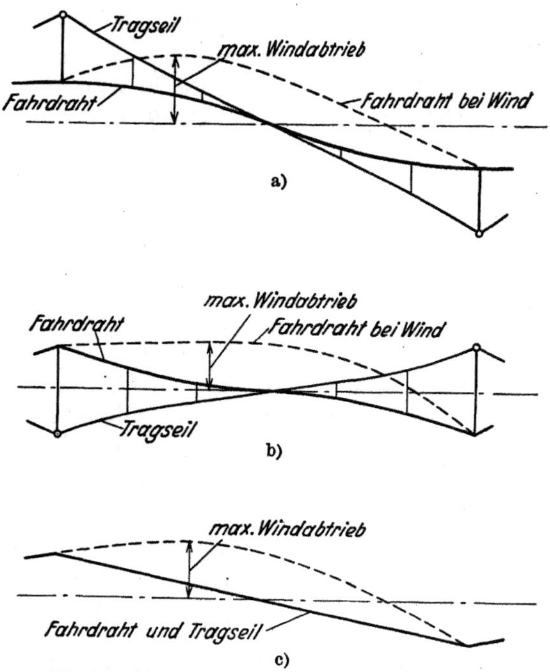

Abb. 257a bis c. Vergleich dreier Systeme in bezug auf Windverhalten.

Um einen Vergleich mit der Normalkette (vertikale Hängedrähte) zu ermöglichen, ist dieselbe in Abb. 257c im Grundriß ebenfalls bei gleichen Bestimmungsstücken dargestellt. Nimmt man auch hier denselben relativen Windabtrieb, so gilt, daß bezüglich der Güte des Windverhaltens die windschiefe Kettenfahrleitung der Abb. 257b am besten ist. Dann kommt die Normalkette der Abb. 257c und als

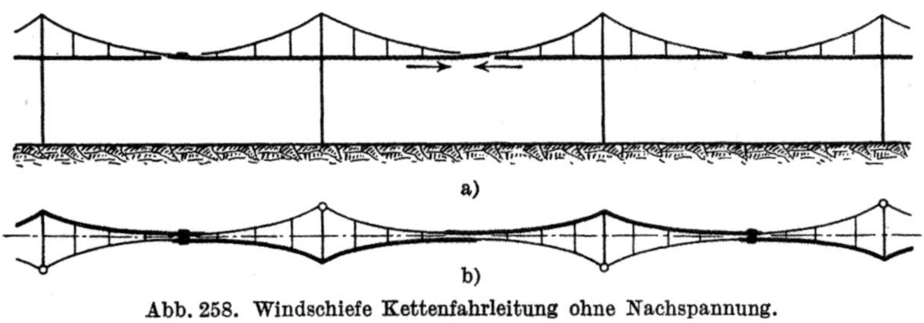

Abb. 258. Windschiefe Kettenfahrleitung ohne Nachspannung.
a) Aufriß, b) Grundriß.

schlechteste die windschiefe Kette mit gleichsinniger Zickzackführung. Es läßt sich außerdem zeigen und wurde auch experimentell bestätigt, daß das Temperaturverhalten der drei Ketten vollkommen gleich ist.

Wendet man die oben gefundenen Ergebnisse bei einer Kettenfahrleitung ohne besondere Nachspannvorrichtung an, wie sie auf S. 284 beschrieben ist, so ergibt sich eine Aufriß- und Grundrißanordnung für Fahrdraht und Tragseil, wie in Abb. 258a und 258b dargestellt. In den geometrischen Eigenschaften entspricht diese Fahrleitung vollkommen derjenigen der Abb. 257b. In bezug auf den Windabtrieb ist die Anordnung sogar noch besser.

Der Grund dafür liegt in der Erscheinung, daß bei Wind der dem Wind zugekehrte Strang eine beträchtliche Spannungszunahme erfährt infolge der Verlängerung des Parabelbogens, während die Spannungsabnahme im anderen Strange sehr viel geringer ist. (Die Parabellänge wird hier kleiner, jedoch nicht um so viel wie der andere Parabelbogen länger geworden ist.)

Dies, in Verbindung mit der Eigenschaft, daß dort, wo der Windabtrieb am größten, der Fahrdraht in der Spannweite mit der Gleismitte zusammenfällt, erklärt das ausgezeichnete Windverhalten dieser Kette.

Abb. 259. Halbwindschiefe Kettenfahrleitung (AEG).

Eine Art der windschiefen Kettenfahrleitung mit entgegengesetzter Zickzackführung ist die sogenannte halbwindschiefe Fahrleitung. Sie entsteht aus der Fahrleitung mit vertikalen Hängedrähten, indem man das Tragseil an gleich langen Auslegern über Gleismitte führt und nur die Stützstreben des Fahrdrahtes entsprechend der Zickzackführung lang oder kurz macht (s. Abb. 259). Ihr Vorteil besteht darin, daß also Ausleger für das Tragseil alle gleich lang gemacht werden können, während bei Zickzackführung des Tragseiles verschiedene Längen der Ausleger notwendig sind. Da diese Fahrleitung nur sehr wenig windschief ist und die Hängedrähte fast senkrecht sind, entspricht auch der Windabtrieb praktisch fast derjenigen der Kettenfahrleitung mit geraden Hängedrähten.

B. Fahrdrahtverlegung in Kurven.

In Kurven erfordert die Fahrdrahtverlegung besondere Sorgfalt auch ohne Berücksichtigung des Windabtriebes, damit der Fahrdraht nirgends aus dem Bügelbereich kommt. Die Abb. 260 zeigt eine Kurve vom Kurvenradius R. Eingezeichnet ist die Gleismitte sowie die Begrenzungen des zulässigen Bügelbereiches k_1 und k_2. Es sei zunächst angenommen, daß der Bügel auf dem Fahrzeug so befestigt ist, daß seine Mitte mit der Gleismitte zusammenfällt. Dies gilt also nur für Fahrzeuge, bei denen der Bügel über dem Drehgestell angeordnet ist. Ist der Bügel dagegen in Mitte Achsstand befestigt, so treten bei kleinen Kurvenradien Abweichungen der Bügelmitte von der Gleismitte auf, die berücksichtigt werden müssen. Der Abstand der beiden Begrenzungsbögen k_1 und k_2 von Gleismitte sei mit r bezeichnet. Eingezeichnet ist

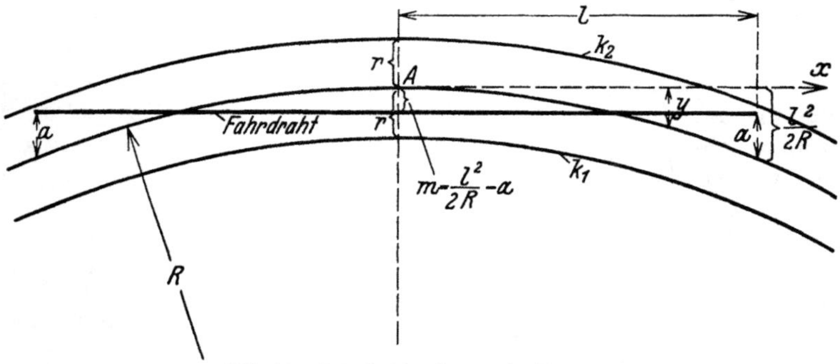

Abb. 260. Fahrdrahtverlegung in Kurven.

der Fahrdraht für eine Spannweite $2l$, wobei er an den Stützpunkten von der Gleismitte den Abstand a hat (entspricht Zickzackführung in der Geraden). Streng genommen müßte a radial gemessen werden. Mit Rücksicht auf einfache Rechnung und die vorkommenden flachen Bögen mißt man a senkrecht zum Fahrdraht. Es interessiert zunächst der Abstand, den der Fahrdraht in der Mitte der Spannweite von Gleismitte hat. Es ist bekannt, daß man einen flachen Kreisbogen näherungsweise durch eine Parabel ersetzen kann, deren Gleichung

$$y = \frac{x^2}{2R} \quad \text{(Beweis s. S. 309)} \tag{202}$$

ist, wobei R der Krümmungsradius ist. Dabei ist die x-Achse die Tangente im Punkt A an den Kreis (s. Abb. 260) und y die senkrechten Abstände des Kreisbogens von der x-Achse. Am Ende der Spannweite, also im Abstande l vom Punkte A, ist dieser Abstand $\frac{l^2}{2R}$. Der gesuchte Abstand des Fahrdrahtes in Mitte der Spannweite von Gleismitte ist dann $\frac{l^2}{2R} - a$. Dieser Abstand muß auf jeden Fall kleiner sein als r, damit der Fahrdraht innerhalb des Bügelbereiches liegt (ohne Berücksichtigung des Windabtriebes). Es gilt also die Gleichung

$$\frac{l^2}{2R} - a \leqq r$$

oder

$$\boldsymbol{l \leqq \sqrt{2R(a + r)}}. \qquad \textbf{(203)}$$

Beispiel. Innerhalb einer Stadt sei eine Straßenbahnfahrleitung durch eine Kurve vom Radius $R = 50$ m geführt. Ein Windabtrieb ist dort nicht zu berücksichtigen. Es sei die Bedingung gestellt, daß die größte Abweichung des Drahtes von der Gleismitte nirgends größer als 0,4 m ist. (Dabei kann der zulässige Bügelbereich natürlich größer sein.) Die Zickzackführung sei 0,4 m. Gefragt ist nach der größten zulässigen Spannweite $2l$. Nach Gleichung (203) ergibt sich

$$l = \sqrt{2 \cdot 50\,(0{,}4 + 0{,}4)} = 8{,}95 \text{ m}$$

und daraus die größte Spannweite zu $2l = 17{,}9$ m.

Diese Berechnungsweise gilt, wenn Bügelmitte und Fahrdrahtmitte zusammenfallen. Oft liegen die Verhältnisse so, daß diese Bedingung nicht erfüllt ist. Fährt beispielsweise ein großer Triebwagen, dessen Stromabnehmer in Wagenmitte angeordnet ist, durch eine enge Kurve, so bildet die Achse des Wagenkastens eine Sehne zur Gleismitte, und

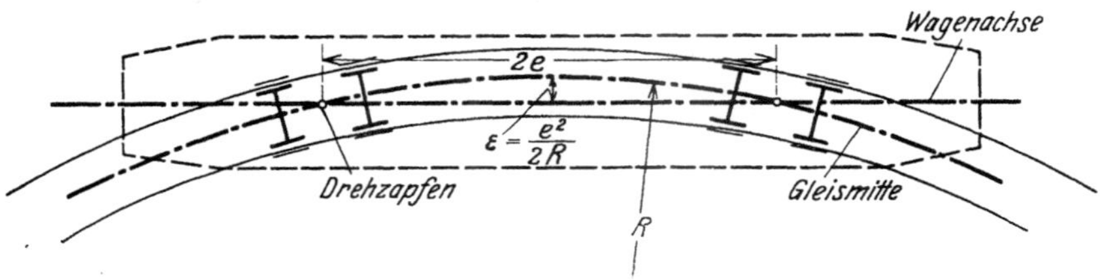

Abb. 261. Abweichung der Bügelmitte von Gleismitte in Kurven.

die Stromabnehmermitte, die ja mit der Wagenmitte zusammenfällt, liegt jetzt in einem Abstand ε von Gleismitte (s. Abb. 261). Ist der Achsstand bzw. Drehzapfenabstand des Fahrzeugs gleich $2e$, so gilt

$$\varepsilon = \frac{e^2}{2R}. \qquad (204)$$

Da sich die Bahn der Bügelmitte um den Betrag ε nach dem Kurvenmittelpunkt verschiebt, erfahren auch die Kreisbögen k_1 und k_2 für den zulässigen Bügelbereich eine Verschiebung um ε im gleichen Sinne. Der Abstand der Aufhängepunkte des Fahrdrahtes von dem Kreisbogen, der die Bügelmitte beschreibt, ist also

$$a' = a + \varepsilon = a + \frac{e^2}{2R}. \qquad \textbf{(205)}$$

Es gilt also die bereits abgeleitete Gleichung (203), wenn man statt a die Größe

$$a' = a + \frac{e^2}{2R}$$

einführt, also

$$l \leqq \sqrt{2R(a' + r)}. \qquad \textbf{(206)}$$

In der Praxis liegen die Verhältnisse nicht immer derart einfach, daß man die Spannweite nach einfachen Formeln berechnen kann. Oft liegt der eine Stützpunkt noch in der Geraden, während der andere schon in die Kurve fällt. In einem solchen Fall kann man entweder durch Zeichnung oder durch Hilfsrechnungen, die jedoch den jeweiligen Betriebsbedingungen angepaßt sein müssen, die Abstände bestimmen (s. S. 308).

C. Windabtrieb in Kurven.

Es sei jetzt das Verhalten des Fahrdrahtes in Kurven unter Berücksichtigung des Windabtriebes ermittelt. Am besten geht man von der Abb. 262 aus, wobei wieder angenommen ist, daß Gleismitte mit

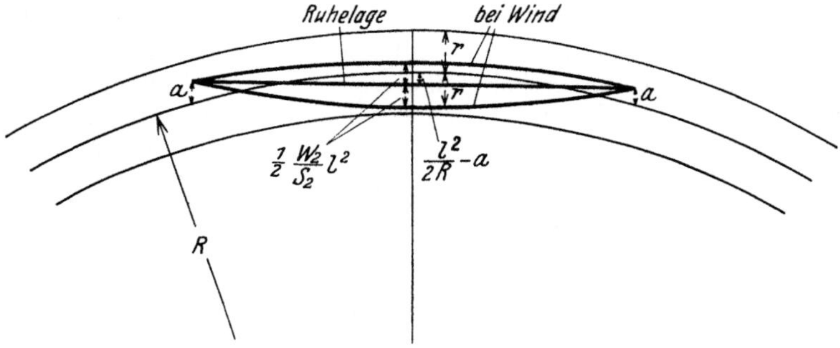

Abb. 262. Windabtrieb in Kurven.

Bügelmitte zusammenfalle. Ist dies nicht der Fall, so ist statt a der Wert $a' = a + \frac{e^2}{2R}$ einzusetzen. Der Allgemeinheit halber ist in den folgenden Gleichungen statt a gleich a' geschrieben. Es sei zunächst angenommen, der Windabtrieb erfolge nach dem Krümmungsmittelpunkt zu. Der Windabtrieb, gemessen von der Ruhelage des Fahrdrahtes aus, ist $\frac{1}{2}\frac{W_2}{S_2}l^2$. Auf jeden Fall muß, damit keine Bügelentgleisung stattfindet, wie aus der Abb. 262 zu erkennen,

$$\frac{l^2}{2R} - a' + \frac{1}{2}\frac{W_2}{S_2}l^2 \leqq r \tag{207}$$

sein. Setzt man in dieser Formel das Gleichheitszeichen, so ergibt sich nach kleiner Umformung als Grenzwert

$$\boldsymbol{l = \sqrt{2}\sqrt{\frac{a' + r}{\frac{W_2}{S_2} + \frac{1}{R}}}}. \tag{208}$$

Es besteht jedoch noch die Möglichkeit, daß der Windabtrieb, der vom Krümmungsmittelpunkt weg gerichtet ist, außerhalb des zulässigen Bügelbereiches kommt, so daß auch dieser Fall noch untersucht werden muß. (Dieser Fall ist von Bedeutung bei sehr großen Krümmungsradien.) Der Windabtrieb von Gleismitte aus nach oben gemessen ist ebenfalls $\frac{1}{2}\frac{W_2}{S_2}l^2$. Damit keine Bügelentgleisung stattfindet, muß die Bedingung erfüllt sein

$$\frac{1}{2}\frac{W_2}{S_2}l^2 \leqq \frac{l^2}{2R} - a' + r\,. \tag{209}$$

Kombiniert man die beiden Ungleichungen (207) und (209), so ergibt sich

$$\frac{l^2}{2R} + \frac{1}{2}\frac{W_2}{S_2}l^2 - r \leqq a' \leqq \frac{l^2}{2R} - \frac{1}{2}\frac{W_2}{S_2}l^2 + r \tag{210}$$

als allgemeine Bedingung für eine einwandfrei verlegte Fahrleitung in Kurven.

Beispiel. Der Stützpunktabstand von Gleismitte a sei 0,4 m, der zulässige Bügelbereich $r = 0{,}6$ m, der Krümmungsradius 300 m, Windkraft $W = 0{,}9$ kg/m, Zugspannung $S = 1000$ kg (Bügelmitte liege in Gleismitte, also $a' = a$). Es ergibt sich die zulässige Spannweite zu

$$2l = 2\sqrt{2}\sqrt{\frac{0{,}4 + 0{,}6}{\frac{0{,}9}{1000} + \frac{1}{300}}} = 43{,}4\,\mathrm{m}\,.$$

Es ist noch zu prüfen, ob die so ermittelte Spannweite auch der rechten Seite der Ungleichung genügt. Durch Einsetzen der Werte findet man, daß dies der Fall ist:

$$0{,}4 \leqq \frac{21{,}7^2}{2\cdot 300} - \frac{1}{2}\frac{0{,}9}{1000}\cdot 21{,}7^2 + 0{,}6 = 1{,}176\,\mathrm{m}\,.$$

D. Windschiefe Fahrleitungen in Kurven.

Eine windschiefe Kettenfahrleitung, die sich für Kurven sehr gut eignet, zeigt die Abb. 263a und b (im Grundriß) und eine praktisch ausgeführte Fahrleitung dieser Art Abb. 264.

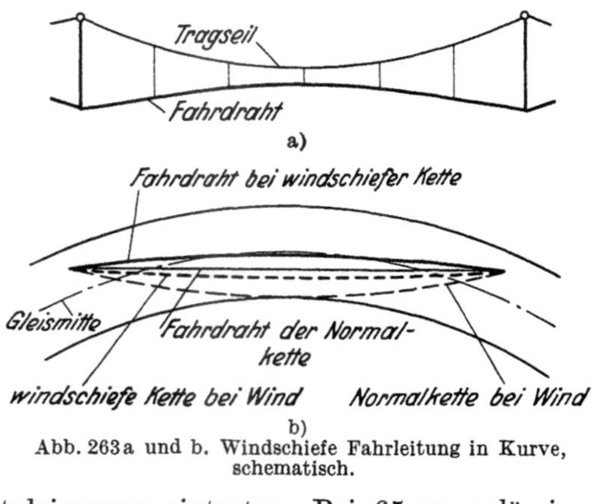

Abb. 263a und b. Windschiefe Fahrleitung in Kurve, schematisch.

In Abb. 263b sind die Verhältnisse für die Kurven sowohl für eine Kette mit geraden Hängedrähten als auch für obige windschiefe Kettenfahrleitung dargestellt. Der mittlere Kreisbogen gibt die Kurvenmitte an (Gleismitte), während die beiden äußeren den zulässigen Bügelbereich angeben, innerhalb dessen sich der Fahrdraht befinden muß, damit keine Bügelentgleisungen eintreten. Bei 65 cm zulässiger Seitenlage wäre also der Abstand der beiden äußeren Kreise gleich 1,30 m. Die dünn gezeichnete Linie gibt die Fahrdrahtlage für die Normalkette an und die dünn gestrichelte ihre Lage bei Wind. Die Verhältnisse sind so gewählt, daß bei einer vorgeschriebenen Zickzackführung der maximal zulässige Windabtrieb gerade erreicht wird.

Abb. 264. Ausgeführte Kurve einer windschiefen Fahrleitung. (BBC.)

Betrachtet man jetzt die Fahrdrahtlage der windschiefen Kette (Tragseil ist nicht eingezeichnet), welche kräftig ausgezogen ist, und nimmt man gleichen Windabtrieb an, so bekommt man die dick gestrichelte Kurve und man erkennt, daß man mit dem abgewehten Fahrdraht sich noch nicht an den Grenzen des zulässigen Bereiches befindet. Man kann also die Spannweite vergrößern und erreicht damit unbedingt wirtschaftliche Vorteile. In Abb. 265 ist die zulässige Spannweite für beide Systeme in Abhängigkeit vom Kurvenradius bei einem Zickzack von $a = 0{,}5$ m aufgezeichnet und es ist erkennbar, daß nennenswerte Vorteile zu erreichen sind. (Zugrunde gelegt ist dabei eine Systemhöhe von 1,45 m und bei der windschiefen Kette ein Horizontalabstand von Tragseil und Fahrdraht an den Enden der Spannweite von 1,25 m.)

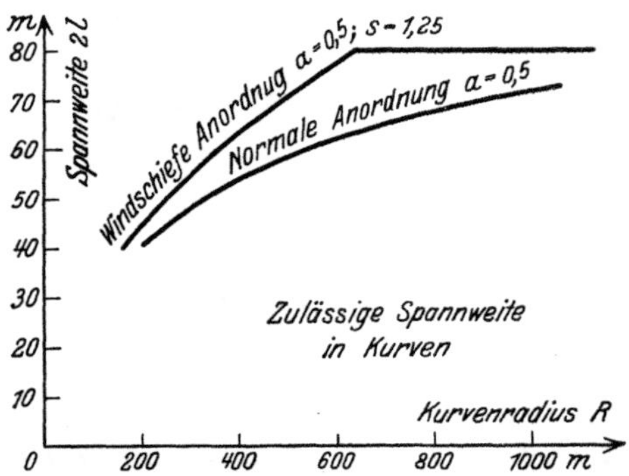

Abb. 265. Vergleich normaler Fahrleitung und windschiefer Fahrleitung in Kurven.

E. Zeichnerische Darstellung von Fahrleitungen in Kurven.

Bei der zeichnerischen Darstellung von Fahrleitungen ergibt sich die Schwierigkeit, daß bei gleichen Maßstäben für die Längen und die Breiten (Abweichungen aus Gleismitte) letztere sehr klein ausfallen, so daß die Zeichengenauigkeit gering wird. Würde man beispielsweise eine Spannweite von 70 m im Maßstab 1/250 verkleinern, so würde das auf dem Papier einer Länge von 28 cm entsprechen, während eine Zickzackführung von 0,4 m nur 1,6 mm ergibt. Es sind also völlig unbrauchbare Werte, die man aufzutragen hätte. Aus diesem Grunde ist man gezwungen, für die Längen und die Breiten verschiedene Maßstäbe einzuführen. Führt man dies durch, so wird in Kurven die Krümmung ebenfalls eine andere und es sei jetzt berechnet, welcher Krümmungsradius R_0 auf der Zeichnung einzuführen ist, wenn der Längenmaßstab μ_l und der Breitenmaßstab μ_b gewählt wird. Es sei zunächst eine kurze Hilfsbetrachtung angestellt. Für die Abb. 266 gilt auf Grund eines geometrischen Satzes die Gleichung

$$y\,(2R - y) = x^2 \qquad (211)$$

oder umgeformt

$$y - \frac{y^2}{2R} = \frac{x^2}{2R}. \qquad (212)$$

Diese Gleichung kann in folgende vereinfacht werden, wenn y klein gegenüber R ist:

$$y = \frac{x^2}{2R}. \qquad (213)$$

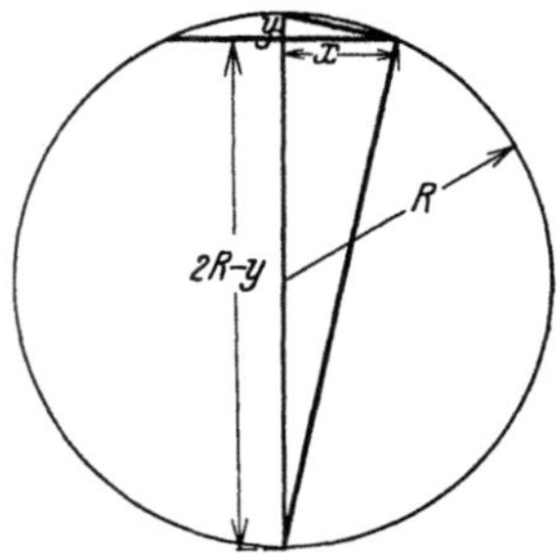

Abb. 266. Zur zeichnerischen Darstellung von Fahrleitungskurven.

In der Abb. 267a ist ein Teil des Kreises herausgezeichnet. Der Krümmungsradius sei R. Wir denken uns nun dasselbe Bild noch einmal

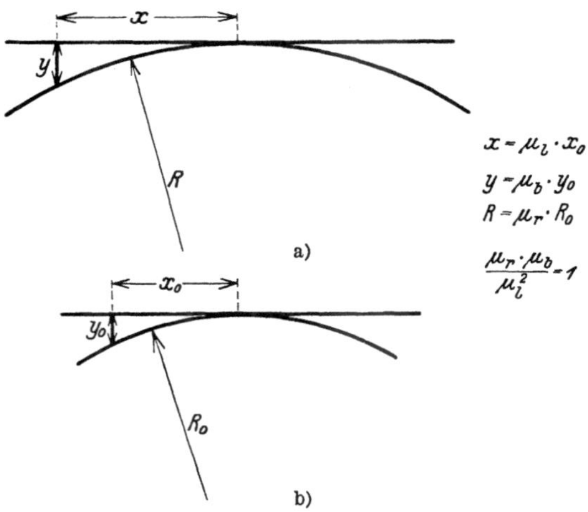

Abb. 267a und b. Zeichnerische Darstellung von Fahrleitungskurven.

aufgezeichnet, wobei x_0 statt x, y_0 statt y und R_0 statt R aufgetragen wird. Zwischen x und x_0 besteht die Maßstabsbeziehung $x = \mu_l\, x_0$ entsprechend $y = \mu_b\, y_0$. Setzt man diese beiden Werte in die Gleichung ein, so ergibt sich

$$\mu_b\, y_0 = \frac{\mu_l^2\, x_0^2}{2R}$$

oder umgeformt

$$y_0 = \frac{1}{2}\,\frac{x_0^2}{\left(\frac{R\,\mu_b}{\mu_l^2}\right)}. \qquad (214)$$

Diese Gleichung ist von der gleichen Form wie die Ausgangsgleichung, und der Nennerausdruck muß gleich R_0, dem Krümmungsradius der verkleinerten Kurve, sein. Es gilt also

$$R_0 = R \frac{\mu_b}{\mu_l^2}, \tag{215}$$

oder, wenn man $R = \mu_R R_0$ einsetzt,

$$\frac{\mu_R \mu_b}{\mu_l^2} = 1. \tag{216}$$

Zwischen den drei Maßstäben μ_l, μ_b und μ_R besteht also eine Beziehung, d. h. wenn zwei gewählt sind, ist der dritte bestimmt. Es sei darauf aufmerksam gemacht, daß die abgeleiteten Beziehungen nur gelten, wenn die Eingangsannahme, nämlich daß y klein ist im Verhältnis zu $2R$, erfüllt ist. Bei größeren Kurven, bei denen mehrere Spannweiten innerhalb der Kurve liegen, wendet man das oben beschriebene Verfahren jeweils für eine Spannweite an.

Sachverzeichnis.

Druck von Oscar Brandstetter in Leipzig.

GPSR Compliance

The European Union's (EU) General Product Safety Regulation (GPSR) is a set of rules that requires consumer products to be safe and our obligations to ensure this.

If you have any concerns about our products, you can contact us on ProductSafety@springernature.com

In case Publisher is established outside the EU, the EU authorized representative is:

Springer Nature Customer Service Center GmbH
Europaplatz 3
69115 Heidelberg, Germany

Batch number: 10682323

Printed by Printforce, the Netherlands